Autoren:
Dr. Christian Hache (Mechanik)
Dr. habil. Klaus Liebers (Gravitation)
Prof. Dr. habil. Hans-Joachim Wilke (Elektrizitätslehre, Mechanik)
Dr. Rolf Winter (Leitungsvorgänge)

Beratung:
Dr. Wolfgang Scholz

Redaktion:
Bärbel Grimm, Willi Wörstenfeld

ISBN 3-06-021167-1

1. Auflage
5 4 3 2 1 / 97 96 95 94 93
Alle Drucke dieser Auflage sind unverändert und im Unterricht parallel nutzbar. Die letzte Zahl bedeutet das Jahr dieses Druckes.

Printed in Germany
Satz: Druckhaus „Thomas Müntzer" GmbH, Bad Langensalza
Reproduktion: Carl Schütte & C. Behling, Berlin
Druck und Binden: Chemnitzer Verlag und Druck GmbH, Zwickau
Technische Zeichnungen: Waltraut Schmidt
Illustrationen: Wolfgang Zieger
Einband und Reihenkonzeption: Wolfgang Lorenz
Layout: Wolfgang Zieger

Lehrbuch

Physik

Sekundarstufe 2

Mechanik / Elektrizitätslehre

Volk und Wissen Verlag GmbH

Inhalt

Die Mechanik ist das älteste Teilgebiet der Physik. Bereits um 3600 v. Chr. erfanden die Menschen das Rad. Einfache Maschinen wurden im 3. Jahrtausend v. Chr. in Ägypten zum Bau der Pyramiden benutzt. Es fehlten aber noch wissenschaftliche Kenntnisse, oder sie waren wenig ausgeprägt. Außerdem entwikkelten sich in der Antike Technik und Wissenschaft weitgehend unabhängig voneinander. Die ersten quantitativ formulierten Naturgesetze bezogen sich auf schwingende Saiten, die bei Musikinstrumenten benutzt wurden (Bild), und auf Hebel, die beispielsweise bei Waagen Verwendung fanden.

Das Verhältnis, das bei schwingenden Saiten zwischen der Länge und der Tonhöhe besteht, hat bereits Pythagoras (572 bis 492 v. Chr.) experimentell ermittelt. Archimedes (287 bis 212 v. Chr.) leitete u. a. das Hebelgesetz ab und fand das nach ihm benannte Archimedische Prinzip. Dabei kommt dem griechischen Gelehrten Archimedes eine große Bedeutung bei der Entwicklung der Naturwissenschaft Physik zu. Er war auch einer der ersten, die Naturgesetze bewußt zur Lösung praktischer Probleme anwendeten. Der italienische Gelehrte Galileo Galilei (1564 bis 1642) hat die Bewegung der Körper mathematisch erfaßt. Er begründete die theoretische Physik. Galilei kennzeichnete das Experiment als entscheidendes Mittel zur Überprüfung von theoretisch gewonnenen Aussagen.

Isaac Newton (1643 bis 1727) hat wichtige Begriffe wie Kraft, Masse und Beschleunigung eindeutig bestimmt, miteinander verknüpft und die gewonnenen Gesetze auf Himmelskörper angewandt. Er gilt als Begründer der klassischen Mechanik. Newton nutzte das Experiment als wichtigste Quelle der Erkenntnis und machte die Mathematik zu einem entscheidenden Hilfsmittel der physikalischen Forschung.

Auch heute – unter den Bedingungen einer hochentwickelten Technik – ist die Mechanik von größter Bedeutung.

Mechanik

1 Kinematik der geradlinigen Bewegung

In der Kinematik beschränken wir uns darauf, die Bewegungen zu beschreiben, ohne nach den Ursachen, den Kräften, zu fragen.

Die gleichförmige Bewegung

Eine Person auf einer Rolltreppe führt eine besonders einfache Bewegung aus. Sie bewegt sich geradlinig. Außerdem legt sie in gleichen Zeiten gleiche Wege zurück. Eine solche Bewegung nennt man *geradlinig gleichförmig*. Die Geschwindigkeit für diese Bewegung berechnet man nach der Gleichung $v = s/t$. Daraus folgt für den zurückgelegten Weg $s = v \cdot t$. Um zu kennzeichnen, daß der Weg s eine Funktion der Zeit t ist, verwenden wir die Schreibweise $s = s(t) = v \cdot t$. Diese Gleichung gilt nur, wenn der Körper (Person) zu Beginn noch keinen Weg zurückgelegt hat. Für diesen Fall verläuft der Graph im Weg-Zeit-Diagramm durch den Koordinatenursprung.
Beginnt die Zeitmessung erst dann, wenn der Körper bereits den Anfangsweg s_0 zurückgelegt hat, so gilt die Gleichung $s(t) = s + s_0$ bzw. $s(t) = v \cdot t + s_0$. Der Graph im Weg-Zeit-Diagramm beginnt im Punkt $(0; s_0)$. Da der Körper stets in gleichen Zeiten gleiche Wege zurücklegt, sind auch die Anstiege der beiden Geraden im Bild 2 gleich. Damit enthält das Weg-Zeit-Diagramm auch eine Information über die Geschwindigkeit.
Stellt man für eine gleichförmige Bewegung die Geschwindigkeit als Funktion der Zeit dar, so ist der Graph eine Parallele zur Zeitachse (Bild 3). Das läßt erkennen, daß die Geschwindigkeit zeitlich konstant ist.

1

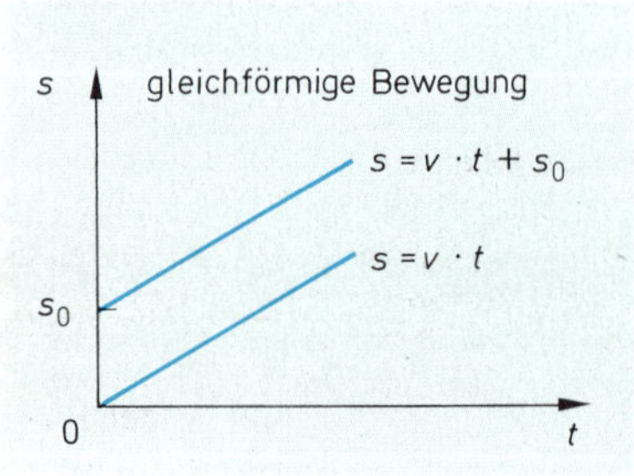

2

Weg-Zeit-Diagramm der geradlinig gleichförmigen Bewegung

Bei der gleichförmigen Bewegung ist die Geschwindigkeit konstant.
Der Anstieg des Graphen im Weg-Zeit-Diagramm entspricht der Geschwindigkeit.

Die Fläche unter dem Graphen zwischen $t_0 = 0$ und $t = 6\,\text{s}$ ist ein Rechteck. Entsprechend den auf den Achsen dargestellten physikalischen Größen Geschwindigkeit $v = 0{,}5\,\text{m} \cdot \text{s}^{-1}$ und Zeit $t = 6\,\text{s}$ ergibt das Produkt beider Größen $v \cdot t = s = 3{,}0\,\text{m}$. Die Fläche unter dem Graphen repräsentiert also den zurückgelegten Weg ohne Berücksichtigung eines Anfangsweges.

Bei gleichförmigen Bewegungen wird der Weg $s = v \cdot t$ durch die Rechteckfläche unter dem Graphen im Geschwindigkeit-Zeit-Diagramm veranschaulicht.

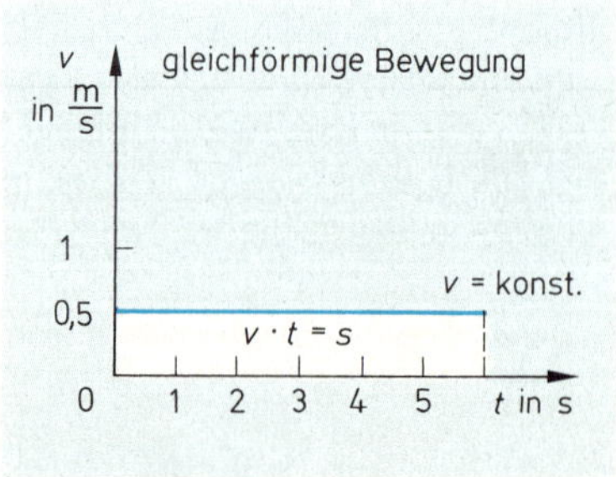

3

Geschwindigkeit-Zeit-Diagramm der geradlinig gleichförmigen Bewegung

Durchschnitts- und Momentangeschwindigkeit

Die Gleichung $v = s/t$ gilt nur für gleichförmige Bewegungen. Ändert sich die Geschwindigkeit während der Bewegung, so kann man eine Durchschnittsgeschwindigkeit angeben.

Diese erhält man als Quotient des Wegintervalls $s_2 - s_1 = \Delta s$ und des zugehörigen Zeitintervalls $t_2 - t_1 = \Delta t$:

$$\bar{v} = \frac{s_2 - s_1}{t_2 - t_1} = \frac{\Delta s}{\Delta t}.$$

Je kleiner man das Weg- bzw. zugehörige Zeitintervall wählt, umso mehr nähert sich die berechnete Durchschnittsgeschwindigkeit der Momentangeschwindigkeit an. Diese Tatsache ist bei Messungen zu beachten.
Der Durchschnittsgeschwindigkeit entspricht der Anstieg der Sekante an den Graphen im Weg-Zeit-Diagramm.
Stellt man sich nun vor, daß P_2 immer dichter an P_1 heranrückt, so nähert sich die Durchschnittsgeschwindigkeit immer mehr der Momentangeschwindigkeit. Der Anstieg der Sekante nähert sich immer mehr dem Anstieg der Tangente. Mathematisch heißt das, den Grenzübergang zu vollziehen:

$$v = \lim_{t_2 \to t_1} \frac{s_2 - s_1}{t_2 - t_1}$$

$$v = \lim_{\Delta t \to 0} \frac{\Delta s}{\Delta t} \quad \text{oder kurz} \quad v = \frac{\mathrm{d}s}{\mathrm{d}t}.$$

Die Physiker verkürzen bei Ableitungen nach der Zeit die Schreibweise oft noch weiter zu $v = \dot{s}$.
Man sagt: Die Geschwindigkeit ist die Ableitung der Funktion $s(t)$ nach der Zeit.

Momentanbeschleunigung

Bei der gleichmäßig beschleunigten Bewegung ist die Beschleunigung konstant. Das trifft für den Radfahrer am Abhang und den Schwebekörper der Luftkissenbahn näherungsweise zu. Bei größer werdender Geschwindigkeit wird der Luftwiderstand immer stärker wirksam. Die Beschleunigung ist nicht mehr konstant. Zur Momentanbeschleunigung führen die gleichen Überlegungen wie bei der Momentangeschwindigkeit.

Man erhält: $\bar{a} = \dfrac{v_2 - v_1}{t_2 - t_1}$.

Wählen wir die Zeitdifferenz immer kleiner, so bedeutet das mathematisch, den Grenzübergang zu vollziehen:

$$a = \lim_{t_2 \to t_1} \frac{v_2 - v_1}{t_2 - t_1} \quad \text{oder kurz} \quad a = \frac{\mathrm{d}v}{\mathrm{d}t} = \dot{v}.$$

Man sagt: Die Beschleunigung ist die Ableitung der Funktion $v(t)$ nach der Zeit.
Das Problem, die momentane Geschwindigkeit zu bestimmen, führte NEWTON zur Entwicklung der Differentialrechnung. Das geschah etwa zur gleichen Zeit, zu der auch LEIBNITZ auf diesem Gebiet in der Mathematik arbeitete.
Wir verzichten vorerst auf diese mathematischen Hilfsmittel und legen fest:

Die Momentangeschwindigkeit ist der Quotient aus Δs und Δt, wenn Δt hinreichend klein ist.

$$v = \frac{\Delta s}{\Delta t}$$

Die gleichmäßig beschleunigte Bewegung

Die meisten Bewegungen im täglichen Leben verlaufen nicht gleichförmig. Wenn Sie beispielsweise mit Ihrem Fahrrad, ohne zu bremsen, einen Berg hinabrollen, nimmt Ihre Geschwindigkeit ständig zu. Eine solche Bewegung nennt man beschleunigt.
Welcher Zusammenhang besteht zwischen der Geschwindigkeit und der Zeit, wenn sich ein Körper reibungsfrei auf einer geneigten Ebene bewegt?
Die Zusammenhänge zwischen Geschwindigkeit und Zeit $v = v(t)$ sowie zwischen Weg und Zeit $s = s(t)$ sollen experimentell mit der Luftkissenbahn untersucht werden. Durch das Luftpolster unter dem Schwebekörper wird die Reibung weitgehend beseitigt.

Experiment 1
Der Schwebekörper wird am oberen Ende der Luftkissenbahn bei L_0 gestartet. Es wird die Zeit bestimmt, die er benötigt, um zu einer Lichtschranke L zu gelangen. Um die jeweilige Geschwindigkeit des Schwebekörpers ermitteln zu können, trägt er eine 1 cm breite Blende. Eine elektronische Uhr ermittelt die Zeit, in der diese Blende die Lichtschranke durchläuft.

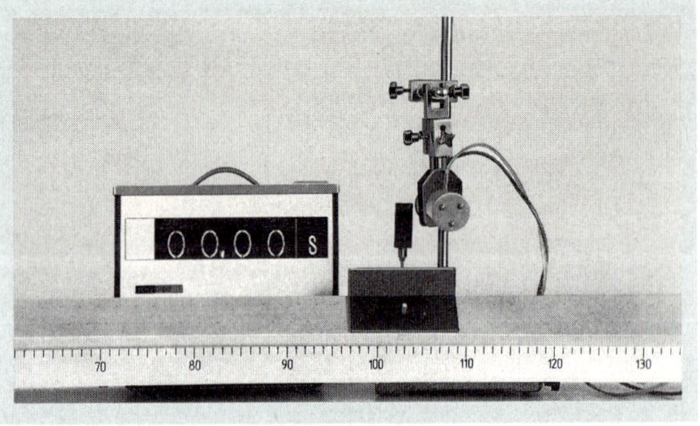

1

Tabelle: Ergebnisse

Weg s in cm	Zeit t in s	Durchlaufzeit Δt in s	Geschwindigkeit $\bar{v}$ in $cm \cdot s^{-1}$
30	7,2	0,120	8,3
60	10,2	0,085	11,8
90	12,4	0,069	14,5
120	14,4	0,060	16,7
150	16,2	0,054	18,5
180	17,6	0,049	20,4

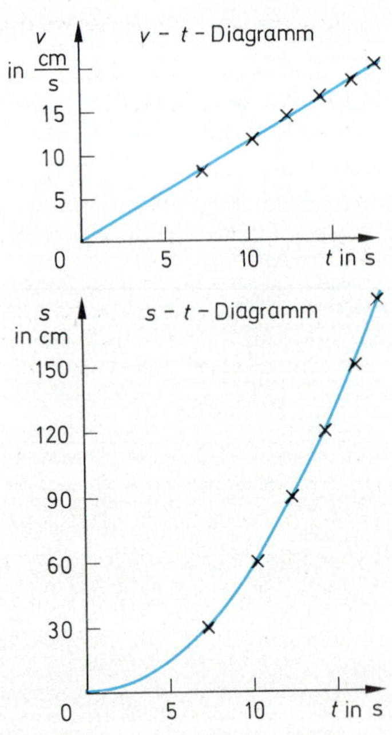

2

Grafische Darstellung der Meßwerte

Die jeweiligen Geschwindigkeiten des Schwebekörpers werden mit der Gleichung $v = \Delta s/\Delta t$ berechnet. Die Wegzunahme Δs entspricht der Breite der Blende. Das Zeitintervall Δt ist in der dritten Spalte der Tabelle vermerkt. $\bar{v}$ ist die Durchschnittsgeschwindigkeit, mit der der Schwebekörper die Lichtschranke durchläuft. Längs dieses kleinen Weges von 1 cm ändert sich jedoch seine Geschwindigkeit nur geringfügig. Damit weicht die berechnete Durchschnittsgeschwindigkeit $\bar{v}$ nur wenig von der Momentangeschwindigkeit v ab. Die Geschwindigkeit ist in der 4. Spalte der Tabelle dargestellt. Vergleicht man diese Geschwindigkeit mit der Zeit t, so stellt man Proportionalität fest: $v \sim t$ (Bild 2 oben).
Wiederholen wir das Experiment mit einem größeren Neigungswinkel der Bahn, so ergibt sich ebenfalls eine Proportionalität. Bildet man den Quotienten v/t, so ergibt sich für das Experiment $1{,}16\ cm \cdot s^{-2}$. Je größer die Neigung, desto größer ist dieser Quotient. Er kennzeichnet, wie schnell sich die Geschwindigkeit des Schwebekörpers vergrößert.

Man nennt ihn deshalb **Beschleunigung.**

Die Beschleunigung gibt an, wie schnell sich die Geschwindigkeit eines Körpers ändert. $a = \frac{v}{t}$

Die Einheit der Beschleunigung ist $m \cdot s^{-2}$.
In unserem Experiment ändert sich die Geschwindigkeit längs des gesamten Weges gleich schnell. Die Beschleunigung ist konstant. Eine solche Bewegung nennt man *gleichmäßig beschleunigt.*
Formt man die Gleichung für die Beschleunigung a nach v um, so erhält man $v = a \cdot t$.

Eine Bewegung, bei der die Geschwindigkeit eine lineare Funktion der Zeit ist, heißt gleichmäßig beschleunigt.

Geschwindigkeit-Zeit-Gesetz $v(t) = a \cdot t$

Beschleunigung-Zeit-Gesetz $a(t) = \text{konst.}$

Aus den ersten beiden Spalten der Tabelle erkennt man, daß bei der gleichmäßig beschleunigten Bewegung Weg und Zeit nicht (wie bei der gleichförmigen Bewegung) in gleichem Maße wachsen. Das ist verständlich, da die Geschwindigkeit ständig zunimmt.
Welcher Zusammenhang besteht zwischen Weg und Zeit?
Wie Sie von der gleichförmigen Bewegung wissen, entspricht die Fläche unter dem Graphen im Geschwindigkeit-Zeit-Diagramm dem jeweils zurückgelegten Weg (Bild 3, S. 4). Bei der gleichmäßig beschleunigten Bewegung entsteht ein Dreieck unter dem Graphen. Es gilt:

$$s = \frac{1}{2} \cdot v \cdot t, \quad \text{und mit} \quad v = a \cdot t \quad \text{folgt} \quad s = \frac{a}{2} \cdot t^2 .$$

Setzt man jeweils ein Wertepaar aus den ersten beiden Spalten der Tabelle in diese Gleichung ein, so wird deren Gültigkeit bestätigt.

Weg-Zeit-Gesetz der gleichmäßig beschleunigten Bewegung $s(t) = \frac{a}{2} \cdot t^2$

Gültigkeitsbedingung: Bewegung beginnt bei t_0 mit $s_0 = 0$ und $v_0 = 0$

Bezugssystem und Massepunkt

Bisher haben wir Bewegungen betrachtet, bei denen sich ein Körper mit konstanter oder zeitlich linear wachsender Geschwindigkeit von einem Startpunkt immer weiter entfernt. Dadurch vergrößert sich die Länge der von ihm zurückgelegten Bahn, die wir kurz *Weg* genannt haben. Dabei wurde untersucht, wie der zurückgelegte Weg von der Zeit abhängt.
Wie geben wir den Weg an, wenn sich die Richtung der Bewegung des Körpers umkehrt, er schließlich zum Startpunkt zurückkehrt?
Wie unterscheiden wir in einfacher Weise die Geschwindigkeit bei Hin- und Rückbewegungen?
In solchen Fällen wird die Lage des Körpers durch Ortskoordinaten erfaßt. Bei einem bewegten Körper hängen diese Ortskoordinaten von der Zeit ab. Bewegungsrichtungen können durch Vorzeichen unterschieden werden.
Die Technik stellt beispielsweise bei der elektronischen Steuerung eines Schreibstiftes einer Zeichenmaschine (Plotter), von Bohrern oder Drehmeißeln in Werkzeugmaschinen, Manipulatoren in Robotern solche Probleme.

Sie wissen, daß die Bewegung die Ortsveränderung während der Zeit in einem Bezugssystem ist.
Betrachten wir die Bewegung eines computergesteuerten Gabelstaplers, der aus dem Hochregal eines Warenlagers ein gewünschtes Teil abholen soll. Wir nehmen an, er fährt geradlinig auf dem Hallenboden vor dem Regal.
Zunächst ist das Bezugssystem zu wählen. Um den Ort zu erfassen, genügt es, am Fuße des Regals ein Bandmaß straff zu spannen. Mit ihm legen wir den Nullpunkt, die Längeneinheit Meter sowie die Richtung fest.
Idealisierend können wir das Bandmaß als x-Achse mit Nullpunkt, Achseneinteilung und Orientierung betrachten. Um die aktuelle Position des Gabelstablers zu beschreiben, genügt es, anstelle des realen Objekts einen einzigen Punkt zu betrachten. Bequem wäre die Spitze eines seitlich am Gerät angebrachten Zeigers, der auf das Bandmaß weist und dort die Ortskoordinate anzeigt. Diese soll jetzt anstelle des zurückgelegten Weges benutzt werden. Oft ist es sinnvoll, den Schwerpunkt des Körpers zu wählen.

1
Gabelstapler vor einem Hochregal

Wir nennen das Denkmodell, das den Körper hinsichtlich seines Ortes und seiner Masse vertritt, Massepunkt.

Schließlich benötigen wir noch eine Uhr. Wenn wir nun zu jeder Zeit t den Aufenthaltsort des Gabelstaplers als x-Koordinate des zugeordneten Massepunktes auf der x-Achse registrieren, so ist durch diese Ort-Zeit-Funktion die Bewegung eindeutig beschrieben. Wir schreiben dafür kurz $x = x(t)$. In unserem Beispiel hat der Computer die Ort-Zeit-Funktion im Programm und kontrolliert über Sensoren Soll- und Istzustand, um notfalls Korrekturen zu veranlassen.
Wir wollen noch vereinbaren, daß die Ortskoordinate $x(0)$ des Massepunktes zu Beginn der Zeitmessung $t_0 = 0$ mit x_0 bezeichnet werden soll.
Wie werden bei dieser Betrachtungsweise gleichförmige und gleichmäßig beschleunigte Bewegungen beschrieben?
Eine konstante Ort-Zeit-Funktion $x(t) = x_0$ ergibt sich, wenn der Massepunkt während der Beobachtungszeit in unserem Bezugssystem in Ruhe bleibt, z. B. der Antriebsmotor im Gabelstapler abgeschaltet ist (Fall 1 im Bild 2).
Eine lineare Ort-Zeit-Funktion $x(t) = v \cdot t + x_0$ beschreibt allgemein die gleichförmige Bewegung.
Bild 2 zeigt die Graphen der Ort-Zeit-Funktionen der möglichen drei Fälle gleichförmiger Bewegungen.

1. Der Körper ruht, $x(t) = x_0$ und $v = 0$.
2. Der Körper bewegt sich vom Startpunkt weg in Richtung wachsender Zahlenwerte. Es gilt $x(t) > x_0$ und $v > 0$.
3. Der Körper bewegt sich in Richtung abnehmender Zahlenwerte (rückwärts). Es gilt $x(t) < x_0$ und $v < 0$.

Ist insbesondere $x_0 = 0$, so sind die Graphen Geraden, die durch den Koordinatenursprung verlaufen.

Die konstante Geschwindigkeit kann aus $v = \dfrac{x(t) - x_0}{t}$ berechnet werden. Sie bestimmt den Anstieg des Graphen der Funktion $x(t)$. Da diese Geschwindigkeit die Bewegung des Massepunktes in Richtung der x-Achse beschreibt, nennen wir sie x-Koordinate der Geschwindigkeit v_x.

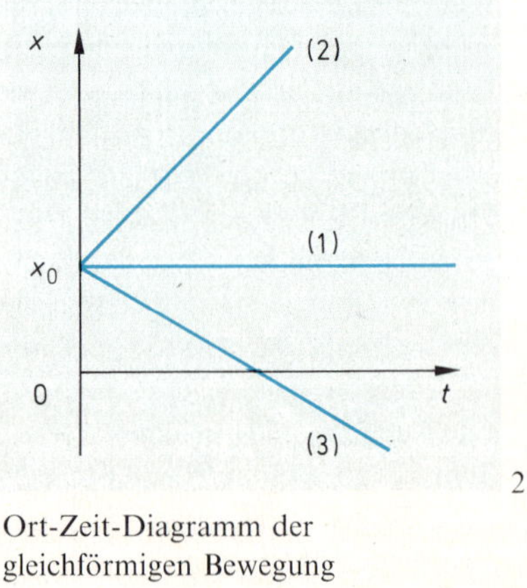

2
Ort-Zeit-Diagramm der gleichförmigen Bewegung

Welche Konsequenzen ergeben sich für $x(t)$ und v_x bei gleichmäßig beschleunigten Bewegungen?
Sie wissen bereits, daß bei gleichmäßig beschleunigten Bewegungen die Geschwindigkeit eine lineare Funktion der Zeit ist.
Folglich gilt für die x-Koordinate der Geschwindigkeit in Abhängigkeit von der Zeit:

Geschwindigkeit-Zeit-Gesetz der gleichmäßig beschleunigten Bewegung $\quad v_x(t) = a \cdot t + v_{0x}$

Dabei kennen Sie den konstanten Koeffizienten a als Beschleunigung, und mit v_{0x} bezeichnen wir die Geschwindigkeit zur Zeit $t = 0$.

Die konstante Beschleunigung kann aus $a = \frac{v_x(t) - v_{0x}}{t}$ berechnet werden. Da es sich um eine Beschleunigung längs der x-Achse handelt, sprechen wir von der x-Koordinate der Beschleunigung und schreiben a_x. Wächst die Geschwindigkeit im Laufe der Zeit, so ist $a_x > 0$. Bleibt die Geschwindigkeit konstant, so ist $a_x = 0$. Es handelt sich dabei um die gleichförmige Bewegung, die sich als Sonderfall einordnet. Nimmt die Geschwindigkeit jedoch im Laufe der Zeit ab, so wird $a_x < 0$. Bei negativer Beschleunigung sprechen wir auch von verzögerter Bewegung.
Da der Flächeninhalt unter dem Graphen $v(t)$ ein Maß für den zurückgelegten Weg ist, entspricht der Flächeninhalt unter dem Graphen $v_x(t)$ der Änderung der Ortskoordinate $x(t) - x_0$. Der Betrag dieser Differenz liefert den Weg $s = |x(t) - x_0|$, falls die Geschwindigkeit in der betrachteten Zeit das Vorzeichen nicht wechselt. Bei Vorzeichenwechsel müssen die beiden oberhalb und unterhalb der Zeitachse liegenden Flächen getrennt erfaßt und dann addiert werden.
Hat $v_x(t)$ keine Nullstelle, ist eine Trapezfläche zu berechnen.

Es gilt: $x(t) - x_0 = \frac{v_x(t) + v_{0x}}{2} \cdot t$.

Mit $v_x = a_x \cdot t + v_{0x}$ folgt:

Ort-Zeit-Gesetz der gleichmäßig beschleunigten Bewegung $\quad x(t) = \frac{1}{2} a_x \cdot t^2 + v_{0x} \cdot t + x_0$

Die höhere Mathematik liefert mit der Differentialrechnung ein Handwerkszeug zur Erfassung beliebiger Bewegungen, auch der ungleichmäßig beschleunigten Bewegungen.
Die Funktion $v_x(t)$ entsteht durch Differentiation aus $x(t)$:

$v_x(t) = \frac{\mathrm{d}}{\mathrm{d}t} x(t)$. Sie ist die Ableitung der Ortsfunktion nach der Zeit.

Analog entsteht a_x aus $v_x(t)$: $\quad a_x = \frac{\mathrm{d}}{\mathrm{d}t} v_x(t)$.

Sie ist die Ableitung der Geschwindigkeitsfunktion nach der Zeit.
Zur Berechnung der Fläche unter dem Graphen benutzen wir die Integralrechnung. Die unter dem Graphen $v_x(t)$ entstehende Fläche läßt sich stets durch immer feiner werdende Auslegung mit sehr schmalen Rechtecken als Grenzwert der Zerlegungssumme ermitteln:

$$x(t) - x_0 = \lim_{N \to \infty} \sum_{i=1}^{N} v_{xi} \cdot \Delta t_i = \int_{t_0}^{t_e} v_x(t)\,\mathrm{d}t\,.$$

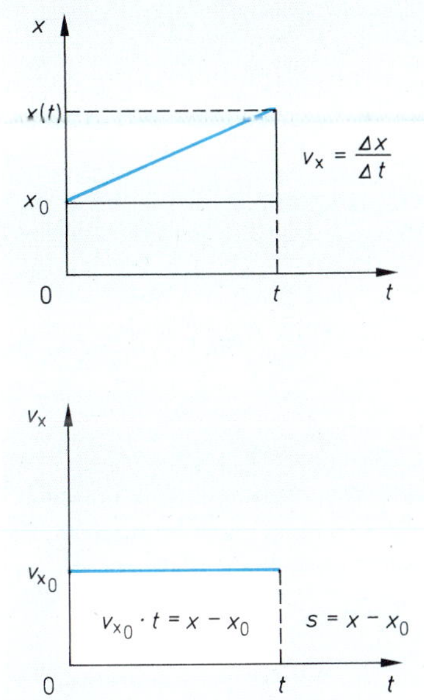

1 Diagramme der gleichförmigen Bewegung

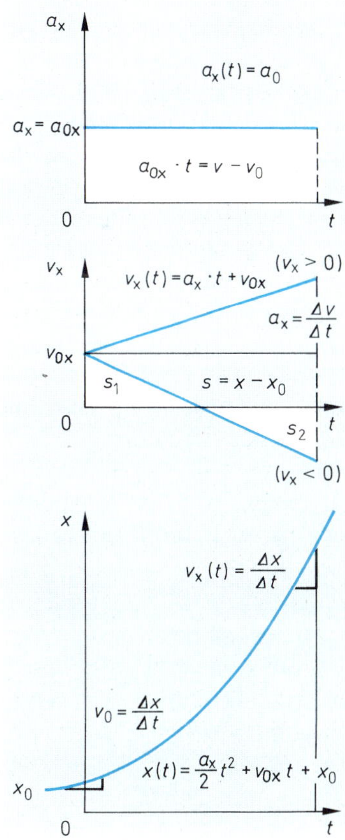

2 Diagramme der gleichmäßig beschleunigten Bewegung

Entsprechend ist $v_x(t) - v_{0x} = \int_{t_0}^{t_e} a_x(t)\,dt$.

Aus der Integration folgen allgemein:

die Ort-Zeit-Funktion $x(t) = \int v_x\,dt$,

die Geschwindigkeit-Zeit-Funktion $v(t) = \int a_x\,dt$.

Im Kapitel Wurfbewegungen werden diese beiden Gleichungen an Beispielen näher erläutert.

Orts- und Geschwindigkeitsvektoren

Kehren wir noch einmal zum Beispiel Gabelstapler vor dem Hochregal zurück, um einen weiteren Aspekt in unsere Betrachtung einzubeziehen. Wenn der steuernde Rechner die Weisung gibt, die Gabel soll sich von der Startposition aus zu einem Ort im Regal bewegen, der in einer bestimmten Entfernung in x-Richtung und in einer bestimmten Höhe über dem Fußboden liegt, so wird der Gabelstapler die beiden notwendigen geradlinig gleichförmigen Bewegungen ausführen:

- die Bewegung längs der x-Achse (der Gabelstapler fährt auf dem waagerechten Fußboden) und
- lotrechtes Anheben der Gabel durch eine Hydraulik bis zur gewünschten Höhe.

Infolge der ungestörten Überlagerung beider Bewegungen fährt die Gabel auf einer schräg nach oben zeigenden, geraden Bahn vom Startpunkt zum Zielpunkt. Wie kann bei dieser Bewegung die Richtung im Raum erfaßt werden? Für die Computersteuerung und für die physikalische Beschreibung der resultierenden Bewegung geht man in folgender Weise vor: Das Bezugssystem wird um eine vertikale y-Achse erweitert.

Die Startposition ist durch die Koordinaten x_0 und y_0 beschrieben. Um die Startposition zu erfassen, können wir auch die gerichtete Strecke (den Pfeil) vom Ursprung des Koordinatensystems zum Punkt $P_0(x_0; y_0)$ verwenden. Sie heißt Ortsvektor $\vec{r}_0$.

Legen wir auf der x-Achse einen Einheitsvektor $\vec{e}_x$ in positiver Richtung der x-Achse mit dem Betrag 1 und analog auf der y-Achse einen Einheitsvektor $\vec{e}_y$ fest, so kann $\vec{r}_0$ auch aus seinen beiden Komponenten $x_0\vec{e}_x$ und $y_0\vec{e}_y$ durch Addition (Aneinanderlegen) dieser beiden Vektoren in beliebiger Reihenfolge gebildet werden.

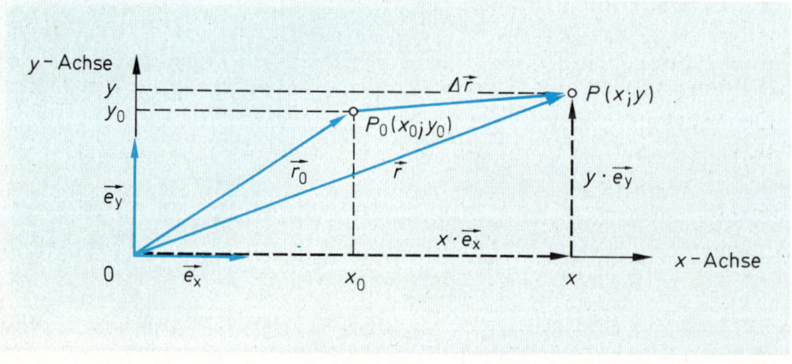

1 Ortsvektoren

Der Zielpunkt ist durch den Ortsvektor $\vec{r} = x\vec{e}_x + y\vec{e}_y$ gegeben. Die Bewegung dorthin beschreibt der Vektor $\Delta\vec{r} = \vec{r} - \vec{r}_0$.
Die Länge des Ortsvektors $\Delta\vec{r}$ ist ein Maß für die Bahnlänge.
Es gilt (nach dem Satz des Pythagoras):

$$s = |\Delta\vec{r}| = \sqrt{(x - x_0)^2 + (y - y_0)^2}\,.$$

Analog kann die Geschwindigkeit als Vektor erfaßt werden.
Die Geschwindigkeitsdefinition, die wir bei der geradlinigen Bewegung längs einer x-Achse gegeben haben, gilt für die x-Koordinate $v_x = \Delta x/\Delta t$ und für die y-Koordinate $v_y = \Delta y/\Delta t$ (bei jeweils genügend kleinem Δt).
Als Geschwindigkeitsvektor erhalten wir: $\vec{v} = v_x\vec{e}_x + v_y\vec{e}_y$.
Die Vektoren v und e_x schließen den Winkel α ein: $\tan\alpha = v_y/v_x$.
Die Richtung von $\vec{v}$ stimmt mit der von $\Delta\vec{r}$ überein.
Wenden wir die Vektorschreibweise an, erhalten wir:

$$\vec{v} = \frac{\Delta\vec{r}}{\Delta t} \quad \text{und} \quad \vec{v} = (\Delta x/\Delta t)\,\vec{e}_x + (\Delta y/\Delta t)\,\vec{e}_y\,.$$

Für den Betrag der resultierenden Geschwindigkeit gilt: $v = \sqrt{v_x^2 + v_y^2}\,.$

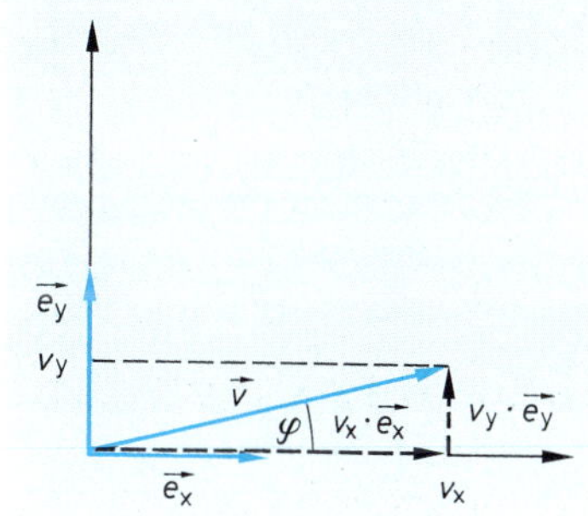

1 Geschwindigkeitsvektor

Exkurs in die Technik

Kurskorrektur bei Flugzeugen. Flugzeuge bewegen sich – insbesondere beim Überfliegen von Meeren – über große Strecken geradlinig. Die Flugrichtung wird bei jedem Navigationspunkt entsprechend der geographischen Lage des anzufliegenden Zieles neu festgelegt. Bei Schaltung auf automatische Steuerung wird der Kurs dem Autopiloten eingegeben, bei Handsteuerung wird seine Einhaltung ständig überwacht. Das angestrebte Ziel wird jedoch nur dann mit hinreichender Genauigkeit erreicht, wenn keine Luftströmungen die Bewegung des Flugzeugs über längere Zeit beeinflussen. Wirkt z. B. fortdauernd ein Seitenwind mit einer Geschwindigkeit von $60\,\text{km}\cdot\text{h}^{-1}$, so würde nach einer Stunde die seitliche Abweichung von dem angestrebten Ziel 60 km betragen (Bild 3). Deshalb muß die Windgeschwindigkeit bei der Wahl des Kurses Berücksichtigung finden. Windrichtung und Betrag der Windgeschwindigkeit werden dem Autopiloten eingegeben bzw. zur Berechnung des korrigierten Kurses herangezogen. Das erfolgt insbesondere in geographischen Zonen mit ständigen Luftströmungen – wie beispielsweise im Bereich der Passatwinde – und bei großen Flugstrecken.

2

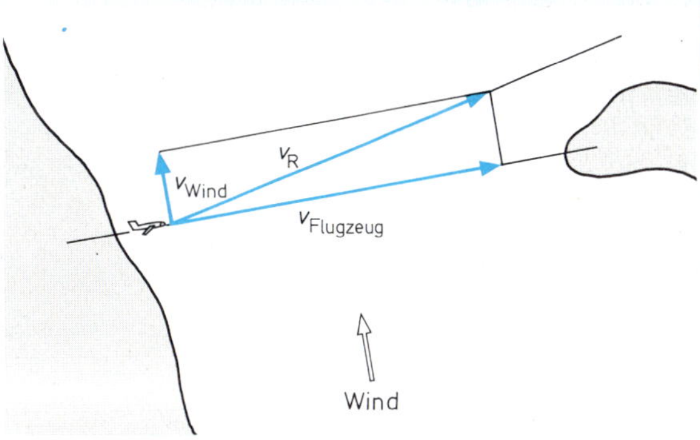

3

Gewußt? Erkannt? Gekonnt?

1. Nennen Sie Beispiele, in denen die Verwendung des Modells Massepunkt nicht angebracht ist!
2. Wie lange benötigt Licht von der 150 Millionen Kilometer entfernten Sonne bis zur Erde?
3. Im ersten Drittel seines Gesamtweges fährt ein Pkw mit $v_1 = 40\ \text{km} \cdot \text{h}^{-1}$, danach mit $v_2 = 100\ \text{km} \cdot \text{h}^{-1}$.
   Bestimmen Sie die Durchschnittsgeschwindigkeit!
4. Skizzieren Sie zu dem vorgegebenen *a*-*t*-Diagramm das zugehörige *v*-*t*-Diagramm! Zum Zeitpunkt $t = 0$ befindet sich der Körper am Ort $x_0 = 0$ und besitzt eine Anfangsgeschwindigkeit $v_{0x} = -2\ \text{m} \cdot \text{s}^{-1}$. Lesen Sie die Geschwindigkeits- und Ortsänderungen aus dem Diagramm ab! Geben Sie das Ort-Zeit- und das Geschwindigkeit-Zeit-Gesetz für die ersten 6 Sekunden an!

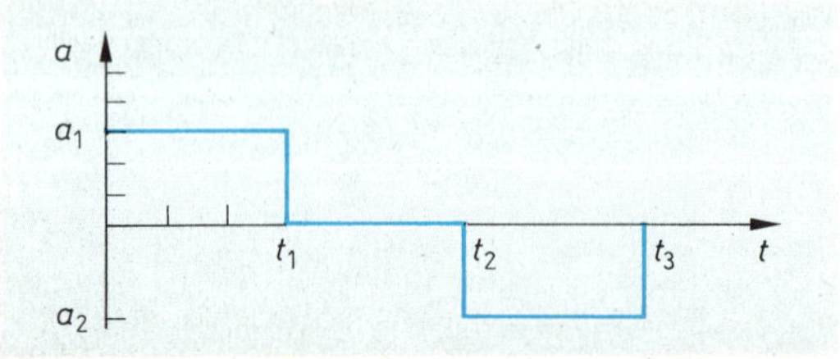

1

5. Ein Pkw nähert sich dem Ortseingangsschild einer Gemeinde mit $80\ \text{km} \cdot \text{h}^{-1}$. Der Personenwagen erreicht eine maximale Bremsbeschleunigung von $-7{,}8\ \text{m} \cdot \text{s}^{-2}$. In welcher Entfernung vor dem Schild muß der Fahrer spätestens zu bremsen beginnen, um die vorgeschriebene Geschwindigkeit von $50\ \text{km} \cdot \text{h}^{-1}$ am Ortseingang einzuhalten?
6. Die Startbahn für Flugzeuge auf einem Flugzeugträger ist 278 m lang. Das Flugzeug hebt mit der Geschwindigkeit $495\ \text{km} \cdot \text{h}^{-1}$ ab. Wie lange dauert der Startvorgang, und wie groß ist die als konstant angenommene Beschleunigung?
7. Ein Flugzeug soll in Richtung Nordost fliegen. Die Geschwindigkeit des Flugzeugs relativ zur Luft beträgt $v_1 = 600\ \text{km} \cdot \text{h}^{-1}$. Der Wind weht aus westlicher Richtung mit $v_2 = 20\ \text{m} \cdot \text{s}^{-1}$. Mit welcher Geschwindigkeit v relativ zur Erde fliegt das Flugzeug?
   Unter welchem Winkel zum Meridian muß der Kurs gehalten werden, damit das Flugzeug in nördlicher Richtung fliegt?
8. Auf den Anfang eines gleichförmig bewegten Transportbandes wird ein kleines Spielzeugauto gesetzt. Nach $t_1 = 6$ s erreicht es das Ende des Bandes. Läßt man es in die andere Richtung vom Ende des Bandes bis zum Anfang zurückfahren, braucht es $t_2 = 26$ s.
   Welche Zeit t_3 braucht ein auf dem Transportband liegender Karton, um vom Anfang des Bandes an das Ende zu gelangen?

Zusammenfassung

Bewegungen können in einem Bezugssystem, bestehend aus einem Koordinatensystem und einer Uhr, durch Angabe der Ortskoordinaten in Abhängigkeit von der Zeit beschrieben werden.

Größen zur Beschreibung von Bewegungen

Geschwindigkeit $v = \Delta x / \Delta t$ (für genügend kleine Δt)
Einheit: $\text{m} \cdot \text{s}^{-1}$

$$\text{Durchschnittsgeschwindigkeit} = \frac{\text{zurückgelegter Weg}}{\text{benötigte Zeit}}$$

Die *Beschleunigung* gibt an, wie schnell sich die Geschwindigkeit eines Körpers ändert.
$a = \Delta v / \Delta t$ (für genügend kleine Δt)
Einheit: $\text{m} \cdot \text{s}^{-2}$
Geschwindigkeit und Beschleunigung sind vektorielle Größen. Betrag und Richtung können durch Pfeile repräsentiert werden.

Gleichförmige Bewegung

Weg-Zeit-Gesetz $s = v \cdot t$
Ort-Zeit-Gesetz $x(t) = v_x \cdot t + x_0$
Die Geschwindigkeit v bzw. die Geschwindigkeitskoordinate v_x sind konstant, die Beschleunigung ist Null.

Gleichmäßig beschleunigte Bewegung

Ort-Zeit-Gesetz $x(t) = \frac{a_x}{2} \cdot t^2 + v_{0x} \cdot t + x_0$

Geschwindigkeit-Zeit-Gesetz $v_x(t) = a_x \cdot t + v_{0x}$

Die Beschleunigung ist konstant.
Spezialfall: $v_{0x} = 0$, $x_0 = 0$, $a_x = a$

$$s = \frac{a}{2} \cdot t^2; \qquad v = a \cdot t$$

2 Wurfbewegungen

1

Der freie Fall

Der freie Fall ist eine spezielle gleichmäßig beschleunigte Bewegung. Fällt ein Körper beispielsweise aus der Hand, so hat er die Anfangsgeschwindigkeit $v_0 = 0$ und bewegt sich senkrecht nach unten. Auf ihn wirkt infolge der Erdanziehungskraft die Fallbeschleunigung g. Die Fallbeschleunigung kann mit dem folgenden Experiment bestimmt werden.

Experiment 1
Eine kleine Stahlkugel wird von einem Elektromagneten gehalten. Vertikal unterhalb des Startpunktes befindet sich in der Entfernung s die Meßstelle. Mit dem Ausschalten des Magneten beginnt die Kugel zu fallen. Gleichzeitig wird die Uhr eingeschaltet. Hat die Kugel die Meßstelle erreicht, so öffnet sie einen Kontakt. Dadurch wird die Uhr ausgeschaltet. Der Fallweg beträgt zunächst 10 cm. Bei den folgenden Messungen wird er um jeweils 10 cm vergrößert.

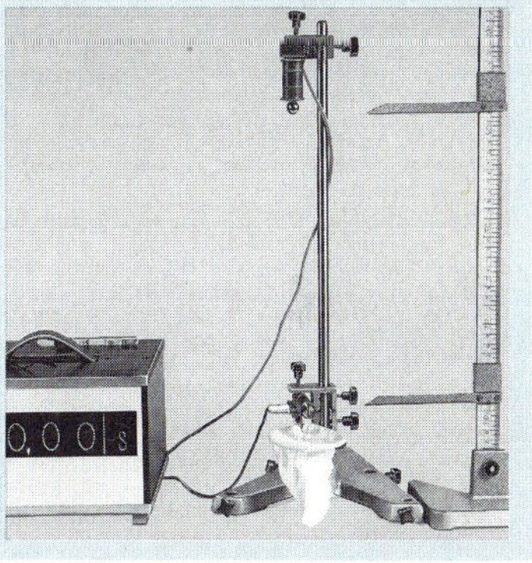

2

Die Tabelle 1 enthält die gewonnenen Meßergebnisse.

Für die Fallbeschleunigung g folgt aus der Gleichung $s = \frac{g}{2} t^2$ die Beziehung $g = \frac{2s}{t^2}$. Die berechneten Werte für g sind in der 1. Spalte der Tabelle 2 eingetragen. Als arithmetisches Mittel der fünf berechneten Werte ergibt sich für die Fallbeschleunigung $g = 9{,}8\ \mathrm{m \cdot s^{-2}}$.
Der Fallweg kann auf 1 mm genau eingestellt werden. Das Zeitmeßverfahren garantiert, daß der Fehler nicht größer als 0,01 s ist. Die Größtfehler betragen damit: $\Delta s = 0{,}1$ cm und $\Delta t = 0{,}01$ s. Die Fehler der Meßwerte Δs und Δt pflanzen sich fort zum Fehler der Beschleunigung Δg. Nach den Gesetzen der Fehlerfortpflanzung gilt für den relativen Fehler der Beschleunigung: $\frac{\Delta g}{g} = \frac{\Delta s}{s} + 2\frac{\Delta t}{t}$.
Aus der Tabelle 2 ist zu erkennen, daß der relative Fehler für die letzte Messung den günstigsten Wert annimmt. Die Beschleunigung bei der Fallstrecke 50 cm beträgt $g = (9{,}8 \pm 0{,}6)\ \mathrm{m \cdot s^{-2}}$.
Um den störenden Einfluß des Luftwiderstandes auszuschalten, muß man in einer Vakuumkammer arbeiten.
Unter Berücksichtigung der Meßfehler läßt die Auswertung des Experiments erkennen, daß die Fallbeschleunigung konstant ist. Für den freien Fall gelten die Gesetze der gleichmäßig beschleunigten Bewegung:

Tabelle 1: Meßwerte

Weg s in cm	Zeit t in s	t^2 in s^2
10,0	0,14	0,0196
20,0	0,20	0,0400
30,0	0,25	0,0625
40,0	0,28	0,0784
50,0	0,32	0,1024

Tabelle 2: Berechnete Werte für g und Δg

Fallbeschleunigung g in $\mathrm{m \cdot s^{-2}}$	$\frac{\Delta g}{g}$ in %
10,2	15
10,0	11
9,60	8
10,2	7
9,77	6

Weg-Zeit-Gesetz $\quad s = \frac{g}{2} \cdot t^2$

Geschwindigkeit-Zeit-Gesetz $v = g \cdot t$

Durch Umformen beider Gleichungen ergibt sich $t^2 = \frac{2s}{g}$ und $t^2 = \frac{v^2}{g^2}$.

Nach dem Gleichsetzen erhält man für den Weg $s = \frac{v^2}{2g}$.

Daraus folgt für die Endgeschwindigkeit $v = \sqrt{2 \cdot g \cdot s}$.

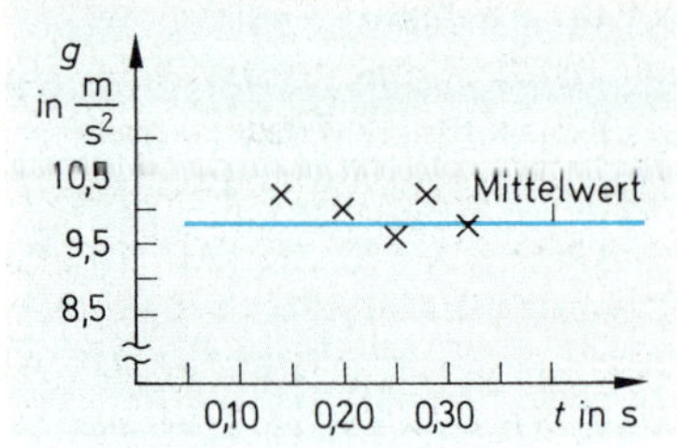

1
g-t-Diagramm

Ungestörte Überlagerungen von Bewegungen

Zwei Schülerinnen wollen gleichzeitig von verschiedenen 3-m-Brettern ins Wasser springen. Die erste Schülerin ist mutig und nimmt Anlauf. Die zweite vollführt nur einen einfachen Schlußsprung. Beide verlassen das Brett zur gleichen Zeit. Mit Erstaunen wird festgestellt, daß beide zugleich ins Wasser tauchen.
Bereits bei der gleichzeitigen Hub- und Fahrbewegung des Gabelstaplers im Kapitel Kinematik der geradlinigen Bewegung haben wir festgestellt, daß die beiden geradlinig gleichförmigen Bewegungen sich ungestört überlagern. Gilt das auch, wenn eine der Teilbewegungen der freie Fall ist?
Wir wollen diesen Vorgang in einem Experiment nachvollziehen.

2

Experiment 2
Eine vertikal angeordnete Blattfeder klemmt in ihrem unteren Teil eine Stahlkugel fest (Bild 3). Eine zweite Stahlkugel liegt in gleicher Höhe auf der gegenüberliegenden Seite der Feder auf einer kurzen, horizontalen Unterlage. Ein Schlag mit einem Hammer gegen die Blattfeder bewirkt, daß einerseits die eingeklemmte Kugel frei fallen kann. Andererseits wird die zweite Kugel horizontal weggeschleudert.

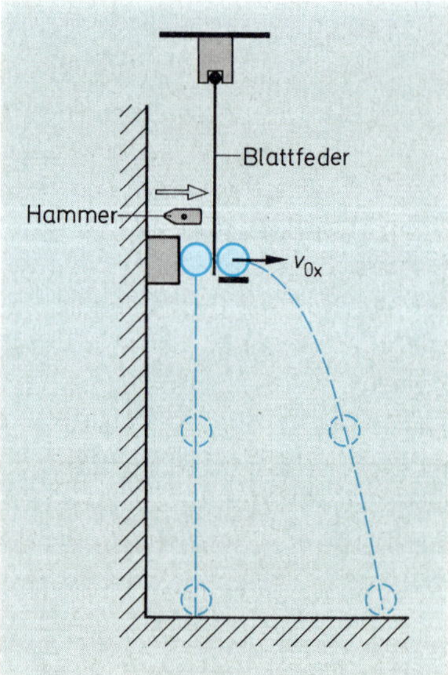

3

Man hört deutlich, daß beide Kugeln gleichzeitig auf die Tischplatte aufschlagen. An diesem Ergebnis ändert sich auch nichts, wenn in einem erneuten Versuch durch kräftigeres Anschlagen die Anfangsgeschwindigkeit der zweiten Kugel vergrößert wird. Beide Kugeln fallen frei nach unten. Die zweite Kugel führt außerdem noch eine geradlinig gleichförmige Bewegung in horizontaler Richtung aus. Diese Bewegungen stören sich gegenseitig nicht. Trotz der zusätzlichen horizontalen Bewegung der zweiten Kugel kommt diese gleichzeitig mit der ersten auf der Tischplatte an.

Ein Körper kann gleichzeitig mehrere Bewegungen ausführen, ohne daß diese sich gegenseitig stören.

Der senkrechte Wurf

Wirft man einen Ball senkrecht nach oben, so führt er gleichzeitig zwei Bewegungen aus: eine geradlinig gleichförmige Bewegung nach oben und eine gleichmäßig beschleunigte Bewegung nach unten. Zur mathematischen Beschreibung wählen wir eine senkrechte y-Achse, auf der der

Abwurf zur Zeit $t = 0$ bei y_0 mit der Anfangsgeschwindigkeit v_{0y} erfolgt. Für den Ball verwenden wir im folgenden das Modell Massepunkt.
Wir betrachten zunächst allein die gleichförmige Bewegung. Der Massepunkt würde sich mit der konstanten Geschwindigkeit v_{0y} weiterbewegen. Das Ort-Zeit-Gesetz für diese Bewegung lautet dann $y_1 = v_{0y} \cdot t + y_0$.
Bei der gleichzeitigen beschleunigten Bewegung des Massepunktes (freier Fall) gilt $a_y = -g$ (Beschleunigung in negative y-Richtung). Diese führt zur Geschwindigkeit $v_2 = -g \cdot t$ nach unten.

Das Ort-Zeit-Gesetz für diese Bewegung lautet: $y_2 = -\frac{g}{2} \cdot t^2$.

Aus der ungestörten Überlagerung der beiden Bewegungen ergeben sich folgende Gesetze:

Ort-Zeit-Gesetz $$y(t) = -\frac{g}{2} \cdot t^2 + v_{0y} \cdot t + y_0$$

Geschwindigkeit-Zeit-Gesetz $$v_y(t) = -g \cdot t + v_{0y}$$

Beschleunigung-Zeit-Gesetz $$a_y(t) = -g$$

Diese Gleichungen gelten auch für den senkrechten Wurf nach unten. Infolge der entgegengesetzten Wurfrichtung ist die Anfangsgeschwindigkeit v_{0y} dann jedoch negativ.
Aus dem Ort-Zeit-Diagramm (Bild 1a) ist erkennbar, daß der Massepunkt beim senkrechten Wurf nach oben zunächst rasch, dann immer langsamer an Höhe gewinnt. Nach der Zeit t_1, der **Steigzeit,** ist der höchste Punkt, der Gipfelpunkt y_m, erreicht. Die Differenz $y_m - y_0$ nennen wir **Steighöhe.**
Die Geschwindigkeit nimmt linear mit der Zeit ab. Am Gipfelpunkt kommt der Massepunkt für einen Moment zur Ruhe, weil die Geschwindigkeiten der beiden Teilbewegungen betragsgleich sind. Danach kehrt sich der Richtungssinn der resultierenden Geschwindigkeit um, weil der Geschwindigkeitsanteil des freien Falls überwiegt. Das Fallen verläuft symmetrisch zum Steigen. Nach der doppelten Steigzeit $t_2 = 2t_1$ ist der Körper wieder am Startpunkt. Seine Geschwindigkeit hat den gleichen Betrag wie die Startgeschwindigkeit, aber die entgegengesetzte Richtung $v_y(t_2) = -v(t_0)$. Während der gesamten Bewegung hat die Geschwindigkeit in gleichen Zeitintervallen um den gleichen Betrag abgenommen (↗ Geschwindigkeit-Zeit-Diagramm).
Aus dem Geschwindigkeit-Zeit-Gesetz läßt sich die Steigzeit t_1 ermitteln: $v_y(t) = -g \cdot t + v_{0y}$. Für $v_y(t_1) = 0$ folgt $0 = -g \cdot t_1 + v_{0y}$ und nach Umstellung die Steigzeit $t_1 = \frac{v_{0y}}{g}$.

Für die Steighöhe folgt aus dem Ort-Zeit-Gesetz: $y(t_1) - y_0 = y_m - y_0 = \frac{v_{0y}^2}{2g}$.
Bei $t_2 = 2t_1$ ist $y(t_2) = y_0$ und $v(t_2) = -v_{0y}$.

Ein senkrecht nach oben geworfener Körper hat im Auftreffpunkt den gleichen Betrag der Geschwindigkeit wie am Startpunkt.

Die angestellten Berechnungen entsprechen einer aus der Differentialrechnung bekannten Kurvendiskussion. Am senkrechten Wurf nach oben können der Zusammenhang zwischen einer Funktion und ihrer ersten und zweiten Ableitung sowie deren physikalische Bedeutung veranschaulicht werden.
Die Ort-Zeit-Funktion $y(t)$ besitzt bei y_m ein relatives Maximum. Notwendig dafür ist, daß die erste Ableitung dy/dt (die Geschwindigkeit)

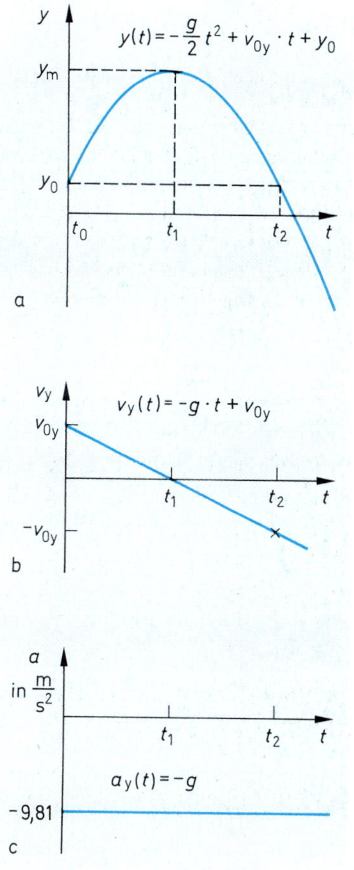

1

a) Ort-Zeit-Diagramm,
b) Geschwindigkeit-Zeit-Diagramm,
c) Beschleunigung-Zeit-Diagramm

an dieser Stelle Null ist, der Körper also kurzzeitig zur Ruhe kommt, und die Geschwindigkeit ihr Vorzeichen ändert bzw. die zweite Ableitung dv/dt (die Beschleunigung) negativ ist.

Für die Bewegung des Massepunktes auf der vertikalen y-Achse gilt die Beschleunigung $a_y = -g$.

Wegen $a_y = \frac{dv_y}{dt}$ erhält man für die Geschwindigkeit

$$v_y = \int a_y \, dt = \int (-g) \, dt = -g \cdot t + C_1 .$$

Für $t = 0$ gilt $v_y = C_1$. Die Integrationskonstante C_1 ist damit die Anfangsgeschwindigkeit v_{0y}.
Damit lautet das Geschwindigkeit-Zeit-Gesetz: $v_y = -g \cdot t + v_{0y}$.

Wegen $v_y = \frac{dy}{dt}$ gelangt man durch eine weitere Integration zum Ort-Zeit-Gesetz: $y = \int v_y \, dt = \int (-g \cdot t + v_{0y}) \, dt$

$$y = -\frac{g}{2} \cdot t^2 + v_{0y} \cdot t + C_2 .$$

Für $t = 0$ gilt $y = C_2$. Die Integrationskonstante C_2 ist somit die Anfangskoordinate y_0.

Damit gilt das Ort-Zeit-Gesetz: $y = -\frac{g}{2} \cdot t^2 + v_{0y} \cdot t + y_0$.

Der waagerechte Wurf

Beim waagerechten Wurf liegt die Abwurfrichtung horizontal. Deshalb benutzt man zur Darstellung ein rechtwinkliges x-y-Koordinatensystem. Die x-Achse legt man zweckmäßig in Richtung der Anfangsgeschwindigkeit. Dann bewegt sich der Körper ständig in der x-y-Ebene. Den Startpunkt bezeichnen wir mit $P_0(x_0; y_0)$.
In x-Richtung bewegt sich der Körper geradlinig gleichförmig mit der Geschwindigkeit v_{0x}. Für die x-Koordinate des Massepunktes gilt:

$$x(t) = v_{0x} \cdot t + x_0 . \quad (1)$$

Gleichzeitig fällt der Körper frei in negativer Richtung bezüglich der y-Achse.

Für die y-Koordinate gilt: $$y(t) = -\frac{g}{2} \cdot t^2 + y_0 . \quad (2)$$

Der Ort $P(x; y)$ des Massepunktes ist durch seine Ortskoordinaten eindeutig beschrieben.
Die Gesamtgeschwindigkeit setzt sich aus der konstanten Geschwindigkeit v_{0x} in x-Richtung und der Fallgeschwindigkeit $v_y(t) = -g \cdot t$ in y-Richtung zusammen. Für den Betrag der Gesamtgeschwindigkeit v_{ges} folgt:

$$v_{ges} = \sqrt{v_x^2 + v_y^2} = \sqrt{v_{0x}^2 + (g \cdot t)^2} .$$

Zur Zeit $t = 0$ ist $v_{ges} = v_x$.

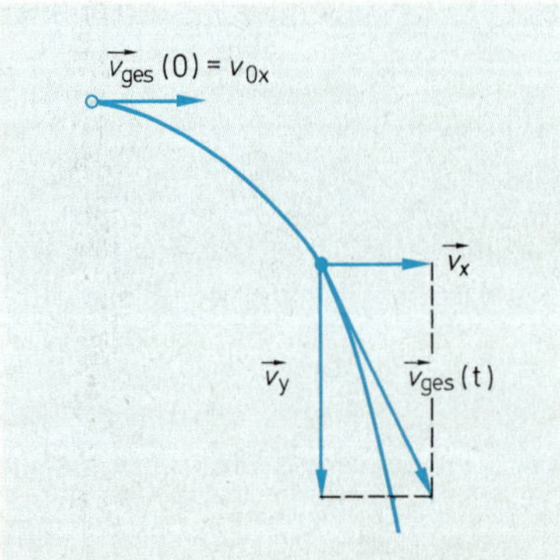

1 Gesamtgeschwindigkeit des Körpers aus den beiden Koordinaten

Die Gleichung für die Bahnkurve $y(x)$ erhält man, indem die Zeit aus den Koordinatengleichungen eliminiert wird.

Aus $x = v_{0x} \cdot t + x_0$ folgt $t = \frac{x - x_0}{v_{0x}}$. Nach Einsetzen in Gleichung (2) entsteht $y(x) = -\frac{g(x - x_0)^2}{2v_{0x}^2} + y_0$.

Das ist die Gleichung einer quadratischen Funktion. Die Bahn ist ein Parabelbogen.

Für die Bestimmung der **Wurfweite** $x_w - x_0$ lösen wir die Gleichung der Bahnkurve $y(x)$ nach x auf und setzen für y die Koordinate y_w des Auftreffpunktes ein.

Wurfweite $x_w - x_0 = v_{0x} \cdot \sqrt{\frac{2(y_0 - y_w)}{g}}$.

Beim waagerechten Wurf wächst die Wurfweite $x_w - x_0$ proportional zur Startgeschwindigkeit und mit der Wurzel aus der Höhe des Startpunktes über dem Auftreffpunkt.

Aus der Gleichung folgt auch, daß der Auftreffpunkt in gleicher Höhe wie der Startpunkt oder tiefer liegen muß.

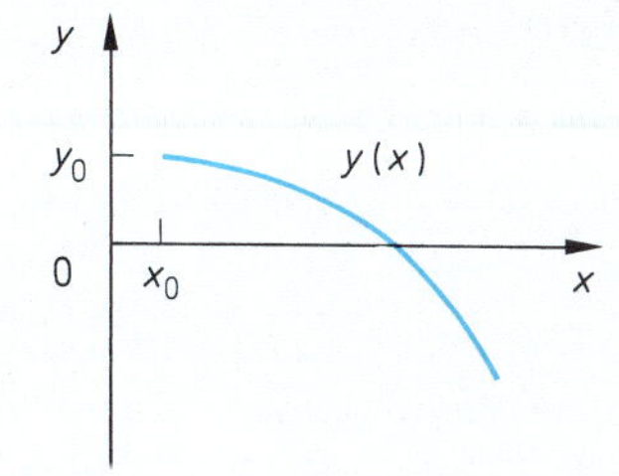

1

Wurfbahn im x-y-Koordinatensystem

Der schräge Wurf

Beim Löschen eines Brandes führen alle Wasserteilchen im Wasserstrahl eine Wurfbewegung aus. Dabei bildet die Anfangsrichtung des Wasserstrahls in der Regel mit der Horizontalen einen Winkel, der zwischen 0° und 90° liegt (Bild 2). Einen solchen Wurf nennt man schrägen Wurf.

Welchen Winkel muß das Strahlrohr mit der Horizontalen einschließen, damit der Wasserstrahl eine besonders große Weite erreicht? Zur mathematischen Beschreibung zerlegen wir die Anfangsgeschwindigkeit $\vec{v}_0$ in zwei Komponenten in Richtung der Koordinatenachsen. Wir erhalten für die Geschwindigkeitskoordinaten v_{0x} und v_{0y} entsprechend $v_{0x} = v_0 \cdot \cos\alpha$ und $v_{0y} = v_0 \cdot \sin\alpha$ (Bild 3).

Es gilt $v_0 = \sqrt{v_{0x}^2 + v_{0y}^2}$. Wegen der ungestörten Überlagerung der Teilbewegungen bleibt die Geschwindigkeitskoordinate in x-Richtung konstant. In y-Richtung erfolgt zusätzlich der freie Fall.

Somit erhält man für die beiden Geschwindigkeit-Zeit-Gesetze:

$$v_x(t) = v_0 \cdot \cos\alpha\,, \quad (3)$$

$$v_y(t) = -g \cdot t + v_0 \cdot \sin\alpha\,. \quad (4)$$

Der jeweilige Ort des Massepunktes kann mit folgenden Gleichungen berechnet werden:

$$x(t) = v_0 \cdot \cos\alpha \cdot t + x_0\,, \quad (5)$$

$$y(t) = -\frac{g}{2} \cdot t^2 + v_0 \cdot \sin\alpha \cdot t + y_0\,. \quad (6)$$

Aus diesen beiden Ort-Zeit-Gesetzen erhalten wir die Gleichung für die Bahnkurve $y(x)$. Wir lösen die Gleichung (5) nach t auf und setzen den Ausdruck in die Gleichung (6) ein.

2

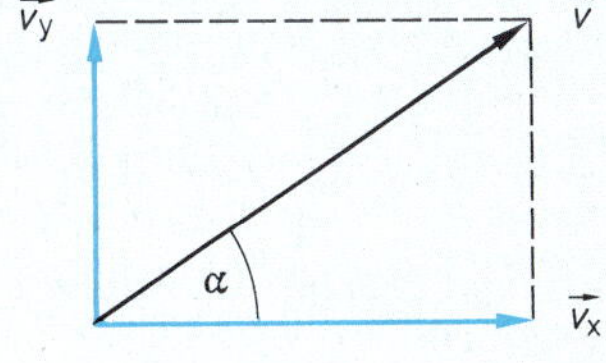

3

Geschwindigkeitskoordinaten

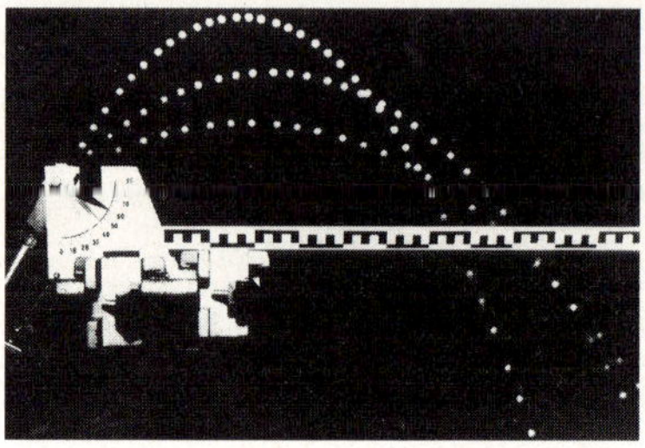
1

Wir erhalten $t = (x - x_0)/(v_0 \cdot \cos\alpha)$ und

$$y(x) = -\frac{g}{2}\,\frac{(x-x_0)^2}{v_0^2 \cdot \cos^2\alpha} + v_0 \cdot \sin\alpha\,\frac{(x-x_0)}{v_0 \cdot \cos\alpha} + y_0$$

$$y(x) = -\frac{g}{2}\,\frac{(x-x_0)^2}{v_0^2 \cdot \cos^2\alpha} + (x-x_0)\cdot\tan\alpha + y_0\,.$$

Die Bahnkurve beim schrägen Wurf ist eine *Parabel.*
Mit den Gleichungen (3) und (4) für die Geschwindigkeitskoordinaten können auch folgende Fragen beantwortet werden:
Wo befindet sich der Gipfelpunkt der Bahn?
Wie lange braucht der Körper bis zum Erreichen des Gipfelpunktes (Steigzeit)?
Wie groß ist die Wurfweite?
Der **Gipfelpunkt** ist erreicht, wenn $v_y(t) = 0$ ist. Aus dem Geschwindigkeit-Zeit-Gesetz (4) folgt damit $0 = -g \cdot t_m + v_0 \cdot \sin\alpha$.

Für die **Steigzeit t_m** erhält man $t_m = \dfrac{v_0 \cdot \sin\alpha}{g}$.

Mit diesem Wert für t_m ergeben sich die Koordinaten des Gipfelpunktes aus den Gleichungen (5) und (6):

$$x_m = v_0 \cdot \cos\alpha \cdot \frac{v_0 \cdot \sin\alpha}{g} + x_0 = \frac{v_0^2 \cdot \sin\alpha\cos\alpha}{g} + x_0\,.$$

Mit $\sin\alpha\cos\alpha = 1/2\sin 2\alpha$ erhalten wir

$$x_m = \frac{v_0^2 \cdot \sin 2\alpha}{2g} + x_0\,.$$

Für y_m erhält man analog $y_m = \dfrac{v_0^2 \cdot \sin 2\alpha}{2g} + y_0$.

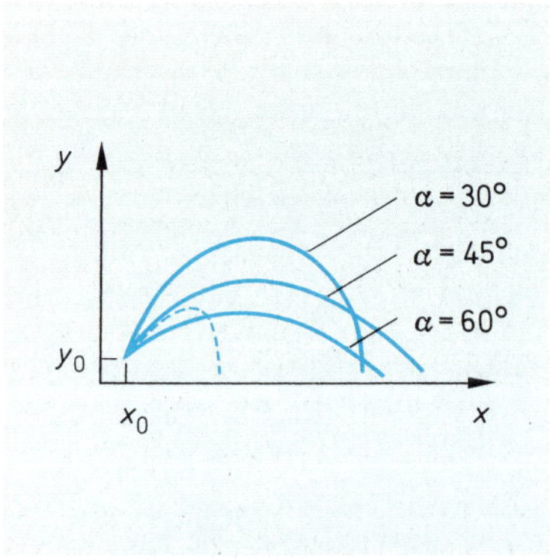

2
Wurfbahnen beim schrägen Wurf

Für die Berechnung der **Wurfweite** nehmen wir den einfachen Fall an, daß der Startpunkt bei $x_0 = 0$ und $y_0 = 0$ liegt. Aus der Bahngleichung folgt dann $x^2 - \dfrac{x \cdot v_0^2}{g} \cdot \sin 2\alpha = 0$.

Eine Lösung dieser quadratischen Gleichung ist $x = 0$. Diese Lösung entspricht dem vereinbarten Startpunkt. Aus der zweiten Lösung $x_w = (v_0^2/g)\cdot\sin 2\alpha$ folgt: Die Wurfweite nimmt quadratisch mit der Abwurfgeschwindigkeit zu. Der Faktor $\sin 2\alpha$ kann höchstens 1 werden, und zwar bei $2\alpha = 90°$, also bei $\alpha = 45°$. Mit gegebener Abwurfgeschwindigkeit ist bei einem Abwurfwinkel von 45° die Wurfweite am größten. Die Eigenschaft der Sinusfunktion bewirkt, daß Komplementwinkel beim Abwurf zu gleichen Wurfweiten führen. So wird beispielsweise beim Abwurf mit einem Winkel von 60° die gleiche Wurfweite erreicht wie mit einem Winkel von 30°.

**Beim schrägen Wurf mit $y_0 = 0$ ist die Wurfweite für einen Abwurfwinkel von $\alpha = 45°$ am größten.
Kleinere Wurfweiten können sowohl durch einen steileren als auch durch einen flacheren Wurf erreicht werden.**

Bisher haben wir die Luftreibung vernachlässigt. Das ist bei kleinen Geschwindigkeiten und schweren Wurfkörpern auch gerechtfertigt.
Unter dem Einfluß der Luftreibung sind die Wurfbahnen keine Parabeln, sondern ballistische Kurven.
Der senkrechte und der waagerechte Wurf sind Sonderfälle des schrägen Wurfes. Die bereits gewonnenen Gleichungen für den vertikalen und horizontalen Wurf folgen aus den Gleichungen des schrägen Wurfes mit $\alpha = 90^\circ$ bzw. $\alpha = 0^\circ$.
In der Forschung hat es sich bewährt, mit speziellen Fällen eines Problems zu beginnen und den allgemeinen Fall zum Schluß zu behandeln. Das Problem bleibt auf diese Weise überschaubar. Man kann schrittweise Methoden zur Lösung entwickeln und im ständigen Wechselspiel zwischen experimenteller Untersuchung und theoretischer Beschreibung vervollständigen.

Exkurs in die Geschichte

Umfangreiche Erörterungen über den Aufbau der Welt aus vier Grundelementen und dem Weltäther sowie über die Bewegung von Körpern sind uns vom griechischen Philosophen Aristoteles (384 bis 322 v. Chr.) überliefert worden. Nach seinen Vorstellungen bewegen sich die vorwiegend Erde und Wasser enthaltenden Körper ungleichförmig beschleunigt zur Weltmitte hin, während die luft- und feuerartigen Stoffe entsprechend aufsteigen. Die aus Äther bestehenden Gestirne sollten mit ihren zahlreichen Sphären ewig gleichförmig kreisen. Werden Körper entgegen ihren natürlichen Bewegungsrichtungen gewaltsam bewegt (erdehaltige Körper beispielsweise nach oben), so sollte ihre Bewegung in Abhängigkeit vom Gewicht bezüglich des Mediums, in dem sie bewegt werden, und ihrer Beschaffenheit, immer langsamer werden. Das Medium, in dem sich ein Körper bewegt, hat für Aristoteles nicht nur bremsende, sondern es hat auch transportierende Eigenschaften. Bewegung ohne ständigen Kontakt mit einem Medium war für ihn undenkbar. Daher lehnte er auch die Existenz des absolut leeren Raumes, des Vakuums, ab.
Über viele Jahrhunderte hinweg blieben diese Vorstellungen gültige Lehrmeinung.
Erst im Mittelalter begann man, diese Vorstellungen kritisch zu sehen. Das hing z. B. mit der Entwicklung der Feuerwaffen zusammen. Beispielsweise schrieb der italienische Rechenmeister Targalia (1499 bis 1557) in seiner Schrift *„Nova Scientia“*, daß die größte Schußweite mit Feuerwaffen bei einem Winkel von 45° erreicht würde. In einem späteren Werk führte er erstmalig die Konstruktion einer Wurfbahn aus Kreisen und Geraden vor.
Galilei verdanken wir die noch heute gebräuchlichen klaren Vorstellungen und Begriffe über die Fallbewegungen. Er erkannte die große Bedeutung des physikalischen Experiments und gliederte die Mechanik als Wissenschaftszweig in die Physik ein.
Galilei fand die Fallgesetze (in moderner Schreibweise) $v = g \cdot t$ und $s = \frac{g}{2} \cdot t^2$.

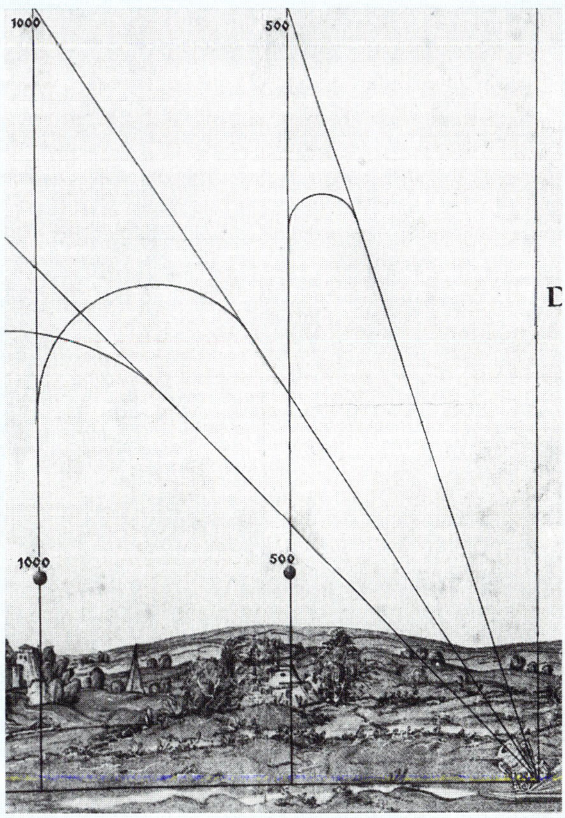

1

Exkurs in die Technik

Im Sport finden wir vielfältige Wurfbewegungen. Bei vielen Sportarten besteht das Ziel darin, eine möglichst große Wurfweite zu erreichen. Dazu sind nicht nur eine große Kraft und ein schneller Bewegungsablauf erforderlich. Auch eine bestimmte Technik gehört dazu. Will der Sportler Rekordleistungen erzielen, dann muß er versuchen, die dabei wirksamen physikalischen Gesetze optimal zu nutzen. Dabei weist jede Sportart eine gewisse Spezifik auf.

Kugelstoßen. Beim schrägen Wurf tritt die größte Wurfweite auf, wenn der Abwurf unter einem Winkel von 45° gegenüber der Horizontalen erfolgt. Das gilt allerdings nur dann, wenn Abwurf- und Auftreffpunkt auf der gleichen Höhe liegen. Beim Kugelstoßen verläßt die Kugel die stoßende Hand jedoch in einer Höhe, die die Körpergröße des Sportlers übersteigt. Damit sie auf eine optimale Wurfbahn gelangt, muß der Winkel kleiner als 45° sein.

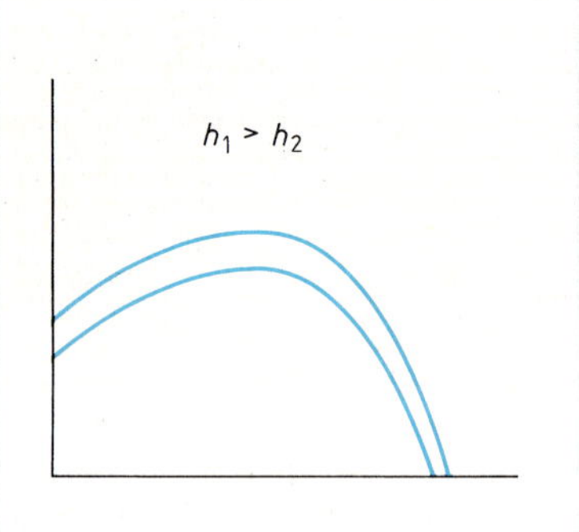

1

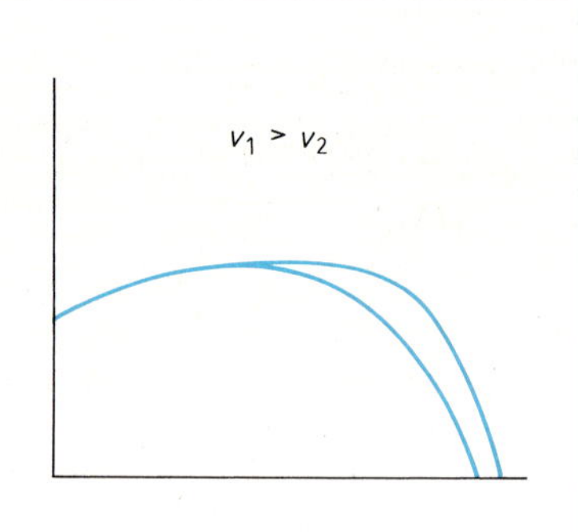

2

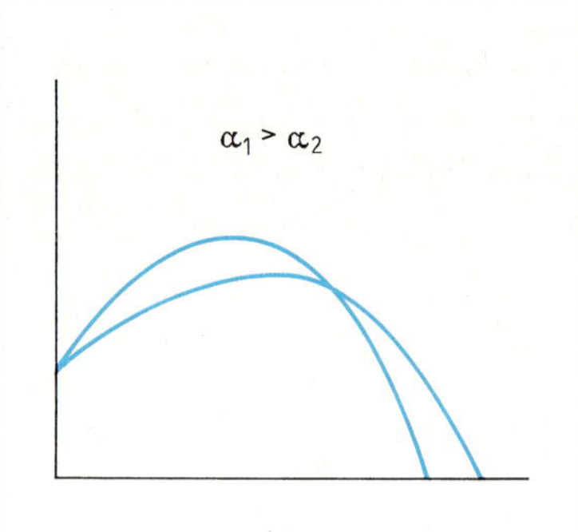

3

Die Wurfweite ist umso größer, je größer die Abwurfhöhe h über dem Erdboden, die Anfangsgeschwindigkeit v der Kugel und je günstiger der Abwurfwinkel α ist.

Diskuswerfen. Beim Diskuswerfen übt die Luft einen wesentlichen Einfluß auf die Diskusscheibe aus. Beim Werfen wird sie in Drehbewegung versetzt. Während des Wurfes behält die Drehachse ihre räumliche Lage wie ein Kinderkreisel bei. Dadurch verhält sich die Scheibe auf dem absteigenden Ast ihrer Bahnkurve wie der Tragflügel eines Flugzeugs. Durch den Auftrieb sinkt der Diskus langsamer zu Boden als die Kugel beim Kugelstoßen. Dadurch fliegt er weiter, als die Wurfparabel reicht (Bild 4). Ein großer Anstellwinkel der Diskusscheibe hätte im zweiten Teil des Fluges einen zu großen Luftwiderstand zur Folge. Deshalb wird die Scheibe mit einem Winkel abgeworfen, der kleiner als 45° ist.

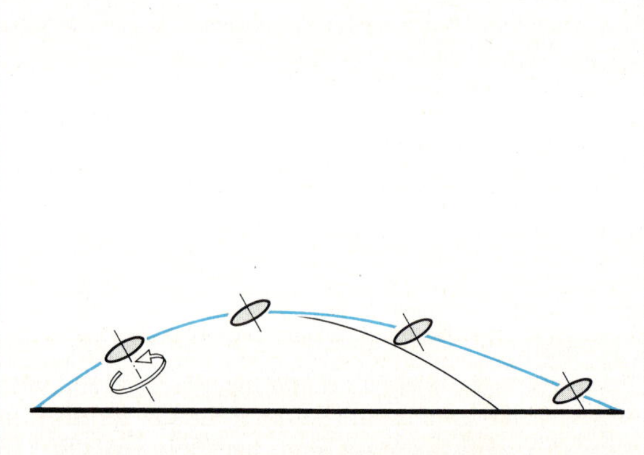

4

Speerwerfen. Auch der fliegende Speer behält in der ersten Hälfte des Fluges weitgehend seinen Winkel gegenüber der Erdoberfläche bei. Dadurch erfährt er zunehmend einen Auftrieb. Er ist im Bereich seiner größten Flughöhe am stärksten. Dadurch fliegt der Speer ebenfalls weiter, als nach den Wurfgesetzen zu erwarten wäre.

5

Gewußt? Erkannt? Gekonnt?

1. Mit einem Federwurfgerät wird eine kleine Stahlkugel senkrecht nach oben geschossen. Sie steigt von der Mündung bis zu einem 2,0 m darüber liegenden Gipfelpunkt. Berechnen Sie die Steigzeit und die Geschwindigkeit, mit der die Kugel gestartet wurde!
2. Ein Beobachter, der sich im 4. Stock eines Hauses in der Höhe $h = 12$ m befindet, bekommt einen Ball von unten zugeworfen. Der Ball fällt jedoch 2 m unterhalb von ihm wieder herunter. Zeichnen Sie das x-t-, v-t- und a-t-Diagramm vom Standpunkt des Beobachters aus (Koordinatenursprung beim Beobachter)!
3. Zwei Kugeln A und B werden zur gleichen Zeit aus einer Höhe von 1,5 m freigegeben. Während A aus dem Zustand der Ruhe startet, wurde B eine waagerecht gerichtete Anfangsgeschwindigkeit von $2{,}0\ \mathrm{m \cdot s^{-1}}$ erteilt.
   Ermitteln Sie Auftreffort und Flugzeit der beiden Kugeln und zeichnen Sie maßstäblich die Bahnen!
4. Ein Ball soll von einem Startpunkt so in eine 6,0 m entfernte und 1,5 m über dem Startpunkt gelegene Öffnung geworfen werden, daß er dort waagerecht ankommt. Wie groß müssen Abwurfgeschwindigkeit und Abwurfwinkel gewählt werden?

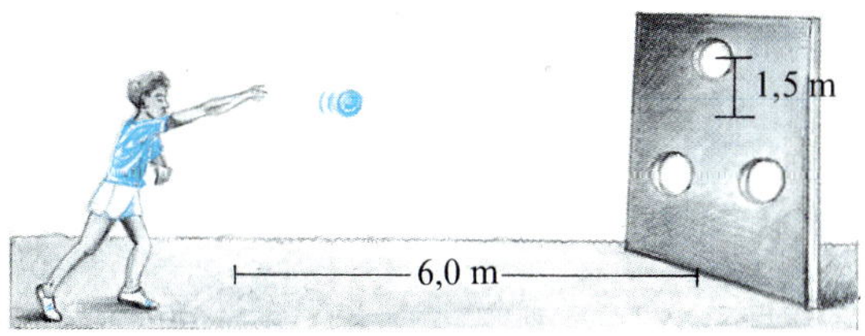

1

Zusammenfassung

Der senkrechte Wurf
($g = 9{,}81\ \mathrm{m \cdot s^{-2}}$, beim Wurf nach oben $v_{0y} > 0$, beim Wurf nach unten $v_{0y} < 0$, beim freien Fall $v_{0y} = 0$)

Ort-Zeit-Gesetz

$$y(t) = -\frac{g}{2} \cdot t^2 + v_{0y} \cdot t + y_0$$

Geschwindigkeit-Zeit-Gesetz

$$v_y(t) = -g \cdot t + v_{0y}$$

Beschleunigung-Zeit-Gesetz

$$a_y(t) = -g$$

Steighöhe (Ortskoordinate des Gipfelpunktes)

$$y_m = \frac{v_{0y}^2 \cdot \sin 2\alpha}{2g} + y_0$$

Steigzeit $t_1 = \dfrac{v_{0y}}{g}$

Der waagerechte Wurf
Ort-Zeit-Gesetz

$$x(t) = v_{0x} \cdot t + x_0 \quad \text{und} \quad y(t) = -\frac{g}{2} \cdot t^2 + y_0$$

Gleichung für die Bahnkurve

$$y(x) = -\frac{g(x - x_0)^2}{2v_{0x}^2} + y_0$$

Die Bahn ist eine Parabel. Der Startpunkt liegt im Scheitelpunkt der Parabel.

Wurfweite

$$x_w - x_0 = v_{0x} \cdot \sqrt{\frac{2(y_0 - y_w)}{g}}\ .$$

Geschwindigkeit-Zeit-Gesetz

$$v_x = v_{0x} \quad \text{und} \quad v_y = -g \cdot t$$

Beschleunigung-Zeit-Gesetz

$$a_x = 0 \quad \text{und} \quad a_y = -g$$

Der schräge Wurf
Ort-Zeit-Gesetz

$$x(t) = v_0 \cdot t \cdot \cos\alpha + x_0$$

$$y(t) = -\frac{g}{2} \cdot t^2 + v_0 \cdot t \cdot \sin\alpha + y_0$$

Geschwindigkeit-Zeit-Gesetz

$$v_x(t) = v_0 \cdot \cos\alpha \quad \text{und} \quad v_y(t) = -g \cdot t + v_0 \cdot \sin\alpha$$

Beschleunigung-Zeit-Gesetz

$$a_x(t) = 0 \quad \text{und} \quad a_y(t) = -g$$

Gleichung für die Bahnkurve

$$y(x) = -\frac{g}{2}\,\frac{(x - x_0)^2}{v_0^2 \cdot \cos^2\alpha} + (x - x_0) \cdot \tan\alpha + y_0$$

Die Bahn ist eine Parabel. Der Gipfelpunkt ist der Scheitelpunkt der Parabel.
Liegt der Auftreffpunkt in gleicher Höhe wie der Startpunkt, so ist für $\alpha = 45°$ die Wurfweite maximal.

3 Dynamik der geradlinigen Bewegung

Wasserski ist ein sehr attraktiver Sport. Von einem Motorboot gezogen, gleitet der Sportler über die Wasseroberfläche (Bild 1). Obwohl die Gewichtskraft wirkt, taucht er nur wenig ins Wasser ein. Warum gleitet er auf der Wasseroberfläche? Warum sinkt er tiefer, wenn das Boot langsamer fährt? Welche Kräfte wirken auf den Wassersportler?
Die Dynamik, mit der wir uns in diesem Kapitel beschäftigen wollen, gibt auf diese Fragen eine Antwort.

1

Kraft

Sie kennen bereits die Gewichtskraft $F_G = m \cdot g$,
die Federkraft $F = k \cdot x$ und die Reibungskräfte $F_R = \mu \cdot F_N$.
Über die physikalische Größe Kraft wissen Sie bereits:
- Die Kraft gibt an, wie stark ein Körper auf einen anderen Körper einwirkt.
- Die Kraft ist eine vektorielle Größe. Sie ist durch die Angabe von Betrag und Richtung eindeutig charakterisiert.
- Die Einheit der Kraft ist das Newton (N).

Obwohl die Kraft eine wichtige physikalische Größe ist, wurde für sie im Internationalen Einheitensystem (SI) keine Basiseinheit vereinbart. Man hatte früher nebeneinander mehrere Einheitensysteme, in denen für die Mechanik neben Einheiten der Länge und der Zeit jeweils Einheiten der Masse bzw. der Kraft existierten. Um die Anzahl der Basiseinheiten gering zu halten, hat man im SI für die Mechanik als Basiseinheiten das Meter (m), das Kilogramm (kg) und die Sekunde (s) festgelegt.
Die Einheit für die Kraft wird von diesen Basiseinheiten abgeleitet. Da die Körper – je nach ihrer Masse – unterschiedlich stark von der Erde angezogen werden, gilt annähernd:
1 N ist die Gewichtskraft eines Körpers mit der Masse von 0,102 kg.
Als Meßapparaturen für die Kraft eignen sich Federkraftmesser, wobei die Längenänderung x der Feder proportional zur angreifenden Kraft F ist. Das Verhältnis von Kraft und Längenänderung wird als Direktionsgröße D, bisher als Federkonstante k bezeichnet. Sie kennzeichnet die Härte der Feder und hängt vom Material und von den Abmessungen der Feder ab: $F = D \cdot x$.

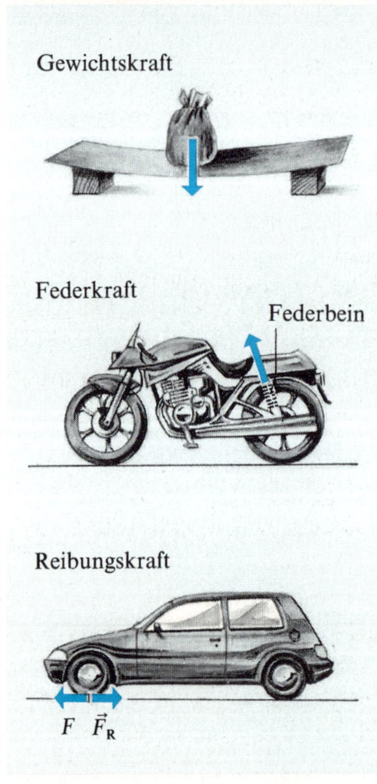

2

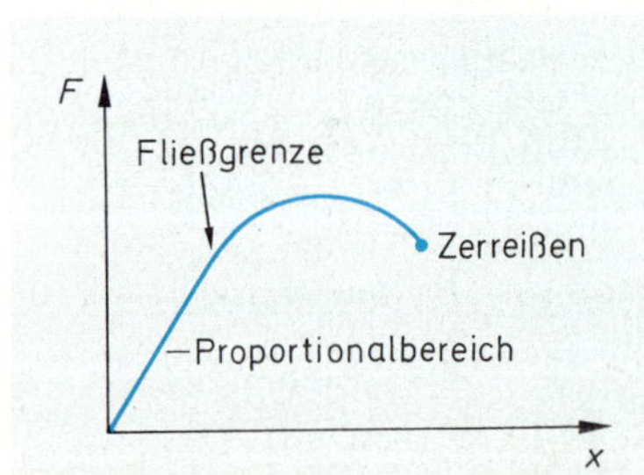

3

Kraft-Längenänderung-Diagramm einer Schraubenfeder

Kraft als Vektor

Die Kraft ist eine vektorielle Größe und wird durch einen Pfeil veranschaulicht. Dabei gibt die Pfeillänge den Betrag der Kraft und die Richtung des Pfeiles die Richtung der Kraft an.
Obwohl Kräfte in alle Richtungen wirken können, wollen wir uns in unseren Betrachtungen auf Kräfte in einer Ebene beschränken.
Greifen an einem Punkt gleichzeitig mehrere Kräfte an, so gilt:

Kräfte, die gemeinsam an einem Körper angreifen, überlagern sich ungestört.

Jede Kraft wirkt so, als ob die anderen Kräfte nicht vorhanden wären. Den Pfeil für die resultierende Kraft findet man durch Aneinandersetzen der einzelnen Kraftpfeile. Dabei dürfen die einzelnen Pfeile längs ihrer Wirkungslinien und parallel verschoben werden. Die Reihenfolge ist wegen der ungestörten Überlagerung beliebig.
Umgekehrt kann ein gegebener Kraftvektor $\vec{F}$ in Komponenten, z. B. $\vec{F}_x$ und $\vec{F}_y$, bezüglich vorgegebener Richtungen zerlegt werden (Bild 3b).
Man kann die Richtung der Vektoren mit Hilfe der Winkel erfassen. Dadurch wird neben dem grafischen Lösen von Aufgaben ein rechnerisches Lösen möglich. In dem im Bild 2 gezeigten Beispiel kann man den Betrag der resultierenden Kraft F_R aus den Kräften F_1 und F_2 berechnen, weil der Winkel α zwischen den beiden Kräften bekannt ist.

1
Die Zugkräfte der Tiere addieren sich.

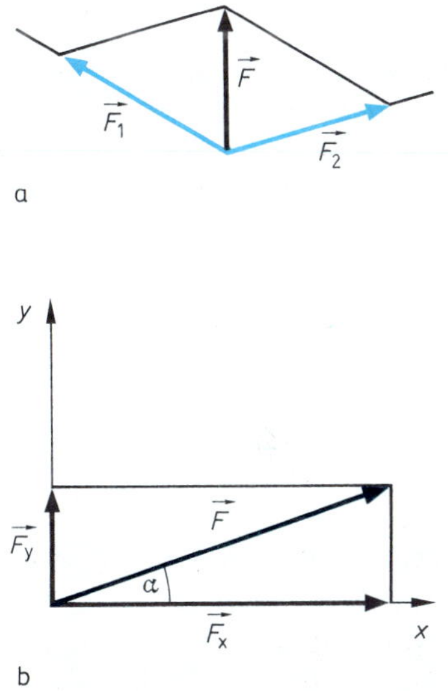

3
a) Addition von Kräften, b) Zerlegung einer Kraft in Komponenten

Aufgabe 1
Zwei Hunde ziehen einen Schlitten, wobei die Vektoren ihrer Zugkräfte einen Winkel $\alpha = 30°$ bilden. Wie groß ist die am Schlitten angreifende resultierende Kraft?

Gesucht: F_R
Gegeben: $F_1 = 15$ N
$F_2 = 10$ N
$\alpha = 30°$

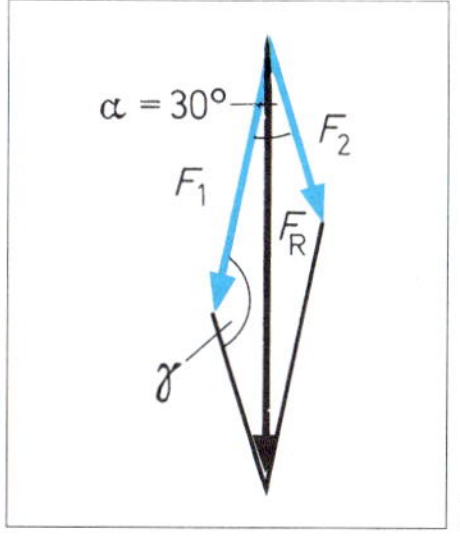

2

Lösung:
Mit dem Kosinussatz gilt:

$$F_R^2 = F_1^2 + F_2^2 - 2F_1F_2 \cdot \cos\gamma$$

$$\gamma = (360° - 2 \cdot 30°):2 = 150°$$

$$F_R = \sqrt{225 + 100 - 2 \cdot 15 \cdot 10 \cdot \cos 150°}\ \text{N}$$

$$F_R = 24\ \text{N}$$

Ergebnis: Die resultierende Kraft beider Hunde beträgt 24 N.

Gut läßt sich mit Vektoren rechnen, wenn sie in einem (ebenen) kartesischen Koordinatensystem gegeben sind.
Ein Kraftvektor, z. B. $\vec{F}_1$, ist in diesem Koordinatensystem durch seine beiden Koordinaten eindeutig bestimmt. Der Vektor $\vec{F}_1$ kann aus den mit den jeweiligen Koordinaten multiplizierten Einheitsvektoren zusammengesetzt werden: $\vec{F}_1 = F_{1x} \cdot \vec{e}_x + F_{1y} \cdot \vec{e}_y$.
Die Vektoren können auch durch ihre Koordinaten dargestellt werden:

$$\vec{F}_1 = (F_{1x}; F_{1y}).$$

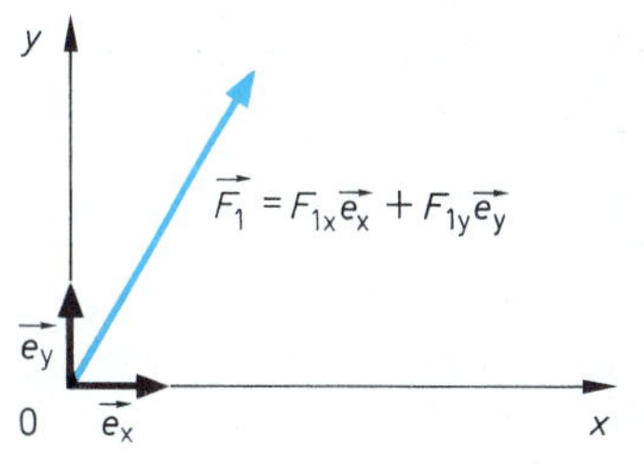

4
Vektoren im kartesischen Koordinatensystem

Aufgabe 2
Das in Aufgabe 1 dargestellte Problem soll jetzt im kartesischen Koordinatensystem gelöst werden.

Gesucht: Koordinaten von F_R
Betrag von F_R
Gegeben: $F_1 = (11{,}75\ \text{N}; 9{,}5\ \text{N})$
$F_2 = (9{,}75\ \text{N}; 1{,}5\ \text{N})$

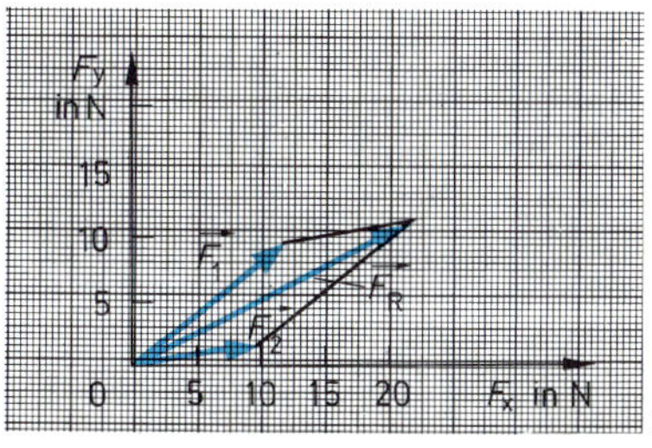

5

Lösung:
Den Vektor der resultierenden Kraft findet man in besonders einfacher Weise, indem die Summen der gleichartigen Koordinaten gebildet werden.

$\vec{F}_R = \vec{F}_1 + \vec{F}_2$ $\qquad F_R = \sqrt{F_x^2 + F_y^2}$

$\vec{F}_R = (F_{1x} + F_{2x}; F_{1y} + F_{2y})$ $\qquad F_R = \sqrt{21{,}5^2 + 11^2}\ \mathrm{N}$

$\underline{\underline{\vec{F}_R = (21{,}5\ \mathrm{N}, 11\ \mathrm{N})}}$ $\qquad \underline{\underline{F_R = 23{,}7\ \mathrm{N}}}$

Ergebnis: Die Resultierende der beiden gegebenen Kräfte hat die Vektordarstellung $\vec{F}_R = 21{,}5\ \mathrm{N}\ \vec{e}_x + 11\ \mathrm{N}\ \vec{e}_y$ und den Betrag $F_R = 24$ N.

Trägheitsgesetz

Wenn sich ein Schlittschuhläufer auf dem Eis befindet und keine Kraft zur Fortbewegung ausübt, so ist die Summe aller angreifenden Kräfte Null. Die Gewichtskraft wird durch die Gegenkräfte des Eises kompensiert. Unter welchen Bedingungen ruht er bzw. bewegt er sich?
Der beschriebene Sachverhalt soll experimentell untersucht werden. Bei einer horizontalen Luftkissenbahn liegen die gleichen Bedingungen vor. Hier wirkt der Gewichtskraft des Schwebekörpers die Kraft des Luftpolsters entgegen (Bild 1). Die Gleitreibung beim Schlittschuhläufer und die Luftreibung beim Schwebekörper sind so gering, daß sie vernachlässigt werden sollen.

Experiment 1
Auf einer horizontalen Luftkissenbahn befindet sich ein Schwebekörper. Es wird ein Luftpolster erzeugt und die Bewegung des Schwebekörpers beobachtet.
Der Schwebekörper wird etwas angehoben, bewegt sich aber nicht in Bahnrichtung.
Auf den Schwebekörper wird nun kurzzeitig in Bahnrichtung eine Kraft ausgeübt. Nach dem Anstoßen bewegt er sich mit konstanter Geschwindigkeit.

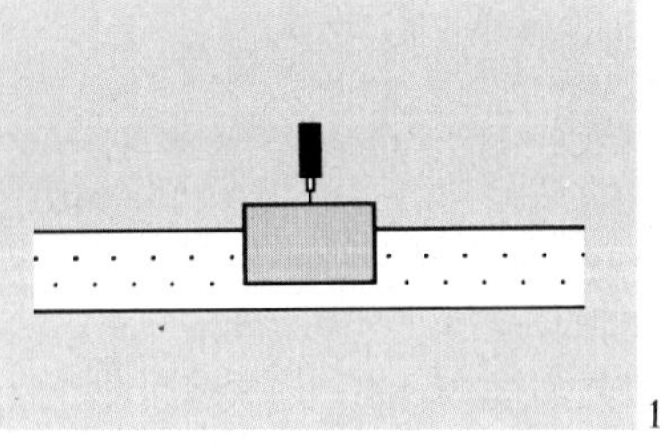
1

Der Bewegungszustand des Körpers ändert sich erst wieder, wenn er auf den Anschlag am Ende der Bahn aufprallt.

Experiment 2
Auf einem Experimentierwagen wird ein waagerechtes Brett mit glatter Oberfläche befestigt und darauf ein kleiner, leicht beweglicher Wagen gestellt (Bild 2). Der große Wagen wird mit einem Faden schnell in Bewegung versetzt. Der kleine Wagen bleibt gegenüber dem Experimentiertisch nahezu in Ruhe.

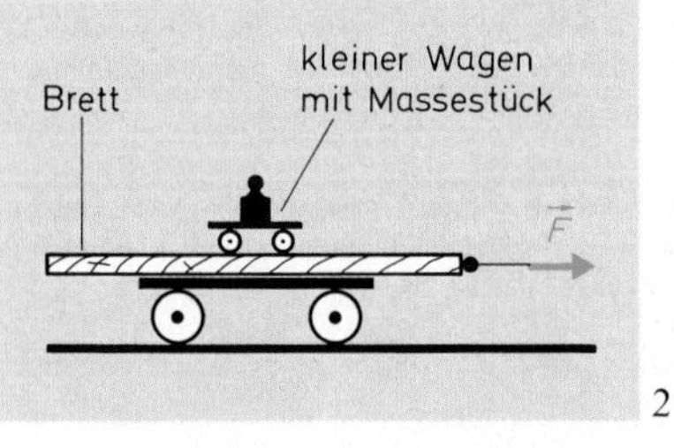

2

Wegen der geringen Rollreibung wird auf den oberen Wagen (fast) keine Kraft übertragen. Deshalb ändert sich sein Bewegungszustand nicht.
Aus diesen beiden und vielen weiteren Experimenten kann folgender Schluß gezogen werden:

Newtonsches Trägheitsgesetz: Ein Körper bleibt im Zustand der Ruhe oder der geradlinig gleichförmigen Bewegung, solange keine Kraft auf ihn einwirkt.

Will man den Zustand der Ruhe oder der geradlinig gleichförmigen Bewegung ändern, so ist eine Kraft erforderlich.
Soll ein Zug auf einem horizontalen Gleis in Bewegung versetzt werden, muß die Lokomotive eine Kraft ausüben. Soll der fahrende Zug wieder halten, so muß durch die Bremsen eine Kraft auf den Zug übertragen werden. Ohne die Kraft der Lokomotive bleibt der Zug in Ruhe oder bewegt sich geradlinig gleichförmig. Das trifft auch für den Wassersportler zu, solange er sich mit einer konstanten Geschwindigkeit $\vec{v}$ bewegt. Der Summe $\vec{F}_1$ aus Seilkraft $\vec{F}_S$ und Gewichtskraft $\vec{F}_G$ wirkt eine von den (schrägstehend) durchs Wasser gleitenden Ski ausgehende Kraft $\vec{F}_2$ entgegen (Bild 1). Es gilt $\vec{F}_1 + \vec{F}_2 = \vec{0}$.

1 Kräftebilanz beim Wasserski

Inertialsysteme

Bei den bisherigen Betrachtungen stützten wir uns auf ein Bezugssystem, das mit der Erde verbunden ist. Als Fahrgäste einer Bahn benutzen wir spontan ein Bezugssystem, das mit der bewegten Bahn verbunden ist. Man kann verschiedene Bezugssysteme wählen. Sind alle gleichwertig?
Eine Straßenbahn bewege sich gegenüber der Straße geradlinig gleichförmig. Sie stehen in dieser Bahn und brauchen sich nicht festzuhalten. Bezüglich der Straßenbahn sind Sie im Zustand der Ruhe. Bezogen auf die Straße befinden Sie sich im Zustand der geradlinig gleichförmigen Bewegung.
Da Ihre Gewichtskraft vom Wagenboden kompensiert wird, ist die Summe aller auf Sie einwirkenden Kräfte Null.
Plötzlich bremst die Bahn stark. Sie werden nach vorn geschleudert. Im Bezugssystem der bremsenden Bahn bewegen Sie sich beschleunigt nach vorn. Somit wirkt in diesem Bezugssystem auf Sie eine Kraft. Gegenüber der Straße bleibt ihr Körper weiterhin im Zustand der geradlinig gleichförmigen Bewegung. Auf ihn wirkt in diesem Bezugssystem also keine Kraft. Es gilt das Trägheitsgesetz.

Ein Bezugssystem heißt Inertialsystem, wenn in ihm das Trägheitsgesetz und die übrigen Gesetze der Newtonschen Mechanik gelten.

Das Bezugssystem Straße ist ein Inertialsystem (lat. inertia – Trägheit). Das Bezugssystem Straßenbahn ist nur solange ein Inertialsystem, wie die Bahn steht oder sich geradlinig gleichförmig bewegt. Wenn die Bahn bremst, ist das Bezugssystem Straßenbahn kein Inertialsystem mehr. Die in diesem System auf den Körper wirkende Kraft nennt man Trägheitskraft. Von Trägheitskräften spricht man nur, wenn der Vorgang von einem Bezugssystem aus betrachtet wird, das sich gegenüber einem Inertialsystem beschleunigt bewegt. Die Einführung der Trägheitskräfte ermöglicht, auch in beschleunigten Bezugssystemen die Newtonschen Gesetze der Mechanik anzuwenden.

2 Bremsen der Straßenbahn von verschiedenen Bezugssystemen aus

Grundgesetz der Mechanik

An einer Straßenkreuzung stehen mehrere Autos nebeneinander. Die Ampel schaltet auf grün. Die Autos beschleunigen unterschiedlich stark. Die Pkw mit leistungsstarken Motoren und damit großer Antriebskraft erreichen die größten Beschleunigungen. Bei Lkw mit etwa gleicher Motorleistung ist die Beschleunigung wesentlich kleiner. Das ist auf ihre größere Masse zurückzuführen.
Welcher Zusammenhang besteht zwischen Beschleunigung, Kraft und Masse? Wir wollen zunächst untersuchen, wie die Beschleunigung eines Körpers von der Kraft abhängt.

1

Experiment 3
Ein Wagen steht auf einer horizontalen Ebene. Er kann durch die Gewichtskraft eines Massestückes beschleunigt werden. Sie wirkt an einem dünnen Faden über eine Umlenkrolle und kann an einem Federkraftmesser abgelesen werden. Die Beschleunigung wird elektronisch gemessen.
Wird der Wagen losgelassen, so bewegt er sich beschleunigt. Der Beschleunigungsmesser zeigt während des gesamten Bewegungsablaufes einen konstanten Wert. Also ist die Bewegung gleichmäßig beschleunigt.

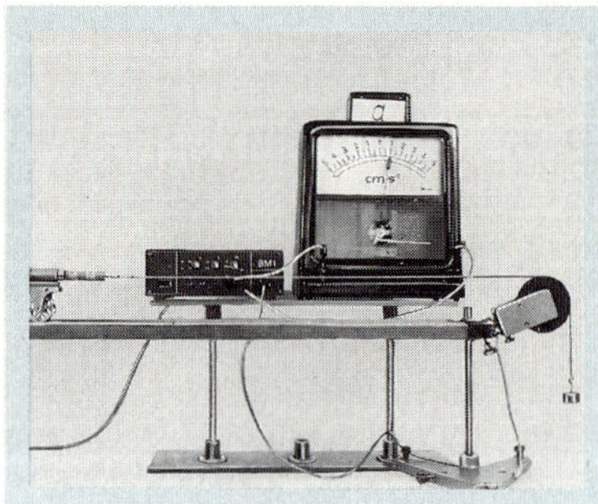
2

Das Experiment wird mit verschiedenen Gewichtskräften wiederholt. Die Tabelle zeigt die Meßergebnisse.

Meßwerttabelle

F in N	0,1	0,2	0,3	0,4	0,5
a in $\mathrm{m \cdot s^{-2}}$	0,32	0,63	0,90	1,17	1,42

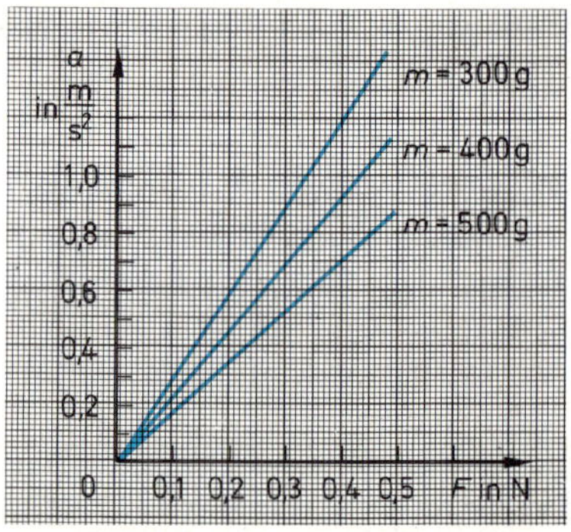

3
a-*F*-Diagramm

Anschließend wird die Masse des Wagens verdoppelt und verdreifacht, und es wird erneut gemessen.
Im Beschleunigung-Kraft-Diagramm wurden die Meßwertpaare aller Teilexperimente grafisch dargestellt. Die Graphen sind Geraden, die durch den Koordinatenursprung gehen. Es gilt:

Die Kraft ist der Beschleunigung proportional. $a \sim F$

Die Geraden unterscheiden sich in ihrem Anstieg. Er ist umso kleiner, je größer die Masse des Wagens ist. Der Anstieg ist offenbar ein Maß für die Masse des Wagens. Berechnet man den Zahlenwert des Anstiegs der Graphen, so ergibt sich für ihn annähernd der Zahlenwert der Wagenmasse. Wir erkennen, daß Kraft, Masse und Beschleunigung miteinander zusammenhängen.
Newton faßte alle Erfahrungen über die Bewegung der Massepunkte und deren Ursachen in seinem **Grundgesetz der Mechanik** zusammen.

Newtonsches Grundgesetz der Mechanik $\vec{F} = m \cdot \vec{a}$

Mit dem Grundgesetz erhalten wir die Einheit für die Kraft aus den SI-Einheiten kg, m und s.
Zu Ehren von Newton wurde festgelegt:

Ein Newton (1 N) ist die Kraft, die einem Körper mit der Masse 1 kg die Beschleunigung 1 m · s⁻² erteilt. $1\,\mathrm{N} = 1\,\frac{\mathrm{kg \cdot m}}{\mathrm{s^2}}$

Das Grundgesetz der Mechanik stellt den Zusammenhang zwischen den Größen der Dynamik (Kraft) und der Kinematik (Beschleunigung) her. Kennt man für einen bestimmten Fall die Summe aller angreifenden Kräfte (die resultierende Kraft), ist es möglich, jede Aufgabe zur Bewegung des Körpers zu lösen.
Sind die Vektoren $\vec{F}$ und $\vec{a}$ in einem kartesischen Koordinatensystem gegeben, so folgen aus dieser Vektorgleichung drei skalare Gleichungen bezüglich der Koordinaten: $F_x = m \cdot a_x$, $F_y = m \cdot a_y$ und $F_z = m \cdot a_z$.

Aufgabe
Welche Beschleunigung erfährt ein Skifahrer ($m = 65$ kg) auf einem Hang mit 12% Gefälle ($\alpha = 7°$)? Wie groß ist seine Geschwindigkeit nach 10 gefahrenen Metern höchstens?

Gesucht: a, v

Gegeben: $\alpha = 7°$, $s = 10$ m

Lösung:

$$F = F_H = F_G \cdot \sin\alpha$$
$$m \cdot a = m \cdot g \cdot \sin\alpha$$
$$a = g \cdot \sin\alpha$$
$$a = 9{,}81\ \text{m} \cdot \text{s}^{-2} \cdot \sin 7°$$
$$\underline{\underline{a = 1{,}17\ \text{m} \cdot \text{s}^{-2}}}$$

$$v = \sqrt{2 \cdot a \cdot s}$$
$$v = \sqrt{2 \cdot 1{,}17\ \text{m} \cdot \text{s}^{-2} \cdot 10\ \text{m}}$$
$$\underline{\underline{v = 4{,}8\ \text{m} \cdot \text{s}^{-1} = 17{,}4\ \text{km} \cdot \text{h}^{-1}}}$$

Ergebnis: Der Skifahrer erfährt eine Beschleunigung von $1{,}17\ \text{m} \cdot \text{s}^{-2}$ und erreicht nach 10 m maximal eine Geschwindigkeit von $17{,}4\ \text{km} \cdot \text{h}^{-1}$.

Wechselwirkungsgesetz

Nach dem Startschuß zum 100-m-Lauf üben die Athleten mit ihrer Beinmuskulatur eine große Kraft auf die Laufbahn aus. Als Gegenkraft des Bahnbelages wirkt die Haftreibung. Dadurch bewegen sie sich beschleunigt vorwärts. Auf einer Eisbahn fehlt eine ausreichend große Gegenkraft. Dort würden sie am Ort bleiben und bei einem derartigen Startversuch stürzen.
In welchem Verhältnis stehen Kraft und Gegenkraft?

1
Start zum 100-m-Lauf

Experiment 4
Zwei Schüler mit etwa gleicher Masse stehen zunächst auf ihren Skateboards, etwa 2 m voneinander entfernt. Die Skateboards sind so ausgerichtet, daß sie sich längs derselben Geraden bewegen können. Beide Schüler halten jeweils einen Federkraftmesser in der Hand. Die Federkraftmesser sind durch ein Seil verbunden. Die Schüler ziehen einzeln nacheinander, danach beide zugleich.

2

Wir beobachten: In jedem Falle bewegen sich die Schüler beschleunigt aufeinander zu und treffen sich etwa in der Mitte. Beide Federkraftmesser zeigen den gleichen Betrag der Kraft an.

Ein solches wechselseitiges Einwirken tritt auch in vielen anderen Zusammenhängen auf (Bild 1).

Newtonsches Wechselwirkungsgesetz:
Wirkt ein Körper 1 auf einen Körper 2 mit der Kraft $\vec{F}_{1,2}$, so wirkt der Körper 2 auf den Körper 1 mit der Gegenkraft $\vec{F}_{2,1}$.

$$\vec{F}_{1,2} = -\vec{F}_{2,1}$$

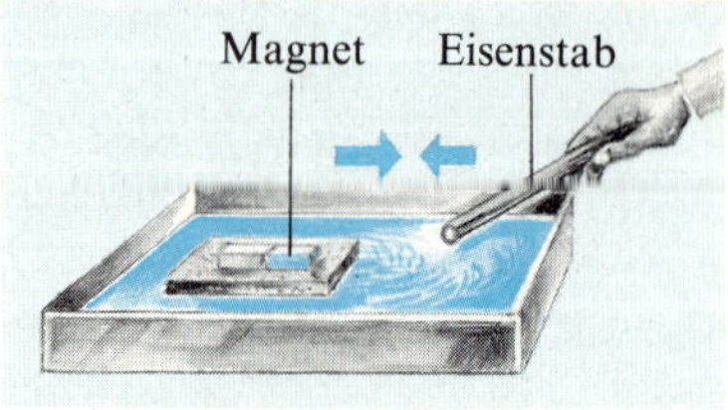

1
Schwimmender Magnet und Eisenstab nach ISAAC NEWTON.

Dieses Wechselwirkungsgesetz wird häufig kurz als *Prinzip von actio und reactio* bezeichnet.
Das Experiment zeigt, daß Kraft und Gegenkraft an zwei verschiedenen Körpern angreifen. Das Prinzip actio gleich reactio darf nicht mit dem Kräftegleichgewicht verwechselt werden. Hierbei greifen an einem Körper zwei Kräfte an, die zu zwei verschiedenen Wechselwirkungen gehören. Diese haben den gleichen Betrag, aber entgegengesetzte Richtung und heben sich deshalb in ihrer Wirkung auf.
Kommt beispielsweise ein Heißluftballon bei ruhigem Wetter nach einer Steigphase in einer bestimmten Höhe (relativ zur Erdoberfläche) zur Ruhe, dann gilt für diesen Zustand:
1. Wechselwirkung: Der Ballon wird mit der Gewichtskraft $F_G = m \cdot g$ von der Erde angezogen. Diese Gewichtskraft ist zum Erdmittelpunkt hin gerichtet und folgt aus der Wechselwirkung Erde – Ballon.
2. Wechselwirkung: Auf den Ballon wirkt die nach oben gerichtete Auftriebskraft F_A als Folge der Wechselwirkung Luft – Ballon. (Die Luft steht wiederum in Wechselwirkung mit der Erde).
Das Kräftegleichgewicht folgt daraus, daß die Kräfte aus den Wechselwirkungen 1 (F_G) und 2 (F_A) gleichen Betrag, aber entgegengesetzte Richtung haben. Deshalb bleibt der Ballon in Ruhe.

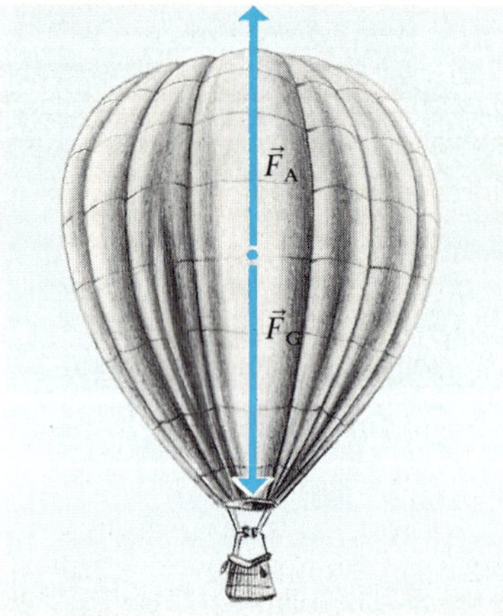

2
Heißluftballon

Exkurs in die physikalische Forschung

Nach unserem heutigen Erkenntnisstand beruhen alle in der Natur auftretenden Kräfte auf vier fundamentalen Arten der Wechselwirkung:
- der Gravitation als anziehende Kraft zwischen allen Objekten, die eine Masse besitzen;
- der schwachen Wechselwirkung als Kraft zwischen Elementarteilchen;
- der elektromagnetischen Wechselwirkung als Kraft zwischen ruhenden und bewegten elektrischen Ladungsträgern;
- der starken Wechselwirkung als Kraft zwischen einigen Bausteinen der Atomkerne.

Die starke Wechselwirkung tritt nur in Atomkernen, also in Entfernungen von etwa 10^{-15} m auf, die schwache Wechselwirkung sogar nur in Entfernungen von etwa 10^{-17} m.
Die Kräfte der elektromagnetischen und der Gravitationswechselwirkung reichen sehr weit. Sie nehmen umgekehrt proportional zum Quadrat des Abstandes ab.
Die physikalische Forschung bemüht sich um eine einheitliche Behandlung dieser vier Wechselwirkungen. Dabei sind Kern- und Elementarteilchenphysik einerseits und die Astrophysik andererseits sehr eng zusammengerückt.

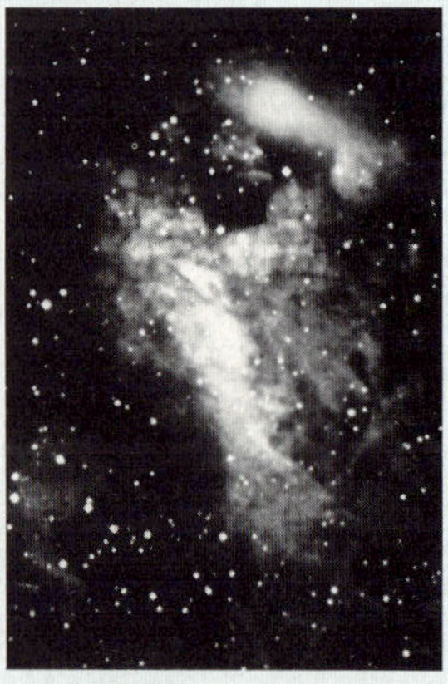
3

4
Astrophysik und Elementarteilchenphysik arbeiten heute eng zusammen.

Gewußt? Erkannt? Gekonnt?

1. An einem dünnen Bindfaden ist ein Mauerstein aufgehängt. Ein zweiter solcher Bindfaden ist unten am Stein angebunden und mit einem Handgriff versehen. Zieht man mit langsam wachsender Kraft am Griff nach unten, so reißt der obere Faden. Zieht man ruckartig mit großer Kraft, so reißt der untere. Erklären Sie diese Erscheinung!
2. Am Ende eines 1,20 m langen, in einer Wand verankerten, waagerechten Trägers hängt eine Lampe mit der Gewichtskraft 80 N. Im Winkel von 30° zur Waagerechten ist am Ende des Trägers eine Stütze befestigt und ebenfalls in der senkrechten Wand verankert.
Ermitteln Sie die Kräfte in Träger und Stütze a) zeichnerisch und b) rechnerisch!
3. Ein Traktor zieht einen Pflug mit konstanter Geschwindigkeit geradlinig über den Acker. Bilanzieren Sie alle für diesen Vorgang wesentlichen Kräfte!
4. Die Geschwindigkeit eines Lkw ($m = 1$ t) soll innerhalb von 3 s von $80\ \mathrm{km \cdot h^{-1}}$ auf $30\ \mathrm{km \cdot h^{-1}}$ herabgesetzt werden. Welche Bremskraft ist dazu notwendig, und wie groß ist der Bremsweg?
5. Bei einem Crash-Test stößt ein Pkw mit der Geschwindigkeit $50\ \mathrm{km \cdot h^{-1}}$ frontal gegen eine Mauer. Durch Deformation der Knautschzone um 40 cm kommt der Wagen zum Stillstand. Mit welcher Kraft müssen die Sicherheitsgurte eine Puppe mit der Masse 70 kg halten, wenn eine konstante Bremsbeschleunigung angenommen werden kann?
6. Am Kranseil eines Turmdrehkranes hängt eine Betonplatte der Masse 2,5 t. Wie groß ist jeweils die Kraft im Seil, wenn die Platte a) mit der konstanten Beschleunigung $1{,}2\ \mathrm{m \cdot s^{-2}}$ angehoben, b) mit einer konstanten Geschwindigkeit gehoben wird und c) in Ruhe hängt?
7. An dem berühmten Experiment OTTO VON GUERICKES in Magdeburg waren 16 Pferde beteiligt, um die aus zwei Teilen bestehende und luftleer gepumpte kupferne Hohlkugel auseinanderzureißen. An jeder Halbkugel zogen 8 Pferde. Unter welchen Bedingungen hätten zur Demonstration 8 Pferde genügt?

Zusammenfassung

Kraft

Die Kraft ist eine vektorielle Größe.
Kräfte, die gemeinsam auf einen Körper einwirken, überlagern sich ungestört. Sie können deshalb in beliebiger Reihenfolge zur Gesamtkraft zusammengefaßt und in Komponenten zerlegt werden.

Einheit der Kraft ist das Newton (N): $1\ \mathrm{N} = 1\ \dfrac{\mathrm{kg \cdot m}}{\mathrm{s^2}}$

Die Masse eines Körpers kennzeichnet seine Trägheit.

Newtonsche Gesetze

1. Ein Körper verharrt im Zustand der Ruhe oder der geradlinig gleichförmigen Bewegung, solange keine Kraft auf ihn einwirkt. (Trägheitsgesetz)

2. Soll einer Masse m die Beschleunigung $\vec{a}$ erteilt werden, so ist dazu eine Kraft $\vec{F}$ erforderlich, die gleich dem Produkt aus Masse und Beschleunigung ist.
$\vec{F} = m \cdot \vec{a}$ (Grundgesetz)

3. Wirkt ein Körper 1 auf einen Körper 2 mit der Kraft $\vec{F}_{1,2}$, so wirkt der Körper 2 auf den Körper 1 mit einer gleich großen, aber entgegengesetzt gerichteten Kraft $\vec{F}_{2,1}$.
$\vec{F}_{1,2} = -\vec{F}_{2,1}$ (Wechselwirkungsgesetz)

1

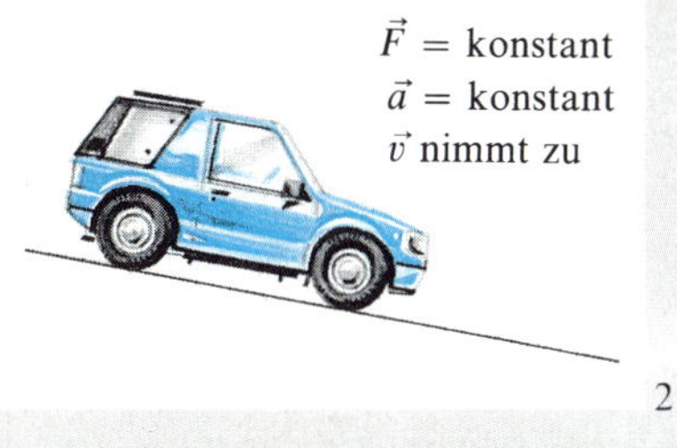

2

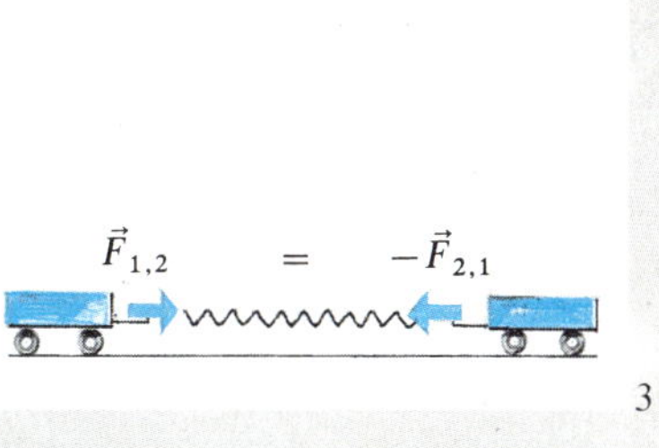

3

4 Kreisbewegung

Erinnern Sie sich an das prickelnde Gefühl bei einer Karussellfahrt? Beim Kettenkarussell wird man wie von unsichtbarer Hand mit seinem Sitz nach außen gedrängt und dabei angehoben. Man umrundet die Mittelachse auf einer Bahn mit immer größerem Radius und in immer kürzerer Zeit. Bei voller Fahrt bewegt man sich hingegen immer auf der gleichen Kreisbahn (Bild 1). Welche physikalischen Gesetze wirken bei der Kreisbewegung?

1

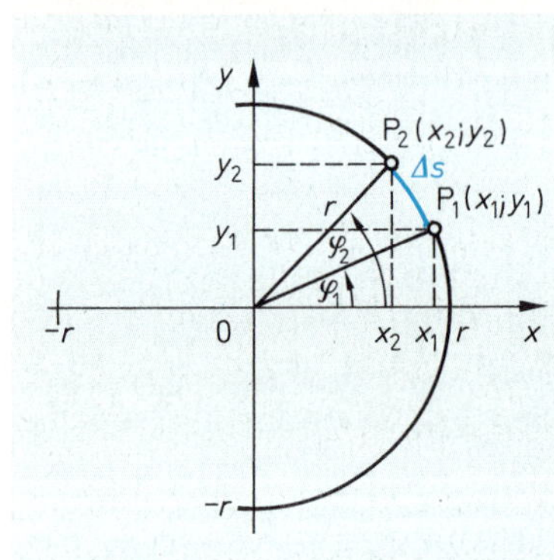

2

Kreisbewegung eines Massepunktes

Kinematik der Kreisbewegung

Bahngeschwindigkeit und Winkelgeschwindigkeit

Um die Kreisbewegung zu beschreiben, ist es nützlich, spezielle physikalische Größen einzuführen (Bild 2). Zur Vereinfachung verfolgen wir die Bewegung eines Massepunktes.

Auch wenn sich ein Körper auf einer Kreisbahn bewegt, kann man wie bei der geradlinigen Bewegung eine Bahngeschwindigkeit angeben. Wir nehmen an, daß sich der Körper in dem kleinen Zeitintervall Δt um das Bogenstück Δs weiterbewegt. Dann gilt:

Die momentane Bahngeschwindigkeit ist der Quotient aus Δs und Δt, wenn Δt hinreichend klein ist.

$$v = \frac{\Delta s}{\Delta t}$$

Durch die x-Achse und die gerichtete Strecke $\overline{MP}$ im Bild ist ein Winkel festgelegt, den man Drehwinkel nennt und mit dem griechischen Buchstaben φ (Phi) kennzeichnet. Während des Zeitintervalls Δt nimmt der Drehwinkel um $\Delta\varphi$ zu. Als Bogenmaß für den Drehwinkel gibt man das Verhältnis Bogen zu Radius an: $\varphi = s/r$. Das Bogenmaß beträgt beispielsweise für den Vollwinkel $360° = 2\pi$.

Der Quotient $\Delta\varphi/\Delta t$ erfaßt die zeitliche Änderung des Drehwinkels. Dieser Quotient wird **Winkelgeschwindigkeit** genannt und mit dem griechischen Buchstaben ω (Omega) bezeichnet.

Winkelgeschwindigkeit

$$\omega = \frac{\Delta\varphi}{\Delta t}$$

Die Winkelgeschwindigkeit hat die Einheit s^{-1}.

Da für die Änderung des Drehwinkels die Beziehung $\Delta\varphi = \frac{\Delta s}{r}$ gilt, ergibt sich mit $v = \frac{\Delta s}{\Delta t}$ für die Bahngeschwindigkeit $v = \frac{\Delta\varphi \cdot r}{\Delta t}$ und mit $\omega = \frac{\Delta\varphi}{\Delta t}$ die Gleichung $v = \omega \cdot r$.

Zwischen der Bahngeschwindigkeit v und der Winkelgeschwindigkeit ω besteht der Zusammenhang:

$$v = \omega \cdot r$$

Koordinaten zur Beschreibung der Kreisbewegung. Im kartesischen Koordinatensystem läßt sich der Ort des Körpers durch die x- und die y-

Koordinate des Massepunktes beschreiben (Bild 2, S. 30). Diese Koordinaten können Werte zwischen $+r$ und $-r$ annehmen. Dabei gilt die Gleichung $x^2 + y^2 = r^2$. Besonders gut eignen sich der Drehwinkel φ und der Radius r zur Ortsbeschreibung. Man nennt sie Polarkoordinaten. Dabei bleibt der Radius konstant, nur der Drehwinkel ändert sich in Abhängigkeit von der Zeit. Im kartesischen Koordinatensystem ändern sich zu jedem Zeitpunkt beide Koordinaten. Zwischen den kartesischen und den Polarkoordinaten gelten folgende Transformationsbeziehungen:

$x = r \cdot \cos\varphi$ $\qquad r^2 = x^2 + y^2$

$y = r \cdot \sin\varphi$ $\qquad \varphi = \arctan(y/x)$

Gleichförmige Kreisbewegung

Wenn Sie Ihr Fahrrad vorn anheben und das Vorderrad in Drehung versetzen, so führt z. B. das Ventil eine besonders einfache Form der Kreisbewegung aus: Es legt in gleichen Zeitintervallen gleich lange Wege zurück. Eine solche Bewegung nennt man eine gleichförmige Kreisbewegung (Bild 1).

Damit sind bei der gleichförmigen Kreisbewegung – wie bei der geradlinig gleichförmigen Bewegung – die Wege den zugehörigen Zeiten proportional. Für die Bahngeschwindigkeit gilt die Gleichung $v = \Delta s/\Delta t$.

1

Das Ventil führt eine gleichförmige Kreisbewegung aus.

Bei der gleichförmigen Kreisbewegung legt ein Körper in gleichen Zeitintervallen Δt stets gleich lange Wege Δs auf dem Kreis zurück.
Der Betrag der Bahngeschwindigkeit ist konstant.

Auch die Gleichung für den zurückgelegten Weg auf dem Kreis stimmt mit der Gleichung für die geradlinige Bewegung überein.

Weg-Zeit-Gesetz $\qquad s(t) = v \cdot t + s_0$

Bei der gleichförmigen Kreisbewegung ist auch die Winkelzunahme dem zugehörigen Zeitintervall proportional. Deshalb gilt für den Drehwinkel und die Winkelgeschwindigkeit der entsprechende Zusammenhang.

Drehwinkel-Zeit-Gesetz $\qquad \varphi(t) = \omega \cdot t + \varphi_0$

Die Zeit für einen vollen Umlauf des Massepunktes auf der Kreisbahn wird Periodendauer T (oder Umlaufzeit) genannt.

Die Periodendauer T einer gleichförmigen Kreisbewegung gibt an, wie lange ein Umlauf des Körpers dauert.

In der Zeit T nimmt der Drehwinkel um 360° oder 2π zu. Deshalb folgt für die Winkelgeschwindigkeit aus $\omega = \Delta\varphi/\Delta t$ die Gleichung $\omega = 2\pi/T$.
Zur Beschreibung der Kreisbewegung wird neben der Periodendauer T auch die physikalische Größe Frequenz f benutzt.

Die Frequenz einer gleichförmigen Kreisbewegung gibt an, wie häufig ein Körper in einer bestimmten Zeit auf der Kreisbahn umläuft. $\qquad f = \frac{n}{t}$

n Anzahl der Umläufe in der Zeit t

Zwischen der Frequenz und der Periodendauer besteht die Beziehung $f = 1/T$. Bei jedem Umlauf auf dem Kreis legt der Körper den Weg $s = 2\pi \cdot r$ zurück. Deshalb gilt für die Geschwindigkeit $v = 2\pi \cdot r/T$ bzw. $v = 2\pi r \cdot f$. Für die Winkelgeschwindigkeit folgt daraus $\omega = 2\pi f$.

Aufgabe
Der Anker eines Wechselstromgenerators im Kraftwerk dreht sich mit einer Frequenz von $50\ \mathrm{s}^{-1}$ und hat einen Durchmesser von 1,2 m. Wie lange benötigt ein Punkt am Umfang des Ankers für einen vollen Umlauf, und wie groß ist seine Bahngeschwindigkeit?

Gegeben: $f = 50\ \mathrm{s}^{-1}$ $\quad d = 1{,}2\ \mathrm{m}$ $\quad$ Gesucht: T, v

Lösung: $T = 1/f$ $\quad v = \pi \cdot d \cdot f$

$\underline{\underline{T = 0{,}02\ \mathrm{s}}}$ $\quad \underline{\underline{v = 188\ \mathrm{m/s}}}$

Ergebnis: Der Punkt benötigt für einen Umlauf 0,02 s. Er hat die Geschwindigkeit $188\ \mathrm{m} \cdot \mathrm{s}^{-1}$.

Die Geschwindigkeit ist eine vektorielle Größe. Deshalb ist auch die Bahngeschwindigkeit ein Vektor. Welche Richtung hat die Bahngeschwindigkeit?

Experiment 1
Mit einem Schleifstein wird ein Körper aus Stahl geschliffen. Die Bahnen der glühenden Eisenteile werden beobachtet (Bild 1). Sie bewegen sich tangential zum Schleifstein.

1

Die Bahngeschwindigkeit hat in jedem Augenblick die Richtung der Tangente an die Kreisbahn.

Bei der gleichförmigen Kreisbewegung ändert sich die Richtung der Bahngeschwindigkeit ständig.

Bild 2 ermöglicht die Analyse des Geschwindigkeitsvektors. Das Dreieck MP_1P_2 und das Dreieck, das aus den Geschwindigkeitsvektoren gebildet wird, sind einander ähnlich. Somit gilt $\overline{P_1P_2}/r = \Delta v/v$. Da für kleine Zeitintervalle die Strecke $\overline{P_1P_2}$ mit dem Bogenstück Δs hinreichend gut übereinstimmt, ist $\Delta s/r = \Delta v/v$ und damit $\Delta v = v \cdot \Delta s/r$. Beide Dreiecke entstanden als Folge der Bewegung im Zeitintervall Δt. Deshalb kann die Gleichung auch durch Δt dividiert werden: $\Delta v/\Delta t = (v/r) \cdot (\Delta s/\Delta t)$. Der Quotient $\Delta v/\Delta t$ ist eine Beschleunigung, die in Richtung des Radius zum Bewegungszentrum gerichtet ist. Man nennt sie daher **Radialbeschleunigung** a_r.

Bei der Kreisbewegung tritt eine zum Kreismittelpunkt gerichtete Beschleunigung auf.
Radialbeschleunigung $\quad a_r = v^2/r$

Die Betrachtung zeigt, daß die gleichförmige Kreisbewegung vom Wesen her eine beschleunigte Bewegung ist. Die Radialbeschleunigung bewirkt aufgrund ihrer Richtung zum Kreismittelpunkt jedoch keine Änderung des Betrages der Geschwindigkeit, sondern nur eine ständige Änderung ihrer Richtung.

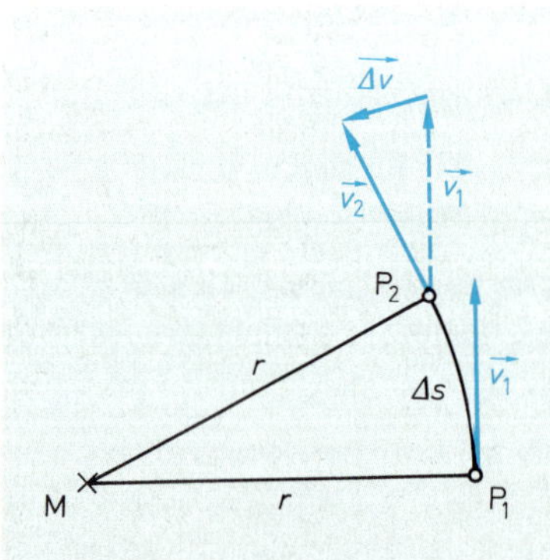

2

Radialbeschleunigung bei der gleichförmigen Kreisbewegung

Gleichmäßig beschleunigte Kreisbewegung

Ein Fesselflugmodell soll aus dem Zustand der Ruhe starten und schließlich eine gleichförmige Kreisbewegung ausführen.
Um eine bestimmte Bahngeschwindigkeit zu erreichen, muß das Flug-

modell (durch Propellerantrieb) in Richtung der Kreisbahn beschleunigt werden. Bei konstanter Zugkraft des Propellers kann man annehmen, daß die Zunahme des Betrages der Bahngeschwindigkeit $(v_2 - v_1)$ proportional zur zugehörigen Zeit erfolgt. Dann gilt:
$(v_2 - v_1)/(t_2 - t_1) = \text{konst.}$
Dieser Quotient kennzeichnet die in tangentialer Richtung wirkende Beschleunigung: $a_t = (v_2 - v_1)/(t_2 - t_1)$.
Hatte die Anfangsgeschwindigkeit zur Zeit $t_0 = 0$ den Betrag v_0, so gilt:
$v(t) = a_t \cdot t + v_0$.
Eine solche Kreisbewegung, bei der die Bahngeschwindigkeit linear mit der Zeit wächst, nennt man **gleichmäßig beschleunigte Kreisbewegung.**
Da zwischen Bahngeschwindigkeit und Winkelgeschwindigkeit die Beziehung $v = \omega \cdot r$ besteht, nimmt auch die Winkelgeschwindigkeit linear mit der Zeit zu.
Die zeitliche Änderung der Winkelgeschwindigkeit nennt man

Winkelbeschleunigung $$\alpha = \frac{\Delta\omega}{\Delta t}.$$

Bei der gleichmäßig beschleunigten Kreisbewegung ist die Winkelbeschleunigung konstant.

Die Winkelbeschleunigung hat die Einheit $1\,s^{-2}$.
Zwischen der Bahnbeschleunigung und der Winkelbeschleunigung besteht der Zusammenhang $a_t = \alpha \cdot r$.
Unter der Bedingung, daß zur Zeit $t_0 = 0$ eine Anfangswinkelgeschwindigkeit ω_0 vorlag, gilt:

Winkelgeschwindigkeit-Zeit-Gesetz $$\omega(t) = \alpha \cdot t + \omega_0$$

In Analogie zur geradlinig gleichmäßig beschleunigten Bewegung gilt:

Weg-Zeit-Gesetz $$s(t) = \frac{a_t}{2} \cdot t^2 + v_0 \cdot t + s_0$$

Drehwinkel-Zeit-Gesetz $$\varphi(t) = \frac{\alpha}{2} \cdot t^2 + \omega_0 \cdot t + \varphi_0$$

Die Kreisbewegung kann auch mit Hilfe der Vektor- und Infinitesimalrechnung beschrieben werden. Der Beschreibung legen wir ein kartesisches Koordinatensystem 0; $\vec{e}_x$; $\vec{e}_y$ zugrunde. Der Mittelpunkt des Kreises soll im Koordinatenursprung liegen. Der Ort des Massepunktes wird durch den Ortsvektor $\vec{r} = x \cdot \vec{e}_x + y \cdot \vec{e}_y$ angegeben. Zwischen $\vec{r}$ und $\vec{e}_x$ liegt der Drehwinkel φ. Der Betrag des Ortsvektors ist konstant: $r = \sqrt{x^2 + y^2}$. Für die Darstellung der Vektoren wird wieder die Kurzschreibweise verwendet. Die Differentiation eines Vektors nach der Zeit erfolgt durch Ableiten jeder einzelnen Koordinate.
Für den Ortsvektor gilt: $\vec{r} = (x; y) = (r \cdot \cos\varphi; r \cdot \sin\varphi)$, mit $r = \text{konst.}$ und $\varphi = \varphi(t) = \omega \cdot t$.
Der Geschwindigkeitsvektor ist die Ableitung des Ortsvektors nach der Zeit: $\vec{v}(t) = d\vec{r}/dt$.
Durch Anwendung der Kettenregel und der Definition der Winkelgeschwindigkeit $\omega = d\varphi/dt$ erhält man:
$v(t) = (v_x; v_y) = (-r \cdot \omega \cdot \sin \omega t\,;\ r \cdot \omega \cdot \cos \omega t) = (-\omega \cdot y; \omega \cdot x)$.

Die Richtungsbeziehung der Vektoren $\vec{v}$ und $\vec{r}$ prüft man an Hand ihres Skalarproduktes:
$\vec{v} \cdot \vec{r} = x \cdot v_x + y \cdot v_y = -\omega \cdot x \cdot y + \omega \cdot x \cdot y = 0$.

Da das Skalarprodukt der beiden Vektoren Null ist, steht der Geschwindigkeitsvektor senkrecht auf dem Ortsvektor.
Für den Zusammenhang zwischen den Beträgen gilt:

$v = \sqrt{\omega^2 \cdot y^2 + \omega^2 \cdot x^2} = \omega \cdot \sqrt{x^2 + y^2}\,.$

Benutzt man die Transformationsbeziehungen für x und y, so erhält man

$v = \omega \cdot r\,.$

Die Beschleunigung gewinnen wir durch Ableiten des Geschwindigkeitsvektors nach der Zeit $\vec{a}(t) = \mathrm{d}\vec{v}/\mathrm{d}t$.
Da bei der gleichförmigen Kreisbewegung ω konstant ist, gilt:

$\vec{a}(t) = (a_x; a_y) = (-r \cdot \omega^2 \cdot \cos\varphi\,;\; -r \cdot \omega^2 \cdot \sin\varphi) = -\omega^2 \cdot \vec{r}\,.$

Aus den Vorzeichen ist erkennbar, daß der Beschleunigungsvektor dem Ortsvektor entgegengerichtet ist. Für den Betrag a des Beschleunigungsvektors gilt $a = \omega^2 \cdot r = 4\pi^2 \cdot f^2 \cdot r = v^2/r$.

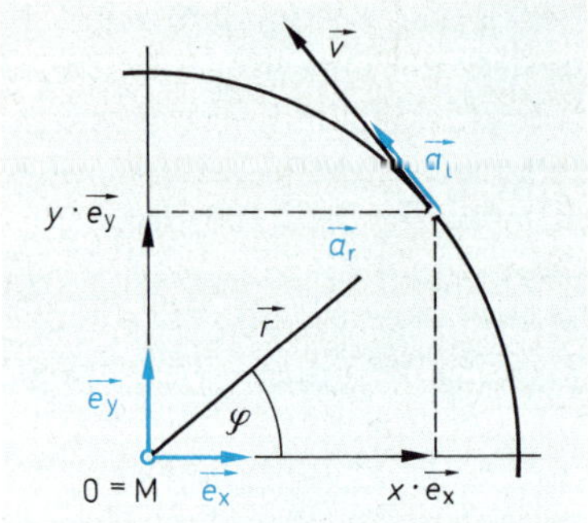

1
Beschleunigungsvektoren bei der Kreisbewegung

Dynamik der Kreisbewegung

Oft liest man in Unfallberichten, daß beim Durchfahren einer engen Kurve die Fahrgeschwindigkeit unangemessen hoch war. Dadurch wurde das Fahrzeug samt den Insassen aus der Kurve getragen. Bei nasser oder vereister Fahrbahn treten solche Unfälle verstärkt auf.
Welche Kräfte wirken bei der Kreisbewegung, und wovon hängen sie ab?
Bei der kinematischen Beschreibung der Kreisbewegung haben wir festgestellt, daß eine Beschleunigung a_r in radialer Richtung auftritt. Nach dem Newtonschen Grundgesetz ist eine Beschleunigung stets mit einer dazu proportionalen und gleichgerichteten Kraft verbunden. Da die Kraft wie die Radialbeschleunigung zum Zentrum hin gerichtet ist, nennt man sie **Radialkraft F_r**. Ihr Betrag kann mit dem Newtonschen Grundgesetz berechnet werden: $F_r = m \cdot a_r = m \cdot v^2/r$. Daraus folgt:

Radialkraft $\qquad \boldsymbol{F_r = m \cdot \omega^2 \cdot r}$

Da sich bei der gleichförmigen Kreisbewegung die Winkelgeschwindigkeit ω nicht ändert, ist der Betrag der Radialkraft ebenfalls konstant. Mit dem im Bild 2 dargestellte Gerät kann die Radialkraft gemessen werden. Damit lassen sich die von uns hergeleiteten Abhängigkeiten experimentell bestätigen.
Mit einer einfachen Experimentieranordnung soll die Abhängigkeit $F_r \sim r$ demonstriert werden.

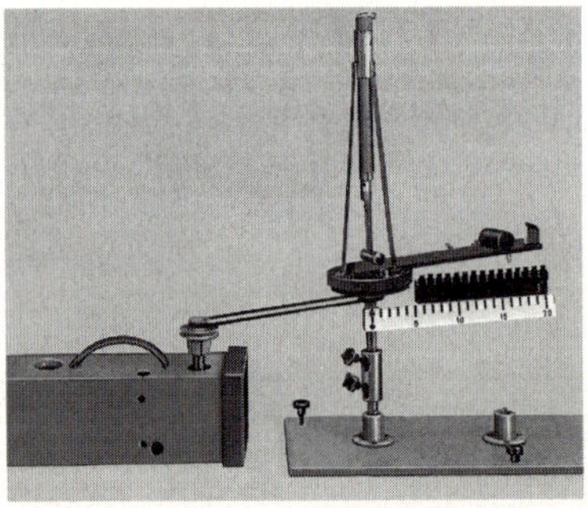
2
Gerät zur Messung der Radialkraft

Experiment 2
Auf einem horizontalen, flachen Teller liegen in verschiedenen Entfernungen von der Drehachse drei gleiche Münzen. Der Teller kann mit einem Experimentiermotor in eine Drehbewegung versetzt werden (Bild 3). Die Drehzahl wird von Null beginnend langsam erhöht.

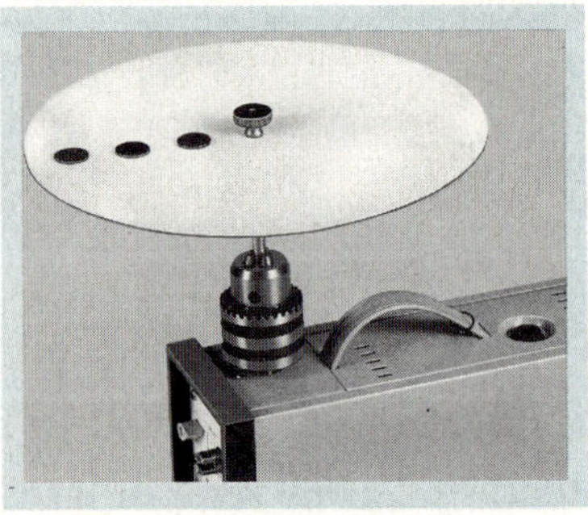
3

Beobachtung: Bei zunehmender Drehzahl gleiten die Münzen nacheinander vom Teller.

Um die Münzen auf dem Teller zu verschieben, muß die Reibungskraft überwunden werden. Sie berechnet sich aus der Haftreibungszahl μ und der Gewichtskraft der Münzen: $F_R = \mu \cdot F_G$ oder $F_R = \mu \cdot m \cdot g$.
Damit eine Münze auf dem Teller liegenbleibt und eine Kreisbahn beschreibt, muß durch die Reibungskraft zwischen Teller und Münze die Radialkraft $F_r = m \cdot \omega^2 \cdot r$ übertragen werden. Die Münze bewegt sich auf einer Kreisbahn auf dem Teller, solange die maximale Reibungskraft größer als die Radialkraft oder dieser gleich ist:
$F_R \geqq F_r$ oder $\mu \cdot m \cdot g \geqq m \cdot \omega^2 \cdot r$ und damit $\mu \cdot g \geqq \omega^2 \cdot r$. Bei wachsender Winkelgeschwindigkeit erfüllen nur noch die Münzen mit kleinem Abstand r von der Drehachse diese Bedingung.
Bei der Kurvenfahrt eines Pkw ist die entsprechende Bedingung $\mu \cdot g \geqq \frac{v^2}{r}$ bei großen Geschwindigkeiten bzw. kleinen Kurvenradien nicht erfüllbar. Das Auto bricht aus.

Aufgabe

Die Trommel einer Wäscheschleuder hat einen Durchmesser von 26 cm und wird innerhalb von 25 s aus dem Stand auf eine Frequenz von 47 s^{-1} gleichmäßig beschleunigt. Am Trommelrand befindet sich, im Gewebe eingelagert, ein Wassertropfen mit der Masse 0,1 g.

a) Wieviele Umdrehungen treten während der Anlaufphase auf?
b) Wie groß ist die Bahngeschwindigkeit des Wassertropfens nach Erreichen der Enddrehzahl?
c) Welche Radialkraft wirkt auf den Tropfen?

Gesucht: n, v, F_r

Gegeben: $m = 0{,}1$ g
$r = 13$ cm
$f = 47\ s^{-1}$
$t = 25$ s

Lösung:

a) $\alpha = \frac{2\pi f}{t}$ $\qquad \varphi = \frac{\alpha}{2} \cdot t^2$

$$\varphi = \frac{2\pi f}{2t} \cdot t^2 \qquad n = \frac{\varphi}{2\pi}$$

$$n = \frac{f \cdot t}{2}$$

$$n = \frac{47\ s^{-1} \cdot 25\ s}{2}$$

$$\underline{\underline{n = 587}}$$

Während des Anlaufvorganges führt die Trommel 587 Umdrehungen aus.

b) $v = \omega \cdot r$

$v = 2\pi \cdot f \cdot r = 38{,}4\ m \cdot s^{-1}$

$\underline{\underline{v = 138\ km \cdot h^{-1}}}$

Der Wassertropfen hat eine Bahngeschwindigkeit von 138 $km \cdot h^{-1}$.

c) $F_r = m \cdot \omega^2 \cdot r = \underline{\underline{1{,}13\ N}}$

Auf den Wassertropfen wirkt eine Radialkraft von 1,13 N.

Beschreibung der Kreisbewegung in unterschiedlichen Bezugssystemen

Wenn Sie neben einem Kettenkarussell stehen (ruhender Beobachter), erkennen Sie deutlich, daß eine Radialkraft notwendig ist, damit sich die Fahrgäste auf einer Kreisbahn bewegen. Wenn sich das Karussell dreht, müssen Sitz, Ketten und Verstrebungen nicht nur der Gewichtskraft der Personen entgegenwirken, sie müssen außerdem die Radialkraft übertragen. Diese nimmt entsprechend der Gleichung $F_r = m \cdot \omega^2 \cdot r$ mit wachsender Winkelgeschwindigkeit stark zu.
Wenn Sie mit dem Karussell mitfahren (mitbewegter Beobachter), erleben Sie diesen Vorgang ganz anders. Mit zunehmender Winkelgeschwindigkeit spüren Sie eine immer größere, nach außen gerichtete Kraft. Diese Kraft wird **Zentrifugalkraft** genannt.
Die Zentrifugalkraft ist eine Trägheitskraft. Sie wirkt im rotierenden Bezugssystem, das kein Inertialsystem ist. Im Bezugssystem des sich drehenden Karussells bleiben Sie mit Ihrem Sitz gegenüber den anderen mitfahrenden Personen in Ruhe. In diesem Bezugssystem ist die Summe der nach außen gerichteten Zentrifugalkraft, der Gewichtskraft und der Kettenkraft Null.
Wenn einem Fahrgast etwas aus der Hand fällt, hört die Radialkraft für diesen Körper auf zu wirken. Für einen ruhenden Beobachter bewegt sich der Körper infolge seiner Trägheit mit gleicher Geschwindigkeit tangential weiter. Außerdem fällt er zur Erde.
Komplizierter ist es für einen mitbewegten Beobachter, die Bahn des fallenden Körpers zu beschreiben. Für ihn bewegt sich der Körper nach außen, da es für den mitbewegten Beobachter keine Radialkraft gibt, sondern nur die Zentrifugalkraft. Gleichzeitig bleibt der Körper aber auch hinter dem mitbewegten Beobachter zurück.
Insgesamt durchläuft der Körper einen Teil einer Spiralbahn. Damit tritt für den mitbewegten Beobachter zusätzlich zur Zentrifugalkraft eine weitere, senkrecht zu dieser wirkende Trägheitskraft auf. Sie wird nach dem französischen Physiker und Ingenieur GASPARD GUSTAVE DE CORIOLIS (1792 bis 1843) **Corioliskraft** genannt.
Die Wirkung der Corioliskraft kann man gut auf einer Drehscheibe beobachten, bei der die Gewichtskraft des Körpers durch die Scheibe kompensiert wird.

Experiment 3
Auf einer Drehscheibe wird senkrecht zur Drehachse einer Kugel ein Stoß versetzt. Das Bild 1 zeigt die Bahn, wie sie der ruhende Beobachter sieht, Bild 2 zeigt die Bahn, wie sie der mitbewegte Beobachter sieht.

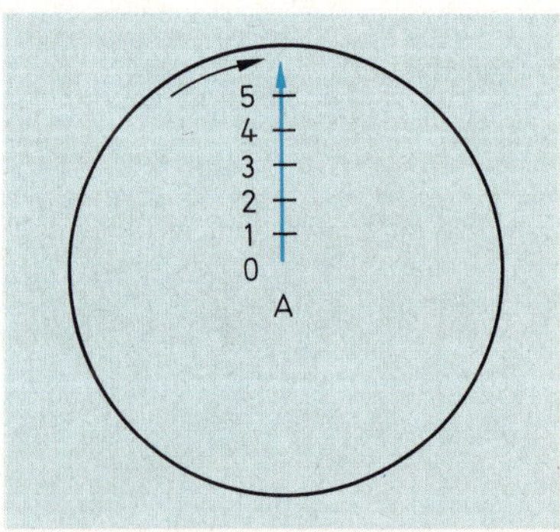

1

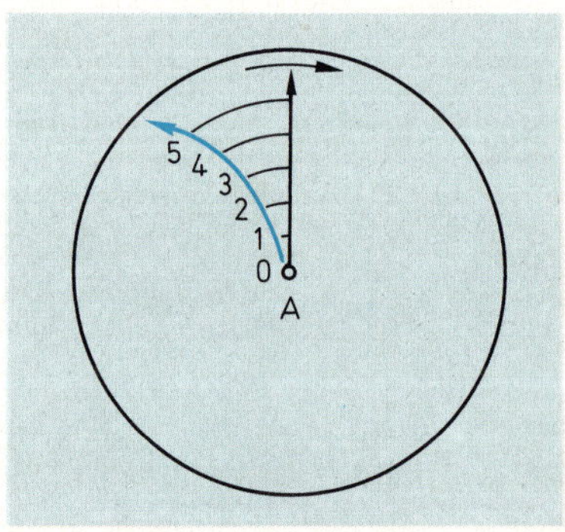

2

Wirkungen der Corioliskraft kann man auch auf der Erde beobachten. Infolge ihrer Drehung werden auf der Nordhalbkugel alle bewegten Körper nach rechts abgelenkt. Ein Beispiel ist der Nordostpassat.

Exkurs in die Technik

Achterbahn. Auf dem Jahrmarkt treten Kreisbewegungen nicht nur bei Karussells auf. Auch bei manchen Achterbahnen und bei Loopingbahnen durchfahren die Wagen Kreise – allerdings vertikale (Bild 1). Auf die Insassen wirken die Gewichtskraft und die Zentrifugalkraft. Im tiefstgelegenen Punkt der Bahn haben beide Kräfte die gleiche Richtung und addieren sich. Die Fahrgäste werden fest in die Sitze gedrückt. Im höchstgelegenen Punkt sind beide Kräfte entgegengesetzt gerichtet. Damit die Insassen nicht herunterfallen, muß die Zentrifugalkraft mindestens so groß wie die Gewichtskraft sein, $\frac{m \cdot v^2}{r} \geqq m \cdot g$.

Daraus folgt $v \geqq \sqrt{g \cdot r}$.
Wenn die Loopingbahn einen Durchmesser von 12 m hat, muß die Wagenkette am höchstgelegenen Punkt eine Mindestgeschwindigkeit von etwa $8\,\mathrm{m \cdot s^{-1}}$ ($28{,}8\,\mathrm{km \cdot h^{-1}}$) haben, damit sie die Bahn gefahrlos durchfährt.

1
Loopingbahn

Zentrifugen. Mit diesen Geräten lassen sich Gemische aus Stoffen unterschiedlicher Dichte trennen. Das ist beispielsweise in der Medizin bei Blutuntersuchungen erforderlich. Dazu werden Flaschenzentrifugen verwendet (Bild 2). Die Glasbehälter nehmen bei der Rotation allmählich eine horizontale Lage ein. Die Zentrifugalkräfte auf die Bestandteile mit der größeren Dichte (Blutkörperchen) sind groß und bewirken, daß sich diese am Boden der Glasbehälter absetzen.
Mit Zentrifugen werden auch die fetthaltigen Bestandteile (Sahne) aus der Milch gewonnen. Wäsche- und Honigschleudern sind ebenfalls Zentrifugen. Mit Ultrazentrifugen erreicht man Frequenzen von $20000\,\mathrm{s^{-1}}$. Die Körper unterliegen dann einer Kraft, die das Millionenfache der Gewichtskraft beträgt. Mit großen Zentrifugen kann man auch die Bedingungen simulieren, wie sie beim Start von Raumschiffen auftreten (Bild 3). Damit testet man die Belastbarkeit von Menschen und Geräten.

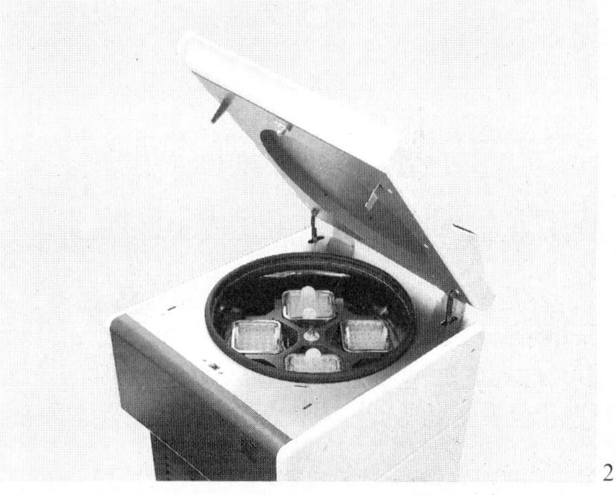
2
Flaschenzentrifuge im medizinischen Labor

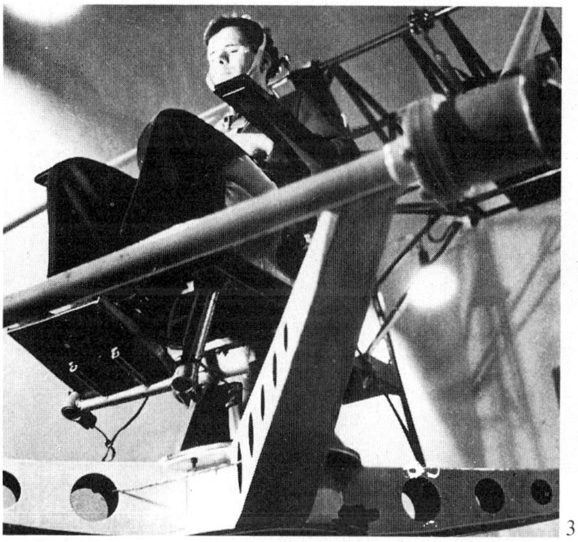
3
Zentrifuge zum Training der Astronauten

Gewußt? Erkannt? Gekonnt?

1. In welchem Intervall ändert sich die Bahngeschwindigkeit der Abtastnadel beim Schallplattenspieler bei 33 Umdrehungen pro Minute, wenn der Radius im Bereich von 7 cm bis 14 cm liegt?
2. Die Erde bewegt sich mit dem Abstand einer astronomischen Einheit ($1{,}49 \cdot 10^{11}$ m) nahezu auf einer Kreisbahn um die Sonne.
   Wie groß ist dabei die Bahngeschwindigkeit?
3. Ein Pkw soll eine nicht überhöhte Straßenkurve (Kurvenradius 30 m) mit der Geschwindigkeit $50 \text{ km} \cdot \text{h}^{-1}$ durchfahren.
   Geht das bei trockener Fahrbahn (Haftreibungszahl 0,65) und auch bei nasser Fahrbahn (Haftreibungszahl 0,40) aus physikalischer Sicht gut?
   Was passiert, wenn beim Durchfahren der Kurve gebremst oder beschleunigt wird?
4. Zwei kleine Kugeln mit gleichen Abmessungen aber unterschiedlichen Massen werden in eine rotierende, hohle Halbkugel gelegt.
   Weisen Sie nach, daß beide Kugeln gleich hoch steigen, wenn die Hohlkugel auf eine konstante Winkelgeschwindigkeit gebracht wird!
   Lösen Sie die Aufgabe für das ruhende Bezugssystem und für das mitbewegte Bezugssystem!
5. Um die Schienen bei einer Kurvenfahrt eines Zuges nicht durch Seitenkräfte zu belasten, ist die äußere Schiene gegenüber der inneren überhöht. Damit hat das Gleis einen bestimmten Neigungswinkel gegenüber der Horizontalen.
   Geben Sie Bedingungen für die Geschwindigkeit und die Masse des Zuges an, damit die Schienen bei der Kurvenfahrt nicht durch Seitenkräfte belastet werden!
   (Der Schwerpunkt des Zuges bewegt sich bei der Kurvenfahrt auf einem Kreisbogen mit dem Radius r.)
6. Die Vorstellung von der Erde als rotierender Kugel wurde im Mittelalter kritisiert mit dem Vermerk, daß dann alle Gegenstände und Menschen davonfliegen würden.
   Entkräften Sie diese Kritik!
7. Ein Hammerwerfer wirft sein Sportgerät 88 m weit. Wie groß ist die notwendige Haltekraft durch den Werfer unmittelbar vor dem Abwurf, wenn der Radius der Kreisbahn 1,8 m beträgt und der Hammer die Masse 7,25 kg besitzt?
   (Hinweis: Wiederholen Sie die Gesetze des schrägen Wurfes!)

Zusammenfassung

Bahngeschwindigkeit und Winkelgeschwindigkeit

Die Bewegung eines Körpers auf einer Kreisbahn kann durch die Bahngeschwindigkeit und die Winkelgeschwindigkeit beschrieben werden.

Bahngeschwindigkeit $v = \dfrac{\Delta s}{\Delta t}$

Winkelgeschwindigkeit $\omega = \dfrac{\Delta \varphi}{\Delta t}$.

Zwischen beiden Größen besteht der Zusammenhang: $v = r \cdot \omega$.

Die Frequenz f einer gleichförmigen Kreisbewegung gibt an, wie häufig der Körper in einer bestimmten Zeit auf der Kreisbahn umläuft $f = \dfrac{n}{t}$.

Zwischen Winkelgeschwindigkeit und Frequenz besteht der Zusammenhang $\omega = 2\pi f$.

Gesetze der gleichförmigen Kreisbewegung (ω = konst.)

Weg-Zeit-Gesetz $s(t) = v \cdot t + s_0$

Drehwinkel-Zeit-Gesetz $\varphi(t) = \omega \cdot t + \varphi_0$

Beschleunigung-Zeit-Gesetz $a_r = \omega^2 \cdot r = v^2/r$

Gesetze der gleichmäßig beschleunigten Kreisbewegung

Winkelbeschleunigung-Zeit-Gesetz
$\alpha = \Delta\omega/\Delta t = \text{konst.}$

Winkelgeschwindigkeit-Zeit-Gesetz $\omega(t) = \alpha \cdot t + \omega_0$

Drehwinkel-Zeit-Gesetz $\varphi(t) = \alpha/2 \cdot t^2 + \omega_0 \cdot t + \varphi_0$

Tangentialbeschleunigung $a_t = \text{konst.}$

Bahngeschwindigkeit-Zeit-Gesetz $v(t) = a_t \cdot t + v_0$

Weg-Zeit-Gesetz $s(t) = (a_t/2)\, t^2 + v_0 \cdot t + s_0$

Kraft bei der Kreisbewegung

Radialkraft $F_r = m \cdot \omega^2 \cdot r \qquad F_r = m \cdot v^2/r$

5 Arbeit, Energie und Leistung

Bei einer Achterbahn wird der Wagen mit den Fahrgästen von einem Elektromotor nach oben gezogen. In 15 m Höhe bewegt sich der Wagen zunächst ganz langsam. Dann beginnt die wilde Fahrt! Bergab wird der Wagen schneller und schneller. Bergauf nimmt seine Geschwindigkeit wieder ab. Er erreicht fast die gleiche Höhe wie vorher und kommt beinahe zum Stillstand. Dann geht es wieder hinunter und den nächsten Berg hinauf. Wieder erreicht der Wagen fast die gleiche Höhe. Wie kann man das erklären?

1

Mechanische Systeme

Im Sonnensystem wirken starke Kräfte zwischen der Sonne, den Planeten und den Monden. Diese Kräfte bestimmen die Bahnen der einzelnen Himmelskörper. Bei der Beschreibung der Bewegungsabläufe kann man von dem Einfluß anderer benachbarter Sonnensysteme in der Milchstraße absehen (Bild 2). Soll von einer Raumfähre ein Satellit ausgesetzt werden, so kann man die Betrachtungen auf Raumfähre und Satellit beschränken (Bild 3). In diesem Falle gehören Raumfähre und Satellit zu einem System.
Die Beispiele zeigen, daß es zweckmäßig ist, bestimmte Teile der Natur oder Technik auszuwählen und gegenüber ihrer Umgebung abzugrenzen.

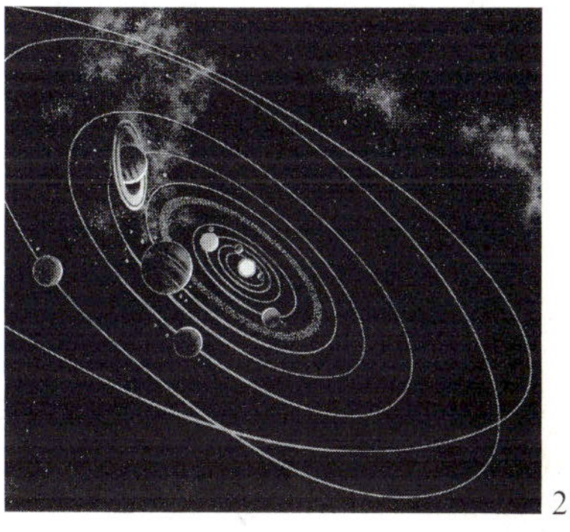
2

Bei Betrachtungen zu unserem Sonnensystem kann man vom Einfluß benachbarter Sonnensysteme absehen.

Ein System ist ein Teilbereich der Natur oder Technik, der von seiner Umgebung abgegrenzt wird.
Ein mechanisches System besteht aus mehreren Körpern, deren Lage und Bewegung untersucht wird.

Die einzelnen Bestandteile des Systems werden Systemelemente genannt. Den Bereich, der außerhalb des Systems liegt, nennt man die Umgebung des Systems. In manchen Fällen sind die Grenzen zwischen dem System und seiner Umgebung auch gegenständlicher Art. So sind Geräte oft von Gehäusen umgeben. Durch die Abgrenzung von der Umgebung können zwei Arten von Wechselwirkungen unterschieden werden:
- Wechselwirkung zwischen Systemelementen und
- Wechselwirkung des Systems mit der Umgebung (Bild 1, S. 40).

Bei der Schaffung eines Systems wird bewußt von solchen Eigenschaften der realen Objekte abgesehen, die für den jeweiligen Zusammenhang von untergeordneter Bedeutung sind. Mechanische Systeme spiegeln nur solche Eigenschaften wider, die für die mechanischen Vorgänge bedeutsam sind. Da Systeme nur in den wesentlichen Elementen mit der Natur bzw. Technik übereinstimmen, sind sie Modelle.
Treten bei einem System keine mechanischen Wechselwirkungen mit der Umgebung auf, so nennt man es ein abgeschlossenes mechanisches System. Das System Raumfähre-Satellit kann in guter Näherung als abgeschlossen betrachtet werden.

3

Soll von der Raumfähre ein Satellit ausgesetzt werden, so sind Raumfähre und Satellit ein geeignetes System für die notwendigen Betrachtungen.

Mechanische Arbeit

Die mechanische Arbeit kann in verschiedenen Formen auftreten. Drei wichtige Formen werden in den Bildern 2 bis 4 beschrieben.
Über die mechanische Arbeit wissen Sie bereits:
– Arbeit wird verrichtet, wenn ein Körper
  - angehoben wird (Hubarbeit, Bild 2),
  - gegen die Reibungskraft bewegt wird (Reibungsarbeit, Bild 3) oder
  - beschleunigt wird (Beschleunigungsarbeit, Bild 4).
– Die Arbeit wird mit der Gleichung $W = F \cdot s$ berechnet, wobei F eine konstante Kraft in Wegrichtung ist.
– Die Einheit der Arbeit ist das Joule. Es gilt $1\ \mathrm{J} = 1\ \mathrm{N} \cdot \mathrm{m}$.

Das Verrichten einer Arbeit ist ein Prozeß. Wird an einem System Arbeit verrichtet, so ändert sich der Zustand des Systems. Alle physikalischen Größen, die zur Beschreibung eines Prozesses dienen, nennt man Prozeßgrößen.

Die mechanische Arbeit ist eine Prozeßgröße.

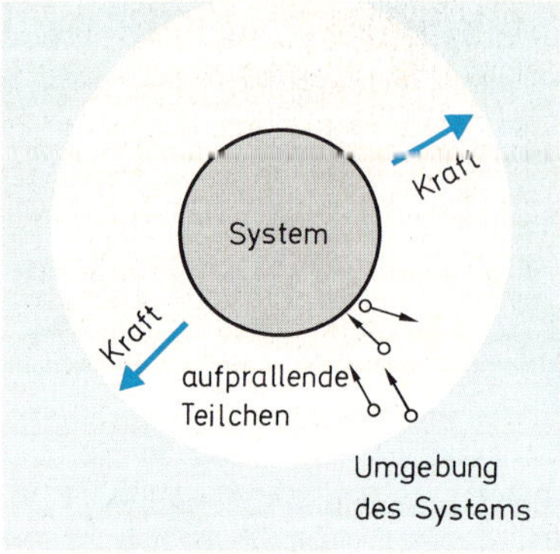

1
Wechselwirkung eines Systems mit der Umgebung

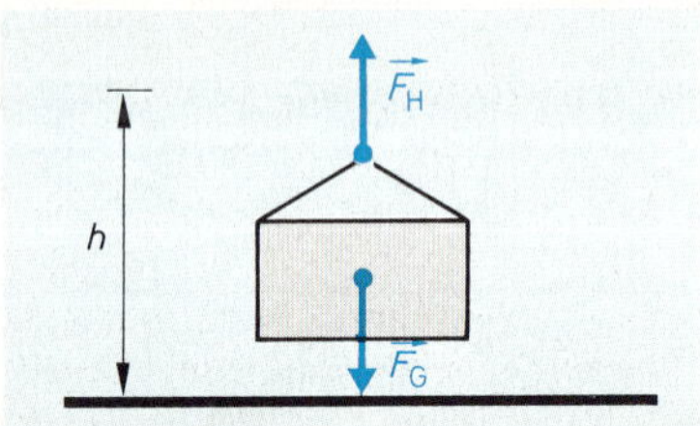

2
Hubarbeit

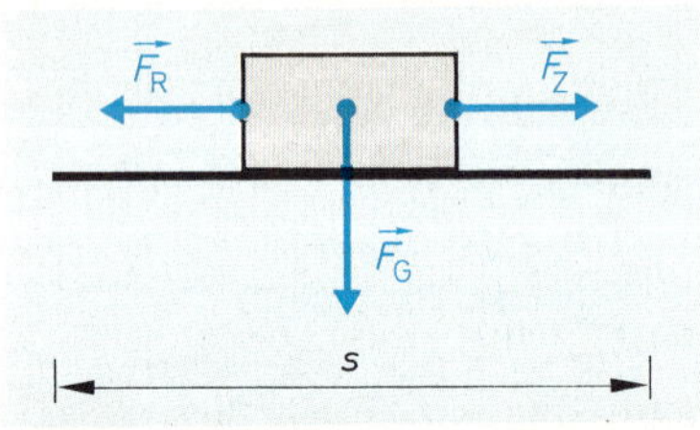

3
Reibungsarbeit

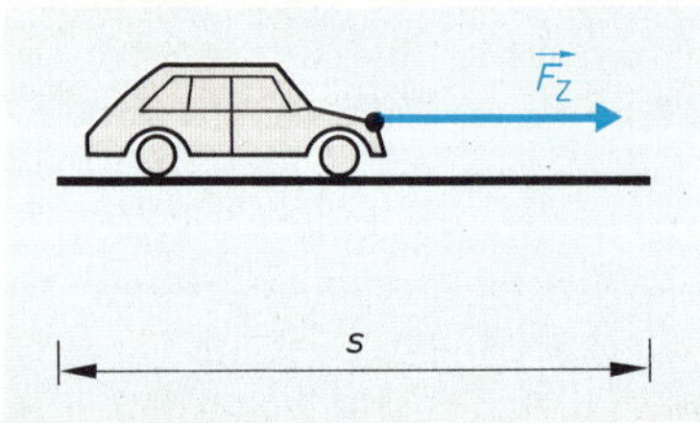

4
Beschleunigungsarbeit

Mechanische Arbeit bei konstantem Betrag der Kraft

Hubarbeit

Ein Kran verrichtet Hubarbeit, wenn er Baumaterial vom Baufahrzeug zur höher gelegenen Baustelle bringt (Bild 1, S. 41). Auf das Baumaterial wirkt die Gewichtskraft $F_G = m \cdot g$.
Die beim Anheben aufgewandte Kraft muß den gleichen Betrag wie die Gewichtskraft haben: $F = m \cdot g$. Wäre die Kraft des Kranes größer als die Gewichtskraft des Körpers, so würde keine gleichförmige, sondern eine beschleunigte Bewegung auftreten. Da die Hubhöhe h klein gegenüber dem Erdradius ist, kann die Gewichtskraft als konstant angesehen werden. Für die verrichtete Hubarbeit gilt dann $W = F \cdot h$ und $W = m \cdot g \cdot h$.
Wird das Baumaterial mit einem schrägen Bauaufzug zur Baustelle gebracht (Bild 2), so muß nur ein Teil der Gewichtskraft aufgewandt werden. Dieser Teil ergibt sich durch die Kräftezerlegung (Bild 3, S. 41) zu $F_{G'} = F_G \cdot \sin \alpha$. Daraus folgt für die Arbeit $W = F_{G'} \cdot s$ und $W = m \cdot g \cdot s \cdot \sin \alpha$.
Bild 3, S. 41, läßt erkennen, daß zwischen der Höhe h und der Länge s die Beziehung besteht: $\sin \alpha = \frac{h}{s}$.
Durch Einsetzen in die Gleichung für die Arbeit an der geneigten Ebene erhält man ebenfalls die Gleichung $W = m \cdot g \cdot h$.

1 Der Kran verrichtet Hubarbeit.

2 Der Bauaufzug verrichtet Hubarbeit auf einer geneigten Ebene.

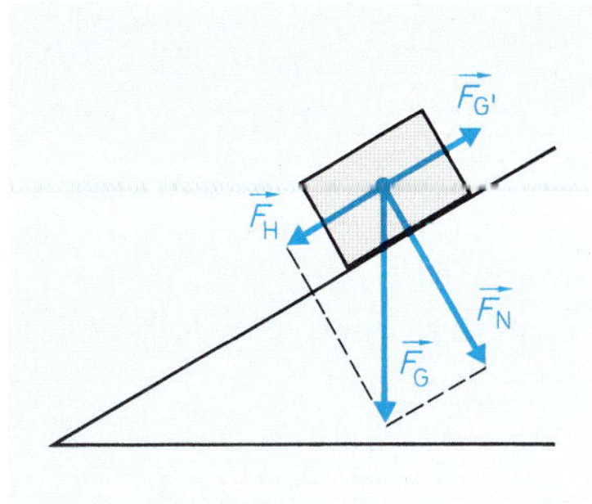

3 Kraft bei der Hubarbeit auf der geneigten Ebene

Die folgende Betrachtung zeigt, daß die Gleichung allgemein gilt. Ein Körper soll von einem Punkt A zu einem Punkt B bewegt werden. Die Lage der Punkte können wir in einem räumlichen kartesischen Koordinatensystem erfassen: A (x_A; y_A; z_A), B (x_B; y_B; z_B). Die y-Achse weise senkrecht nach oben (Bild 4).

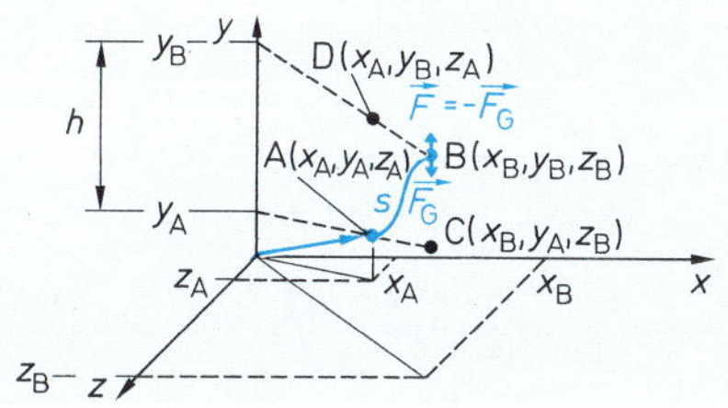

4 Das Bewegen des Körpers vom Punkt A zum Punkt B ist auf beliebigen Wegen möglich.

Um von A nach B zu gelangen, könnten wir beispielsweise den Körper (ohne ihn zu beschleunigen) in der gleichen Höhe, in der A liegt, bis zum Punkt C, der vertikal unter B liege, verschieben. Für alle Punkte dieser Bahn gelte $y = y_A$. Erfolgt diese Verschiebung ohne Reibung, so wird keine Arbeit verrichtet. Danach wird der im Punkt C befindliche Körper vertikal bis zum Punkt B angehoben. Für diesen Teilschritt ist die Arbeit $W = F \cdot (r_B - r_C) = m \cdot g \cdot (y_B - y_C)$. Verwenden wir für die Differenz der Höhenkoordinaten $y_B - y_C$ die Abkürzung Höhe h, so gilt $W = m \cdot g \cdot h$. An diesem Ergebnis ändert sich nichts, wenn wir die Reihenfolge der Teilschritte vertauschen.
Jeden anderen Weg können wir uns als Folge von Verschiebungen und Anhebungen zusammengesetzt denken. Wir erhalten stets dasselbe Ergebnis $W = m \cdot g \cdot (y_B - y_A)$.
Für die Hubarbeit gilt:

Hubarbeit $\boldsymbol{W = m \cdot g \cdot h}$

Das Anheben kann auf beliebigen Wegen erfolgen.

Reibungsarbeit

Wird ein Schlitten mit konstanter Geschwindigkeit auf einem horizontalen Weg gezogen, so wird Reibungsarbeit verrichtet (Bild 1, S. 42). Für die Reibungskraft gilt $F_R = \mu \cdot F_G$.
Daraus folgt für die Reibungsarbeit $W = \mu \cdot F_G \cdot s$.
Bei einem Motor wirken außer der Gewichtskraft auch Kräfte der

Antriebselemente (z. B. der Zahnräder) auf seine Lager. Deshalb ist es zweckmäßig, die Gewichtskraft F_G in der Gleichung durch die Normalkraft F_N zu ersetzen.

Reibungsarbeit $$W = \mu \cdot F_N \cdot s$$

Reibungsarbeit und Hubarbeit haben Gemeinsamkeiten. Die Reibungsarbeit wird gegen die Reibungskraft verrichtet, die Hubarbeit gegen die Gewichtskraft.

1
Die Pferde verrichten Reibungsarbeit.

Beschleunigungsarbeit

Beim Anfahren eines Kraftfahrzeugs verrichtet der Motor Arbeit. Sie führt zur Beschleunigung und heißt Beschleunigungsarbeit. Ist m die Masse des Fahrzeugs und a die Beschleunigung, so wirkt die Kraft des Motors $F = m \cdot a$.
Legt das Kraftfahrzeug den Weg s zurück, so verrichtet der Motor die Arbeit $W = F \cdot s$ oder $W = m \cdot a \cdot s$.
Bei konstanter Beschleunigung aus der Ruhe gelten die Gleichungen
$v = a \cdot t$,
$s = \frac{a}{2} \cdot t^2$ oder $s = \frac{1}{2} \cdot \frac{v^2}{a}$.
Setzt man den Ausdruck für s in die Gleichung für W ein, so ergibt sich:

Beschleunigungsarbeit $$W = \frac{m}{2} \cdot v^2$$

Diese Gleichung gilt nicht nur für die gleichmäßig beschleunigte Bewegung, sondern auch für andere Arten der Beschleunigung.

Aufgabe
Ein Kraftfahrzeug ($m = 1$ t) fährt mit einer Geschwindigkeit von $100\,\mathrm{km \cdot h^{-1}}$. Es soll auf einer Strecke von 80 m bis zum Stillstand abgebremst werden. Welche konstante Reibungskraft muß dafür aufgewandt werden?
Gesucht: F_R
Gegeben: $m = 1000$ kg
$v_a = 100\,\mathrm{km \cdot h^{-1}} = 27{,}8\,\mathrm{m \cdot s^{-1}}$
$s = 80$ m

Lösung: $\frac{m}{2} \cdot v^2 = F_R \cdot s$

$F_R = \frac{m \cdot v^2}{2s}$

$F_R = 4{,}8 \cdot 10^3\ \mathrm{N}$

Ergebnis: Die Reibungskraft beträgt 4,8 kN.

Mechanische Arbeit bei unterschiedlicher Richtung von Kraft und Weg

In allen Beispielen, die wir bisher betrachtet haben, wirkte die Kraft in Wegrichtung bzw. dieser entgegen und war konstant. In vielen praktischen Fällen sind diese Bedingungen nicht erfüllt. So ist beim Pflügen des Ackers die Kraft des Traktors nicht in Wegrichtung, sondern schräg nach oben gerichtet (Bild 1, S. 43). Wie kann man in diesem Falle die Arbeit berechnen?

In Richtung des Weges s ist nicht die gesamte Kraft F wirksam, sondern nur die Kraftkomponente F_s (Bild 2). Diese Kraftkomponente berechnet man mit der Gleichung $F_s = F \cdot \cos \alpha$. Setzt man diese wirksame Kraft in die bekannte Gleichung für die mechanische Arbeit ein, so folgt daraus:

Mechanische Arbeit bei beliebiger Richtung von Kraft und Weg

$$W = F \cdot s \cdot \cos \alpha$$

F wirkende Kraft
s zurückgelegter Weg
α Winkel zwischen Kraft und Weg

Die physikalischen Größen Kraft F und Weg s sind gerichtete Größen. Die Arbeit als Produkt aus diesen beiden Größen hat jedoch keine Richtung (Skalarprodukt).

Die Arbeit ist eine skalare Größe.

1
Beim Pflügen bildet die auf den Pflug ausgeübte Zugkraft mit der Bewegungsrichtung des Pfluges den Winkel α.

Aufgabe
Ein Pflug wird mit der Kraft 26,5 kN gezogen. Diese wirkt unter einem Winkel von 15°. Die Schälbreite des Pfluges beträgt 1,40 m. Wie groß ist die Arbeit, die beim Pflügen einer Rechteckfläche von 1 ha verrichtet wird?

Gesucht: W *Gegeben:* $F = 26{,}5$ kN, $A = 1$ ha $= 10^4$ m², $b = 1{,}40$ m, $\alpha = 15°$

Lösung: Zur Berechnung des Weges wird die Fläche in Streifen der Breite b zerlegt.

$$s = \frac{A}{b}$$
$$s = 7{,}1 \cdot 10^3 \text{ m}$$

$$W = F \cdot s \cdot \cos \alpha$$
$$W = 26{,}5 \text{ kN} \cdot 7{,}1 \cdot 10^3 \text{ m} \cdot \cos \alpha$$
$$W = 1{,}8 \cdot 10^8 \text{ N} \cdot \text{m}$$
$$\underline{\underline{W = 50 \text{ kWh}}}$$

Ergebnis: Die verrichtete Arbeit beträgt 50 kWh.

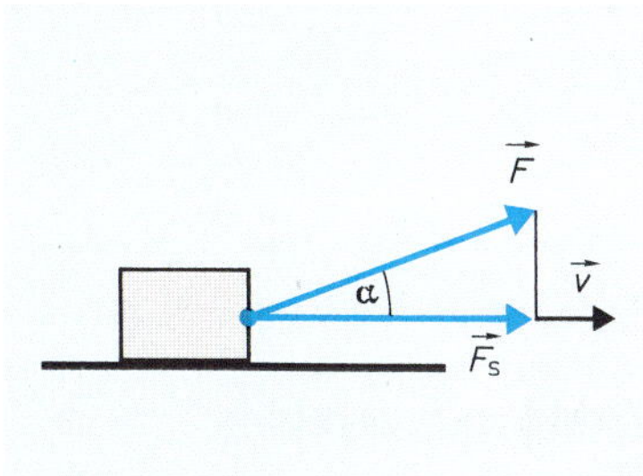

2
Die Kraftkomponente in Bewegungsrichtung läßt sich aus der Kraft und dem Winkel zwischen Kraft und Bewegungsrichtung bestimmen.

Bei der Entwicklung der Gleichung $W = F \cdot s \cdot \cos \alpha$ haben wir angenommen, daß die Kraft einen spitzen Winkel mit der Bewegungsrichtung des Körpers bildet. Gilt diese Gleichung auch für andere Winkel?
1. Fall: Der Winkel ist 0°. In diesem Falle ist $\cos \alpha = 1$. Dann gilt die Gleichung in der einfachen Form $W = F \cdot s$.
2. Fall: Der Winkel ist 90°. In diesem Falle ist $\cos \alpha = 0$. Damit ist auch die verrichtete Arbeit Null. Ein solcher Fall liegt bei der gleichförmigen Kreisbewegung vor. Die Radialkraft bewirkt lediglich eine ständige Änderung der Bewegungsrichtung. Der Betrag der Geschwindigkeit des kreisenden Körpers ändert sich nicht. Es wird keine Arbeit verrichtet.
Ein Fernsehsatellit belegt diese Aussage. Er bewegt sich ohne Antrieb ständig auf einer Kreisbahn um die Erde. Da sich ein Punkt auf der Erde mit der gleichen Winkelgeschwindigkeit wie der Satellit bewegt, empfangen die Antennen die Hertzschen Wellen stets aus gleicher Richtung.

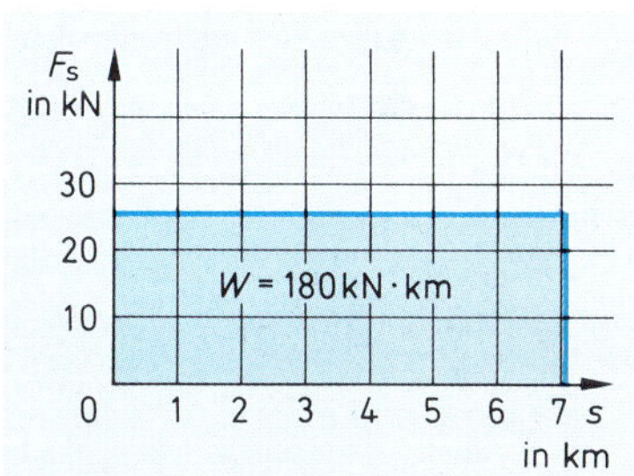

3
Die beim Pflügen verrichtete Arbeit kann als Rechteckfläche im F_s-s-Diagramm dargestellt werden.

Wirkt eine Kraft senkrecht zur Bewegungsrichtung eines Körpers, so ist die verrichtete Arbeit Null.

3. Fall: Der Winkel ist größer als 90°. Ein solcher Fall liegt beim pflügenden Traktor vor, wenn man die Wechselwirkung zwischen Traktor

und Pflug betrachtet (Bild 1). Auf den Traktor wirkt über die Anhängerkupplung die Gegenkraft F' zur Zugkraft. Diese Kraft F' bildet mit der Bewegungsrichtung den Winkel $\alpha' = 180° - \alpha = 165°$.
Für die Arbeit am Traktor gilt: $W' = F' \cdot s \cdot \cos \alpha$.
Wegen $\cos \alpha' = -\cos \alpha$ und $F' = F$ gilt: $W' = -W$.
Es ist sinnvoll, dieses Ergebnis als Energieübertragung vom System Traktor auf das System Pflug zu erklären: Die negative, am Traktor verrichtete Arbeit bedeutet, daß dieses System Energie abgibt; die positive, am Pflug verrichtete Arbeit bedeutet Aufnahme dieser Energie.
Damit hat uns die Betrachtung der einzelnen Fälle zu folgender Erkenntnis geführt: Bei konsequenter Anwendung der Gleichung für die Arbeit $W = F \cdot s \cdot \cos \alpha$ ist es notwendig, zwischen positiver und negativer Arbeit zu unterscheiden. Das Vorzeichen der Arbeit kann beim Aufstellen von Energiebilanzen genutzt werden. In einfachen Fällen ist das Vorzeichen entbehrlich. Man verwendet dann den Betrag der verrichteten Arbeit.

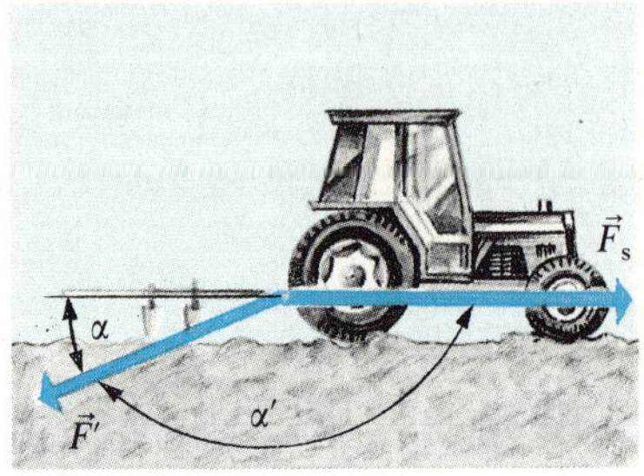

1
Auf den Traktor wird bei der Wechselwirkung mit dem Pflug die schräg nach unten gerichtete Kraft F' ausgeübt.

Mechanische Arbeit bei veränderlichem Betrag der Kraft

Federspannarbeit

Beim Dehnen einer Schraubenfeder wächst die Kraft mit zunehmender Verlängerung (Bild 2). Die dazu erforderliche Federspannarbeit kann nicht mit der Gleichung $W = F \cdot s \cdot \cos \alpha$ berechnet werden, da die Gültigkeitsbedingung nicht erfüllt ist. In solchen Fällen ist es zur Berechnung der Arbeit zweckmäßig, die Kraft als Funktion des Weges grafisch darzustellen (Bild 3). Im Falle des Beispiels mit dem Pflügen ist die Fläche unter dem Graphen im F-s-Diagramm ein Rechteck (Bild 3, S. 43). Für die Fläche gilt $W = F_s \cdot s$. Sie stellt die verrichtete Arbeit dar. Bei der Feder (Bild 2) ist diese Fläche ein Dreieck (Bild 4).

Für das Dreieck gilt: $W = \frac{F}{2} \cdot s$. Damit erhält man als Gleichung:

Federspannarbeit $$\boldsymbol{W_F = \frac{F}{2} \cdot s}$$

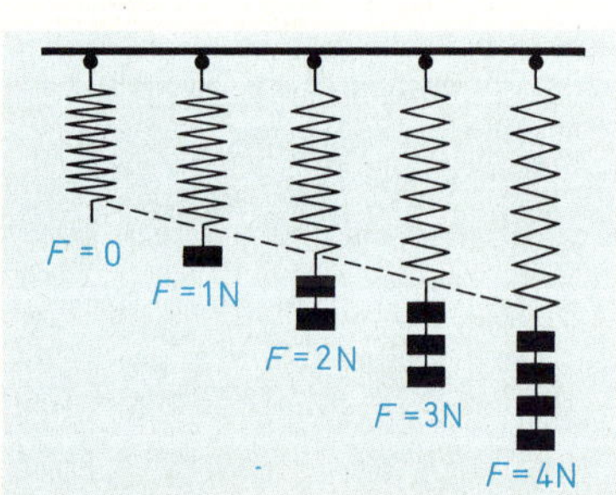

2
Beim Dehnen einer Feder nimmt die Kraft mit der Verlängerung zu.

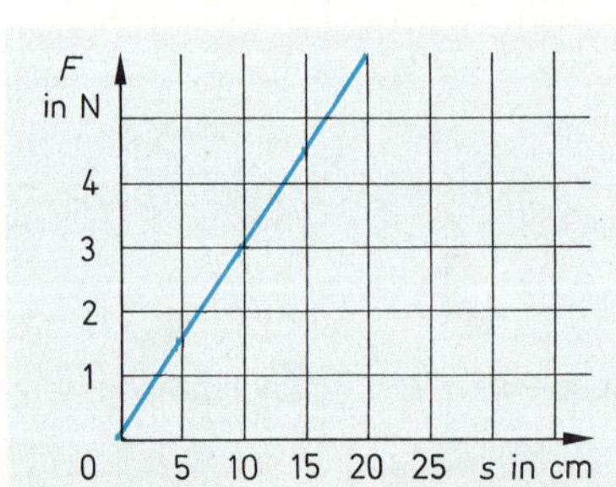

3
Kraft-Weg-Diagramm für die Dehnung einer Schraubenfeder

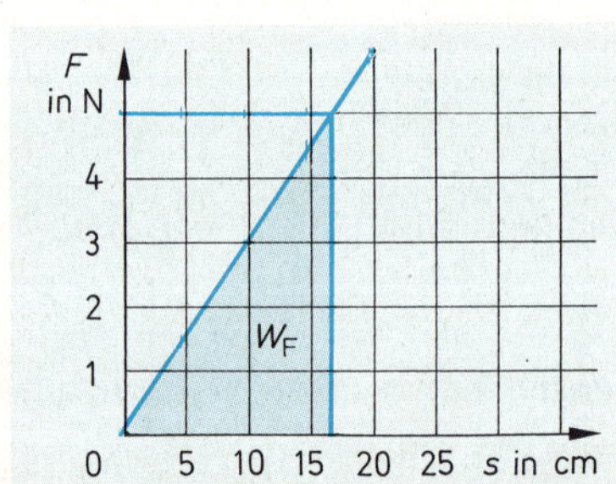

4
Die Spannarbeit einer Feder entspricht der Dreiecksfläche unter dem Graphen im Kraft-Weg-Diagramm.

Beim Aufziehen einer alten Uhr (Bild 1) oder beim Springen von einer Plattform an einem Gummiseil (Bild 2) ist der Graph im Kraft-Weg-Diagramm wie auch in den meisten anderen Fällen keine Gerade. Man kann dann die Fläche unter dem Graphen in n schmale Rechtecke zerlegen (Bild 3). Die verrichtete Arbeit ist dann gleich der Summe aller Rechteckflächen im Kraft-Weg-Diagramm. Dabei wird angenommen, daß die Wegelemente Δs_i so klein gewählt worden sind, daß die jeweilige Kraft F_i als konstant betrachtet werden kann. Es gilt dann: $W_i = F_i \cdot \Delta s_i$ mit $i = 1, 2, \ldots, n$.
Die insgesamt verrichtete Arbeit ergibt sich als Summe aller Arbeiten W_i.

Arbeit bei veränderlicher Kraft $$W = \sum_{i=1}^{n} F_i \cdot \Delta s_i$$

Gültigkeitsbedingung: Kraft wirkt in Wegrichtung

1

Beim Aufziehen nimmt die Kraft der Feder mit zunehmender Spannung zu.

2

Beim Spannen des Gummiseiles nimmt die Kraft stark zu.

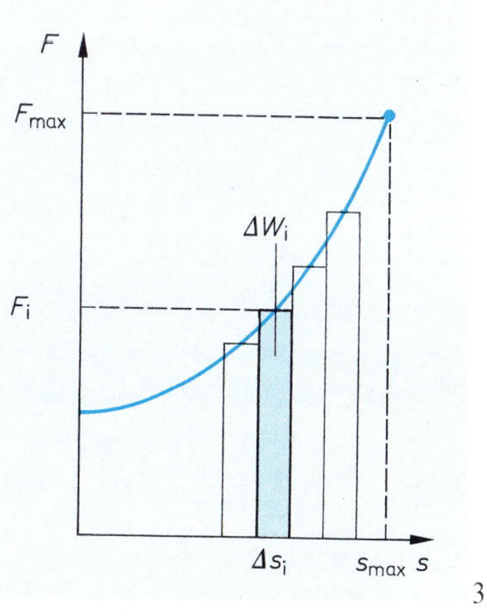

3

Zerlegung der Fläche in Flächenelemente. Die Summe aller Flächenelemente entspricht der Gesamtfläche.

Je schmaler die Rechtecke sind, um so genauer wird die Gesamtfläche erfaßt. Der Grenzwert dieser Summe für $\Delta s_i \to 0$ wird durch das bestimmte Integral erfaßt: $W = \int_{s_a}^{s_e} F(s)\,ds$.

Energie

Zum Einrammen von Pfählen wird ein Rammbär langsam nach oben gehoben. Dabei wird gegen die Gewichtskraft die Hubarbeit verrichtet, $W = m \cdot g \cdot h$.
Hat der Rammbär seine höchste Stellung erreicht, so ist die gesamte verrichtete Arbeit in ihm gespeichert. Er kann aufgrund seiner neuen Lage Arbeit verrichten, indem er in die Ausgangslage zurückkehrt. Diese Arbeit wird zum Einrammen des Pfahls benutzt. Beim Fallen verrichtet die Schwerkraft die Beschleunigungsarbeit $W = \frac{m}{2} \cdot v^2$. Aus den Gleichungen für den freien Fall $v = g \cdot t$ und $h = \frac{g}{2} \cdot t^2$ folgt $v = \sqrt{2 \cdot g \cdot h}$.
Setzt man diesen Ausdruck für v in die Gleichung für die Beschleunigungsarbeit ein, so ergibt sich $W = m \cdot g \cdot h$. Das zeigt, daß beim freien

Fall eine Beschleunigungsarbeit auftritt, die gleich der Hubarbeit ist. Damit ist mathematisch bewiesen, daß die am Rammbär verrichtete Arbeit vollständig in ihm gespeichert ist. In der Physik wird diese gespeicherte Arbeit als Energie bezeichnet.

Die Energie kennzeichnet das in einem Körper oder physikalischen System gespeicherte Arbeitsvermögen.

Damit beschreibt die Energie den Zustand eines Systems.

Die Energie ist eine Zustandsgröße.

Die Energie kann an dem gleichen Körper auch noch in anderer Form in Erscheinung treten. Das sieht man beim Herabfallen des Rammbärs. Die Energie kann auch auf andere Körper übertragen werden. Das erfolgt beim Einrammen des Pfahles.

1

Die am Rammbär verrichtete Hubarbeit wird in seiner höheren Lage gespeichert.

Potentielle Energie

Bei dem im Bild 1 dargestellten Rammbär wird die zum Heben aufgewandte Arbeit in seiner höheren Lage gespeichert. Das dadurch erzielte Arbeitsvermögen nennt man Lageenergie oder potentielle Energie E_{pot}. Im Anziehungsbereich der Erde kann man die potentielle Energie nach einer Gleichung berechnen, die der für die Hubarbeit entspricht.

Die potentielle Energie kennzeichnet das Arbeitsvermögen eines Körpers aufgrund seiner Lage gegenüber der Erde.

$$E_{pot} = m \cdot g \cdot h$$

Gültigkeitsbedingung: nahe der Erdoberfläche (g = konst.)

Für die Berechnung der potentiellen Energie kann das Bezugsniveau $h = 0$ beliebig gewählt werden. In der Regel bezieht man die Höhe auf die Erdoberfläche (Bild 2).
Eine gespannte Feder besitzt ebenfalls potentielle Energie. Aus der Gleichung für die Federspannarbeit folgt für die potentielle Energie der gespannten Feder $E_{pot} = \frac{F}{2} \cdot s$.

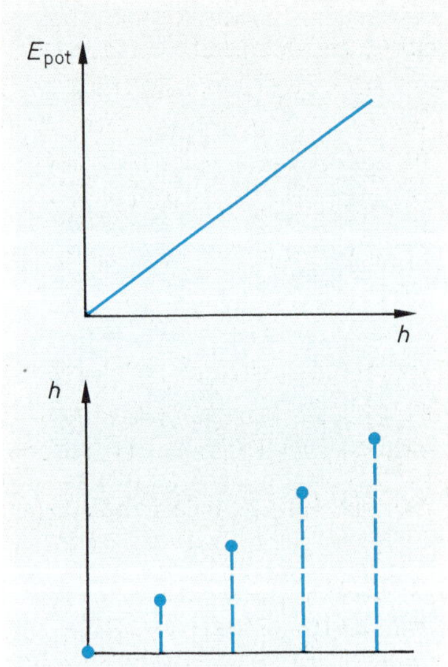

2

Die potentielle Energie eines Körpers im Gravitationsfeld der Erde ist der Höhe über der gewählten Bezugsebene proportional.

Kinetische Energie

Beim fallenden Rammbär wird die Lageenergie in eine andere Energieform umgewandelt. Sie ist durch die Bewegung des Körpers gekennzeichnet und wird deshalb Bewegungsenergie oder kinetische Energie E_{kin} genannt. Die Gleichung zur Berechnung der kinetischen Energie entspricht der Gleichung zur Beschleunigungsarbeit.

Die kinetische Energie kennzeichnet das Arbeitsvermögen eines Körpers aufgrund seiner Bewegung.

$$E_{kin} = \frac{1}{2} m \cdot v^2$$

Auch die kinetische Energie ist vom gewählten Bezugssystem abhängig. In der Regel bezieht man die Bewegung eines Körpers auf die als ruhend angenommene Erdoberfläche. Die kinetische Energie eines Körpers nimmt mit dem Quadrat der Geschwindigkeit zu (Bild 3). Das ist von großer praktischer Bedeutung. Einerseits kann man in bewegten Körpern

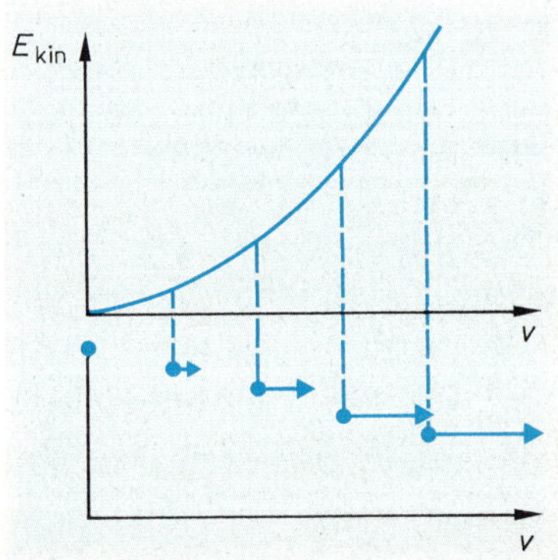

3

Die kinetische Energie eines Körpers ist dem Quadrat seiner Geschwindigkeit proportional.

bei größeren Geschwindigkeiten beträchtliche Energien speichern. Das ist zum Beispiel die Aufgabe von Schwungrädern. Andererseits muß man beispielsweise im Straßenverkehr die Gefahren großer Geschwindigkeiten besonders beachten. Wenn ein Kraftfahrer die in Ortschaften vorgeschriebene Höchstgeschwindigkeit von $50\ \mathrm{km \cdot h^{-1}}$ nur um $20\ \mathrm{km \cdot h^{-1}}$ überschreitet, so führt das im Falle eines Aufpralls dazu, daß sich das Schadensausmaß etwa verdoppelt.

Energie als Erhaltungsgröße

Wie beim Rammbär, so wandeln sich auch beim elastischen Stoß (Bild 1), bei Schwingungen und vielen anderen mechanischen Vorgängen in Natur und Technik potentielle und kinetische Energie ineinander um. Dabei gilt folgende Beziehung:

In einem mechanischen System ist die Summe aus potentieller und kinetischer Energie konstant, wenn keine Umwandlung in andere Energieformen und kein Energieaustausch mit der Umgebung erfolgen. $E_{\mathrm{mech}} = E_{\mathrm{pot}} + E_{\mathrm{kin}}$

In allen praktischen Fällen wird jedoch vor allem durch die Reibung mechanische Energie in thermische Energie umgewandelt. Im Bild 1 ist das daran zu erkennen, daß die Kugel von Aufprall zu Aufprall nicht mehr die vorherige Höhe erreicht.
Bezieht man in die Bilanz die thermische Energie mit ein, so bleibt über den ganzen Vorgang die Summe der Energien konstant.

Die Energie ist eine Erhaltungsgröße. $E = \text{konst.}$

Aufgabe
Ein Fadenpendel der Länge $l = 1{,}00\ \mathrm{m}$ wird um 90° aus seiner Gleichgewichtslage ausgelenkt und losgelassen. Welche Geschwindigkeit besitzt der Pendelkörper beim Durchgang durch die Gleichgewichtslage, wenn keine Reibungskraft auftritt?

Gesucht: $v_{\max}$ *Gegeben:* $l = h = 1{,}00\ \mathrm{m}$
$\alpha - 90°$

Lösung: Energie in der höchsten Lage $E_{\mathrm{pot}} = m \cdot g \cdot h$

Energie in der tiefsten Lage $E_{\mathrm{kin}} = \frac{1}{2} m \cdot v_{\max}^2$

$$E_{\mathrm{pot}} = E_{\mathrm{kin}} \qquad v_{\max} = \sqrt{2g \cdot l}$$

$$m \cdot g \cdot h = \frac{1}{2} m \cdot v_{\max}^2 \qquad v_{\max} = \sqrt{2 \cdot 9{,}81\ \mathrm{m \cdot s^{-2}} \cdot 1{,}00\ \mathrm{m}}$$

$$v_{\max} = 4{,}4\ \mathrm{m \cdot s^{-1}}$$

Ergebnis: Die Geschwindigkeit beim Durchgang durch die Gleichgewichtslage beträgt $4{,}40\ \mathrm{m \cdot s^{-1}}$. Sie ist gleich der Geschwindigkeit beim freien Fall um die Strecke l.

Die Lösung der Aufgabe zeigt, daß sich Berechnungen oft einfach durchführen lassen, wenn man vom Energieerhaltungssatz ausgeht. Die nachfolgenden Beispiele belegen diese Aussage.

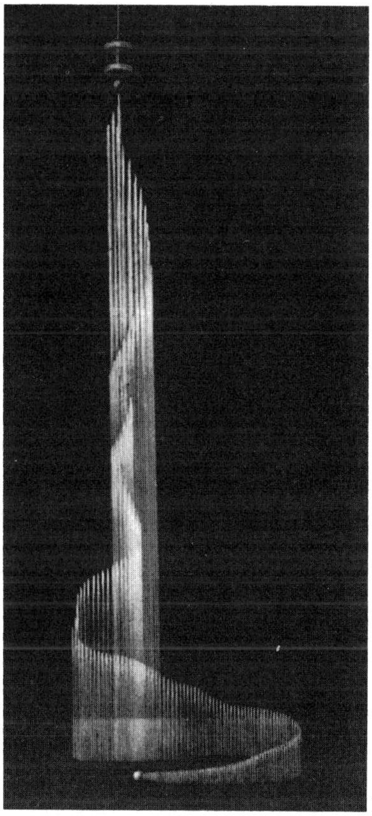

1
Eine Stahlkugel fällt auf eine Glasplatte. Beim Fallen wandelt sich ihre potentielle Energie in kinetische Energie um. Beim Aufprallen werden Kugel und Glasplatte elastisch verformt. Dabei wird die kinetische Energie der Kugel in potentielle Energie der elastischen Verformung umgewandelt. Beim Entspannen von Kugel und Glasplatte erfolgt eine Umwandlung der potentiellen Energie in kinetische Energie. Die Kugel bewegt sich nach oben, wobei ihre kinetische Energie ständig ab- und ihre potentielle Energie zunimmt usw.

Tabelle: Berechnungen mit dem Energieerhaltungssatz

Endgeschwindigkeit beim freien Fall

$E_{pot,a} = m \cdot g \cdot h$ $\qquad$ $E_{pot,e} = 0$

$E_{kin,a} = 0$ $\qquad$ $E_{kin,e} = \frac{1}{2} m \cdot v^2$

$$m \cdot g \cdot h = \frac{1}{2} m \cdot v^2$$

$$v = \sqrt{2 \cdot g \cdot h}$$

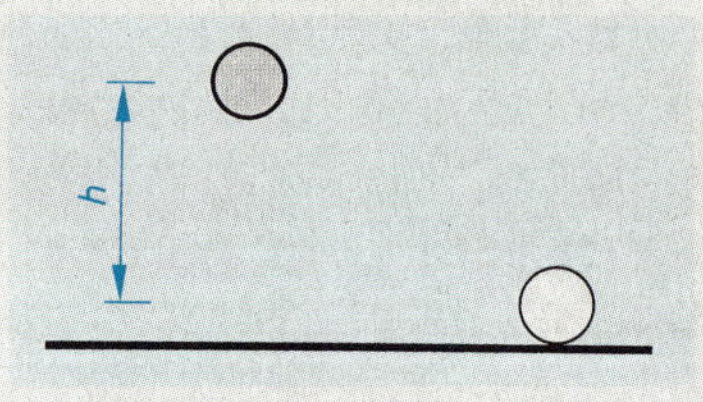

1

Steighöhe beim senkrechten Wurf nach oben

$E_{pot,a} = 0$ $\qquad$ $E_{pot,e} = m \cdot g \cdot h$

$E_{kin,a} = \frac{1}{2} m \cdot v_0^2$ $\qquad$ $E_{kin,e} = 0$

$$\frac{1}{2} m \cdot v_0^2 = m \cdot g \cdot h$$

$$h = \frac{v_0^2}{2g}$$

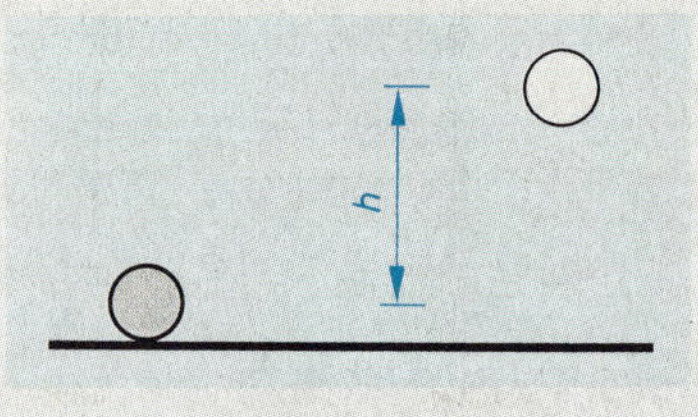

2

Endgeschwindigkeit beim horizontalen Wurf

$E_{pot,a} = m \cdot g \cdot h$ $\qquad$ $E_{pot,e} = 0$

$E_{kin,a} = \frac{1}{2} m \cdot v_0^2$ $\qquad$ $E_{kin,e} = \frac{1}{2} m \cdot v_1^2$

$$\frac{1}{2} m \cdot v_0^2 + m \cdot g \cdot h = - \frac{1}{2} m \cdot v_1^2$$

$$v_1 = \sqrt{v_0^2 + 2 \cdot g \cdot h}$$

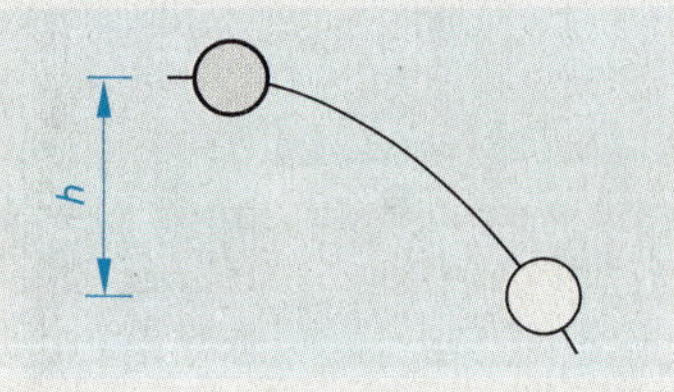

3

Mechanische Leistung

Wenn Sie im Schwimmbad vom 3-m-Turm ins Wasser springen oder über eine Rutsche aus 3 m Höhe ins Wasser gleiten, so nimmt Ihre potentielle Energie um den gleichen Betrag ab (Bild 4). Das Rutschen dauert länger als das Springen (Fallen).

Bisher haben wir die Zeit, in der eine Arbeit verrichtet wird, nicht berücksichtigt. Aus ökonomischer Sicht ist sie sehr bedeutsam. So strebt man bei Transportvorgängen kurze Zeiten an. Zur Kennzeichnung der Schnelligkeit, mit der die Arbeit verrichtet wird, hat man in der Physik die physikalische Größe Leistung P eingeführt.

Die Leistung gibt an, wie schnell eine Arbeit verrichtet wird. $\qquad$ $P = \frac{W}{t}$

Da das Verrichten von Arbeit mit einer Energieänderung des jeweiligen Systems verbunden ist, kann die Gleichung auch in der Form geschrieben werden $P = \frac{\Delta E}{\Delta t}$.

Die Einheit der Leistung ist das Watt (W).

Es gilt: $1\,W = 1\,J \cdot s^{-1} = 1\,N \cdot m \cdot s^{-1} = 1\,kg \cdot m^2 \cdot s^{-3}$

4

Beide Schüler haben gleiche potentielle Energie, sie gelangen aber unterschiedlich schnell ins Wasser.

Exkurs in die Technik

Gezeitenkraftwerk. Zweimal täglich steigt und fällt der Meeresspiegel. Ursache dafür sind die Anziehungskräfte von Sonne und Mond. Der Höhenunterschied des Meeresspiegels bei den Gezeiten kann bis zu 15 m betragen (Fundybay in Kanada). Die potentielle Energie des Wassers wird in Gezeitenkraftwerken genutzt. Ein Gezeitenkraftwerk hat ein oder mehrere Sammelbecken. In diese kann das Meerwasser durch selbsttätige Schleusentore bei Flut eindringen. Nach dem Schließen der Tore bei Ebbebeginn strömt dann das Wasser durch Turbinen wieder zurück ins Meer.
Das erste Gezeitenkraftwerk wurde 1967 in der Rancemündung bei Saint-Malo in der Bretagne in Betrieb genommen. Das Einbeckenkraftwerk ist mit 24 Kaplanturbinen mit einer Leistung von 10 MW ausgestattet. Sie arbeiten bei Ebbe und Flut (Bild 1). Der Tidenhub beträgt bis zu 13 m.

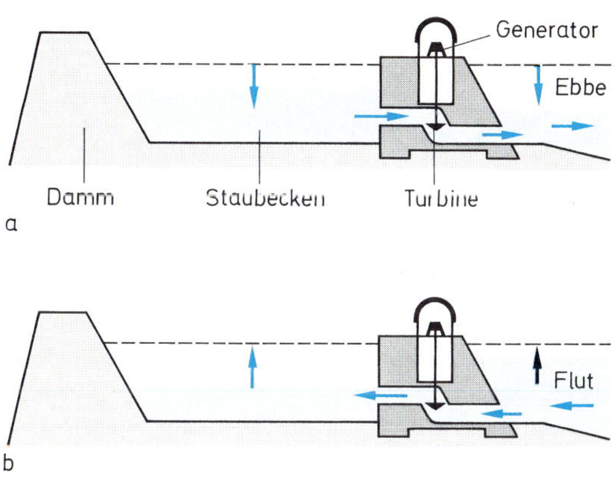

1

Wirkungsweise eines Gezeitenkraftwerks
a) bei Ebbe und b) bei Flut

Fallschirmspringen. Ein Fallschirmspringer, der in 5,5 km Höhe das Flugzeug verläßt, besitzt eine große potentielle Energie. Diese wandelt sich beim Fallen in kinetische Energie um. Ohne Luftwiderstand würde er die Erdoberfläche im freien Fall mit einer Geschwindigkeit von $332\ \mathrm{m \cdot s^{-1}}$ (Schallgeschwindigkeit in Luft) erreichen. Der Luftwiderstand bremst jedoch die Bewegung des Springers mit zunehmender Geschwindigkeit immer stärker ab. Durch den Fallschirm mit seiner großen Fläche wird der Luftwiderstand erheblich vergrößert (Bild 2).
Nach dem Absprung läßt der Springer den Fallschirm zunächst noch geschlossen. In dieser Phase verrichtet die Gewichtskraft am Springer Beschleunigungsarbeit. Mit zunehmender Geschwindigkeit nimmt jedoch der Luftwiderstand zu. Dadurch verrichtet die Gewichtskraft zunehmend mehr Reibungsarbeit. Bei einer Geschwindigkeit von etwa $60\ \mathrm{m \cdot s^{-1}}$ sind die Beträge von Gewichtskraft und Reibungskraft gleich groß. Dann nimmt die Geschwindigkeit nicht weiter zu. Durch den Luftwiderstand wird jetzt die potentielle Energie in thermische Energie umgewandelt. Die Gewichtskraft verrichtet ausschließlich Reibungsarbeit.
Öffnet der Springer schließlich seinen Fallschirm, so verringert die größere Widerstandskraft seine Geschwindigkeit bis auf etwa $5\ \mathrm{m \cdot s^{-1}}$. Dabei wird zusätzlich auch der überwiegende Teil seiner kinetischen Energie in thermische Energie umgewandelt.

2

Durch Öffnen des Fallschirms kann der Springer seine Fallgeschwindigkeit von etwa $60\ \mathrm{m \cdot s^{-1}}$ auf $5\ \mathrm{m \cdot s^{-1}}$ verringern.

Segelflugzeug. Ein Segelflugzeug wird mit einer Seilwinde oder im Schlepp eines Kleinflugzeugs auf die Ausgangshöhe gebracht. Dadurch besitzt es – neben einer geringen kinetischen Energie – eine beträchtliche potentielle Energie gegenüber der Erdoberfläche. Gelangt es in aufsteigende Luftströme (Thermik), so kann es weiter an Höhe gewinnen. Die kinetische Energie der aufwärtsströmenden Luft führt zu einer weiteren Zunahme der potentiellen Energie des Flugzeugs. Im Gleitflug gibt es infolge der Reibung ständig Energie an die Umgebung ab. Je kleiner der Gleitwinkel ist, umso größere Weiten kann es zurücklegen.

Gewußt? Erkannt? Gekonnt?

1. Unter welchen Bedingungen gelten die Gleichungen für die Arbeit $W = F \cdot s$ und $W = F \cdot s \cdot \cos \alpha$?
2. Wie kann die an einem Körper verrichtete Arbeit bestimmt werden, wenn sich die Kraft längs des Weges ändert?
3. Begründen Sie, daß die Hubarbeit eine Prozeßgröße und die kinetische Energie eine Zustandsgröße ist!
4. Bei einem Bremsvorgang wird die kinetische Energie eines Fahrzeugs auf die Hälfte verringert. Wie ändert sich dabei die Geschwindigkeit?
5. Beim Verrichten von Reibungsarbeit treten Temperaturänderungen der beteiligten Körper auf. Erläutern Sie Beispiele und kennzeichnen Sie deren Bedeutung!
6. Ein Kraftfahrzeug mit einer Masse von 1 t wird entsprechend dem Diagramm gebremst. Ermitteln Sie die Bremsbeschleunigung a und die Arbeit, die auf einem Bremsweg von 80 m verrichtet wird!

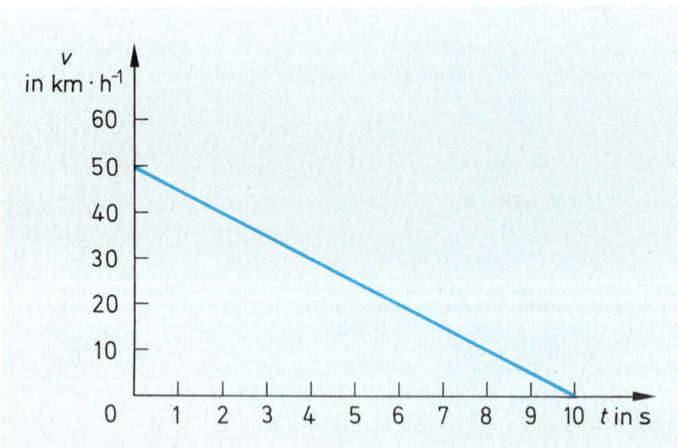

1

7. Eine Raumfähre hat eine Masse von 29 t und bewegt sich mit einer Geschwindigkeit von $7{,}8 \text{ m} \cdot \text{s}^{-1}$. Ein Frachtschiff hat eine Masse von 10^4 t und bewegt sich mit einer Geschwindigkeit von $36 \text{ km} \cdot \text{h}^{-1}$. Vergleichen Sie die kinetischen Energien der beiden Körper!
8. Berechnen Sie die potentielle Energie eines Raumschiffes mit einer Masse von 1 t, das sich in 300 km Höhe befindet! Berücksichtigen Sie die Abnahme der Schwerkraft mit der Höhe durch eine durchschnittliche Fallbeschleunigung von $9{,}4 \text{ m} \cdot \text{s}^{-2}$!
9. Ein Fadenpendel wird aus seiner vertikalen Gleichgewichtslage um den Winkel α ausgelenkt und danach losgelassen. Berechnen Sie mit dem Energieerhaltungssatz die Geschwindigkeit des Pendelkörpers beim Durchgang durch die Gleichgewichtslage!
10. Wie groß ist die Arbeit, die verrichtet werden muß, um einen Pkw mit der Gesamtmasse 1,0 t
    a) aus dem Stand auf $50 \text{ km} \cdot \text{h}^{-1}$,
    b) von $50 \text{ km} \cdot \text{h}^{-1}$ auf $100 \text{ km} \cdot \text{h}^{-1}$ zu beschleunigen?
11. Ein 1,0 m hoher, aufrecht im 2,0 m tiefen Wasser stehender Betonzylinder mit dem Volumen $0{,}25 \text{ m}^3$, soll mit einem Kran vollständig aus dem Wasser gehoben werden. Die Dichte von Beton ist $2{,}2 \text{ g} \cdot \text{cm}^{-3}$, die von Wasser $1{,}0 \text{ g} \cdot \text{cm}^{-3}$.
    Wie groß ist die dazu notwendige Hubarbeit?
12. Ein Körper mit der Masse 600 g fällt auf eine senkrecht stehende, entspannte Schraubenfeder aus einer Höhe von 0,5 m über dem oberen Ende der Feder. Die Federkonstante beträgt $750 \text{ N} \cdot \text{m}^{-1}$.
    a) Um welche Länge wird die Feder zusammengedrückt, und welche Arbeit wird an der Feder verrichtet, wenn man annimmt, daß bei dem Vorgang keine Umwandlung in thermische Energie erfolgt?
    b) Welche Startgeschwindigkeit hatte der Körper, wenn die Feder um 2 cm zusammengedrückt wird (gleiche Bedingung)?
    c) Auf welche Höhe über der entspannten Feder steigt der Körper jeweils nach dem Entspannen der Feder, wenn 5% der mechanischen Energie in Wärme umgewandelt werden? (Die Masse der Feder bleibe unberücksichtigt.)
13. Eine an einem Ende fest eingespannte, waagerechte Feder ($k = 10 \text{ N} \cdot \text{cm}^{-1}$) wird durch eine Druckkraft von 50 N vorgespannt. Am Ende dieser Feder liegt ein Holzklotz ($m = 5{,}0$ kg) auf waagerechter Unterlage. Die Reibung zwischen Klotz und Unterlage wird durch den Reibungskoeffizienten 0,3 beschrieben. Die Feder wird freigegeben.
    Welche Energieumwandlungen finden in der Folge statt? Ermitteln Sie die kinetische Energie des Holzklotzes als Funktion seines Ortes und zeichnen Sie den Graphen dieser Funktion!
14. Wieviel Hubarbeit benötigt man, um n Stück Mauerziegel der Masse m und der Höhe h, die zunächst alle auf dem waagerechten Fußboden liegen, senkrecht übereinander zu stapeln?

Zusammenfassung

Mechanische Arbeit

Ein System ist ein ausgewählter Teilbereich der Natur oder Technik, der von seiner Umgebung abgegrenzt ist oder abgegrenzt wird.

Potentielle Energie und *kinetische Energie* sind Zustandsgrößen mechanischer Systeme.

Die Energie kennzeichnet das im System gespeicherte Arbeitsvermögen.

Die mechanische Arbeit ist eine Prozeßgröße.

Wird an einem System mechanische Arbeit verrichtet, so verändert sich die Energie und damit der Zustand des Systems.

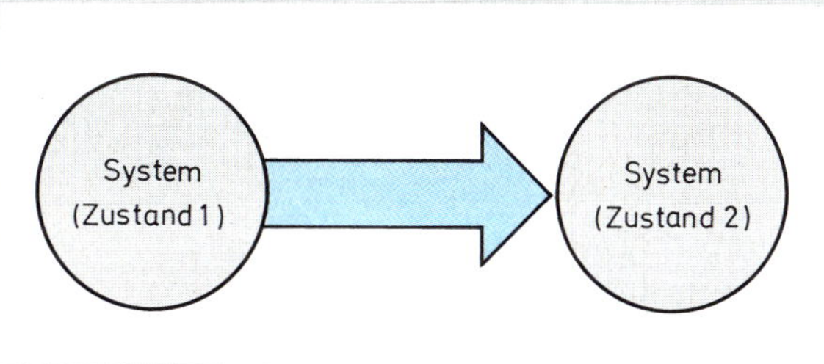

1

Für die mechanische Arbeit gilt die Gleichung
$W = F \cdot s \cdot \cos\alpha$.

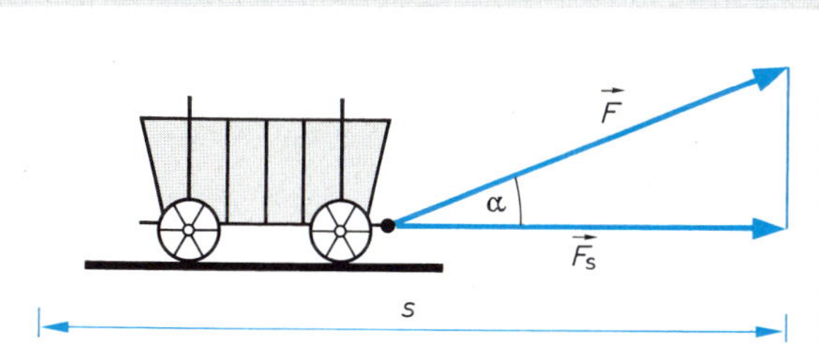

2

Ändert sich die Kraft längs des Weges s, so muß der Prozeß in differentiell kleine Teilschritte Δs_i zerlegt werden. Die gesamte verrichtete Arbeit ist dann die Summe aller n Skalarprodukte $F_i \cdot \Delta s_i$:

$W = \sum_{i=1}^{n} F_i \cdot \Delta s_i$. Allgemein gilt $W = \int_{s_a}^{s_e} F(s) \cdot ds$.

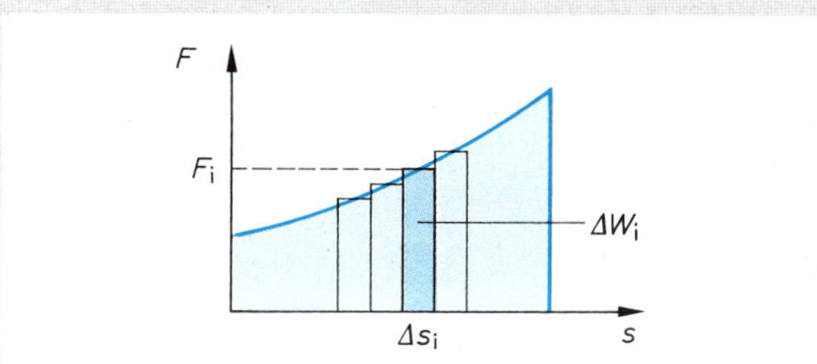

3

Spezielle Formen der Arbeit sind

Hubarbeit
$W = m \cdot g \cdot h$

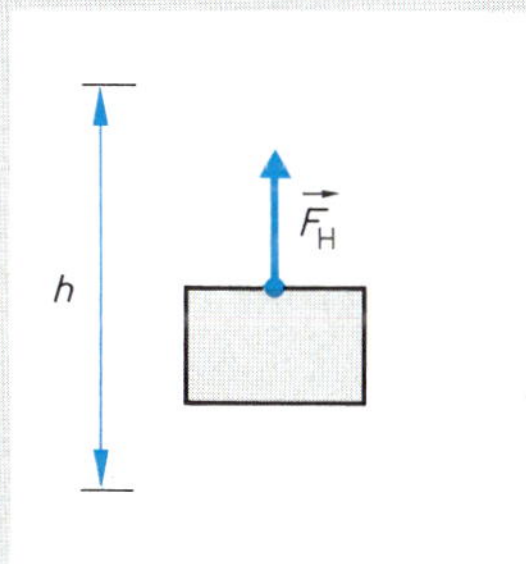

4

Reibungsarbeit
$W = \mu \cdot F_N \cdot s$

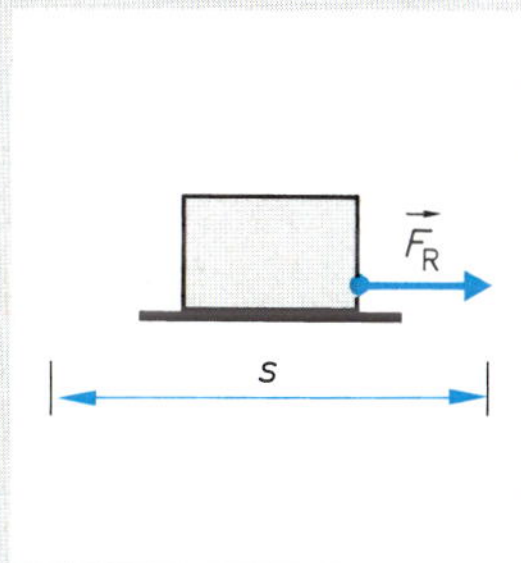

5

Beschleunigungsarbeit
$W = \frac{1}{2} m \cdot v^2$

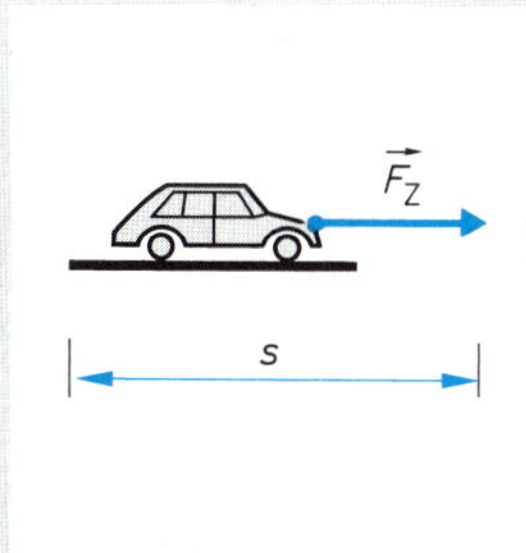

6

Federspannarbeit
$W_F = \frac{1}{2} F \cdot s$

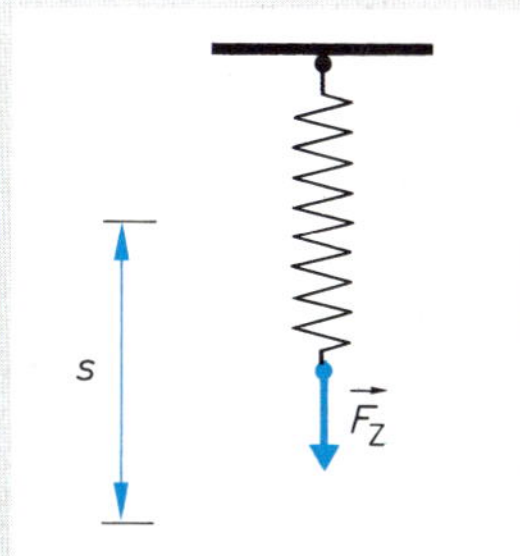

7

Energie

potentielle Energie (im Gravitationsfeld der Erde) $E_{pot} = m \cdot g \cdot h$

kinetische Energie $E_{kin} = \frac{1}{2} m \cdot v^2$

In einem abgeschlossenen, reibungsfreien mechanischen System ist die Summe aus potentieller und kinetischer Energie konstant.

$E_{mech} = E_{pot} + E_{kin}$

Mechanische Leistung

Die mechanische Leistung kennzeichnet die zeitliche Energieabgabe oder Energieaufnahme eines Systems.

$$P = \frac{\Delta E}{\Delta t}$$

6 Impuls und Stoß

Beim Billard rollt die gestoßene Kugel nahezu geradlinig gleichförmig über den Tisch (Bild 1). Trifft die Kugel jedoch auf die Bande oder auf eine andere Kugel, so ändert sie plötzlich ihre Bewegung. Nach dem Stoß mit der Bande bewegt sie sich in eine andere Richtung weiter. Der Betrag der Geschwindigkeit bleibt unverändert (Bild 2). Beim Zusammenprallen mit einer anderen Kugel ändern sich meistens sowohl der Betrag als auch die Richtung der Geschwindigkeit. Trifft die gestoßene Kugel zentral auf eine ruhende, so bleibt die erste liegen, und die zweite bewegt sich in der Richtung und mit dem Betrag der Geschwindigkeit der ersten weiter (Bild 3). Trifft eine Kugel gleichzeitig auf zwei andere, so bewegen sich nach dem Stoß alle Kugeln in verschiedene Richtungen (Bild 4). Nach welchen Gesetzen vollziehen sich diese Bewegungen?

1

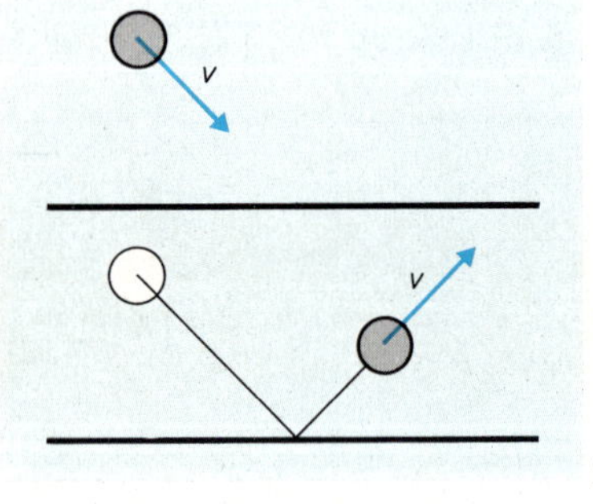

2

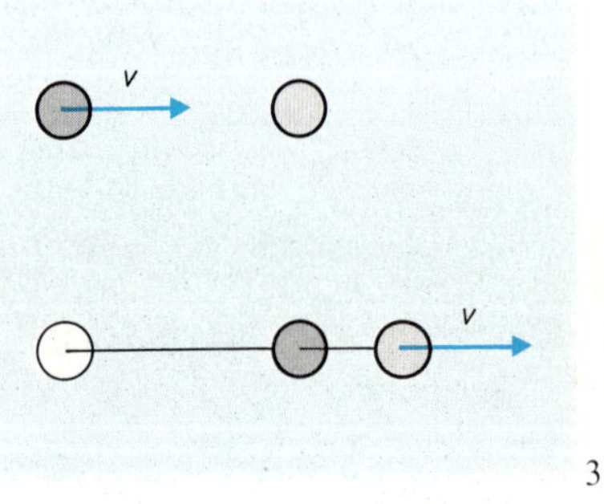

3

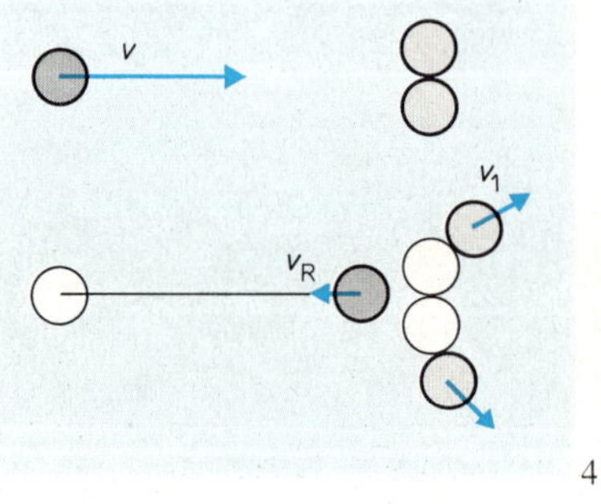

4

Impuls und Impulserhaltungssatz

Impuls

Um den Bewegungszustand eines Körpers zu beschreiben, haben wir bisher die physikalische Größe Geschwindigkeit benutzt. Durch die Angabe des Betrages $v = 100\ \mathrm{km \cdot h^{-1}}$ und der Richtung der Geschwindigkeit wird z. B. die Bewegung eines Fahrzeugs charakterisiert (Bild 1, S. 53). Will man die Bewegung eines Körpers ändern, so benötigt man dazu eine Kraft. Diese Kraft hängt sowohl von der angestrebten Geschwindigkeit als auch von der Masse des Körpers ab. So braucht man eine größere Kraft, wenn man anstelle eines Personenkraftwagens einen Lastkraftwagen um den gleichen Geschwindigkeitsbetrag beschleunigen will. Diese Tatsache, daß das Verhalten eines bewegten Körpers auch von seiner Masse abhängt, wird durch die physikalische Größe Geschwindigkeit nicht erfaßt. Deshalb wird eine weitere physikalische Größe zur Kennzeichnung des Bewegungszustandes eines Körpers eingeführt. Sie heißt **Impuls** und erfaßt die Geschwindigkeit und die Masse des Körpers (Bild 2, S. 53).

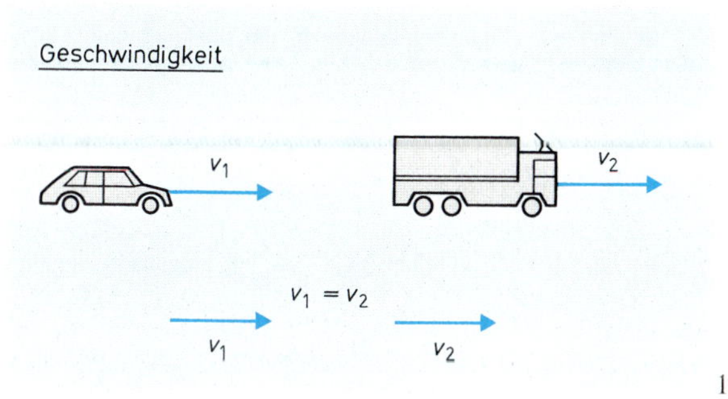

1

Die Geschwindigkeit kennzeichnet den Bewegungszustand eines Körpers nicht vollständig.

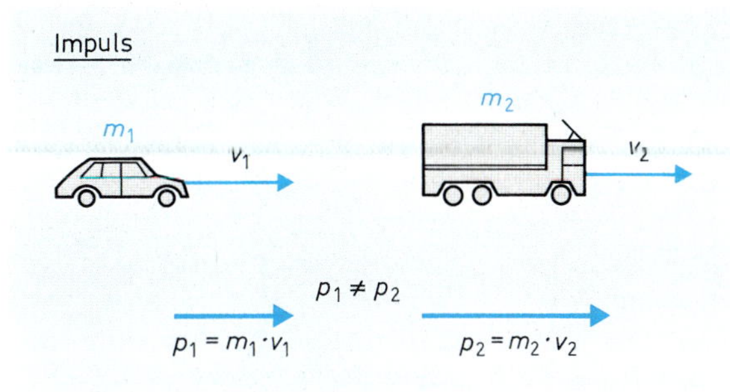

2

Will man auch das Ändern des Bewegungszustandes erfassen, so müssen Geschwindigkeit und Masse berücksichtigt werden.

Der Impuls $\vec{p}$ kennzeichnet den Bewegungszustand eines Körpers.

$$\vec{p} = m \cdot \vec{v}$$

Als Einheit des Impulses ergibt sich $kg \cdot m \cdot s^{-1}$.
Häufiger wird die Einheit Newtonsekunde ($N \cdot s$) verwendet. Es gilt $1\ N \cdot s = 1\ kg \cdot m \cdot s^{-1}$.
Diese Umrechnung ergibt sich aus der Beziehung $1\ N = 1\ kg \cdot m \cdot s^{-2}$ und damit $1\ N \cdot s = 1\ kg \cdot m \cdot s^{-2} \cdot s$.
Der Impuls ist eine vektorielle Größe. Seine Richtung stimmt mit der Richtung der Geschwindigkeit überein.

Der Impuls ist eine vektorielle Zustandsgröße.

Aufgabe
Ein Meteorit mit einer Masse von 1 g dringt mit einer Geschwindigkeit von $30\ km \cdot s^{-1}$ (entspricht der Geschwindigkeit der Erde auf ihrer Bahn um die Sonne) in die Erdatmosphäre ein. Ein Personenkraftwagen mit einer Masse von 1 t bewegt sich mit einer Geschwindigkeit von $110\ km \cdot h^{-1}$. Vergleichen Sie die kinetischen Energien und die Impulse beider Körper!

Gesucht: E_{kin}, p

Gegeben: Meteorit

$m = 1\ g = 0{,}001\ kg$

$v = 30\ km \cdot s^{-1} = 30000\ m \cdot s^{-1}$

Personenkraftwagen

$m = 1\ t = 1000\ kg$

$v = 110\ km \cdot h^{-1} = 30{,}6\ m \cdot s^{-1}$

Lösung: $E_{kin} = \frac{m}{2} \cdot v^2$

$$E_{kin} = \frac{0{,}001\ kg}{2} \cdot 30000^2\ m^2 \cdot s^{-2}$$

$E_{kin} = 450000\ kg \cdot m^2 \cdot s^{-2}$

$p = m \cdot v$

$p = 0{,}001\ kg \cdot 30\,000\ m \cdot s^{-1}$

$\underline{\underline{p = 30\ kg \cdot m \cdot s^{-1}}}$

$E_{kin} = \frac{m}{2} \cdot v^2$

$$E_{kin} = \frac{1000\ kg}{2} \cdot 30{,}6^2\ m^2 \cdot s^{-2}$$

$E_{kin} = 467000\ kg \cdot m^2 \cdot s^{-2}$

$p = m \cdot v$

$p = 1000\ kg \cdot 30{,}6\ m \cdot s^{-1}$

$\underline{\underline{p = 30600\ kg \cdot m \cdot s^{-1}}}$

Ergebnis: Der Meteorit hat eine kinetische Energie von 450000 J, das Kraftfahrzeug eine kinetische Energie von 467000 J. Damit stimmen die kinetischen Energien beider Körper etwa überein. Der Meteorit hat einen Impuls von $30\ N \cdot s$, das Kraftfahrzeug einen Impuls von $30600\ N \cdot s$. Der Impuls des Kraftfahrzeuges ist damit etwa 1000mal größer als der Impuls des Meteoriten. Deshalb läßt sich auch der Bewegungszustand eines Meteoriten viel leichter verändern als der eines Pkw.

Kraftstoß

Beim Billard hat die Kugel, die mit dem Queue gestoßen werden soll, den Impuls Null. Während des Stoßes wirkt eine Kraft auf die Kugel. Diese Kraft führt zu einer Veränderung des Impulses der Kugel. Die Impulsänderung ist umso größer, je größer die Kraft ist und je länger sie auf die Kugel einwirkt. Diese Tatsache wird durch die physikalische Größe **Kraftstoß *S*** erfaßt. Der Kraftstoß ergibt sich durch Multiplizieren der Kraft F mit der Zeitdauer Δt der Krafteinwirkung: $S = F \cdot \Delta t$.
Unter Berücksichtigung des Newtonschen Grundgesetzes $\vec{F} = m \cdot \vec{a}$ ergibt sich $\vec{S} = m \cdot \vec{a} \cdot \Delta t$.
Aus der Definitionsgleichung für die Beschleunigung $\vec{a} = \Delta\vec{v}/\Delta t$ folgt $\vec{a} \cdot \Delta t = \Delta\vec{v}$.
Durch Einsetzen erhält man $\vec{S} = m \cdot \Delta\vec{v}$ oder $\vec{S} = \Delta\vec{p}$.

Der Kraftstoß $\vec{S}$ kennzeichnet den Prozeß der Impulsänderung. $\qquad \vec{S} = \vec{F} \cdot \Delta t$

Als Einheit für den Kraftstoß ergibt sich die Newtonsekunde (N · s). Kraftstoß und Impuls werden in der gleichen Einheit gemessen. Während der Impuls den Bewegungszustand eines Körpers kennzeichnet, beschreibt der Kraftstoß den Prozeß der Bewegungsänderung. Ändert sich die Richtung der Kraft während des Stoßes nicht, dann hat der Kraftstoß die gleiche Richtung wie die Kraft.

Der Kraftstoß ist eine vektorielle Prozeßgröße

Kraftstoß und Impuls stehen in einer ähnlichen Beziehung zueinander wie Beschleunigungsarbeit und kinetische Energie. Die eine physikalische Größe beschreibt den Prozeß, die andere den dadurch veränderten Zustand des Systems. Beschleunigungsarbeit und Energie sind jedoch skalare Größen, während Kraftstoß und Impuls gerichtete Größen sind.

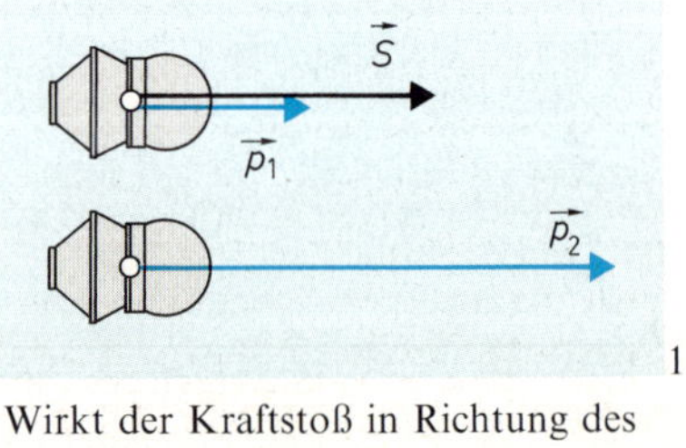

1
Wirkt der Kraftstoß in Richtung des Impulses des Körpers, so nimmt der Betrag des Impulses zu und seine Richtung bleibt unverändert.

Aufgabe
Ein Raumschiff der Masse 1 t bewegt sich mit der Geschwindigkeit $7{,}9\ \text{km} \cdot \text{s}^{-1}$. Durch Zünden des Triebwerkes wird auf das Raumschiff 20 s lang die Kraft 7,5 kN in Bewegungsrichtung ausgeübt. Wie groß sind Kraftstoß und Geschwindigkeitsänderung des Raumschiffes, wenn die Änderung der Masse durch die ausströmenden Verbrennungsgase vernachlässigt wird?

Gesucht: S, Δv

Gegeben: $F = 7{,}5\ \text{kN} = 7500\ \text{N}$
$t = 20\ \text{s}$
$m = 1000\ \text{kg}$
$v = 7900\ \text{m} \cdot \text{s}^{-1}$

Lösung: $S = F \cdot \Delta t$
$S = 7500\ \text{N} \cdot 20\ \text{s}$
$S = 1{,}5 \cdot 10^5\ \text{N} \cdot \text{s}$
$\underline{\underline{S = 1{,}5 \cdot 10^5\ \text{kg} \cdot \text{m} \cdot \text{s}^{-1}}}$

Der Kraftstoß bewirkt eine Impulsänderung Δp.

$S = \Delta p$
$\Delta p = m \cdot \Delta v$
$\Delta v = \frac{S}{m}$

$$\Delta v = \frac{1{,}5 \cdot 10^5\ \text{kg} \cdot \text{m} \cdot \text{s}^{-1}}{10^3\ \text{kg}}$$

$\underline{\underline{\Delta v = 1{,}5 \cdot 10^2\ \text{m} \cdot \text{s}^{-1}}}$

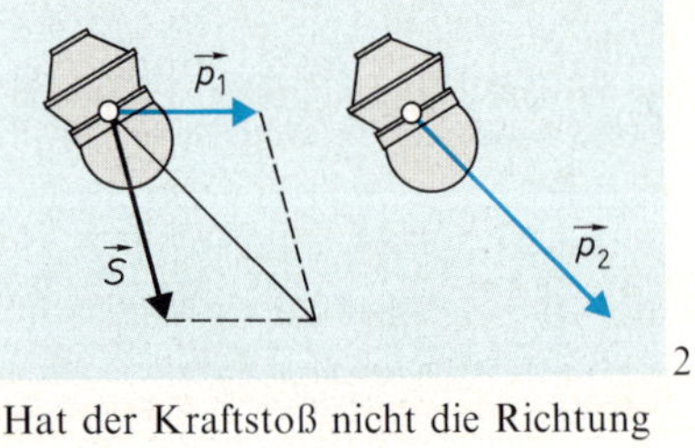

2
Hat der Kraftstoß nicht die Richtung des Impulses, so kann man den resultierenden Impuls durch Addition der Vektoren ermitteln.

Ergebnis: Der Kraftstoß beträgt $1{,}5 \cdot 10^5$ N · s. Er führt zu einer Geschwindigkeitsänderung von $150 \text{ m} \cdot \text{s}^{-1}$.

Wirkt der Kraftstoß in Richtung eines Körpers, so addieren sich die Beträge von Impuls und Impulsänderung (Bild 1, S. 54). Hat der Kraftstoß jedoch nicht die gleiche Richtung wie der Impuls des Körpers, so verändern sich Betrag und Richtung des Impulses (Bild 2, S. 54).

Kraftstoß bei veränderlicher Kraft

Wird eine Billardkugel mit dem Queue angestoßen, so ändert sich der Betrag der Kraft während des Stoßes. Er wächst schnell an und nimmt dann allmählich wieder ab. Der Kraftstoß kann als Fläche unter dem Graphen im Kraft-Zeit-Diagramm bestimmt werden (Bild 1).

Mathematisch ist das durch eine Zerlegung des Gesamtprozesses in geeignete kleine Teilprozesse möglich. Dazu wird die Gesamtzeit $t_2 - t_1$ in n Zeitintervalle Δt_i ($i = 1, \ldots, n$) zerlegt. Sind diese Intervalle genügend klein, so kann in einem solchen Intervall jeweils eine konstante Kraft $\vec{F}_i$ angenommen werden. Daraus entsteht ein Beitrag $\Delta\vec{S}_i = \vec{F}_i \cdot \Delta t_i$ zum gesamten Kraftstoß.

Kraftstoß bei veränderlicher Kraft $\vec{S} = \sum_{i=1}^{n} \vec{F}_i \cdot \Delta t_i$

Der Grenzwert der Zerlegungssumme für $n \to \infty$ und damit $\Delta t \to 0$ ist das bestimmte Integral: $\vec{S} = \lim_{n \to \infty} \sum_{i=1}^{n} \vec{F}_i \cdot \Delta t_i = \int_{t_1}^{t_2} \vec{F}(t)\,dt$

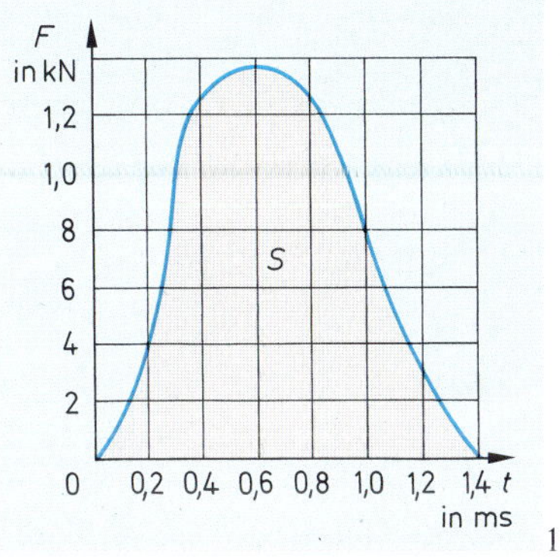

1 Der Betrag des Kraftstoßes wird durch die Fläche unter dem Graphen dargestellt.

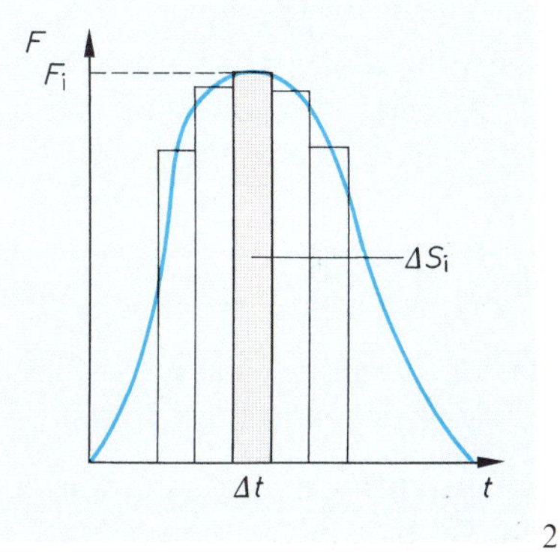

2 Zerlegen des Kraftstoßes in einzelne Teile mit konstanter Kraft.

Impuls als Erhaltungsgröße

Kraftstöße und Impulsänderungen haben Sie schon beim Rangieren von Eisenbahnwagen beobachtet (Bild 3). Die Bewegungen laufen auf einer Geraden ab. Beim Experiment lassen wir zwei Kugeln in einer horizontalen Rille rollen (Bild 4). Sie haben die Massen m_1 und m_2 und die Geschwindigkeiten v_1 und v_2. Beide Kugeln prallen aufeinander. Dabei wirken auf sie nach dem Wechselwirkungsgesetz gleich große Kräfte $F_1 = -F_2$. Danach bewegen sie sich mit den Geschwindigkeiten u_1 und u_2 weiter. Zur Vereinfachung wollen wir im folgenden auf die Vektorschreibweise verzichten und die Richtungen von Kräften und Geschwindigkeiten mit Vorzeichen kenntlich machen.
Für die Kraftstöße gilt dann $F_1 \cdot \Delta t = -F_2 \cdot \Delta t$ und damit für die Impulsänderung $p_1 = -p_2$ oder $m_1(v_1 - u_1) = -m_2(v_2 - u_2)$.
Daraus folgt $m_1 \cdot v_1 + m_2 \cdot v_2 = m_1 \cdot u_1 + m_2 \cdot u_2$.
Diese Gleichung läßt erkennen, das der Gesamtimpuls der Kugeln vor dem Stoß gleich dem Gesamtimpuls der Kugeln nach dem Stoß ist.

3 Beim Rangieren treten Kraftstöße und Impulsänderungen auf.

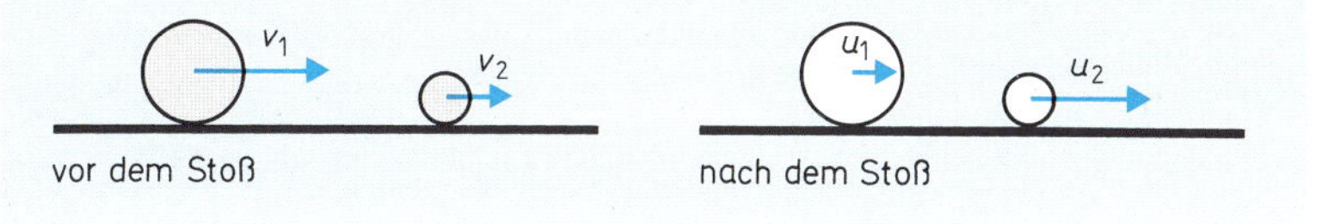

4

Diese Aussage nennt man **Impulserhaltungssatz.** Er ist ein allgemeingültiges Gesetz für mechanische Systeme.

Der Impuls ist eine Erhaltungsgröße.

Impulserhaltungssatz:
Ist bei einem System die Summe der von außen angreifenden Kräfte jeweils Null, so ist die Vektorsumme aller Impulse konstant.

$$m_1 \cdot v_1 + m_2 \cdot v_2 + \ldots m_n \cdot v_n = m_1 \cdot u_1 + m_2 \cdot u_2 + \ldots m_n \cdot u_n$$

Stoßprozesse

Stoßprozesse treten nicht nur beim Billard und beim Rangieren, sondern auch bei Ballspielen, wie Fußball (Bild 1), Tennis und Volleyball, sowie beim Einschlagen eines Nagels, Schmieden von Eisen oder Einrammen eines Pfahls mit einem Rammbär auf. Dabei kann man als Grenzfälle zwei Arten von Stößen unterscheiden: den elastischen Stoß und den unelastischen Stoß. Bei einem elastischen Stoß treten nur elastische Verformungen der Stoßpartner auf. Nach einem unelastischen Stoß bleiben die Verformungen erhalten. Bei allen zuerst genannten Beispielen treten weitgehend elastische Stöße auf. Die zuletzt genannten drei Beispiele, wie das Einrammen eines Pfahls, stellen unelastische Stöße dar.
Darüber hinaus kann man zentrale Stöße und schiefe Stöße unterscheiden. Wir wollen uns zunächst auf Stöße beschränken, bei denen sich die Körper vor und nach dem Stoß auf derselben Geraden bewegen.

1
Elastische Stöße beim Ballspiel

Zentraler unelastischer Stoß

Beim unelastischen Stoß bewegen sich alle Stoßpartner nach dem Zusammenprallen mit einer einheitlichen Geschwindigkeit weiter. Einen solchen Stoß kann man sehr gut auf der Luftkissenbahn untersuchen.

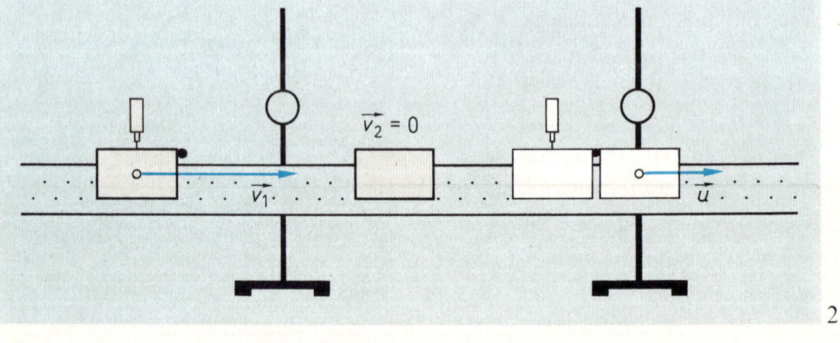

2

Experiment 1
Die Luftkissenbahn wird horizontal ausgerichtet. In ihrer Mitte befindet sich ein ruhender Schwebekörper. Der zweite Schwebekörper, der eine gleich große Masse besitzt, bewegt sich mit konstanter Geschwindigkeit auf den ruhenden zu. Er trägt an der Stelle, an der er den ersten berühren wird, ein Stück Plastilina.

Die Geschwindigkeit des stoßenden Schwebekörpers wird vor dem Stoß und nach dem Stoß gemessen (Bild 2). Nach dem Stoß bewegen sich beide Schwebekörper mit der halben Geschwindigkeit des stoßenden in der gleichen Richtung weiter.
Die Gleichung für den zentralen unelastischen Stoß für Stoßpartner beliebiger Massen und Geschwindigkeiten kann man aus dem Impulserhaltungssatz herleiten, indem man die Beziehung berücksichtigt:
$u_1 = u_2 = u$.
Daraus folgt $m_1 \cdot v_1 + m_2 \cdot v_2 = (m_1 + m_2) \cdot u$

oder $u = \dfrac{m_1 \cdot v_1 + m_2 \cdot v_2}{m_1 + m_2}$.

Geschwindigkeit nach dem zentralen unelastischen Stoß $u = \frac{m_1 \cdot v_1 + m_2 \cdot v_2}{m_1 + m_2}$

Die kinetische Energie vor dem Stoß ist größer als die kinetische Energie nach dem Stoß. Das folgt aus den Gleichungen

$E_{\text{kin,v}} = \frac{1}{2} m_1 \cdot v_1^2 + \frac{1}{2} m_2 \cdot v_2^2$ (vor dem Stoß) und

$E_{\text{kin},n} = \frac{1}{2} (m_1 + m_2) \cdot u^2$ (nach dem Stoß).

Die Differenz wird beim unelastischen Stoß in Verformungs- und thermische Energie umgewandelt.

Für den unelastischen Stoß gilt der Impulserhaltungssatz.
Die kinetische Energie bleibt nicht erhalten.

Schiefer unelastischer Stoß

Ein solcher Stoß liegt vor, wenn ein Skateboardfahrer schräg zur Fahrtrichtung des Brettes aufspringt (Bild 1).
Wir zerlegen den Impuls $m_1 \cdot v$ der Person in eine Komponente $m_1 \cdot v_p$ in Fahrtrichtung des Brettes und in eine Komponente $m_1 \cdot v_s$ senkrecht dazu. Für die Beträge gilt:
$m_1 \cdot v_s = m_1 \cdot v \cdot \sin\alpha$ und $m_1 \cdot v_p = m_1 \cdot v \cdot \cos\alpha$.
Bezüglich der senkrechten Komponente findet ein zentraler, unelastischer Stoß zwischen der Person und der Erde statt, da das Skateboard durch die Reibung der Gummiräder bezüglich dieser Richtung fest mit der Erde verbunden ist.
Nach dem Stoß ist die entsprechende Komponente des Gesamtimpulses $m \cdot u$ Null.
Für die Komponente in Fahrtrichtung können ebenfalls die Gesetze des zentralen unelastischen Stoßes angewendet werden. Der Impulssatz gilt in der Form $m_1 \cdot v_p = (m_1 + m_2) \cdot u$.
Für den Betrag der Geschwindigkeit nach dem Aufspringen erhalten wir

$$u = \frac{m_1}{m_1 + m_2} \cdot v \cdot \cos\alpha .$$

Für $\alpha = 90°$ wird $u = 0$ und für $\alpha = 0$ wird u maximal.

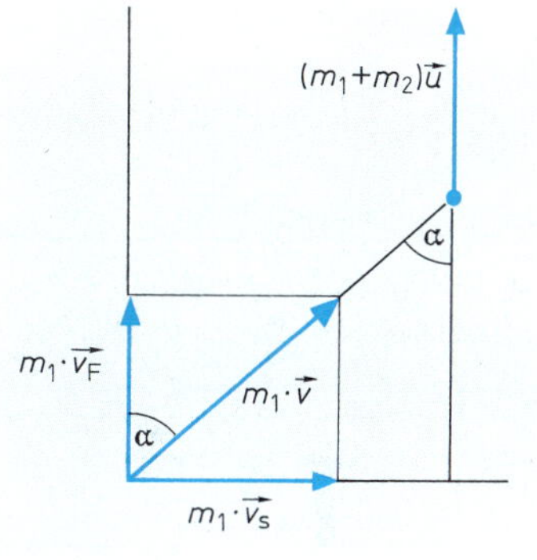

1
Schiefer unelastischer Stoß beim schrägen Aufspringen auf ein Skateboard

Zentraler elastischer Stoß

Beim elastischen Stoß ist die Summe der kinetischen Energien vor und nach dem Stoß gleich: $\frac{m_1}{2} \cdot v_1^2 + \frac{m_2}{2} \cdot v_2^2 = \frac{m_1}{2} \cdot u_1^2 + \frac{m_2}{2} \cdot u_2^2$.
Weiterhin gilt – wie bei jedem Stoß – der Impulserhaltungssatz
$m_1 \cdot v_1 + m_2 \cdot v_2 = m_1 \cdot u_1 + m_2 \cdot u_2$.

Für den elastischen Stoß gilt der Impulserhaltungssatz.
Die kinetische Energie bleibt erhalten.

Aus diesen beiden Gleichungen können die Geschwindigkeiten der Stoßpartner nach dem Stoß bestimmt werden.
Zur Lösung des Gleichungssystems multiplizieren wir die erste Gleichung mit dem Faktor 2 und ordnen sie um:
$m_1 \cdot (v_1^2 - u_1^2) = m_2 \cdot (u_2^2 - v_2^2)$.

In entsprechender Weise stellen wir die zweite Gleichung um und erhalten:
$m_2 \cdot (v_1 - u_1) = m_1 \cdot (u_2 - v_2)$.

Danach dividieren wir die linken und die rechten Seiten beider Gleichungen durcheinander. Das führt zur Gleichung:

$$\frac{v_1^2 - u_1^2}{v_1 - u_1} = \frac{u_2^2 - v_2^2}{u_2 - v_2}.$$

Durch Anwenden der 3. binomischen Formel erhalten wir:

$$\frac{(v_1 + u_1) \cdot (v_1 - u_1)}{v_1 - u_1} = \frac{(u_2 + v_2) \cdot (u_2 - v_2)}{u_2 - v_2} \text{ oder } v_1 + u_1 = v_2 + u_2.$$

Diese Gleichung gibt den unmittelbaren Zusammenhang zwischen den Geschwindigkeiten der Stoßpartner an.

Ersetzt man in der Gleichung für den Impulserhaltungssatz u_2 durch $v_1 + u_1 - v_2$, so erhält man

$m_1 \cdot v_1 + m_2 \cdot v_2 = m_1 \cdot u_1 + m_2 \cdot (v_1 + u_1 - v_2)$

oder $m_1 \cdot v_1 + m_2 \cdot v_2 = m_1 \cdot u_1 + m_2 \cdot v_1 + m_2 \cdot u_1 - m_2 \cdot v_2$.

Durch Umordnen, Ausklammern und Dividieren ergibt sich

$$u_1 = \frac{2m_2 \cdot v_2 + (m_1 - m_2) \cdot v_1}{m_1 + m_2}.$$

In entsprechender Weise erhält man die Gleichung für u_2.

Für die Berechnung der Geschwindigkeiten nach dem Stoß gelten damit die Gleichungen:

Geschwindigkeit nach dem zentralen elastischen Stoß

$$\mathbf{u_1 = \frac{2 \cdot m_2 \cdot v_2 + (m_1 - m_2) \cdot v_1}{m_1 + m_2}}$$

$$\mathbf{u_2 = \frac{2 \cdot m_1 \cdot v_1 + (m_2 - m_1) \cdot v_2}{m_1 + m_2}}$$

Gültigkeitsbedingung: Keine Umwandlung von mechanischer Energie in andere Energieformen

Ist die Geschwindigkeit des zweiten Stoßpartners vor dem Stoß Null, so vereinfachen sich die Gleichungen zu

Geschwindigkeit nach dem zentralen elastischen Stoß mit einem ruhenden Stoßpartner

$$\mathbf{u_1 = \frac{m_1 - m_2}{m_1 + m_2} \cdot v_1}$$

$$\mathbf{u_2 = \frac{2m_1}{m_1 + m_2} \cdot v_1}$$

Gültigkeitsbedingung: $v_2 = 0$; keine Umwandlung von mechanischer Energie in andere Energieformen

Der Kugelstoßapparat (Bild 1) ist sehr gut zur Demonstration der Gesetze beim zentralen elastischen Stoß geeignet. Er besteht aus einer Reihe von elastischen Stahlkugeln mit gleicher Masse. Lenkt man die Kugel am Anfang der Reihe aus und läßt sie los, so verrichtet sie einen Kraftstoß. Dabei überträgt sie ihren Impuls auf die benachbarte Kugel. Dieser wandert durch die Kugelreihe und bewirkt, daß sich die letzte Kugel in Bewegung setzt. Sie schwingt genau so weit aus, wie die erste Kugel ausgelenkt worden war. Dann bewegt sie sich wieder zur Kugelreihe zurück und verrichtet einen Kraftstoß in entgegengesetzter Richtung usw. (Bild 1, S. 59). Lenkt man zwei Kugeln gleich weit aus und läßt sie gegen die Kugelreihe stoßen, so wird der Impuls in gleicher Weise übertragen. Er ist jedoch jetzt doppelt so groß. Deshalb schwingen am Ende der Kugelreihe auch zwei Kugeln aus (Bild 2, S. 59).

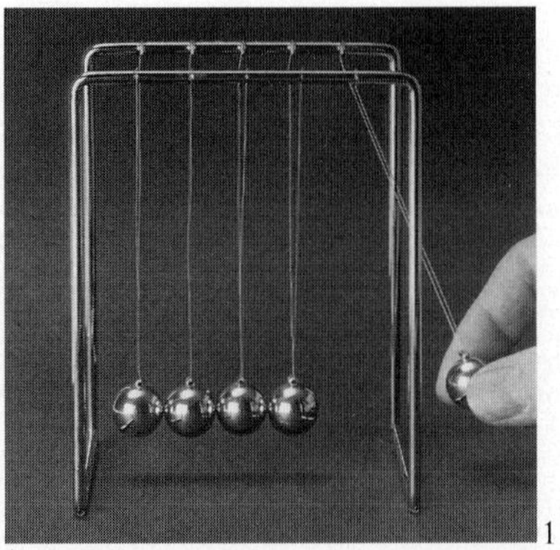
1

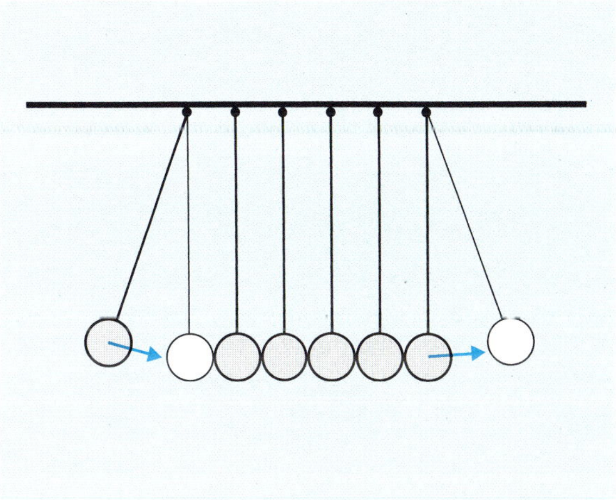

1

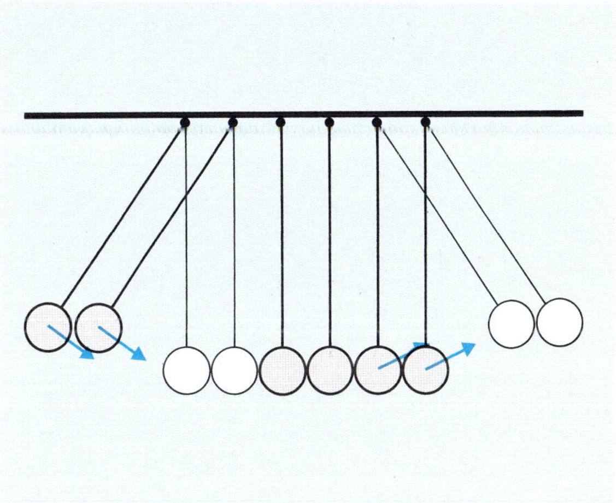

2

Entsprechendes gilt für drei und mehr Kugeln.
Beim Auslenken von vier und mehr Kugeln sind die Vorgänge deshalb interessant, weil dann nur noch drei oder weniger Kugeln in Ruhe bleiben, an denen der Kraftstoß verrichtet wird. Auch in diesen Fällen schwingen genauso viele Kugeln aus, wie aufgeprallt sind.
Diese Vorgänge müssen so verlaufen, da gleichzeitig der Impulserhaltungssatz gilt und die kinetische Energie erhalten bleibt.

Spezialfälle des elastischen Stoßes

Für folgende spezielle Bedingungen des elastischen Stoßes gelten diese Gleichungen in vereinfachter Form.
1. Die Massen der Stoßpartner sind gleich ($m_1 = m_2$). Dieser Fall tritt beim Billard beim zentralen Stoß mit einer ruhenden Kugel auf (Bild 3, S. 52). Unter diesen Bedingungen folgt aus den Gleichungen $u_1 = 0$ und $u_2 = v_1$. Das läßt sich leicht auf der Luftkissenbahn bestätigen.

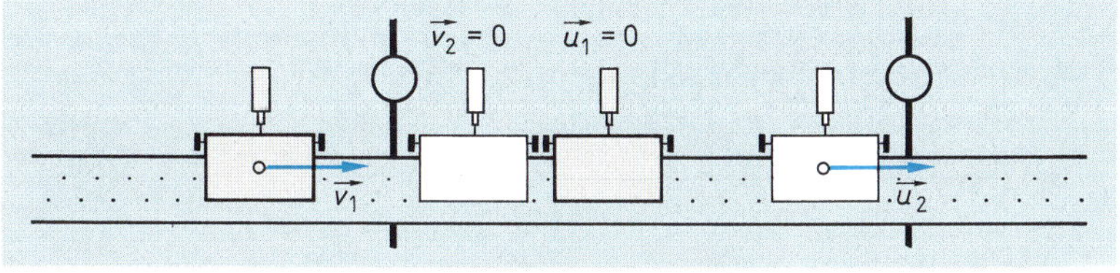

3

Experiment 2
Die Anordnung entspricht der in Experiment 1. Damit ein elastischer Stoß auftritt, werden die Schwebekörper mit Magneten versehen, die auf Abstoßung gepolt sind (Bild 3).

Der stoßende Schwebekörper überträgt seinen gesamten Impuls auf den vorher ruhenden gestoßenen Schwebekörper.
2. Die Masse des anfangs ruhenden Körpers ist sehr klein gegenüber dem stoßenden Körper ($m_1 \gg m_2$). Dieser Fall tritt z. B. beim Aufschlag bei Tennis oder Tischtennis auf. Besonders beim Tischtennis ist die Masse des Schlägers viel größer als die Masse des Balls.
Unter dieser Bedingung gilt in guter Näherung $m_1 \pm m_2 \approx m_1$.
Die kleine Masse kann bei der Addition oder Substraktion gegenüber der großen vernachlässigt werden. Somit folgt aus den Gleichungen $u_1 = v_1$ und $u_2 = 2v_1$.
Zur experimentellen Bestätigung sind zwei nebeneinander hängende Stahlkugeln geeignet (Bild 4).

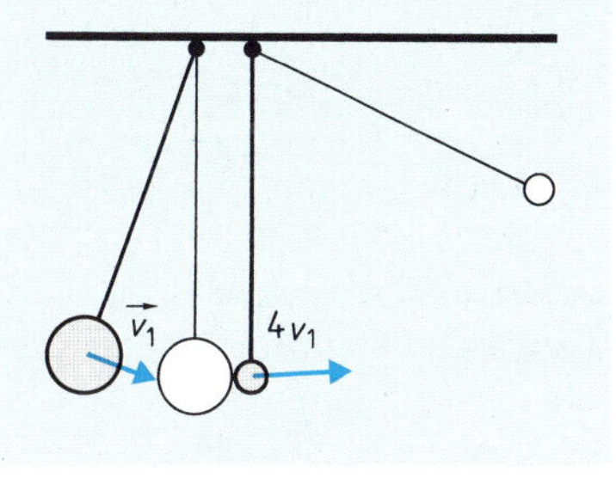

4

Die wenig ausgelenkte große Kugel bewirkt nach dem elastischen Stoß eine größere Auslenkung der kleinen.

3. Der zweite, ruhende Körper hat eine viel größere Masse als der erste ($m_2 \gg m_1$). Dieser Fall liegt z. B. beim Billard vor, wenn die Kugel gegen die Bande stößt. Unter dieser Bedingung gilt in guter Näherung $m_2 \pm m_1 \approx m_2$. Aus diesen Gleichungen folgt dann $u_1 = v_1$ und $u_2 \to 0$. Die experimentelle Bestätigung kann mit der Luftkissenbahn erfolgen.

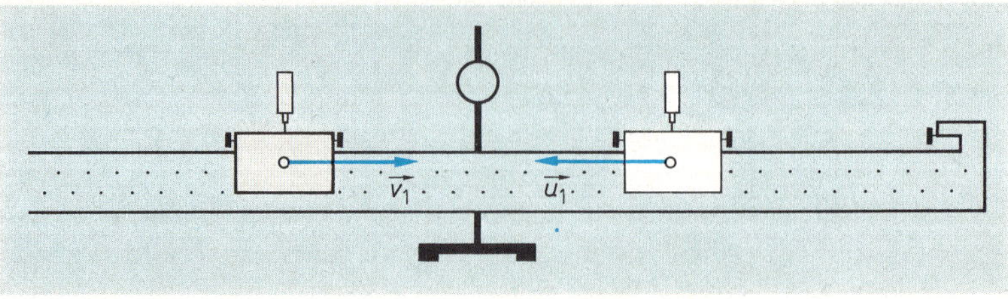

1

Experiment 3
Die Anordnung entspricht der in Experiment 2. Anstelle des zweiten Schwebekörpers findet der Anschlag der Luftkissenbahn Verwendung. An ihm wird ebenfalls ein Magnet befestigt.

Die Geschwindigkeit des stoßenden Schwebekörpers verändert beim Stoß nur ihre Richtung, nicht aber ihren Betrag.

Zusammenfassung

Impuls und Impulserhaltungssatz

Der Impuls $\vec{p}$ kennzeichnet den Bewegungszustand eines Körpers.

$\vec{p} = m \cdot \vec{v}$

Der Impuls ist eine vektorielle Zustandsgröße.

2

Der Kraftstoß $\vec{S}$ kennzeichnet den Prozeß der Impulsänderung.

$\vec{S} = \vec{F} \cdot \Delta t$

Der Kraftstoß ist eine vektorielle Prozeßgröße.

3

Impulserhaltungssatz: In einem abgeschlossenen System ist der Gesamtimpuls konstant.
$m_1 \cdot v_1 + m_2 \cdot v_2 = m_1 \cdot u_1 + m_2 \cdot u_2$.

Stoßprozesse

Zentraler unelastischer Stoß

$$u = \frac{m_1 \cdot v_1 + m_2 \cdot v_2}{m_1 + m_2}$$

Es gilt der Impulserhaltungssatz. Die kinetische Energie bleibt nicht erhalten.

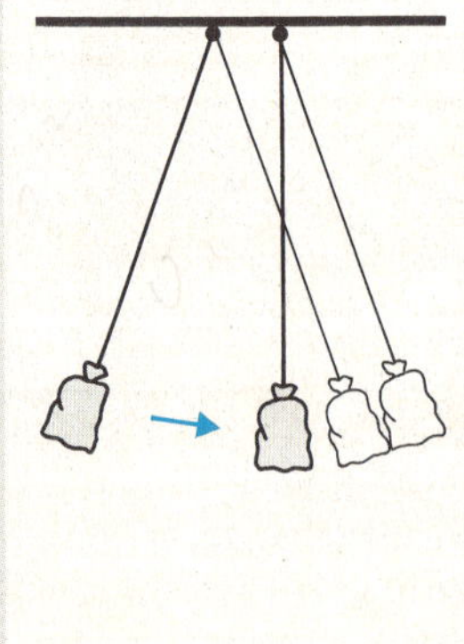
4

Zentraler elastischer Stoß mit einem ruhenden Stoßpartner

$$u_1 = \frac{m_1 - m_2}{m_1 + m_2} \cdot v_1$$

$$u_2 = \frac{2m_1}{m_1 + m_2} \cdot v_1$$

Es gilt der Impulserhaltungssatz. Die kinetische Energie bleibt erhalten.

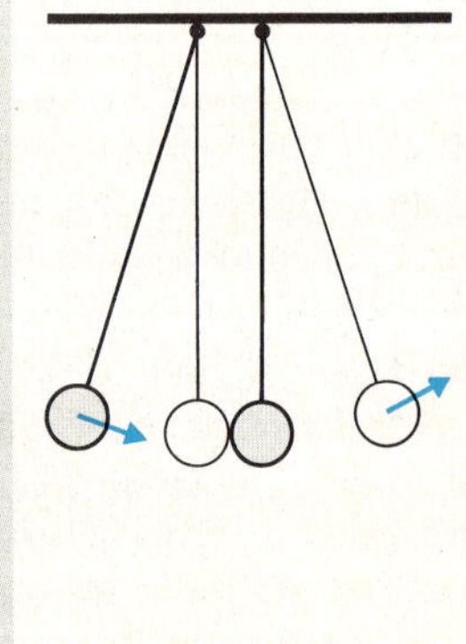
5

Exkurs in die Technik

Silvesterfeuerwerk. Das neue Jahr wird mit Knall-, Rauch- und Leuchteffekten begrüßt. Zischend steigen Raketen auf und drehen sich funkensprühende Sonnenräder (Bild 1). Sie werden durch Verbrennungsgase angetrieben. Zunächst ruht die Rakete. Um die Bewegungsrichtung festzulegen, steckt ihr Stiel in einer leeren Flasche. Nach dem Entzünden des Schwarzpulvers treten die heißen Verbrennungsgase mit großer Geschwindigkeit aus der Rakete aus (Bild 2). Dadurch wirkt der Kraftstoß dieser Gase auf die Rakete. Da nach dem Impulserhaltungssatz der Gesamtimpuls des Systems Rakete-Verbrennungsgase erhalten bleibt, ist der Impuls der Rakete nach oben gerichtet. Weil der Kraftstoß über die gesamte Brennzeit der Rakete verrichtet wird, ändert sich auch der Impuls der Rakete allmählich. Ihre Geschwindigkeit nimmt ständig zu.

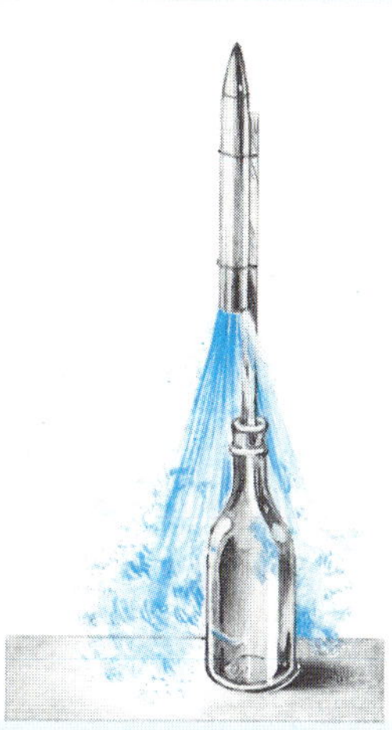
1

2

Der nach unten gerichtete Impuls der heißen Verbrennungsgase bedingt einen gleich großen, nach oben gerichteten Impuls der Rakete.

Brandbekämpfung durch die Feuerwehr. Die Brandbekämpfung mit Wasser ist eine sehr rationelle und umweltschonende Methode. Sie ist um so wirkungsvoller, je mehr Wasser in kurzer Zeit in den Brandherd gelangt. Moderne Löschwagen sind mit Pumpen ausgerüstet, die pro Minute bis zu 3200 Liter Wasser fördern. Es verläßt die Strahlrohre mit einer Geschwindigkeit von etwa $25\ m \cdot s^{-1}$. Die Kraft, mit der es aus den Rohren austritt, ist untrennbar mit einer gleich großen Gegenkraft verbunden. Um diese aufzubringen, halten oft zwei Feuerwehrleute ein Strahlrohr gemeinsam (Bild 3). Bei den angegebenen Daten werden von der Pumpe etwa 50 Liter Wasser pro Sekunde gefördert. Bei 4 angeschlossenen Schläuchen durchfließen jedes Strahlrohr pro Sekunde 12,5 Liter (mehr als ein Eimer Wasser). Für jedes Rohr ist eine Gegenkraft von 312 N erforderlich.

3

Das ausströmende Wasser bewirkt eine ständige Impulsänderung des Systems Schlauch-Strahlrohr. Eine gleich große Impulsänderung – in entgegengesetzter Richtung – ruft der Kraftstoß der Feuerwehrleute hervor. Dadurch bleibt das Strahlrohr in Ruhe.

Nachweis von Neutronen in der Nebelkammer. In der Nebelkammer kann man die Bahnen von Alpha- und Betateilchen sichtbar machen. Diese energiereichen Teilchen ionisieren längs ihres Weges die Gasmoleküle. An den Ionen kondensiert das Wasser in Form kleiner Nebeltröpfchen. Neutronen sind elektrisch neutral. Sie sind deshalb nicht in der Lage, die Gasmoleküle zu ionisieren. Sie hinterlassen keine Spuren in der Nebelkammer. Man kann sie jedoch durch die Wechselwirkung mit Protonen nachweisen. Da die Massen von Protonen und Neutronen nahezu übereinstimmen, übertragen die Neutronen bei zentralen elastischen Stößen ihre Energie und ihren Impuls nahezu volltändig auf die Protonen.

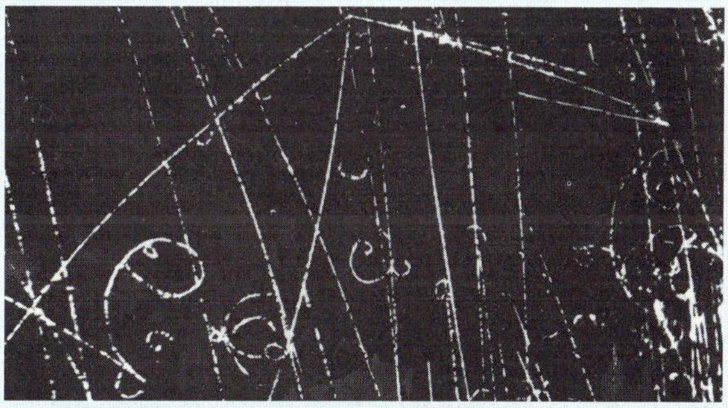
4

Bild einer Nebelkammer mit übersättigtem Wasserdampf. Die seitlich in die Kammer einfallenden Neutronen übertragen ihre Energie auf Protonen, deren Bahnen als Nebelspuren erkennbar sind. Sie sind durch ein Magnetfeld gekrümmt.

Gewußt? Erkannt? Gekonnt?

1. Erläutern Sie Beispiele für kurzzeitige Krafteinwirkungen, die in der Technik auftreten!
2. Weisen Sie nach, daß Kraftstoß und Impuls die gleichen Einheiten haben!
3. Berechnen Sie den Impuls eines Kraftfahrzeugs mit der Masse von 1 t, das sich mit der Geschwindigkeit 84 km · h^{-1} bewegt!
4. Wenden Sie den Impulserhaltungssatz an, um in qualitativer Form die Wirkungsweise eines Raketentriebwerks zu erklären!
5. Durch welche Maßnahmen kann die Schubkraft eines Raketentriebwerkes vergrößert werden?
6. Wie kann man erreichen, daß die Endgeschwindigkeit einer Rakete möglichst groß ist?
7. Diskutieren Sie, ob der Impulserhaltungssatz für folgende Systeme gilt!
   a) Freier Fall eines Körpers für das System Erde-Körper
   b) Einrammen eines Pfahls für das System Rammbär-Pfahl
8. Erläutern Sie physikalisch die Vorgänge beim Gewichtheben (Stoßen, Reißen)!
9. Beschreiben und erklären Sie Stoßprozesse anhand von Beispielen aus Natur und Technik!
10. Das Raketentriebwerk einer meteorologischen Forschungssonde erzeugt einen Gasstrahl mit einem Massestrom von 2,6 kg · s^{-1}, der mit einer Geschwindigkeit von 1,9 km · s^{-1} austritt.
    Welche Schubkraft entwickelt das Triebwerk?
11. Nach welcher Gleichung kann die kinetische Energie eines Körpers bestimmt werden, der einen Impuls p und die Masse m hat?
12. Beim Zerfall eines Radiumkerns wird ein Alphateilchen mit der Geschwindigkeit $1{,}5 \cdot 10^7$ m · s^{-1} emittiert.
    Welchen Impuls und welche Geschwindigkeit erhält der Tochterkern bei diesem Vorgang?
13. Zwei Körper mit den Massen $m_1 = 3$ kg und $m_2 = 5$ kg haben den gleichen Impuls $p = 45$ kg · m · s^{-1}.
    Berechnen Sie die Geschwindigkeiten beider Körper!
14. Formulieren Sie Bedingungen hinsichtlich der Orts- und Geschwindigkeitskoordinaten, damit es bei der Bewegung zweier Körper zu einem Zusammenstoß kommt!
15. Ein Güterwagen mit der Masse 3 t rollt mit einer Geschwindigkeit 5 m · s^{-1} unter eine Ladevorrichtung. Dort werden während der Durchfahrt 10 t Braunkohle abgekippt.
    Mit welcher Geschwindigkeit verläßt der beladene Wagen die Ladevorrichtung?
16. Welche Voraussetzungen müssen erfüllt sein, damit zwei Körper nach einem unelastischen Stoß ruhen?
17. In nachfolgender Tabelle sind erdachte Ergebnisse von Stoßexperimenten mit Körpern gleicher Masse dargestellt.
    Überprüfen Sie, ob bei diesen Vorgängen die Erhaltungssätze für Energie und Impuls erfüllt sind!
    Welche der Vorgänge sind nicht realisierbar?

Nr.	v_1 in m · s^{-1}	v_2 in m · s^{-1}	u_1 in m · s^{-1}	u_2 in m · s^{-1}
1	5	0	3	4
2	5	0	2,5	2,5
3	5	0	0	5
4	5	0	2	3
5	5	0	4	4

18. Eine Kugel der Masse 2 kg stößt mit der Geschwindigkeit 10 m · s^{-1} auf eine ruhende Kugel der Masse 3 kg.
    Berechnen Sie die Geschwindigkeiten jeder der Kugeln
    a) nach einem elastischen Stoß,
    b) nach einem unelastischen Stoß!
19. Eine Kugel mit der Masse 990 g stößt gerade und elastisch mit der Geschwindigkeit 5 m · s^{-1} gegen eine ruhende Kugel mit der Masse 10 g.
    Berechnen Sie die Geschwindigkeiten jeder der Kugeln nach dem Stoß!
    Vergleichen Sie das Ergebnis mit dem im Spezialfall $m_1 \gg m_2$ gültigen Ergebnis!
20. Ein Stoßpendel wird durch Aufprallen des Geschosses eines Luftgewehrs zum Schwingen angeregt. Die Masse des Geschosses beträgt 1 g, die Masse des Pendels 0,5 kg. Der Pendelkörper erreicht eine Maximalhöhe von 12 mm gegenüber der Gleichgewichtslage.
    Berechnen Sie die Geschwindigkeit des Geschosses!
21. Bei einem Auffahrunfall stieß ein Pkw mit der Masse $m_1 = 1{,}20$ t gegen ein ruhendes Fahrzeug mit der Masse $m_2 = 1{,}00$ t. Nach dem Aufprall hatten beide Fahrzeuge die gemeinsame Geschwindigkeit von 8 m · s^{-1}.
    Wie groß war die Geschwindigkeit des Pkw vor dem Aufprall?

7 Drehbewegungen

Beim Eiskunstlauf sind die Zuschauer besonders dann begeistert, wenn Sprünge oder Pirouetten vorgeführt werden. Bei einer Pirouette dreht sich der Kunstläufer mit waagerecht ausgestreckten Armen und einem abgespreizten Bein zunächst nur langsam (Bild 1). Je mehr er jedoch die Arme und das Bein an die Körperachse heranführt, umso höher wird seine Drehzahl (Bild 2). Wie ist das zu erklären?

1

2

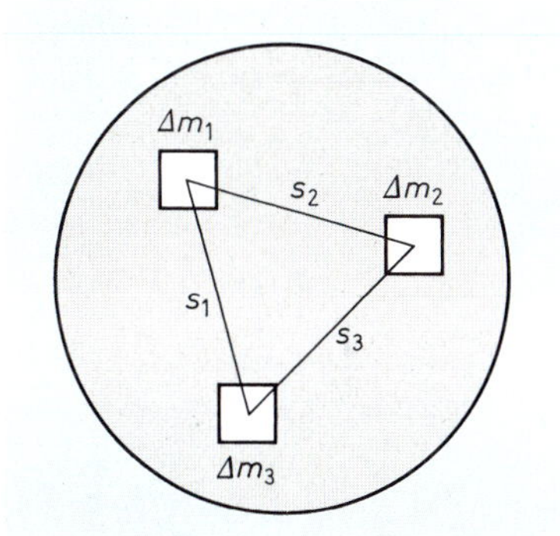

3

Beim starren Körper sind Lage und Abstände der Masseelemente unveränderlich.

Modell starrer Körper

Möchte man die Bewegung eines Ventils am angehobenen und in Drehung versetzten Vorderrad eines Fahrrades beschreiben, so kann man für das Ventil das Modell Massepunkt benutzen. Der Massepunkt führt in diesem Falle eine Kreisbewegung aus. Mit diesem Modell kann man jedoch keine Aussagen über die Bewegung des gesamten Vorderrades machen. Will man dessen Verhalten beschreiben, so muß das Modell „starrer Körper“ benutzt werden (Bild 3). Bei diesem wird vorausgesetzt, daß sich die gegenseitige Anordnung der Teile des Körpers nicht ändert.

Modell starrer Körper: Ein starrer Körper besteht aus Masseelementen, die ihre gegenseitige Lage nicht ändern.

Drehmoment

Wenn Sie Ihre Gewichtskraft zur Fortbewegung des Fahrrades nutzen, so ist die Lage der beiden Pedale wichtig (Bild 4).
Den größten Antrieb erfährt das Fahrrad, wenn Sie bei horizontal stehenden Kurbelarmen Ihr gesamtes Körpergewicht auf das vorn liegende Pedal wirken lassen. Ist das Pedal in der tiefsten Stellung, erfolgt kein Antrieb mehr. An diesem Beispiel erkennen wir: Ein um eine feste Achse drehbarer Körper wird in eine Drehbewegung versetzt, wenn eine Kraft angreift, deren Wirkungslinie nicht durch die Achse geht.

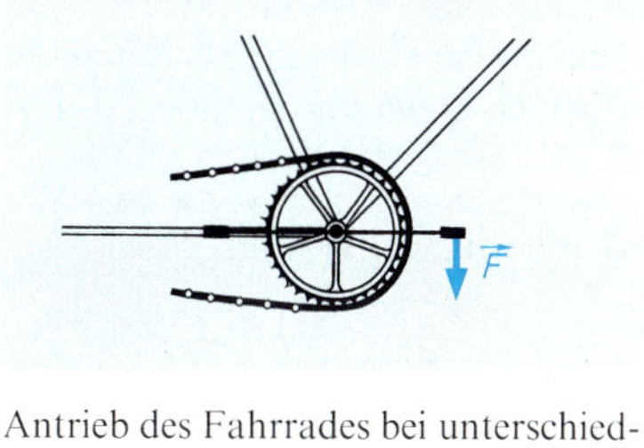

4

Antrieb des Fahrrades bei unterschiedlicher Lage und Kraft auf die Pedale: starker Antrieb

Zur Beschreibung reicht daher die Angabe der Kraft allein nicht aus. Wichtig ist auch der Abstand r der Wirkungslinie der Kraft von der Drehachse. Die Kennzeichnung erfolgt zweckmäßig durch eine weitere physikalische Größe, das **Drehmoment M.**

Das Drehmoment kennzeichnet die Einwirkung einer Kraft auf einen drehbaren starren Körper. $\quad M = r \cdot F$

Ist α der Winkel, der zwischen Kraftrichtung und Radius (gerichtete Strecke zwischen Achse und Angriffspunkt der Kraft) auftritt, so gilt (Bild 2): $r = r_0 \cdot \sin \alpha$ (r_0 Kreisradius).
Die Kraft erzielt für $\alpha = 0$ oder $180°$ keine Wirkung, für $\alpha = 90°$ ist die Wirkung am größten.
Die Einheit des Drehmomentes ist Newtonmeter (N · m).
$1\ \text{N} \cdot \text{m} = 1\ \text{kg} \cdot \text{m}^2 \cdot \text{s}^{-2}$.
Bei Kettentrieben, Zahnradgetrieben und auch beim Riementrieb gilt $M = F \cdot r$, da stets ein rechter Winkel zwischen Kraftrichtung und Radius auftritt.
Die physikalische Größe Drehmoment ist sehr gut zur Beschreibung von Gleichgewichtsbedingungen geeignet, wie Sie diese vom Hebelgesetz her kennen. Unter welchen Bedingungen ist ein drehbar gelagerter Körper im Gleichgewicht?

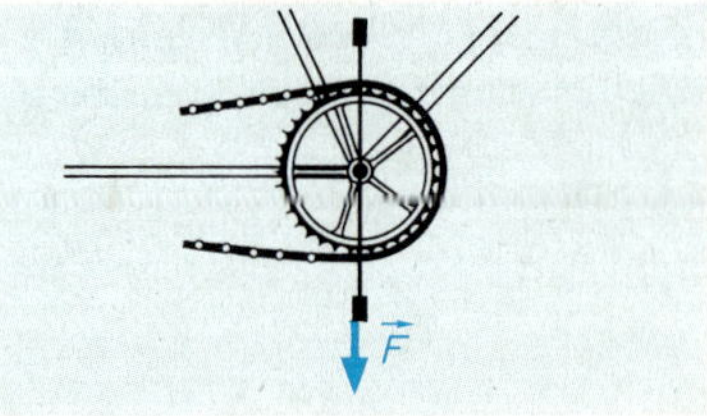

1
Antrieb des Fahrrades bei unterschiedlicher Lage und Kraft auf die Pedale: kein Antrieb

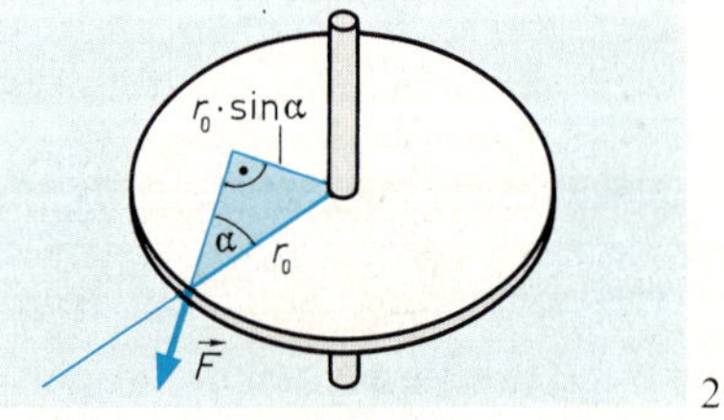

2
Der Abstand der Wirkungslinie der Kraft von der Achse ergibt sich aus der Gleichung $r = r_0 \cdot \sin \alpha$.

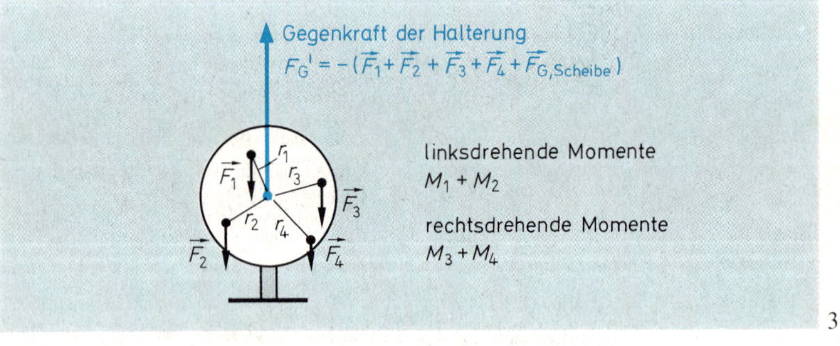

3
Gleichgewicht an der Drehmomentenscheibe

Experiment 1
An einer vertikal angeordneten Drehmomentenscheibe werden mehrere Massestücke an verschiedenen Stellen angehängt. Die durch die Scheibenmitte verlaufende horizontale Drehachse ist durch drehbare Befestigung an einem Stativ fixiert (Bild 3).

Die Scheibe dreht sich in die Gleichgewichtslage oder verbleibt in einer solchen.
Berechnet man das Drehmoment aller Gewichtskräfte, so ergibt sich folgender Zusammenhang:
Die Summe der linksdrehenden Drehmomente ist gleich der Summe der rechtsdrehenden.
Kennzeichnet man den Drehsinn durch das Vorzeichen der Drehmomente, so gilt:

Ein um eine feste Achse drehbarer starrer Körper befindet sich im Gleichgewicht, wenn die Summe der Drehmomente Null ist.

Trägheitsmoment

Beim Vorderrad des Fahrrades bewegen sich die einzelnen Masseelemente – vom Radfahrer aus gesehen – auf Kreisbahnen um die Achse. Je nach dem Abstand von der Drehachse haben diese Kreisbahnen unterschiedliche Bogenlängen. Drehwinkel φ, Winkelgeschwindigkeit ω und

Winkelbeschleunigung α sind jedoch für alle Masseelemente des starren Körpers gleich. Diese physikalischen Größen werden bei der Drehbewegung in gleicher Weise wie bei der Kreisbewegung angewendet. Anstelle der Frequenz f wird bei der Drehbewegung in gleicher Bedeutung die Drehzahl n verwendet. In der Technik benutzt man meist die Einheit min^{-1}.

Trägheitsmoment eines Massepunktes

Wir wollen nun berechnen, wie träge ein Körper ist, wenn er in Drehbewegung versetzt werden soll. Wir nehmen dazu zunächst an, daß sich die Masse m des Körpers im Abstand r von der Drehachse befindet (Bild 1). Auf diesen Körper soll tangential die konstante Kraft F wirken. Dieser führt dann eine gleichmäßig beschleunigte Kreisbewegung aus. Für die Bewegung des Massepunktes auf der Kreisbahn gilt die Gleichung $F = m \cdot a_t$, wenn a_t die tangentiale Beschleunigung ist. Auf den Körper wirkt das Drehmoment $M = r \cdot F$, und es gilt: $a_t = r \cdot \alpha$.
Daraus folgt für das Drehmoment $M = m \cdot r^2 \cdot \alpha$.
Zur Interpretation dieser Gleichung erinnern wir uns an die geradlinige Bewegung eines Massepunktes. In der dafür geltenden Gleichung $F = m \cdot a$ ist die Masse m des Körpers das Maß für seine Trägheit gegenüber der Änderung seiner Bahngeschwindigkeit, also seiner Bahnbeschleunigung a. In Analogie dazu ist in der Gleichung $M = m \cdot r^2 \cdot \alpha$ das Produkt $m \cdot r^2$ das Maß für die Trägheit des Massepunktes gegenüber einer Winkelbeschleunigung α.
Die physikalische Größe, die diese Trägheit bei der Drehbewegung beschreibt, nennt man das **Trägheitsmoment *J*.**

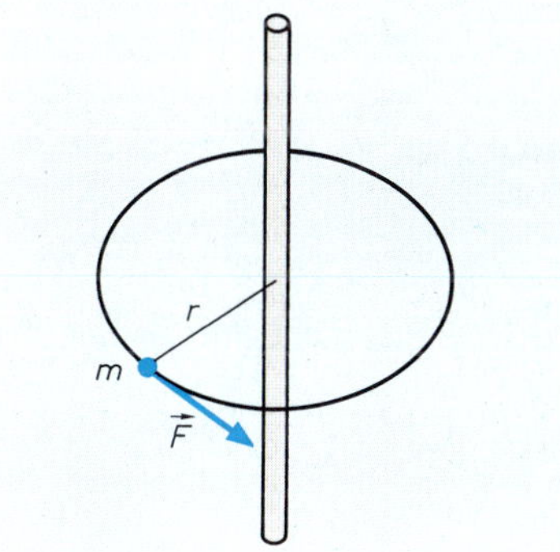

1
Rotation eines Körpers (Massepunkt) um eine Drehachse

Das Trägheitsmoment *J* gibt an, wie träge ein rotierender Körper ist.

Die Einheit des Trägheitsmoments ist $\text{kg} \cdot \text{m}^2$.
Diese Trägheit hängt nicht nur von der Masse, sondern auch von deren Lage in bezug auf die Drehachse ab. Befindet sich die gesamte Masse des Körpers in einer einheitlichen Entfernung r von der Drehachse, so gilt die Beziehung:

Trägheitsmoment einer Masse, die im Abstand *r* um die Drehachse rotiert $\quad J = m \cdot r^2$

Trägheitsmoment eines starren Körpers

Soll das Trägheitsmoment eines starren Körpers bestimmt werden, so kann man wie folgt vorgehen: Man bestimmt für jedes einzelne Masseelement Δm_i, das sich im Abstand r_i von der Drehachse befindet, das Trägheitsmoment ΔJ_i (Bild 2). Danach bildet man die Summe aller einzelnen Trägheitsmomente.

Trägheitsmoment eines starren Körpers $\quad J = \sum_{i=1}^{n} r_i^2 \cdot \Delta m_i$

n Anzahl der Masseelemente
Für einen homogenen Körper kann das Trägheitsmoment mit dem bestimmten Integral berechnet werden: $J = \int_0^m r^2 \cdot \mathrm{d}m$.
Als Beispiel soll mit dieser Gleichung das Trägheitsmoment eines

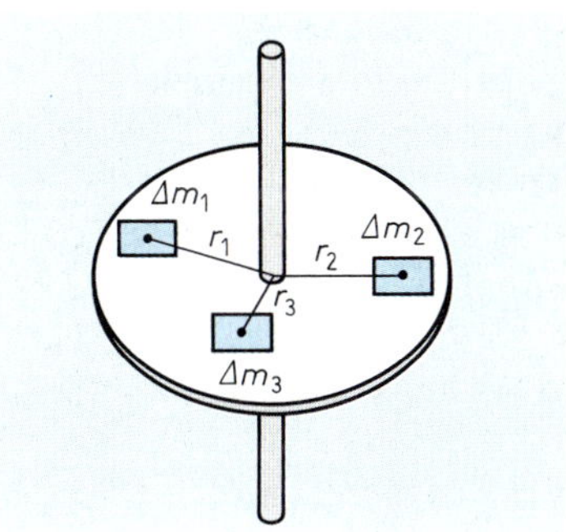

2
Prinzip des Zerlegens eines Körpers in einzelne Masseelemente

homogenen, prismatischen Stabes berechnet werden, wenn die Drehachse durch seinen Schwerpunkt verläuft (Bild 1).

Aus der Gleichung für die Dichte $\varrho = \frac{m}{V}$ folgt $\mathrm{d}m = \varrho \cdot \mathrm{d}V$.

Für $\mathrm{d}V$ kann man auch schreiben: $\mathrm{d}V = A \cdot \mathrm{d}x$.

Wegen der Symmetrie wird die Integration zweimal über die halbe Länge des Stabes ausgeführt. Es gilt:

$$J = 2 \cdot \varrho \cdot A \cdot \int_0^{l/2} x^2 \cdot \mathrm{d}x = 2\,\varrho\, A \left[\frac{l^3}{3}\right]_0^{l/2}$$

$$J = 2 \cdot \varrho \cdot A \cdot \frac{1}{3}\,\frac{l^3}{8}$$

$$J = \frac{1}{12} \cdot \varrho \cdot A \cdot l^3.$$

Unter Berücksichtigung von $m = \varrho \cdot A \cdot l$ ergibt sich:

Trägheitsmoment eines homogenen Stabes $\quad \boldsymbol{J = \frac{1}{12} \cdot m \cdot l^2}$

Gültigkeitsbedingung: Drehung um eine Achse senkrecht zum Stab, die durch den Schwerpunkt geht

Die nebenstehenden Tabellen geben einen Überblick über die Trägheitsmomente einiger Anordnungen und Körper. Die Trägheitsmomente von Körpern können auch experimentell bestimmt werden.

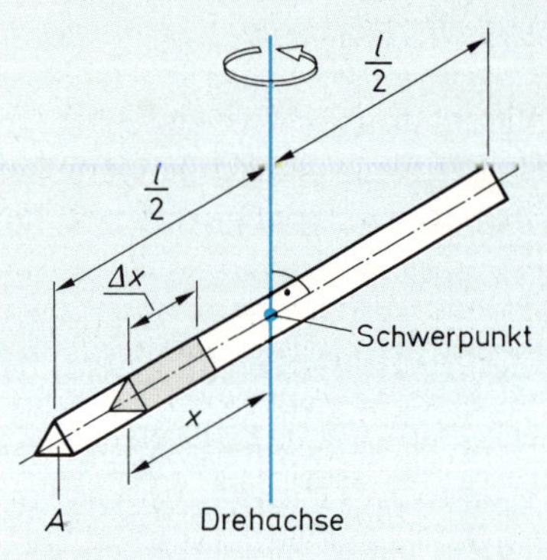

1 Trägheitsmoment eines rotierenden Stabes

Tabelle: Trägheitsmomente einiger Körperformen

Masseelement
$J = m \cdot r^2$

dünner Kreisring
$J = m \cdot r^2$

Vollzylinder
$J = \frac{1}{2} m \cdot r^2$

Hohlzylinder
$J = \frac{1}{2} m(r_a^2 + r_i^2)$

Kugel
$J = \frac{2}{5} m \cdot r^2$

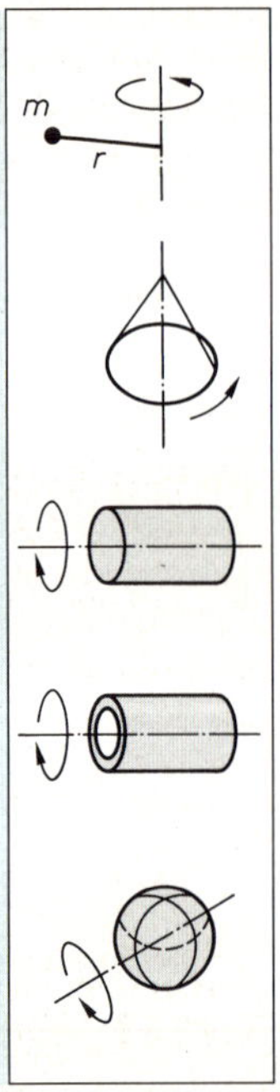

Rotationsenergie

Will man das Vorderrad eines Fahrrades in Rotation versetzen, so muß man Arbeit verrichten. Diese Arbeit speichert das Rad in Form von Rotationsenergie. Man kann sie z. B. dazu nutzen, um mit dem Dynamo elektrischen Strom zu erzeugen. Dadurch wird die Rotationsenergie schließlich in Licht umgewandelt. Wie groß ist die Rotationsenergie eines sich drehenden Körpers?

Wir nehmen an, daß der Körper aus n Masseelementen Δm_i besteht, die den jeweiligen Abstand r_i ($i = 1 \ldots n$) von der Drehachse haben. Dann besitzt jedes Masseelement die kinetische Energie $\Delta E_i = \frac{1}{2} \Delta m_i \cdot v_i^2$, und die gesamte Energie des rotierenden Körpers ist

$$E_{rot} = \sum_{i=1}^{n} \Delta E_i = \sum_{i=1}^{n} \frac{1}{2} \Delta m_i \cdot v_i^2.$$

Berücksichtigen wir, daß $v_i = r_i \cdot \omega$ gilt und ω für alle Masseelemente gleich ist, so ergibt sich:

$$E_{rot} = \sum_{i=1}^{n} \frac{1}{2} \cdot \Delta m_i \cdot r_i^2 \cdot \omega^2 = \frac{1}{2} \omega^2 \sum_{i=1}^{n} \Delta m_i \cdot r_i^2.$$

Die letzte Summe wurde bereits als Trägheitsmoment J definiert.

Analog der Translationsenergie $E_{kin} = \frac{1}{2} m \cdot v^2$

gilt für die Rotationsenergie des sich drehenden Körpers:

Die Rotationsenergie kennzeichnet das Arbeitsvermögen eines Körpers aufgrund seiner Drehbewegung. $\quad \boldsymbol{E_{rot} = \frac{1}{2} J \cdot \omega^2}$

Tabelle: Trägheitsmomente einiger Körper bei Rotation um ihre Symmetrieachse

Körper	Trägheitsmoment in kg · m²
Stahlkugel (10 cm ∅)	0,004
Bremstrommel eines Pkw	0,05
Rad eines Fahrrades	0,2
Rad eines Pkw	1
Schwungradkranz eines Schiffsdieselmotors (∅ 2,50 m, Dicke der Wulst 10 cm)	72
Erde	$65 \cdot 10^{36}$

Drehimpuls

Will man die Geschwindigkeit eines Körpers ändern, so muß während einer Zeit Δt eine Kraft F auf den Körper einwirken. Der Körper erhält dann einen Kraftstoß $F \cdot \Delta t$, der zu einer Änderung seines Impulses $\Delta p = m \cdot \Delta v$ führt. Es gilt $S = \Delta p$.
Bei einer Drehbewegung vollziehen sich analoge Vorgänge. Diese treten beispielsweise beim Antreiben eines Spielzeugkreisels (Bild 1) oder beim Einkuppeln am Kraftfahrzeug auf. Hierfür gilt in entsprechender Weise: Greift an einem starren Körper während einer Zeit Δt ein Drehmoment M an, so erhält der Körper einen Drehstoß $M \cdot \Delta t$. Dieser Drehstoß führt zu einer Änderung des **Drehimpulses L**.

Der Drehimpuls kennzeichnet den Bewegungszustand eines rotierenden Körpers in Abhängigkeit von seinem Trägheitsmoment und seiner Winkelgeschwindigkeit.

$$L = J \cdot \omega$$

Die Einheit des Drehimpulses ist $kg \cdot m^2 \cdot s^{-1}$.
Damit beschreibt der Drehimpuls in entsprechender Weise wie die physikalischen Größen Energie und Impuls den Zustand eines Körpers oder eines Systems.

Der Drehimpuls ist eine Zustandsgröße.

1

Durch die Peitsche überträgt das Kind einen Drehstoß auf den Kreisel.

Drehimpuls als Erhaltungsgröße

Wird an einem rotierenden Körper kein Drehmoment ausgeübt, so ändert sich auch sein Drehimpuls nicht. Das ist beispielsweise bei einem Spielzeugkreisel der Fall, wenn man von den Phasen des Antreibens und von der Reibung absieht. Es gilt der **Drehimpulserhaltungssatz:**

Der Drehimpuls eines rotierenden Körpers ist konstant, solange die Summe der auf ihn einwirkenden Drehmomente Null ist.

Ähnlich wie beim Kinderkreisel ist auch bei der Pirouette einer Eiskunstläuferin der Drehimpuls konstant. Wie ist es dann möglich, daß sich ihre Drehzahl während des Drehens ändert? Durch das Heranziehen der Arme und des Schwungbeins an die Körperachse verkleinert sie ihr Trägheitsmoment. Da der Drehimpuls $L = J \cdot \omega$ aber konstant bleibt, muß sich beim Verkleinern des Trägheitsmoments die Winkelgeschwindigkeit vergrößern.
Durch erneutes Abspreizen der Arme und eines Beines stellt sie dann das alte Trägheitsmoment wieder her. Die Drehzahl sinkt auf den Anfangswert.

2

Drehschemelexperiment. Die Drehzahl erhöht sich, wenn man die Hanteln an den Körper heranführt.

Exkurs in die Geschichte

Töpferscheibe. Das Töpferhandwerk ist eines der ältesten Handwerke in der Kulturgeschichte der Menschheit (Bild 1). Es ist das erste Handwerk, in dem eine einfache Maschine benutzt wurde, um Erzeugnisse in großer Stückzahl herzustellen.
Die Töpferscheibe gibt es seit mehr als 5000 Jahren. Damals waren die Gesetze der Rotation noch unbekannt. Die Menschen hatten aber durch Probieren herausgefunden, welche Masse und welchen Durchmesser die Scheibe haben muß, damit sie dem Körperbau und der Fußkraft des Töpfers am besten angepaßt ist. Einerseits mußte der Töpfer die Scheibe möglichst schnell in rasche Drehbewegungen versetzen können. Das setzt ein großes Drehmoment und ein kleines Trägheitsmoment voraus. Andererseits sollte die Scheibe möglichst lange in Drehbewegung verbleiben, auch wenn ein ständiges Abbremsen durch die Bearbeitung des Tones erfolgt. Das ist nur möglich, wenn das Trägheitsmoment groß ist. Durch immer neues Verbessern und Erproben entstand ein Gerät, bei dem die Gesetze der Rotation zweckmäßig berücksichtigt sind.

1

Exkurs in die Technik

Schwungräder. An Dampfmaschinen in Museen fallen besonders die großen Schwungräder auf (Bild 2). Wozu dienen diese Schwungräder? Damit die thermische Energie des Dampfes gut genutzt wird, muß er sich ausdehnen. Dabei nimmt der Druck ab. Dadurch ist die Kraft, mit der er auf den Kolben wirkt, nicht konstant. Da außerdem die Hin- und Herbewegung in eine Drehbewegung umgewandelt werden muß, ändert sich das Drehmoment, das auf das Schwungrad wirkt, ständig. Im „Totpunkt" ist es sogar Null. Infolge seines großen Trägheitsmoments kann das Schwungrad eine beträchtliche Rotationsenergie speichern. Obwohl sich das Drehmoment ständig ändert, erfolgt die Energieabgabe sehr gleichmäßig.
Moderne Maschinen haben viele Zylinder. Dadurch erfolgt bei einer Umdrehung der Kurbelwelle die Energiezufuhr nacheinander durch mehrere Kolben. Deshalb brauchen die Schwungmassen nicht mehr so groß zu sein. Je kleiner die Anzahl der Zylinder ist, umso größer muß die Schwungmasse sein. Beim Motor eines Kleinkraftrades ist sie gut zu erkennen (Bild 3).

2

3

Gewußt? Erkannt? Gekonnt?

1. An einer homogenen 3,0 m langen Stange mit der Masse 6,0 kg sind in gleichen Abständen voneinander vier Lasten angebracht, wobei sich die beiden jeweils äußeren an den Enden der Stange befinden. Die erste Last von links hat die Masse 2,0 kg, jede folgende ist jeweils um 1,0 kg größer. In welchem Abstand von links muß die Stange gestützt werden, wenn sie in waagerechter Lage im Gleichgewicht bleiben soll?
2. Bestimmen Sie die Zeit, die eine Wäscheschleuder benötigt, um a) leer und b) vollgepackt ihre volle Drehzahl zu erreichen! Nutzen Sie die Begriffe Drehmoment und Trägheitsmoment zur Erklärung der Erscheinung!
3. Durch welche konstruktiven Maßnahmen kann man das Trägheitsmoment rotierender Maschinenteile verringern bzw. vergrößern?
4. Welche Vorteile ergeben sich aus der Verringerung des Durchmessers von a) Getrieberädern und b) Fahrzeugrädern?
5. Verringert man den Energieaufwand zur Beschleunigung eines Rades mehr, wenn man die Masse oder wenn man den Durchmesser verkleinert? Begründen Sie Ihre Antwort!
6. Ein Elektromotor erzeugt ein Drehmoment von 16,5 N · m. Auf seiner Welle ist eine Riemenscheibe von 200 mm Durchmesser befestigt. Wie groß ist die Kraft, die bei konstanter Drehzahl auf den Riemen wirkt?
7. Eine Schleifscheibe hat einen Durchmesser von 360 mm und eine Dicke von 60 mm. Die zulässige Drehzahl beträgt 1500 min^{-1}. Die Dichte des Schleifscheibenkörpers, der als Vollzylinder angenommen wird, beträgt 3,75 $\mathrm{g \cdot cm^{-3}}$. Wie lange dauert die Beschleunigungsphase, wenn die Leistung des Antriebsmotors 1,1 kW und der Gesamtwirkungsgrad bei gleichmäßiger Leistungsabgabe 0,75 beträgt?
8. Beim Rotieren eines Tellers auf einem vertikalen Stab tritt infolge der geringen Reibungskraft nur eine kleine Winkelbeschleunigung $\alpha = -0{,}5\ \mathrm{s}^{-2}$ auf (Bild 1). Der Tellerdurchmesser beträgt 0,30 m. Wie lange dauert es, bis die Umfangsgeschwindigkeit von 20 $\mathrm{m \cdot s^{-1}}$ bis auf 9 $\mathrm{m \cdot s^{-1}}$ sinkt?
9. Eine auf einer Welle drehbar gelagerte Scheibe hat die Masse m_1 und den Radius r. Sie wird durch einen Körper der Masse m_2 in eine beschleunigte Drehbewegung versetzt (Bild 2). Stellen Sie eine Gleichung zur Berechnung des Weges h auf, den der Körper in der Zeit t zurücklegt!

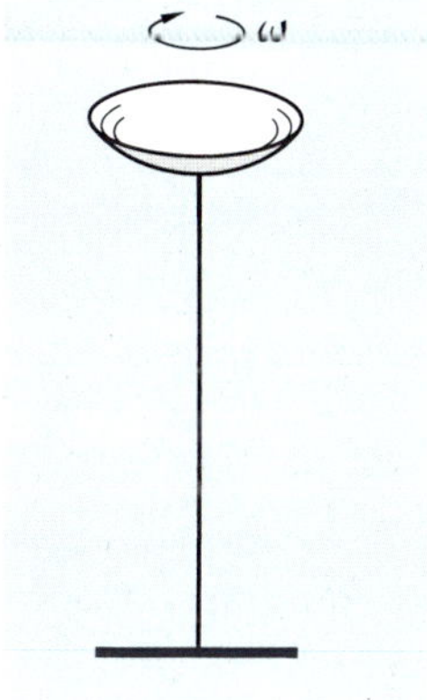

1

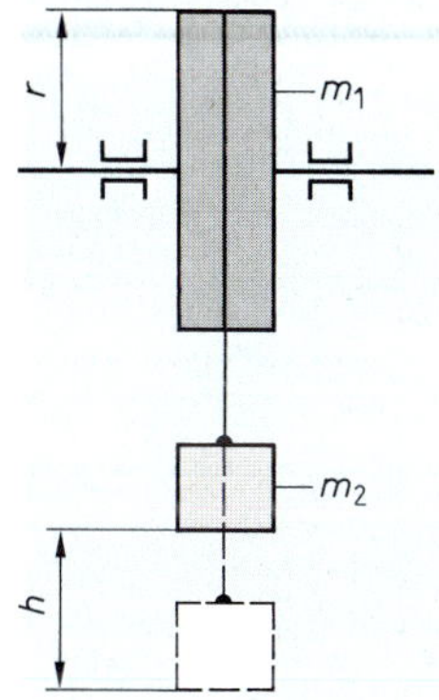

2

10. Eine anfänglich senkrecht stehende, 3,0 m lange, dünne Stange fällt um. Mit welcher Bahngeschwindigkeit trifft ihr Endpunkt auf den Boden?
11. Eine Schwungscheibe mit dem Trägheitsmoment 1200 $\mathrm{kg \cdot m^2}$ wird 20 s lang durch ein konstantes Drehmoment von 2000 N · m in Drehung versetzt. Zeichnen Sie das Drehwinkel-Zeit-Diagramm und das Winkelgeschwindigkeit-Zeit-Diagramm! Wie groß ist die kinetische Energie der Scheibe nach der Beschleunigungszeit? Wie groß ist die Leistung am Ende des Beschleunigungsvorganges?
12. Eine Kugel, ein Zylinder und ein Hohlzylinder mit jeweils gleichen Massen und gleichen (äußeren) Radien rollen, aus der Ruhe beginnend, eine geneigte Ebene hinab. In welchem Verhältnis stehen die Ablaufzeiten der drei Körper, wenn alle aus der gleichen Höhe starten und für den Hohlzylinder $r_a/r_i = 2$ gilt?
13. Im Urlaub scheinen uns die Tage häufig zu kurz zu sein. Welche Arbeit müßte aufgewandt werden, um täglich eine Viertelstunde zu „gewinnen", d. h., die Umlaufzeit der Erde bei der täglichen Drehung der Erde um ihre Achse um etwa 1% zu vergrößern?
14. Der Schwungradgenerator des Max-Planck-Institutes für Plasmaphysik in Garching speichert bei einer Drehzahl von 1650 min^{-1} eine Energie von $5{,}0 \cdot 10^8$ J. Mit einem Teil dieser Energie werden kurzzeitig (in etwa 10 s) kräftige Magnetfelder erzeugt. Es kann davon ausgegangen werden, daß dabei die Drehzahl auf 1500 min^{-1} abgesenkt wird. Berechnen Sie das Trägheitsmoment der rotierenden Maschinenteile und die erzeugte Elektroenergie!
15. Eine Eiskunftläuferin beginnt eine Pirouette mit einer Winkelgeschwindigkeit von 15 s^{-1}. Durch Heranziehen der Arme verringert sie das Trägheitsmoment um 12%. Welche Drehzahl hat sie nun?

Zusammenfassung

Drehmoment und Trägheitsmoment

Das Drehmoment M kennzeichnet die Einwirkung einer Kraft auf einen drehbaren Körper. $M = r \cdot F$

Ein drehbarer Körper ist im Gleichgewicht, wenn die Summe aller Drehmomente Null ist.

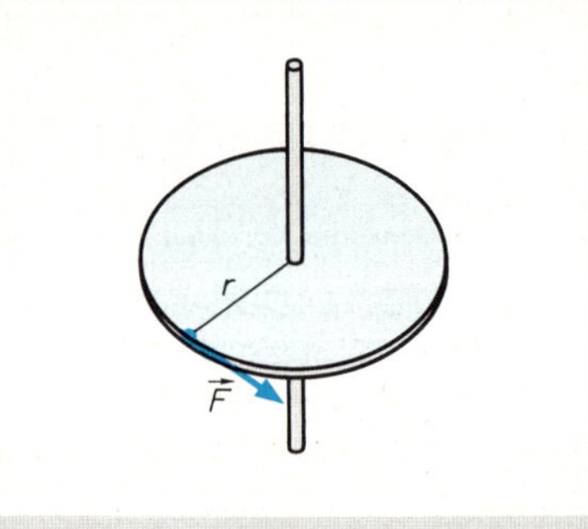

1

Das Trägheitsmoment J gibt an, wie träge ein rotierender Körper bei der Änderung seiner Winkelgeschwindigkeit ist. $J = m \cdot r^2$

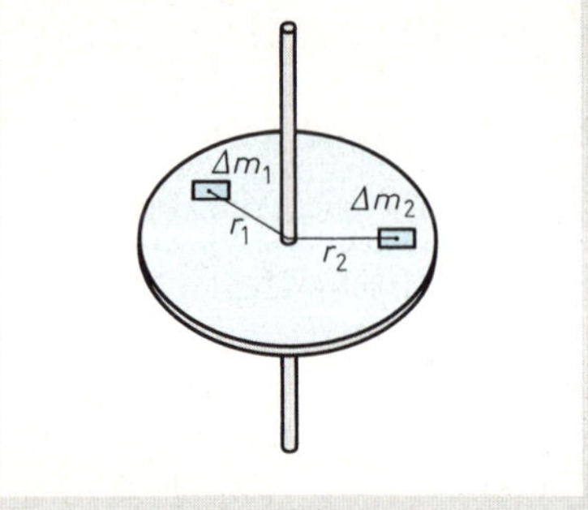

2

Trägheitsmoment starrer Körper

$$J = \sum_{i=1}^{n} r_i^2 \cdot \Delta m_i$$

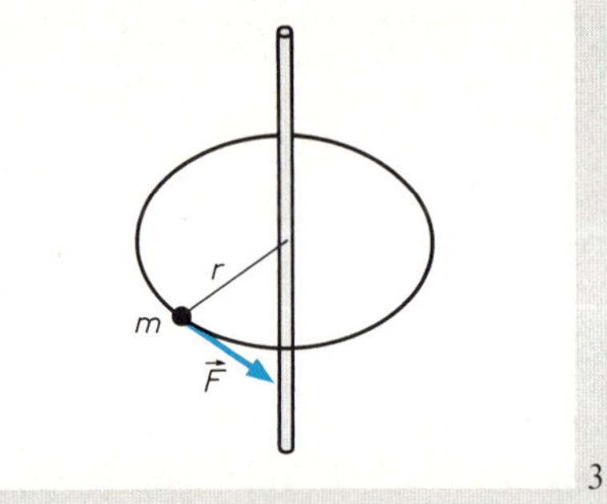

3

Trägheitsmoment einer Masse im Abstand r von der Drehachse

$$J = m \cdot r^2$$

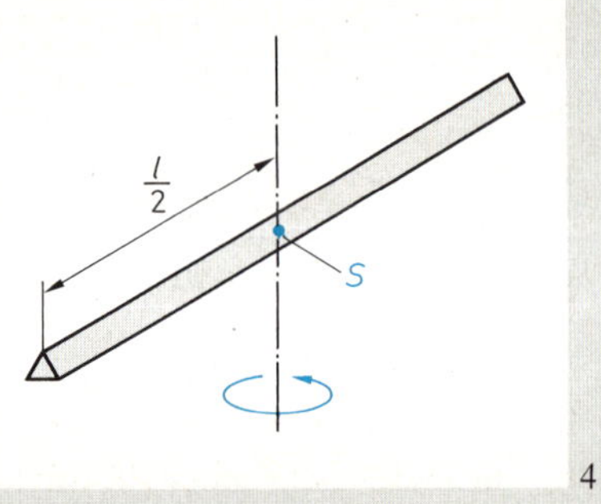

4

Trägheitsmoment eines Stabes bei Rotation um seinen Schwerpunkt

$$J = \frac{1}{12} \cdot m \cdot l^2$$

Rotationsenergie

Die Rotationsenergie E_{rot} kennzeichnet das Arbeitsvermögen eines Körpers aufgrund seiner Drehbewegung. $E_{rot} = \frac{1}{2} \cdot J \cdot \omega^2$

Drehimpuls

Der Drehimpuls L kennzeichnet den Bewegungszustand eines rotierenden Körpers in Abhängigkeit von seinem Trägheitsmoment und seiner Winkelgeschwindigkeit. $L = J \cdot \omega$

Ist das resultierende Drehmoment Null, so ist der Drehimpuls eines rotierenden Körpers konstant.

Analogien Translation – Rotation

Bewegungsformen	Translation	Rotation
Kraft/Drehmoment	$\vec{F} = m \cdot \vec{a}$	$\vec{M} = \vec{J} \cdot \alpha$
kinetische Energie/ Rotationsenergie	$E_{kin} = \frac{m}{2} \cdot v^2$	$E_{rot} = \frac{J}{2} \cdot \alpha^2$
Impuls/Drehimpuls	$\vec{p} = m \cdot \vec{v}$	$\vec{L} = \vec{J} \cdot \omega$

8 Gravitation

Gravitationskräfte

Welche Kraft zwingt die Planeten, sich auf Ellipsenbahnen um die Sonne zu bewegen? Dies war eine der bedeutendsten Fragen in der Geschichte der Physik. Die Antwort hierauf fand ISAAC NEWTON. Er hat sie in seinem Werk *„Die mathematischen Prinzipien der Naturlehre"* veröffentlicht.
Nach der Entdeckung der drei Keplerschen Gesetze für die Planetenbewegung gab es verschiedene Versuche, die Planetenbewegung mit Hilfe von Kräften zu erklären. KEPLER und andere Forscher nahmen an, daß von der Sonne eine Kraft auf die Planeten ausgeht, welche die Planeten freischwebend um die Sonne führt. Diese Erscheinung wurde **Gravitation** genannt. Die dabei wirkenden Kräfte nannte man **Gravitationskräfte.**
Physiker, wie R. HOOKE, E. HALLEY und I. NEWTON, waren sich einig, daß die Gravitationskräfte vom Abstand der Körper abhängen. Unklar war nur, ob die Gravitationskräfte mit dem einfachen Abstand r der zwei Körper abnehmen ($F \sim 1/r$) oder ob dies mit dem Quadrat des Abstandes erfolgt ($F \sim 1/r^2$) und von welchen weiteren Größen die Gravitationskräfte abhängen. Im Jahre 1666 führte NEWTON seine berühmte **Mondrechnung** durch.
Seine Überlegungen waren folgende: Um den Mond auf seiner Kreisbahn zu halten, muß eine Radialkraft vorhanden sein, die zum Erdmittelpunkt gerichtet ist. Könnte das nicht dieselbe Kraft sein, die auch einen fallenden Apfel zum Erdmittelpunkt zieht? Um diese Gedanken zu prüfen, berechnete Newton nach der Gleichung für die Radialbeschleunigung

$$a = \frac{4\pi^2}{T^2} \cdot r$$

aus der Umlaufzeit des Mondes ($T = 27{,}32$ d) und dem Abstand vom Erdmittelpunkt ($r = 384\,000$ km) die Radialbeschleunigung des Mondes zu $a_{\text{Mond}} = 0{,}002\,72 \text{ m} \cdot \text{s}^{-2}$. Er erkannte, daß dies nur 1/3600 der Erdbeschleunigung $g = 9{,}81 \text{ m} \cdot \text{s}^{-2}$ auf der Erdoberfläche ist. Da der Abstand des Mondes von der Erde das 60fache des Erdradius ist, deutete NEWTON den Quotienten 1/3600 als $1/60^2$. Hierdurch fand NEWTON seinen Gedanken bestätigt und schloß:

1. Die Kraft, die den Mond auf seiner Kreisbahn um die Erde hält, und die Kraft, die den freien Fall eines Körpers auf der Erde verursacht, sind gleichen physikalischen Ursprungs. Der Mond und ein fallender Körper unterliegen beide der gleichen, von der Erde ausgehenden Gravitationskraft.
2. Die Gravitationskraft ist dem Quadrat der Entfernung umgekehrt proportional: $F \sim 1/r^2$.

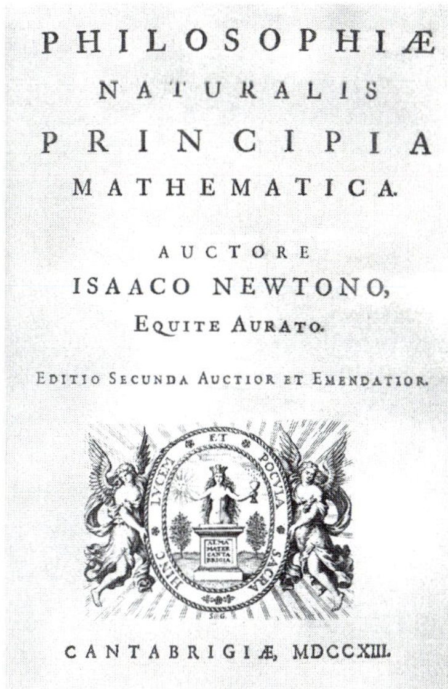

1

Titelblatt von NEWTONS Werk

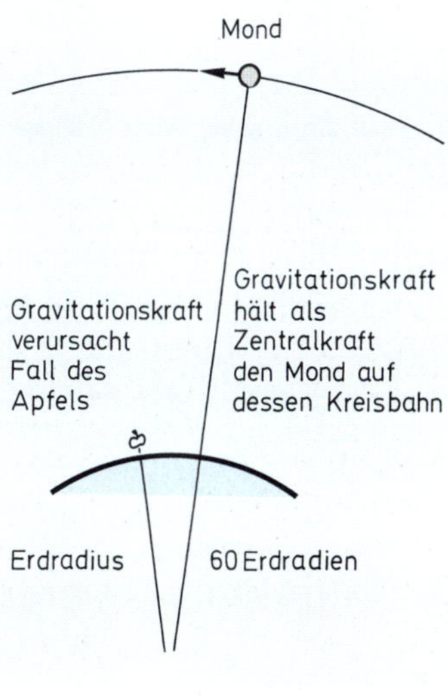

2

Der Mond und ein fallender Körper unterliegen beide der Gravitationskraft der Erde.

Das Newtonsche Gravitationsgesetz

Mehr als 10 Jahre später wandte sich NEWTON wiederum dem Problem der Gravitation zu. Diesmal gelang es ihm, das **Gesetz für die Gravitationskräfte** zu finden. Dabei stützte er sich auf die Ergebnisse seiner

Mondrechnung, die Gleichung für die Radialkraft, die drei Keplerschen Gesetze und das von ihm entdeckte Gesetz „actio = reactio".

Die Keplerschen Gesetze besagen:

1. Keplersches Gesetz

Die Planeten bewegen sich auf Ellipsen, in deren gemeinsamem Brennpunkt die Sonne steht (Bild 1).

2. Keplersches Gesetz

Die gedachte Verbindungslinie eines Planeten zur Sonne überstreicht in gleichen Zeiten gleiche Flächen (Bild 2).

3. Keplersches Gesetz

Die Quadrate der Umlaufzeiten *T* zweier Planeten verhalten sich wie die dritten Potenzen ihrer großen Halbachsen *r* (Bild 3).

$$\frac{T_1^2}{T_2^2} = \frac{r_1^3}{r_2^3} \text{ oder } \frac{T^2}{r^3} = \text{konst.}$$

In Abweichung von diesen Gesetzen nahm NEWTON vereinfachend an:

- Die Planeten bewegen sich auf Kreisbahnen.
- Auf diesen Kreisbahnen bewegen sich die Planeten mit gleichbleibender Geschwindigkeit.

Mit diesen beiden Annahmen konnte NEWTON seine mathematischen Berechnungen wesentlich vereinfachen. Zunächst stellte er die Frage: Wie groß müßte die Radialkraft sein, die einen Planeten auf seiner Bahn hält?

Für die Radialkraft gilt $$F_r = \frac{4\pi^2}{T^2} \cdot m \cdot r\,. \quad (1)$$

Für die Umlaufzeit *T* gilt das 3. Keplersche Gesetz $$T^2 = c \cdot r^3\,. \quad (2)$$

Setzt man die Gleichung (2) in die Gleichung (1) ein, so erhält man

$$F_r = \frac{4\pi^2}{c \cdot r^3} \cdot m \cdot r = \frac{4\pi^2}{c} \cdot \frac{m}{r^2}\,. \quad (3)$$

Aus der Gleichung (3) folgt: Die Gravitationskraft ist der Masse des Planeten direkt und dem Quadrat seines Abstandes von der Sonne umgekehrt proportional. Als Proportionalität geschrieben erhält man

$$F \sim m/r^2\,. \quad (4)$$

Hieran schloß NEWTON einen neuen Gedanken an: Alle Körper ziehen sich aufgrund ihrer Masse gegenseitig an. Wenn also die Sonne mit der Masse M auf einen Planeten mit der Masse m die Gravitationskraft F_S ausübt, muß auch der Planet auf die Sonne die Gravitationskraft F_{Pl} ausüben (Bild 5). Die Proportionalität (4) erhält dann für beide Gravitationskräfte die symmetrischen Ausdrücke

$$F_S \sim m/r^2 \quad (5)$$

und $$F_{Pl} \sim M/r^2\,. \quad (6)$$

Nun zog NEWTON zusätzlich das von ihm gefundene Gesetz „actio = reactio" heran. Nach diesem Gesetz müssen die zwei Gravitationskräfte F_S und F_{Pl} gleich groß sein. Dies führte NEWTON zu dem Schluß, die zwei Proportionalitäten (5) und (6) zu vereinen: $F \sim M \cdot m/r^2$.

Unter Einfügung eines Proportionalitätsfaktors fand Newton das

Gravitationsgesetz $$\boldsymbol{F = \gamma \cdot \frac{M \cdot m}{r^2}}$$

Darin bedeuten M die Masse der Sonne, m die Masse des Planeten und r Abstand zwischen den Mittelpunkten dieser beiden Himmelskörper.

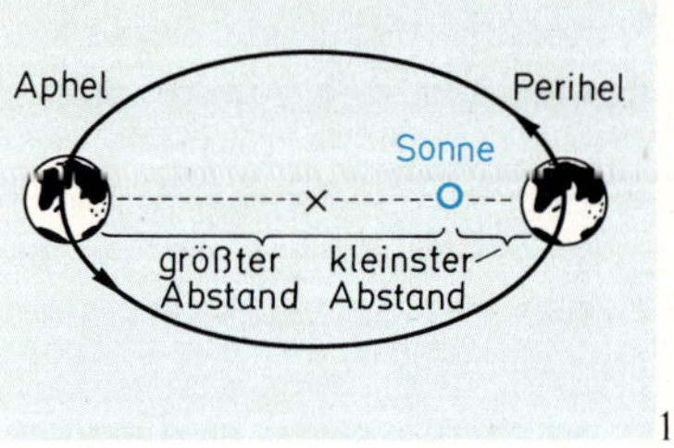

1

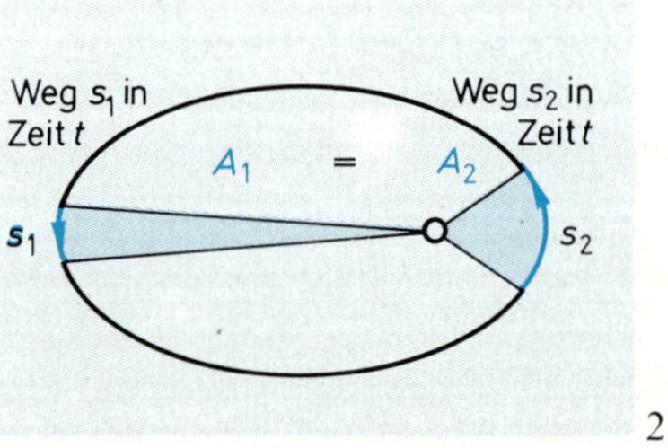

2

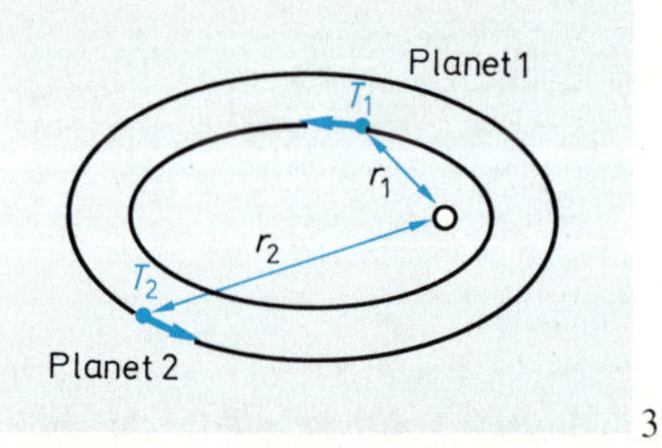

3

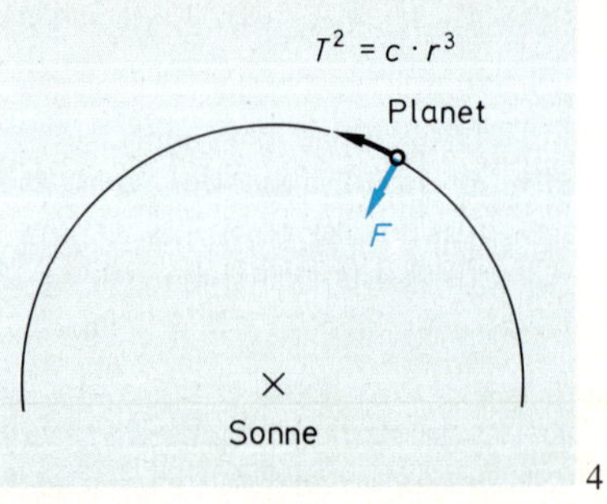

4

Radialkraft und Umlaufzeit eines Planeten

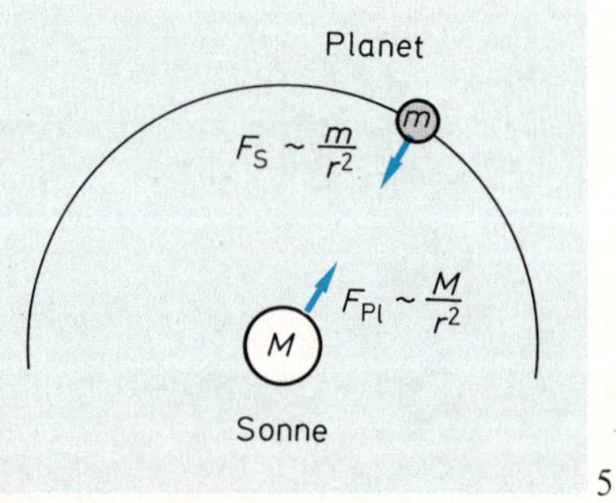

5

Sonne und Planet ziehen sich gegenseitig an.

Die Proportionalitätskonstante γ heißt **Gravitationskonstante.**
Sie hat den Wert $\gamma = (6{,}670 \pm 0{,}007) \cdot 10^{-11} \cdot \mathrm{N} \cdot \mathrm{m}^2 \cdot \mathrm{kg}^{-2}$.
Wenn man das Gravitationsgesetz nicht auf die Bewegung von Planeten um die Sonne anwendet, sondern die Gravitation zwischen zwei beliebigen Körpern (mit den Massen m_1 und m_2) untersucht, dann schreibt man das Gravitationsgesetz in der Form: $F = \gamma \cdot \frac{m_1 \cdot m_2}{r^2}$.

Experimentelle Bestimmung der Gravitationskonstanten

Bereits NEWTON bemühte sich, die Gravitationskonstante $\gamma = \frac{F \cdot r^2}{M \cdot m}$ zu bestimmen. Sie kann aber grundsätzlich nicht aus astronomischen Messungen ermittelt werden, denn zu ihrer Berechnung müßten die Masse M der Sonne und die Masse m eines Planeten bekannt sein. NEWTON vermutete zwar, daß auch zwischen zwei kleineren Körpern eine Anziehung bestehe, doch hielt er sie für zu klein, als daß diese Kraft gemessen werden könnte.
NEWTON versuchte dennoch, die Größenordnung der Gravitationskonstanten abzuschätzen. Dazu berechnete er die Masse der Erde aus ihrem Volumen und einem geschätzten Wert für ihre Dichte. So konnte er aus der Masse M der Erde, der Masse m und der Gewichtskraft F eines Körpers auf der Erdoberfläche und dem Erdradius r die Gravitationskonstante annähernd mit einem Fehler von etwa 10% abschätzen.
Erst mehr als hundert Jahre später gelang es dem englischen Chemiker und Physiker HENRY CAVENDISH (1731 bis 1810), die Gravitationskonstante genau zu bestimmen.
CAVENDISH wollte die Dichte der Erde ermitteln und brauchte dazu die Kenntnis über die Masse der Erde. Zum „Wiegen" der Erde wollte er das Gravitationsgesetz nutzen, wofür er zunächst die Gravitationskonstante ermitteln mußte. Bild 1 zeigt die Experimentieranordnung von CAVENDISH. Seine besondere experimentelle Leistung bestand darin, daß er eine Methode zur Messung kleinster Kräfte einführte. Sie wurde später in ganz verschiedenen Gebieten der Physik genutzt, zum Beispiel zum Messen der Kräfte in elektrischen und in magnetischen Feldern. Diese Methode beruht auf der Verdrehung (Torsion) sehr dünner Drähte.
Mit seiner Anordnung bestimmte er für die Gravitationskonstante einen Wert, der nur 0,6% größer ist als der Wert aus neuesten Messungen. Für die mittlere Dichte der Erde erhielt er $\varrho = 5{,}48\ \mathrm{g \cdot cm^{-3}}$. Heutige Messungen ergeben hierfür $5{,}518\ \mathrm{g \cdot cm^{-3}}$.
Die folgenden Angaben vermitteln eine Vorstellung von den Problemen dieser Messung: Wenn man die große Kugel ($m_1 = 158$ kg) der kleinen Kugel ($m_2 = 729$ g) soweit nähert, daß ihre Mittelpunkte einen Abstand von 22,3 cm haben, wirkt eine Gravitationskraft von 0,00000016 N. Dabei erfährt die kleine Kugel eine Beschleunigung von $a = 2 \cdot 10^{-7}\ \mathrm{m \cdot s^{-2}}$. Um aus der Ruhelage heraus einen Weg von 1 mm zurückzulegen, braucht die kleine Kugel eine Zeit von mehr als 5 min.
In den folgenden Jahrhunderten gab es viele Bemühungen, die Gravitationskonstante immer genauer zu bestimmen. Eine dieser Messungen führten die deutschen Physiker F. RICHARZ und KRIGAR-MENZEL 1896

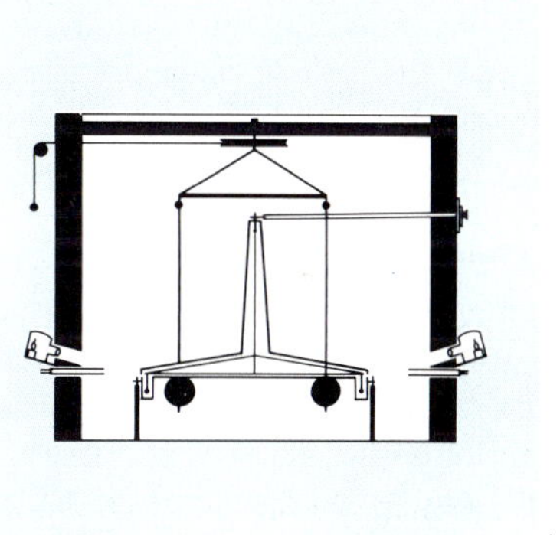

1

Die Gravitationskräfte zwischen den Bleikugeln führen zu einer Torsion des Drahtes, an dem das Gestell für die kleinen Kugeln aufgehängt ist.

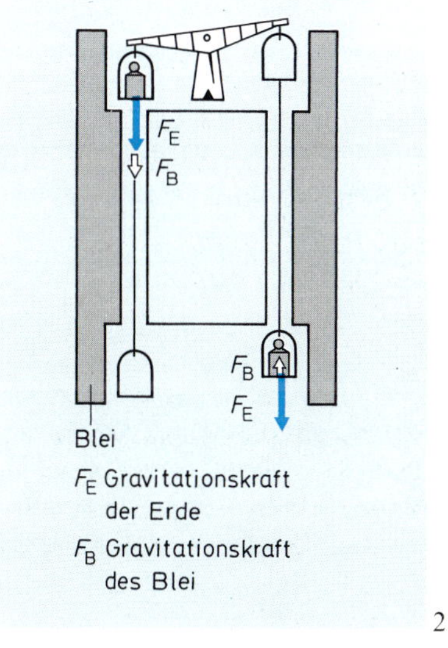

2

Vereinfachte Darstellung der Experimentieranordnung von RICHARZ und KRIGAR-MENZEL

in der Zitadelle von Spandau durch. An den Enden einer empfindlichen Waage hingen sie zwei gleiche Wägestücke von 1 kg so auf, daß sich ein Wägestück oberhalb und das andere unterhalb eines Bleiklotzes mit einem Volumen von etwa 2 m³ befand (Bild 2, S. 73). Infolge der Gravitationskräfte vermehrte der Bleiklotz die Gewichtskraft des oben hängenden Wägestückes und verminderte die Gewichtskraft des unten hängenden Wägestückes. Aus dem Unterschied der Kräfte konnten sie die Gravitationskraft bestimmen und schließlich die Gravitationskonstante berechnen. Sie ermittelten einen Wert, der nur 0,2% größer ist als der Wert aus neuesten Messungen.

Das Gravitationsfeld der Erde

Wenn zwei Körper aufeinander einwirken, werden die dabei auftretenden Kräfte meist durch Stoß, mit Hilfe von Seilen, Ketten, Hebeln oder ähnlichen sichtbaren Verbindungen übertragen. Wie können Gravitationskräfte ohne solche Übertragungsmittel zwischen Körpern wirken?

In die Gleichung für die Gravitationskräfte $F = \gamma \cdot \frac{m_1 \cdot m_2}{r^2}$ gehen die beiden Massen m_1 und m_2 in völlig symmetrischer Weise ein. Man kann sich aber auch auf einen anderen Standpunkt stellen. Dieser ist dann nützlich, wenn die Masse des einen Körpers (zum Beispiel der Erde) gegenüber der Masse des zweiten Körpers (zum Beispiel des Apfels am Baum) so groß ist, daß von den zwei entgegengesetzt gerichteten und gleich großen Kräften praktisch nur eine Gravitationswirkung (der Fall des Apfels) beobachtbar ist, während die zweite Wirkung (der Fall der Erde zum Apfel) nur eine theoretische Erörterung darstellt.

1 Astronauten beim Spaziergang im Weltall im Gravitationsfeld der Erde

Diesen Standpunkt nehmen wir jetzt für die Erde ein. Dann können wir an jeder Stelle im erdnahen Raum des Weltalls die Gravitationskraft der Erde auf einen Körper nachweisen. Einen Raum mit solch einer Eigenschaft nennt man in der Physik ein **Kraftfeld** oder ganz allgemein ein **Feld.** Da die Kraft allein aufgrund der Masse (der Schwere) des in dieses Feld gebrachten Körpers ausgeübt wird, nennt man dieses Feld **Schwerefeld** oder **Gravitationsfeld** (Bild 2).

Ein Gravitationsfeld ist ein Raum, in dem an jedem Punkt auf einen dort befindlichen Körper allein aufgrund seiner Masse eine Gravitationskraft ausgeübt wird.

Die Gravitationskraft $F = \gamma \cdot \frac{m_E \cdot m}{r^2}$ der Erde auf Körper im Gravitationsfeld ist von drei physikalischen Größen abhängig:
- der felderzeugenden Masse m_E der Erde,
- der Masse m des Körpers im Feld und
- der physikalischen Größe r.

Diese Größe r haben wir bisher als Abstand der beiden Körper eingeführt. Entsprechend unserem neuen Standpunkt, können wir die Größe r auch als Abstand des Ortes im Gravitationsfeld vom Erdmittelpunkt deuten. Die Gleichung für die Gravitationskraft enthält also einerseits Größen, die zur Erde und damit zum Gravitationsfeld gehören, andererseits die Größe m, die zum Körper im Feld gehört.

$$F = \gamma \frac{m_E}{r^2} \cdot m \quad (7)$$

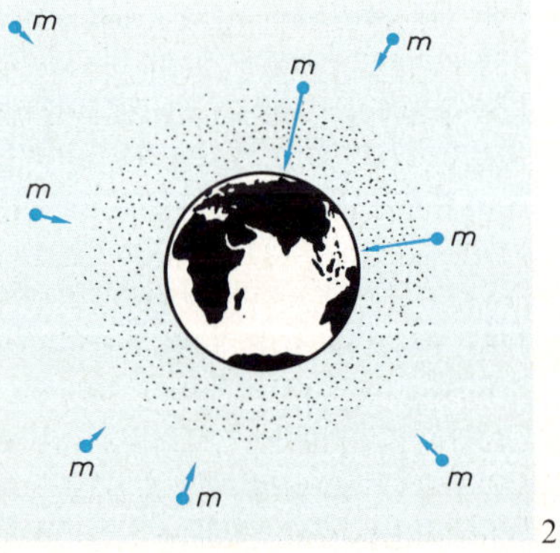

2

Der Ausdruck $\gamma \cdot \frac{m_E}{r^2}$ beschreibt damit mathematisch die Eigenschaften eines von der Masse m_E erzeugten Gravitationsfeldes am Ort mit dem Abstand r vom Erdmittelpunkt. Aus Gleichung (7) folgt: $\gamma \cdot \frac{m_E}{r^2} = \frac{F}{m}$.
Der Ausdruck $\gamma \cdot \frac{m_E}{r^2}$ gibt also an, wie groß die Kraft ist, die im Gravitationsfeld auf einen Körper mit dem Abstand r zum Erdmittelpunkt und der Masse von 1 kg ausgeübt wird. Man bezeichnet diesen Ausdruck als **Gravitationsfeldstärke g.** Allgemein gilt:

Die Gravitationsfeldstärke g an einem bestimmten Ort des Gravitationsfeldes ist der Quotient aus der Gravitationskraft F, die ein Körper aufgrund seiner Masse an diesem Ort erfährt, und seiner Masse m.

$$g = F/m$$

Die Richtung der Gravitationsfeldstärke entspricht der Richtung der Kraft auf den Körper.

Die Einheit der Gravitationsfeldstärke ist $\mathrm{N} \cdot \mathrm{kg}^{-1}$. Daher kann man sagen: Die Gravitationsfeldstärke ist ein Maß für die Gravitationskraft, die an dem betreffenden Ort auf einen Körper mit der Masse 1 kg ausgeübt wird.

Kennt man an einem bestimmten Ort im Gravitationsfeld die Gravitationsfeldstärke g, so kann man die an diesem Ort auf einen Körper mit der Masse m ausgeübte Gravitationskraft F berechnen.

$$F = m \cdot g$$

Diese Gleichung erinnert an die Gleichung für die Gewichtskraft. Die Gravitationsfeldstärke g der Erde und die Schwerebeschleunigung g der Erde stimmen in ihren Beträgen überein. Sie werden entsprechend ihren unterschiedlichen physikalischen Bedeutungen nur in verschiedenen Einheiten angegeben. So beträgt die Gravitationsfeldstärke in den geographischen Breiten Mitteleuropas $9{,}81\ \mathrm{N} \cdot \mathrm{kg}^{-1}$, während die Schwerebeschleunigung $9{,}81\ \mathrm{m} \cdot \mathrm{s}^{-2}$ beträgt.

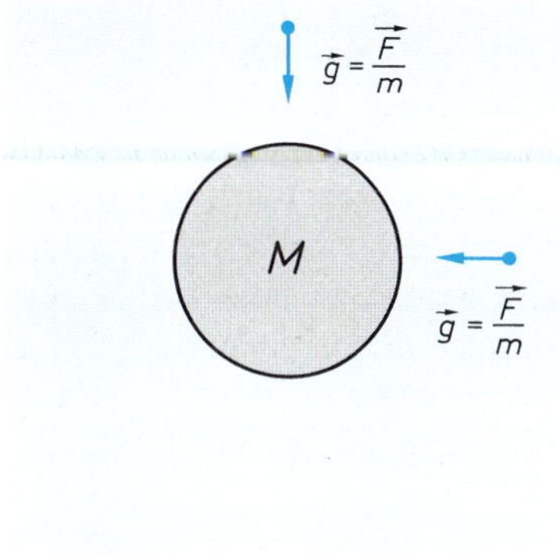

1

Umrechnung der Einheit der Gravitationsfeldstärke in die Einheit der Erdbeschleunigung:

$$1\,\frac{\mathrm{N}}{\mathrm{kg}} = 1\,\frac{\frac{\mathrm{m} \cdot \mathrm{kg}}{\mathrm{s}^2}}{\mathrm{kg}} = 1\,\frac{\mathrm{m}}{\mathrm{s}^2}$$

Darstellung des Gravitationsfeldes

Zur Veranschaulichung des Gravitationsfeldes benutzt man Feldlinien. Als Richtung der Feldlinien wählt man die Richtung der Gravitationsfeldstärke (und damit der Gravitationskräfte). Diese Feldlinien kann man auch als Fallinien der Körper im Gravitationsfeld deuten.
Das Gravitationsfeld der Erde ist annähernd kugelsymmetrisch. In zweidimensionaler Darstellung erscheint es als Radialfeld (Bild 2).
Der Betrag der Gravitationsfeldstärke g kann durch Pfeile dargestellt werden. Die Gravitationsfeldstärke nimmt mit dem Quadrat des Abstandes vom Erdmittelpunkt ab. Beträgt sie auf der Erdoberfläche in Mitteleuropa $9{,}81\ \mathrm{N} \cdot \mathrm{kg}^{-1}$, so verringert sie sich im doppelten, dreifachen, n-fachen Abstand auf 1/4, 1/9, $1/n^2$ dieses Wertes.
Da der Mensch nur in einem sehr kleinen Ausschnitt des Gravitationsfeldes der Erde lebt, empfindet er dieses Feld als **homogenes Gravitationsfeld** (Bild 3). In diesem winzig kleinen Ausschnitt aus dem gesamten Gravitationsfeld der Erde können wir die Gravitationsfeldstärke g als konstant und die Gravitationsfeldlinien als parallel ansehen.

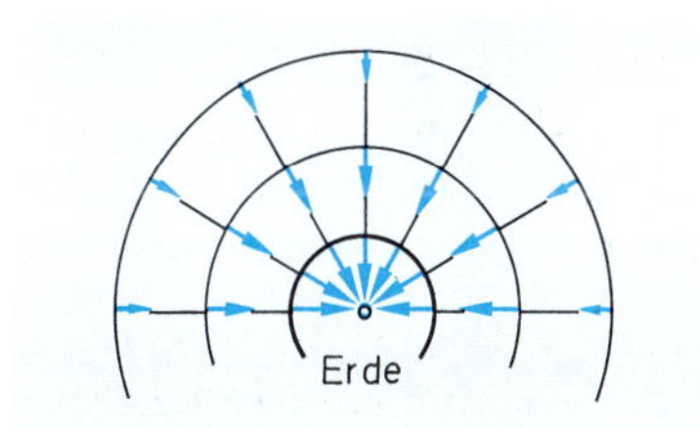

2

Die Feldlinien des Gravitationsfeldes der Erde sind radial auf den Erdmittelpunkt (als Massenzentrum) gerichtet.

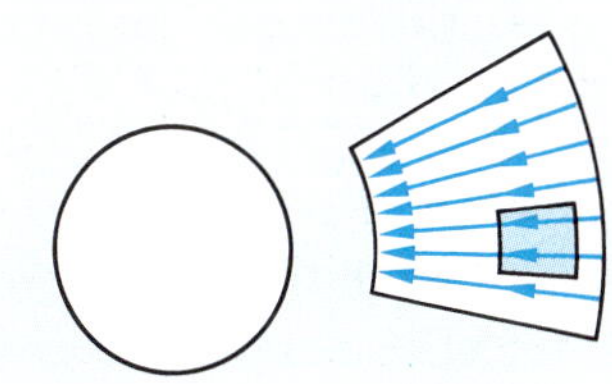

3

Hinreichend kleine Ausschnitte aus dem Gravitationsfeld der Erde lassen sich als homogen ansehen.

Exkurs in die Natur

„Wiegen" von Himmelskörpern. Mit Hilfe des Gravitationsgesetzes läßt sich die Masse M eines Himmelskörpers bestimmen, wenn dieser einen natürlichen oder künstlichen Satelliten hat, dessen Umlaufzeit T und dessen mittlere Entfernung r von diesem Himmelskörper bekannt sind. Dazu werden die Bahnen solcher Satelliten vereinfachend als Kreise betrachtet (Bild 1).

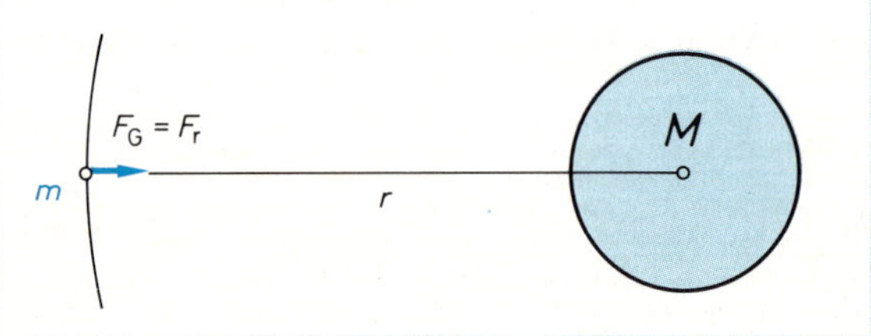

1

Für eine solche „Wägung" wählt man folgenden Ansatz:

Die Gravitationskraft $F_G = \gamma \cdot \frac{M \cdot m}{r^2}$ des Himmelskörpers auf seinen Satelliten entspricht der Radialkraft $F_r = 4\pi^2 \cdot \frac{m \cdot r}{T^2}$ für dessen Kreisbewegung.

Daher gilt: $F_G = F_r$.

Durch Einsetzen der Gleichungen erhält man

$\gamma \cdot \frac{M \cdot m}{r^2} = 4\pi^2 \cdot \frac{m \cdot r}{T^2}$.

Diese Gleichung wird nach der Masse M des Himmelskörpers aufgelöst: $M = \frac{4\pi^2}{\gamma} \cdot \frac{r^3}{T^2}$.

Hieraus kann man beispielsweise die Masse M_S der Sonne durch Einsetzen der mittleren Entfernung Erde – Sonne ($r = 1{,}496 \cdot 10^{11}$ m) und der Umlaufzeit der Erde um die Sonne ($T = 365$ d 6 h 9 min 10 s) berechnen. Man erhält $M_S = 1{,}989 \cdot 10^{30}$ kg.

In entsprechender Weise lassen sich die Massen aller Himmelskörper bestimmen, die von einem natürlichen oder künstlichen Satelliten begleitet werden. Dafür muß jedoch eine Bedingung erfüllt sein. Die Masse M des Himmelskörpers muß gegenüber der Masse m des Satelliten so groß sein, daß der gemeinsame Schwerpunkt beider Körper nahezu mit dem Mittelpunkt des Himmelskörpers übereinstimmt. Das ist zwar für die Bewegung der Erde um die Sonne erfüllt, nicht aber für die Bewegung des Mondes um die Erde (Bild 2). Daher kann man die Masse der Erde nicht aus der Umlaufdauer und der mittleren Entfernung des Mondes bestimmen. Anstelle des Mondes muß man die entsprechenden Daten eines künstlichen Satelliten nutzen.

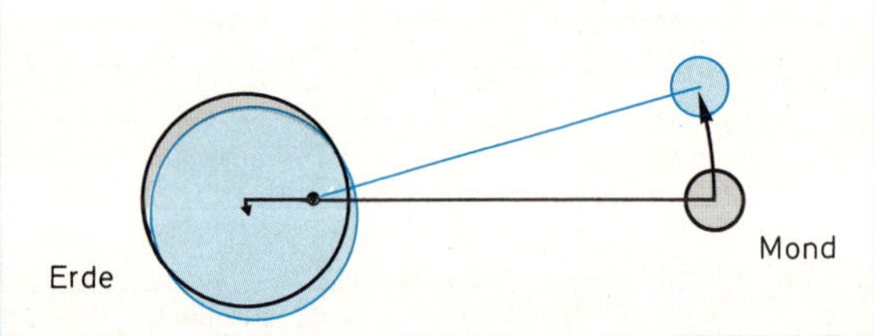

2

Erde und Mond drehen sich beim Umlauf des Mondes um die Erde um den gemeinsamen Schwerpunkt. Dieser liegt 0,733 Erdradien vom Mittelpunkt entfernt. Dabei durchlaufen alle Punkte der Erde gleich große Kreise.

Störungen von Planetenbahnen. Im Planetensystem der Sonne wirken Gravitationskräfte nicht nur zwischen der Sonne und den einzelnen Planeten, sondern auch zwischen den Planeten selbst. Wenn sich diese auf ihren Bahnen ausreichend nahe kommen, führen diese Gravitationskräfte zu kleinen, aber durchaus beobachtbaren Störungen der Bahnformen.

Bei jeder „Begegnung" der großen Planeten Jupiter und Saturn stören sie gegenseitig ihre Bahnen. Da ihre Umlaufzeiten ein wiederkehrendes Verhältnis von 5:2 haben, schaukeln sich diese Störungen in einer Art Resonanz auf. Dies löste im 18. Jahrhundert heftige Diskussionen um die Stabilität unseres Sonnensystems aus. Durch diese Störungen eilt Jupiter seinen nach den Keplerschen Gesetzen berechneten Positionen stets voraus, während Saturn den vorausberechneten Positionen immer ein wenig hinterherläuft.

Entdeckung eines vorausberechneten Planeten. Im Jahre 1846 schloß der französische Astronom LEVERRIER aus den Abweichungen der wirklichen Bahn des Uranus von seiner ihm nach den Keplerschen Gesetzen zukommenden Bahn auf die Einwirkung eines bislang noch nicht bekannten Planeten. Er berechnete auch die Position, in der sich dieser Planet befinden sollte. Diese Daten teilte er dem Berliner Astronomen GALLE mit. Dieser fand den vorausgesagten Planeten Neptun an der vorausberechneten Position.

Gezeiten. Jeden Tag brandet an den Küsten der Ozeane die Flut zum Land und zieht sich nach stets derselben Zeit wieder zurück. Hervorgerufen werden die Gezeiten vor allem durch die Gravitationskraft des Mondes auf das Wasser der Weltmeere. Die Gezeitenkräfte entstehen durch das Zusammenspiel zweier Kräfte (Bild 1, S. 77).

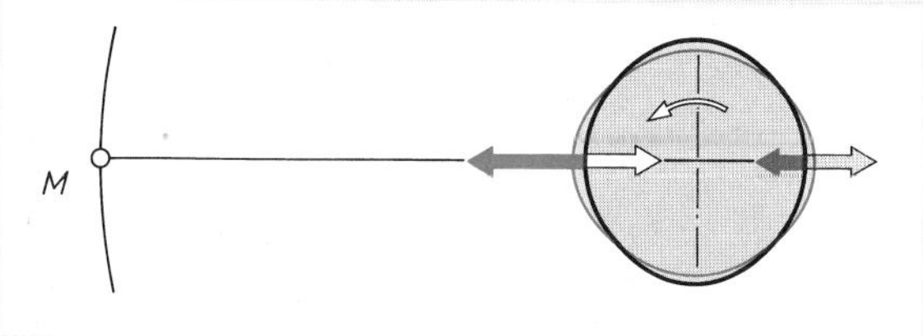

1

Entstehung der Flutberge bei a und b. Die Anziehungskraft des Mondes M wird durch die blauen Pfeile dargestellt. Die anderen geraden Pfeile kennzeichnen die Fliehkräfte, die durch die Rotation des Systems Erde – Mond entstehen.

Durch die Rotation der Erde um ihre eigene Achse dreht sich die Erde einmal am Tag von West nach Ost unter den zwei Hochwassergebieten und dem Niedrigwasser hindurch. Die dabei entstehenden Strömungen des Wassers werden durch Größe und Form der Ozeanbecken beeinflußt.
So betragen die Gezeitenunterschiede im Pazifik beispielsweise beim Panamakanal 3,5 m bis 5 m, während sie auf der atlantischen Seite des Kanals nur 0,3 m bis 0,6 m ausmachen. (Die aus dem Panamakanal in den Pazifik auslaufenden Schiffe können so zu geeigneten Zeiten ohne eigenen Antrieb auf dem zurückgehenden Hochwasser mit auf das Meer fahren.) Auch die Gestalt der Küsten ist wichtig. Strömt zum Beispiel das Hochwasser durch die enge Öffnung des Golfs von Mexiko, breitet es sich in dem weiten Golf rasch aus und verflacht dann. In der Fundy-Bai an der Atlantik-Küste Kanadas erfolgt genau das Gegenteil. Beim Einströmen der Flutwelle in die trichterförmige Bucht wird das Wasser immer höher gedrückt. An einigen Stellen der Bucht steigt es über 15 m hoch. Dies ist die größte Flutwelle auf Erden.
An solchen Küstenabschnitten baut man Gezeitenkraftwerke. Auf dem freien Weltmeer betragen die größten Fluthöhen etwa 1 m.
Zweimal im Monat (bei Vollmond und Neumond) ist die Flut besonders hoch, sie heißt *Springflut*. In diesen Zeiten stehen Erde, Mond und Sonne in einer Linie, und die Gravitationskräfte von Sonne und Mond auf die Weltmeere verstärken sich dann. Die Springflut wird zur gefährlichen Sturmflut, wenn gleichzeitig noch heftige Stürme gegen die Küste wehen. Die Flut ist klein *(Nippflut)*, wenn Sonne und Mond mit der Erde einen rechten Winkel bilden.
Flut und Ebbe vollziehen sich regelmäßig in 12 Stunden und 25 Minuten. Jeden Tag verschieben sich die Gezeiten um ungefähr 50 Minuten. Das hat seine Ursache darin, daß der Mond täglich 50 Minuten später aufgeht.

Abweichung des Betrages der Gravitationsfeldstärke. Die Gravitationsfeldstärke ist zwar das Ergebnis der Wirkung aller Teile der Erde, dem Meßort näher liegende Teile der Erde leisten jedoch einen größeren Beitrag als fernere. Das ergibt sich daraus, daß die Gravitationsfeldstärke dem Quadrat der Entfernung umgekehrt proportional ist. Sind also in der Nähe des Meßortes Stoffe mit großen Massen konzentriert, so wird der gemessene Wert von g größer als der berechnete normale Wert. So ist auf dem Ätna der Wert von g um $0{,}292\ \mathrm{N \cdot kg^{-1}}$ größer als der normale. Entsprechendes gilt für einzelne Pazifikinseln.
Interessante Ergebnisse liefern Messungen der Gravitationsfeldstärke über Kontinenten und Ozeanen. Da Kontinente infolge der größeren Dichte von Gestein gegenüber Wasser bedeutend schwerer sind als Ozeane, sollte der Wert von g über den Kontinenten größer sein als über den Ozeanen. Messungen ergaben aber gleiche Werte. Das ist erklärbar, wenn man weiß, daß Kontinente auf leichterem Gestein ruhen als Ozeane. Dort, wo Bohrungen möglich waren, wurde festgestellt, daß Kontinente auf leichtem Granit und Ozeane auf schwerem Basalt ruhen.
Aus Unterschieden in den Werten von g kann auch auf Bodenschätze geschlossen werden. Besondere praktische Bedeutung hat das für die Suche nach Erdöl. Dort, wo sich große unterirdische Salzlagerstätten befinden, ist der Wert von g klein. Und wo Salz vorhanden ist, liegt darunter oft Erdöl.

Abweichung der Richtung der Gravitationsfeldstärke. Außer dem Betrag kann auch die Richtung der Gravitationsfeldstärke von der Norm abweichen. So wird ein Senkblei in der Nähe eines großen Berges nicht allein von der Erde zum Mittelpunkt angezogen, sondern zugleich auch vom Berg. Natürlich registriert man nur kleinste Winkel für die Abweichung, sie sind aber meßbar (Bild 2). So führte in Florenz zum Beispiel der Einfluß der Apenninen nicht zur Anziehung, sondern zu einer entgegengesetzten Auslenkung des Senkbleis. Hierfür ist nur eine Erklärung möglich: In den Bergen müssen riesige Hohlräume vorhanden sein.

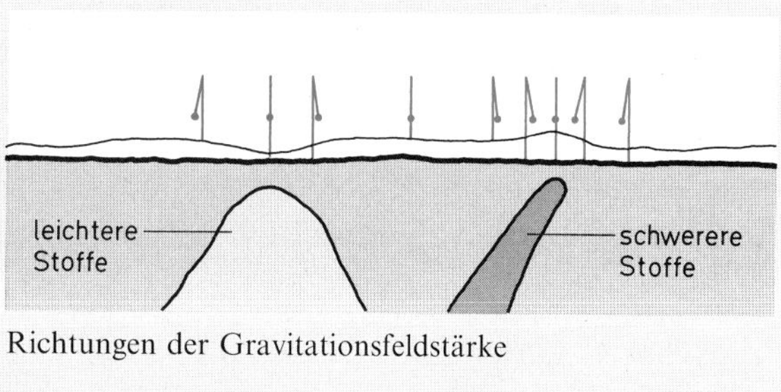

2

Richtungen der Gravitationsfeldstärke

Exkurs in die Technik

Satelliten im erdnahen Raum. Der **Start von Satelliten** erfolgt mit Raketen. Unter der Annahme, daß die Erde nicht von einer bremsenden Atmosphäre umgeben ist, können wir die Geschwindigkeit berechnen, die für eine Umkreisung der Erde unmittelbar an ihrer Oberfläche erforderlich wäre. Für die Kreisbahn eines Satelliten gilt: Als Radialkraft auf den Satelliten wirkt die Gravitationskraft.

$$\frac{m \cdot v^2}{r} = \gamma \cdot \frac{m_E \cdot m}{r^2} \text{ und damit } v = \sqrt{\gamma \cdot \frac{m_E}{r}}$$

Unabhängig von der Masse des Satelliten beträgt diese Geschwindigkeit 7,9 km · s^{-1}. Sie heißt **1. kosmische Geschwindigkeit.**

Der Energieaufwand für das Starten eines Satelliten ist sehr groß. Startplätze für Raketen baut man möglichst nahe am Äquator. Hierbei nutzt man die Tatsache, daß die Rakete am Äquator aufgrund des größeren Abstandes von der Erdachse infolge der Erdrotation bereits eine größere kinetische Anfangsenergie hat als in der Nähe der Pole. Die **Bahnebene eines Satelliten** ist durch den Ort P und den Geschwindigkeitsvektor $\vec{v}$ bei Brennschluß der Trägerrakete festgelegt (Bild 1). Der Geschwindigkeitsvektor v und die Verbindungslinie von Punkt P zum Erdmittelpunkt M legen eine Ebene fest, in der auch der Vektor der Gravitationskraft $\vec{F}_g$ liegt. Diese Kraft führt zu einer Geschwindigkeitsänderung, die ebenfalls in dieser Ebene liegt. Daher verläßt der Satellit niemals die anfängliche Bahnebene.

Die Bahnebene enthält stets den Erdmittelpunkt. Daher ist die im Bild 2 schwarz dargestellte Bahn um den Nordpol physikalisch nicht möglich.

Die **Bahngeschwindigkeit** eines Satelliten wird allein durch seinen Abstand vom Erdmittelpunkt bestimmt. Aus der Gleichung für die Bahngeschwindigkeit v ist zu erkennen: Je höher die Flugbahn ist, desto kleiner ist die Geschwindigkeit des Satelliten $\left(v \sim \sqrt{\frac{1}{r}}\right)$.

Bei der Berechnung der Bahngeschwindigkeit ist zu beachten, daß r stets den Abstand des Satelliten vom Erdmittelpunkt und nicht nur bis zur Erdoberfläche bedeutet. Mit der Bahnhöhe ist auch die Umlaufzeit des Satelliten festgelegt. Für die Umlaufzeit bei einer Kreisbewegung gilt: $T = \frac{2\pi \cdot r}{v}$.

Da die Gleichung nicht die Masse des Satelliten enthält, folgt hieraus: Die Umlaufzeit eines Satelliten ist von seiner Masse unabhängig.

Die **Bahnformen** der Satelliten hängen vom Verhältnis der tatsächlichen Geschwindigkeit und der für die jeweilige Kreisbahn notwendigen Geschwindigkeit ab (Bild 3). Ist die tatsächliche Geschwindigkeit größer oder kleiner als die für eine Kreisbahn notwendige Geschwindigkeit, verformt sich die Bahn zu einer Ellipse. Ist die Geschwindigkeit wesentlich kleiner, fällt der Satellit zur Erde zurück.

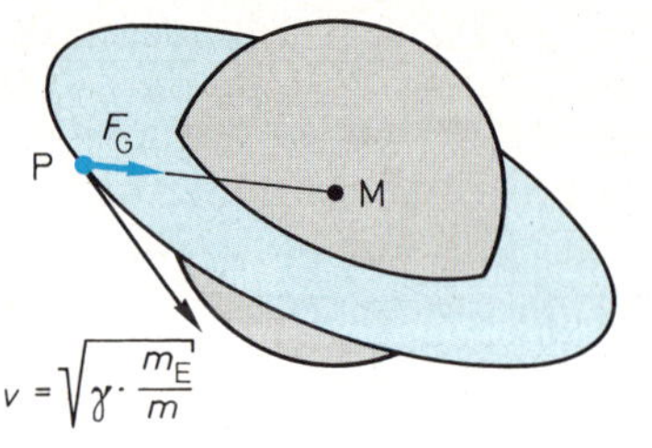

1

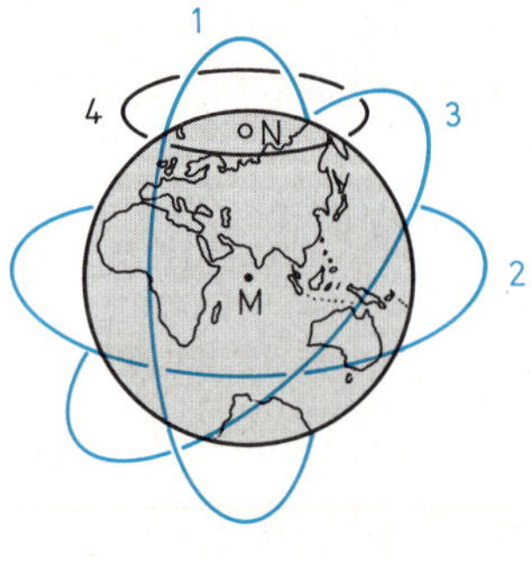

2

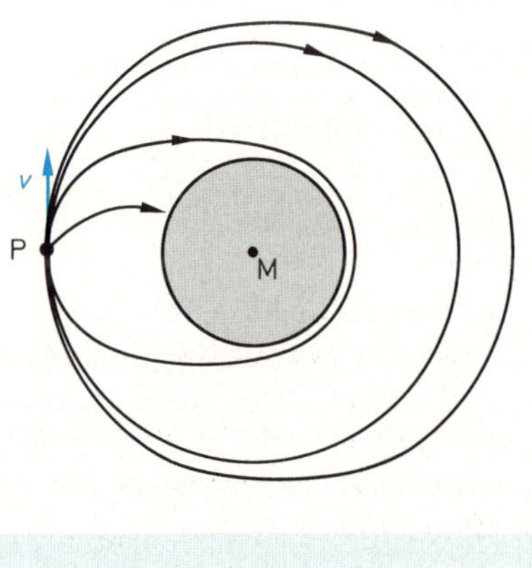

3

Gewußt? Erkannt? Gekonnt?

1. Wie groß ist die Gravitationskraft
   a) zwischen Sonne und Erde,
   b) zwischen Erde und Mond?
2. Warum stürzen Erde und Mond aufgrund der Gravitation nicht aufeinander?
3. Wie groß ist die Gravitationskraft zwischen
   a) einem Jungen (70 kg) und einem Mädchen (60 kg) mit einem Abstand von 1 m?
   b) zwei Wasserstoffatomen, die sich bis auf einen Abstand von einem Wasserstoffatom annähern?
4. Warum ist die Gewichtskraft ein und desselben Körpers auf der Erde, auf dem Mond und auf dem Mars unterschiedlich groß? Wo ist sie am größten?
5. Berechnen Sie die Masse der Erde aus den folgenden Angaben:
   a) Mond: mittlere Entfernung von der Erde $r = 3{,}844 \cdot 10^5$ km, Umlaufzeit $T = 27{,}32166$ d,
   b) Satellit Nimbus: mittlere Entfernung von der Erde $r = 1097$ km, Umlaufzeit $T = 107{,}3$ min.
   Vergleichen Sie beide Ergebnisse mit dem in Tabellen angegebenen Wert für die Masse der Erde!
6. Wenden Sie die Gleichung $\gamma \cdot \frac{M \cdot m}{r^2} = 4\pi^2 \cdot \frac{m \cdot r}{T^2}$ auf zwei beliebige Planeten des Sonnensystems an!
   Leiten Sie daraus das 3. Keplersche Gesetz her!
7. Wie groß ist die Unsicherheit des heute bekannten Wertes für die Gravitationskonstante a) absolut und b) prozentual?
8. Berechnen Sie die Gravitationskräfte zwischen Jupiter und Saturn bei deren größter Annäherung! Vergleichen Sie diese Kräfte mit den Gravitationskräften zwischen Erde und Mond!
9. Berechnen Sie die Gravitationsfeldstärke der Erde für 10 Orte im Gravitationsfeld mit dem Abstand $r_i = n \cdot r_E$ $(n = 1 \ldots 10)$! Stellen Sie die Abhängigkeit grafisch dar!
10. Nachrichtensatelliten sollen fest am Himmel „stehen“. Das bedeutet, ihre Umlaufzeit um den Erdmittelpunkt muß genau 86164 s (etwa 24 Stunden) betragen. Dann befinden sie sich immer über demselben Punkt der Erdoberfläche.
    In welcher Höhe müssen sich demzufolge Nachrichtensatelliten befinden?

Zusammenfassung

Gravitation
Alle Körper ziehen sich aufgrund ihrer Masse gegenseitig an. Diese Anziehung nennt man Gravitation.

Gravitationsgesetz
Für die Gravitationskräfte zwischen zwei Körpern gilt das Newtonsche Gravitationsgesetz: $F = \gamma \cdot \frac{m_1 \cdot m_2}{r^2}$

1

Gravitationsfeld
Im erdnahen Raum wirken auf alle dort befindlichen Körper Gravitationskräfte. Einen solchen Raum nennt man Schwerefeld oder Gravitationsfeld.
Ein Gravitationsfeld wird durch die Gravitationsfeldstärke g beschrieben. Die Gravitationsfeldstärke g an einem bestimmten Ort des Gravitationsfeldes ist der Quotient aus der Gravitationskraft F, die ein Körper aufgrund seiner Masse an diesem Ort erfährt, und seiner Masse m.

$$g = \frac{F}{m} = \gamma \cdot \frac{m_E}{r^2}$$

Die Richtung der Gravitationsfeldstärke entspricht der Richtung der Kraft auf den Körper.
Der Betrag der Gravitationsfeldstärke ist ein Maß für die Gravitationskraft, die an dem betreffenden Ort des Feldes auf einen Körper mit der Masse von 1 kg ausgeübt wird.

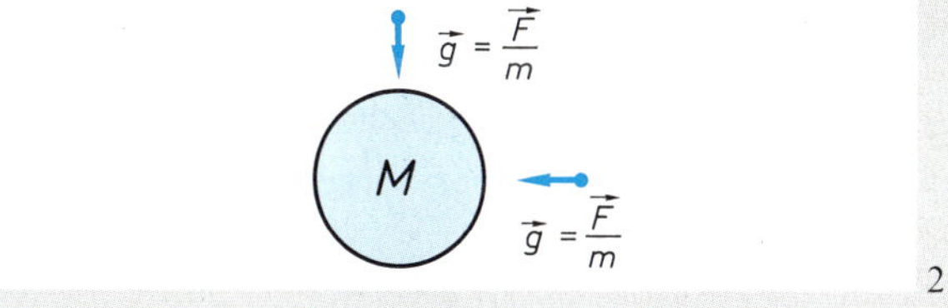

2

Das Gravitationsfeld der Erde ist kugelsymmetrisch. Da der Mensch nur in einem sehr kleinen Ausschnitt des Gravitationsfeldes der Erde lebt, empfindet er dieses Feld als homogenes Gravitationsfeld.

9 Mechanische Schwingungen

Beschreibung mechanischer Schwingungen

1

Uhr mit Drehpendel

Auf einem Rummelplatz können Sie fast alle Arten von Bewegungen sehen. Neben vielen modernen Karussells findet man immer noch Luftschaukeln, so wie es sie schon vor über 100 Jahren gab. An der Bewegung der einzelnen „Kähne" werden die Besonderheiten physikalischer Schwingungen besonders gut deutlich.
Manche Uhren haben ein Pendel. Es führt entweder eine Schwingung – wie bei der Luftschaukel – oder eine Drehschwingung aus (Bild 1). Bei der Drehschwingung wird ein elastischer Draht periodisch verdrillt. Elastische Verformungen treten auch bei den Saiten einer Gitarre, den Zungen der Harmonika oder den Luftsäulen in den Orgelpfeifen auf, wenn diese Schwingungen ausführen.
Sie wissen bereits, was eine mechanische Schwingung ist und mit welchen physikalischen Größen sie beschrieben werden kann:

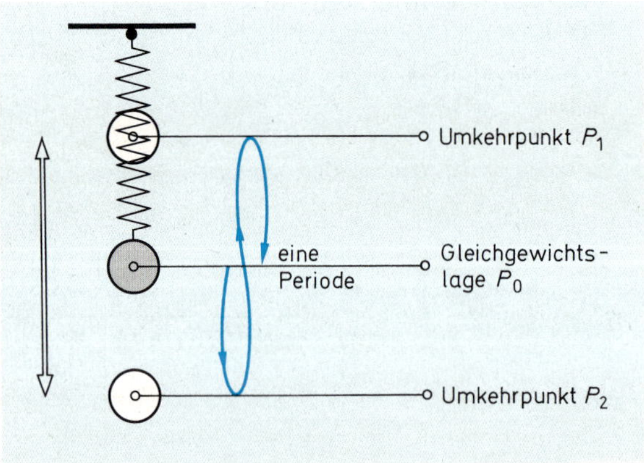

2

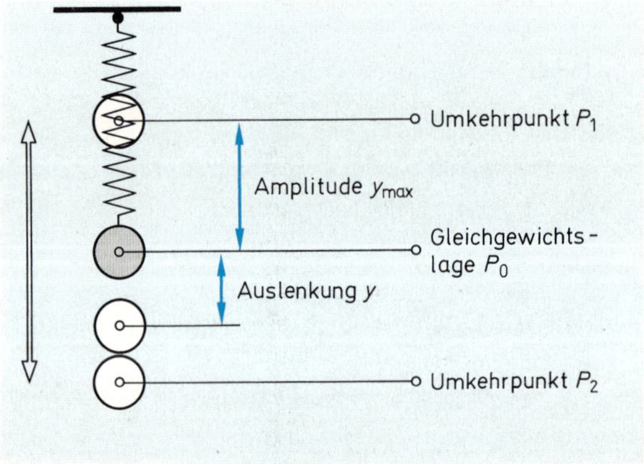

3

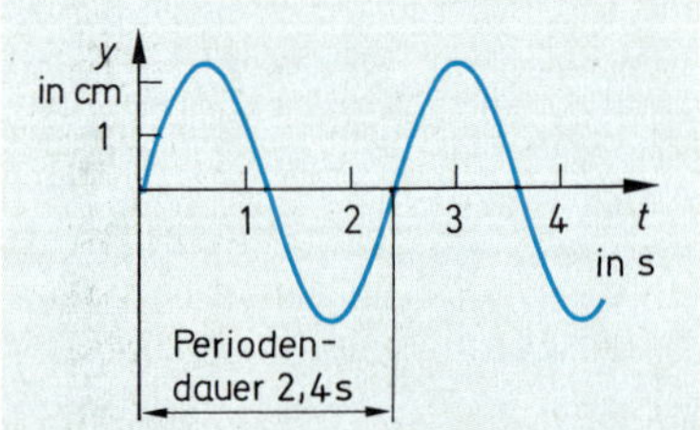

4

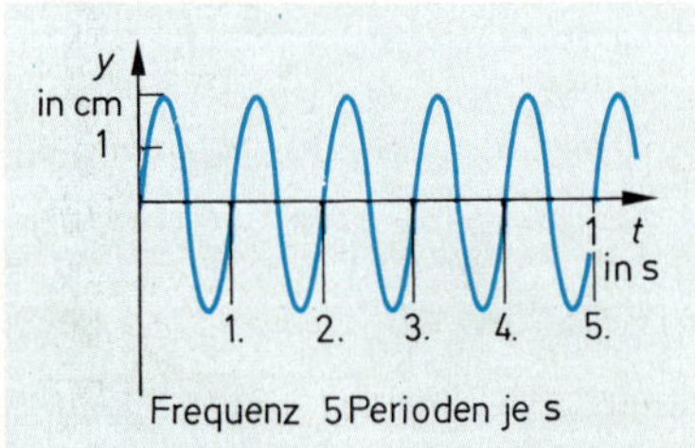

5

- Eine mechanische Schwingung ist eine zeitlich periodische Bewegung eines Körpers um seine Gleichgewichtslage. Eine vollständige Hin- und Herbewegung des Schwingers nennt man eine Periode (Bild 2).
- Die Auslenkung (Elongation) y ist der jeweilige Abstand des schwingenden Körpers von der Gleichgewichtslage. Den größten Abstand des Körpers von der Gleichgewichtslage nennt man Amplitude y_{max} (Bild 3). Die Einheit der Auslenkung und der Amplitude ist das Meter.
- Die Periodendauer T eines Schwingers gibt an, wie lange der schwingende Körper für das Durchlaufen einer Periode benötigt (Bild 4). Die Einheit der Periodendauer ist die Sekunde.
- Die Frequenz f eines Schwingers gibt an, wie oft sich der Körper in einer bestimmten Zeit hin- und herbewegt (Bild 5). Die Einheit der Frequenz ist das Hertz. Es gilt $1\ \text{Hz} = 1\ \text{s}^{-1}$.
- Zwischen Frequenz f und Periodendauer T besteht die Beziehung $f = \frac{1}{T}$.

Harmonische Schwingungen

Aufzeichnung einer Schwingung

Will man Näheres über die Bewegung eines Schwingers erfahren, so muß man die Schwingung aufzeichnen. Dazu kann man am schwingenden Körper einen Schreibstift befestigen. Dieser Stift muß sehr leicht auf einem Kartonblatt aufliegen, damit die Schwingung nicht durch zu große Reibungskräfte behindert wird. Das Kartonblatt wird mit konstanter Geschwindigkeit senkrecht zur Bewegungsrichtung des Schwingers gezogen (Bild 1). Dabei entsteht eine Sinuskurve.
Der zeitliche Ablauf der Schwingung ist durch die Kraft bestimmt, die auf den schwingenden Körper einwirkt. Diese Kraft ändert sich. Sie treibt den Körper in die Gleichgewichtslage zurück (rücktreibende Kraft) und nimmt mit der Entfernung des schwingenden Körpers von der Gleichgewichtslage zu.

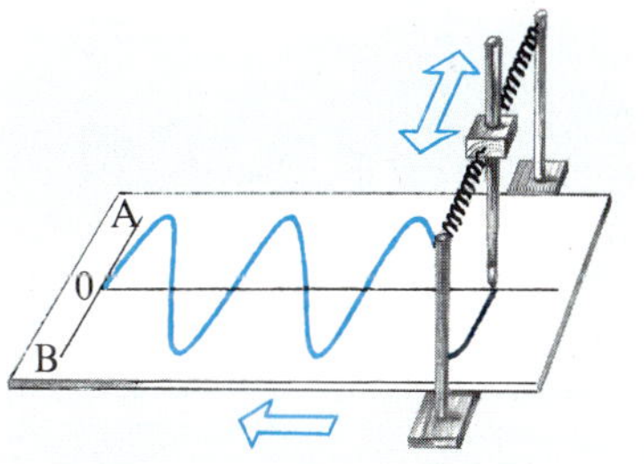

1
Anordnung zur Aufzeichnung einer Schwingung

Das Hookesche Gesetz

Wenn Sie mit einem Fahrrad oder Moped über eine Unebenheit fahren, so gerät Ihr Körper in aufwärts und abwärts gerichtete Schwingungen. Dabei treten beispielsweise rhythmische Verformungen der Schraubenfedern am Sattel auf.
Wirkt auf eine Schraubenfeder eine Zugkraft, so wird die Feder gedehnt. Je größer die Kraft ist, umso größer ist auch die Verlängerung. Die Verlängerung ist der wirkenden Kraft proportional (Bild 2).

Hookesches Gesetz $F \sim y$

Gültigkeitsbedingung: kleine Auslenkungen
y Verlängerung, y entspricht s

Der Quotient $\frac{F}{y}$ läßt erkennen, wie hart die jeweilige Feder ist. Er wird als Richtgröße oder **Direktionsgröße *D*** bezeichnet.

Die Direktionsgröße *D* kennzeichnet die Härte einer Feder. $D = \frac{F}{y}$ (1)

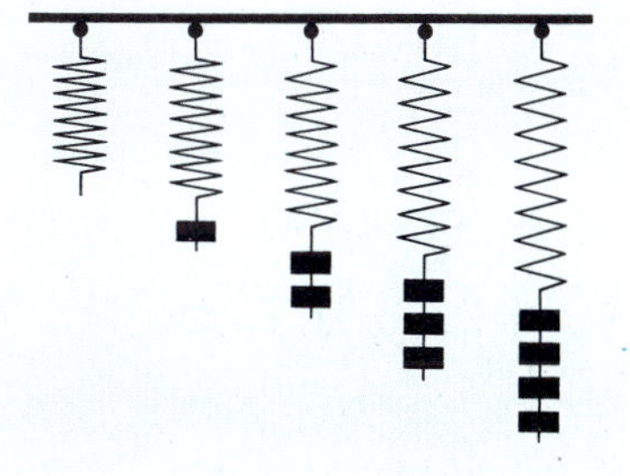
2
Im gleichen Maße wie die Gewichtskraft wächst, nimmt auch die Verlängerung der Feder zu.

Arbeit beim Dehnen einer Feder

Beim Dehnen einer Feder wird Arbeit verrichtet. Diese wird in der Feder in Form von potentieller Energie gespeichert. Zur Berechnung der mechanischen Arbeit kann die Fläche unter dem Graphen im Kraft-Weg-Diagramm genutzt werden. Beim Heben eines Körpers ist diese Fläche ein Rechteck (Bild 3). Beim Dehnen einer Feder ist die Fläche ein rechtwinkliges Dreieck (Bild 4). Für die Dreiecksfläche gilt:

$$W = \frac{1}{2} F \cdot y. \quad (2)$$

Aus (1) folgt $F = D \cdot y$.
Somit ergibt sich aus (2) für die verrichtete Arbeit $W = \frac{D}{2} \cdot y^2$.
Daraus folgt:

Energie einer gespannten Feder $E = \frac{D}{2} \cdot y^2$ (3)

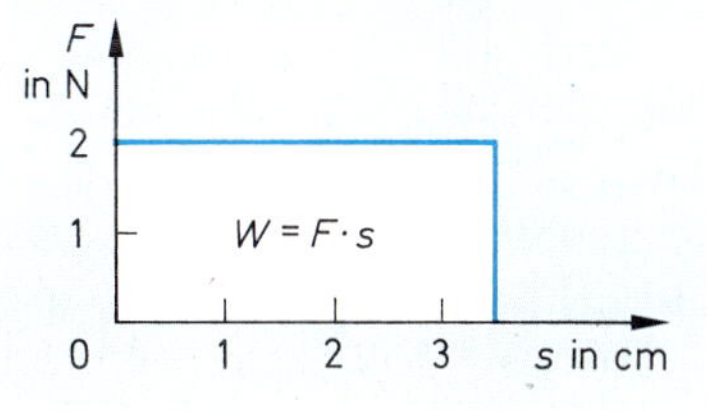

3
Kraft-Weg-Diagramm für das Verrichten von Reibungsarbeit. Die Rechteckfläche kennzeichnet die verrichtete Arbeit.

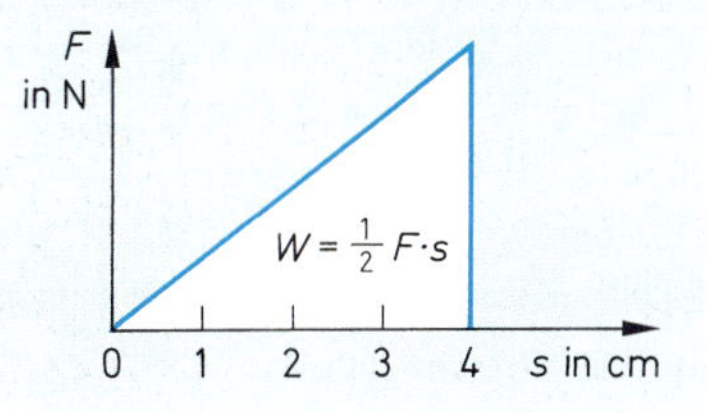

4
Kraft-Weg-Diagramm beim Dehnen einer Feder. Die Dreiecksfläche kennzeichnet die verrichtete Arbeit.

Entstehung von Schwingungen beim Federschwinger

Hängt ein Körper mit der Masse m an einer Schraubenfeder, so wirken auf ihn zwei Kräfte: die Gewichtskraft und die Federspannkraft (Bild 1).

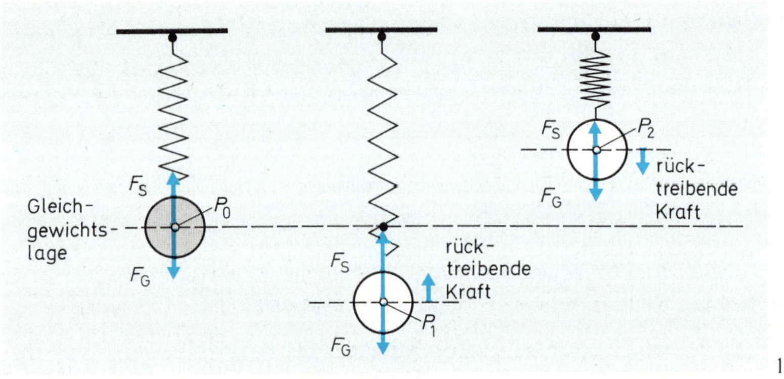

1

Aus dem Hookeschen Gesetz folgt, daß die rücktreibende Kraft der jeweiligen Auslenkung proportional ist.

Rücktreibende Kraft beim Federschwinger $F = D \cdot y$ (4)

Befindet sich der Körper in der Gleichgewichtslage (Punkt P_0), so wird die Gewichtskraft durch die elastische Kraft der Feder aufgehoben. Lenkt man nun den Körper bis zum unteren Punkt P_1 aus, so vergrößert sich die Federspannkraft. Die Gewichtskraft bleibt unverändert. Dadurch wirkt auf den Körper eine rücktreibende Kraft. Sie ist zur Gleichgewichtslage gerichtet (Bild 1). Läßt man den Körper los, so bewegt er sich beschleunigt bis zur Gleichgewichtslage. Infolge seiner Trägheit schnellt er jedoch über die Gleichgewichtslage hinaus. Danach wird seine Bewegung durch die jetzt rücktreibende Kraft der Feder verzögert, bis er schließlich im Punkt P_2 zum Stillstand kommt. Jetzt bewirkt die rücktreibende Kraft, daß der Körper erneut bis in die Gleichgewichtslage beschleunigt wird. Dabei bewegt er sich wieder über diese hinaus.
Diese Bewegung würde sich ständig in gleicher Weise fortsetzen, wenn keine Reibung vorhanden wäre.
Bei Drehpendeln beobachtet man gleiche Vorgänge. Jedoch wird dabei keine Feder gedehnt, sondern beispielsweise ein Draht verdrillt.

Entstehung von Schwingungen beim Fadenpendel

Ähnliche Verhältnisse wie beim Federschwinger liegen auch beim Fadenpendel vor (Bild 2). Lenkt man den Pendelkörper aus der Gleichgewichtslage seitlich aus, so wirkt eine Kraft zur Gleichgewichtslage hin. Sie ist durch die Gewichtskraft des Pendelkörpers bedingt. Diese rücktreibende Kraft und die Trägheit des Pendelkörpers bewirken ein ständiges Hin- und Herschwingen.

Voraussetzungen für das Entstehen mechanischer Schwingungen sind eine zur Gleichgewichtslage hin gerichtete Kraft und die Trägheit des schwingenden Körpers.

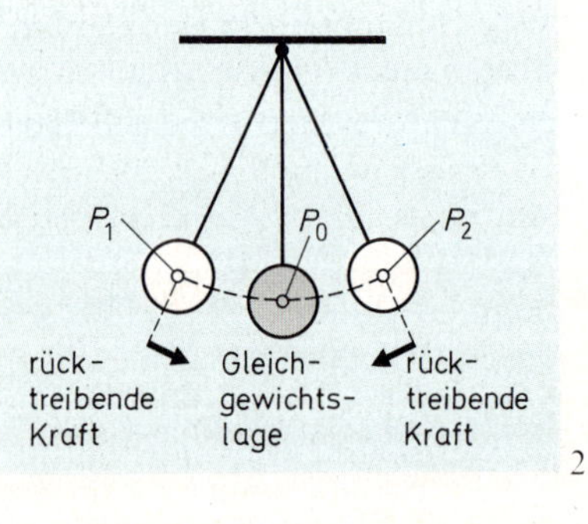

2

Die rücktreibende Kraft beim Fadenpendel kann man bestimmen, wenn man die Gewichtskraft in zwei Komponenten zerlegt (Bild 1). Die eine Komponente wirkt in Richtung des Fadens. Die andere hat die Richtung der Kreistangente. Der erstgenannte Kraftanteil wird von dem Pendelfaden aufgenommen. Als rücktreibende Kraft ist nur die zweite Komponente wirksam. Für diese folgt aus Bild 1:

$$F = m \cdot g \cdot \sin \alpha \quad \text{oder} \quad F = m \cdot g \cdot \frac{y}{l}.$$

Betrachtet man Auslenkungen, die klein gegenüber der Länge des Fadenpendels sind, so stimmen die Quotienten $\sin \alpha$ und $\frac{y}{l}$ weitgehend überein. Deshalb gilt für die rücktreibende Kraft $F = \frac{m \cdot g}{l} \cdot y$.

Der Quotient $\frac{m \cdot g}{l}$ ist für jedes Fadenpendel eine „Gerätekonstante".

Sie wird als Direktionsgröße D bezeichnet. $D = \frac{m \cdot g}{l}$ (5)

Damit gilt das Kraftgesetz des Federschwingers auch für das Fadenpendel.

Rücktreibende Kraft beim Fadenpendel $F = D \cdot y$

Beim Federschwinger und beim Fadenpendel ist die rücktreibende Kraft eine lineare Funktion der Auslenkung. Einen solchen Zusammenhang nennt man ein lineares Kraftgesetz. Die in einem solchen Falle auftretende Schwingung heißt **harmonische Schwingung.**

Eine harmonische Schwingung tritt auf, wenn bei einem Schwinger die rücktreibende Kraft der Auslenkung proportional ist.

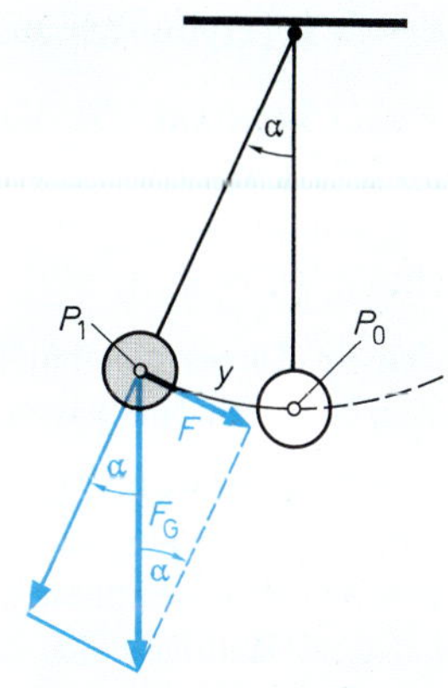

1

Kräftezerlegung am Fadenpendel

Weg-Zeit-Diagramm der harmonischen Schwingung

Um den Zusammenhang zwischen Weg und Zeit bei einer Schwingung zu untersuchen, gehen wir von einem Experiment zur Kreisbewegung aus.

Experiment 1
Ein kleiner, kugelförmiger Körper wird gemäß Bild 2 gleichförmig auf einer Kreisbahn bewegt. Seine Bewegung wird mit parallelem Licht auf einen Schirm projiziert. Über dem Körper läßt man ein Fadenpendel schwingen, so daß beide Bewegungen aufeinander abgestimmt verlaufen. Die Schatten beider Körper bewegen sich in gleicher Weise.

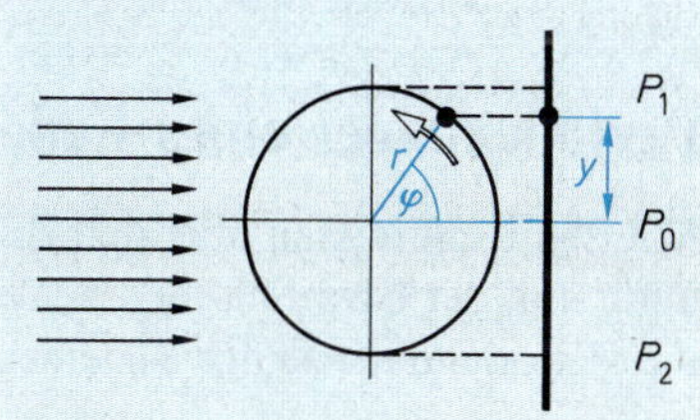

2

Die Kreisbewegung kann man in zwei Bewegungen zerlegen: in eine Bewegung parallel und in eine senkrecht zur Projektionsrichtung. Das gilt auch für die Kräfte, die diesen Bewegungen zugrunde liegen. Wir wollen eine Aussage über die Kraftkomponente F_y erhalten. F_y verläuft in der Bewegungsrichtung des Schattens (Bild 1, S. 84).

Auf den rotierenden, kugelförmigen Körper wirkt die Radialkraft

$$F_r = \frac{m \cdot v^2}{r}.$$

Diese kann in die beiden Komponenten F_x und F_y vektoriell zerlegt werden. Für F_y folgt aus Bild 1: $F_y = F_r \cdot \sin \varphi$ (6)

Daraus folgt mit Gleichung (13) $E_{ges} = \frac{m}{2} \cdot y_{max}^2 \cdot \omega^2$.

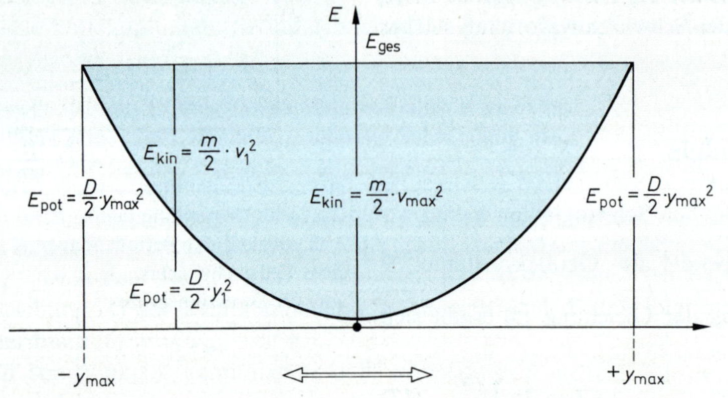

1

Energiebilanz beim harmonischen Schwinger

Aus der Gleichung ist zu erkennen:

Die Gesamtenergie eines harmonischen Schwingers ist der Masse des schwingenden Körpers proportional. Sie nimmt quadratisch mit der Amplitude zu.

Gedämpfte Schwingungen

In vielen Beispielen nimmt die Amplitude der Schwingung nach der einmaligen Anregung ab. Solche Schwingungen nennt man gedämpfte Schwingungen. Die Dämpfung kann unterschiedlich groß sein. Federschwinger und Fadenpendel können mehrere Minuten lang schwingen. In Kraftfahrzeugen werden Schwingungsdämpfer (fälschlicherweise als „Stoßdämpfer“ bezeichnet) eingebaut, damit die störenden Schwingungen schnell abklingen.

Eine Schwingung, deren Amplitude ständig abnimmt, nennt man gedämpfte Schwingung.

Wovon hängt es ab, wie stark eine Schwingung gedämpft ist?

Experiment 2
Aus einer Schraubenfeder und zwei zylinderförmigen Metallkörpern mit Haken wird ein Federschwinger zusammengestellt (Bild 2). Dieser wird zum Schwingen angeregt. Von Periode zu Periode ändert sich seine Amplitude nur ganz geringfügig (Bild 3).

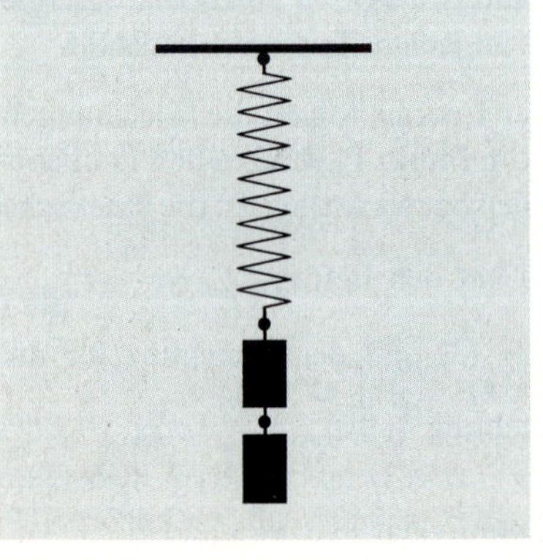

2

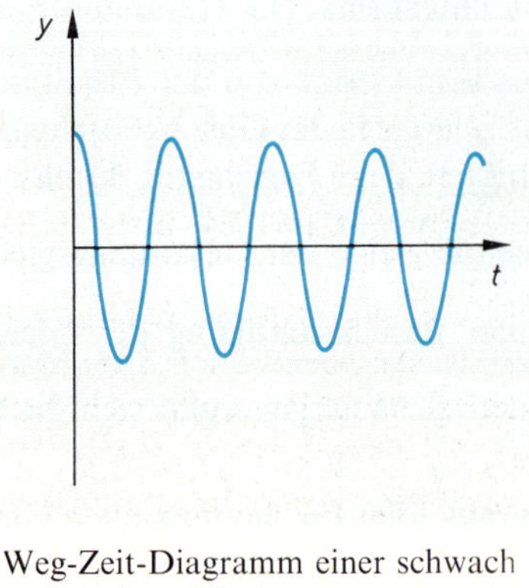

3

Weg-Zeit-Diagramm einer schwach gedämpften Schwingung

Experiment 3
Der eine zylinderförmige Körper wird durch eine Platte mit Haken ersetzt, die die gleiche Masse hat wie der Zylinder (Bild 1). Durch den größeren Reibungswiderstand der Luft nimmt die Dämpfung stark zu (Bild 2).

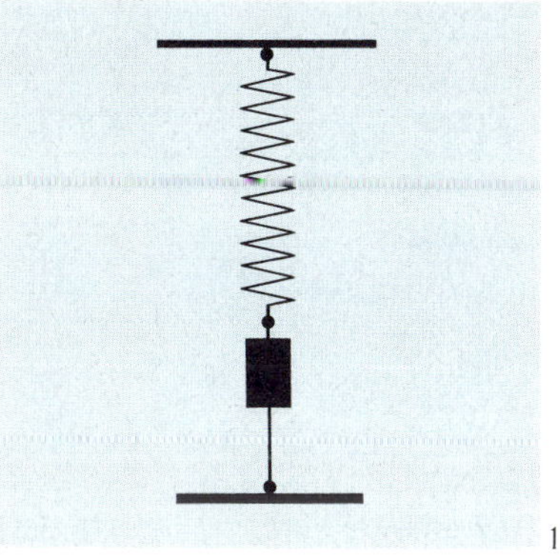
1

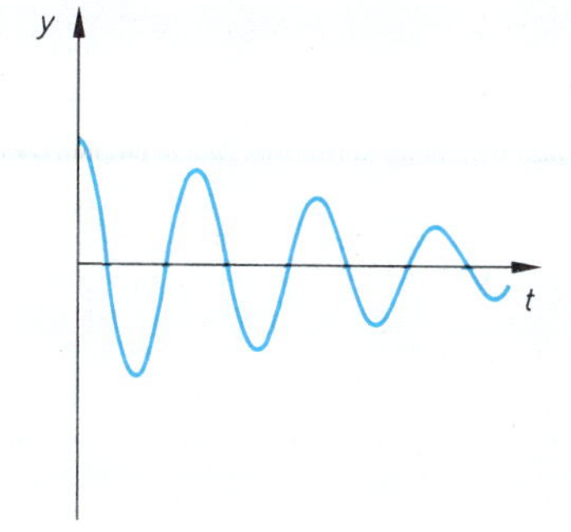

2

Weg-Zeit-Diagramm einer gedämpften Schwingung

Experiment 4
Unter den Schwinger wird ein Becherglas mit Wasser gestellt, so daß die Platte ins Wasser eintaucht (Bild 3). Nach der Auslenkung bewegt sich der Körper langsam in die Gleichgewichtslage zurück (Bild 4).

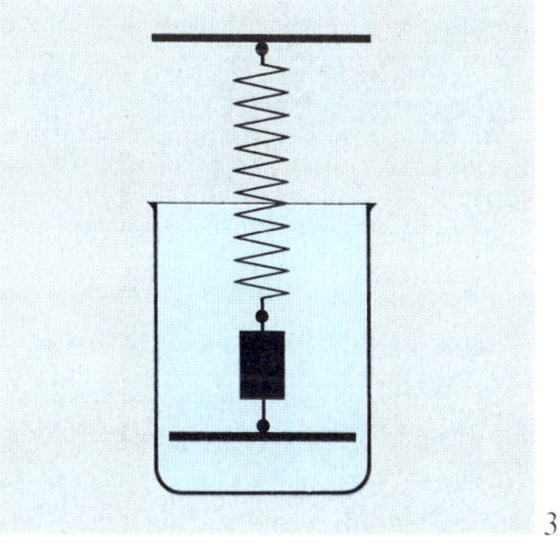
3

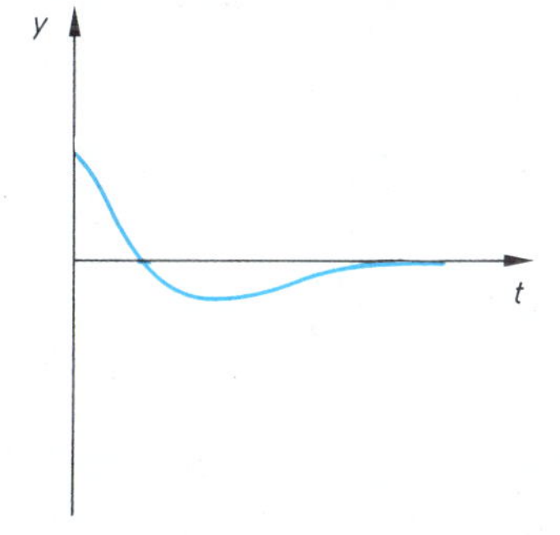

4

Weg-Zeit-Diagramm einer sehr stark gedämpften Schwingung

Die Dämpfung beruht darauf, daß beim Schwingen mechanische Energie in eine andere Energieform umgewandelt wird.

Wenn die Reibungskraft der Geschwindigkeit proportional ist, nimmt die Amplitude exponentiell mit der Zeit ab. Bei sehr starken Dämpfungen kommt keine Schwingung zustande. Der Pendelkörper bewegt sich kriechend in die Gleichgewichtslage zurück. Bei etwas geringerer Dämpfung überschreitet er die Gleichgewichtslage noch geringfügig (Bild 4). Dieser Fall wird z. B. bei Meßinstrumenten angestrebt. Der Zeiger gelangt sehr schnell zur jeweiligen Endlage.

Eigenschwingungen und erzwungene Schwingungen

Eigenschwingungen

Ein Windstoß regt die Äste eines Baumes zum Schwingen an. Sie bewegen sich mehrmals hin und her. Beim nächsten Windstoß wiederholt sich das in gleicher Weise. Nach jedem Anregen schwingen sie immer mit der gleichen Frequenz. Diese Frequenz nennt man ihre **Eigenfrequenz.**
Wie die Äste des Baumes, so haben auch gefederte Fahrzeuge, die Zungen von Harmonikas und die Saiten von Gitarren ihre Eigenfrequenz (Bild 5). Für Federschwinger und Fadenpendel haben Sie bereits Gleichungen

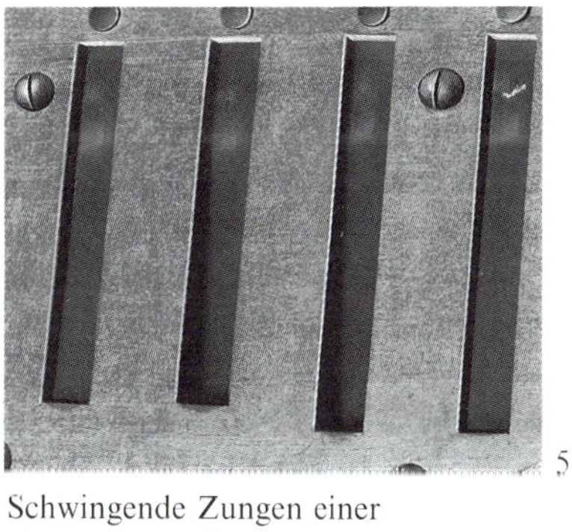
5

Schwingende Zungen einer Mundharmonika

kennengelernt, mit denen man die Periodendauern und damit die Eigenfrequenzen berechnen kann (Gleichungen 11 und 12).

Wird ein schwingungsfähiger Körper durch einmalige Energiezufuhr zum Schwingen angeregt, so führt er eine Eigenschwingung aus. Ihre Frequenz wird als Eigenfrequenz bezeichnet.

Überlagerung von Schwingungen

Fährt ein Fahrzeug auf einer unebenen Straße, so führt jedes Rad Schwingungen aus, die auf die Karosserie übertragen werden. Sie überlagern sich so, daß der Schwerpunkt des Kraftfahrzeuges eine resultierende Schwingung ausführt. Welche Beziehungen bestehen zwischen den Einzelschwingungen und der Gesamtschwingung? Um zu einfachen Ergebnissen zu gelangen, wollen wir uns auf einige Spezialfälle beschränken.

Überlagerung harmonischer Schwingungen

Vergleichen Sie die Weg-Zeit-Diagramme der beiden harmonischen Schwingungen im Bild! Beide haben die gleiche Amplitude und die gleiche Frequenz, und dennoch unterscheiden sie sich! Sie sind gegeneinander verschoben. Die schwingenden Körper haben zu bestimmten Zeitpunkten jeweils einen unterschiedlichen Abstand von der Gleichgewichtslage. Ihr Schwingungszustand ist unterschiedlich. Der Schwingungszustand wird durch die **Phase** beschrieben.
In den Gleichungen für die beiden Schwingungen $y_1 = y_{max} \cdot \sin(\omega \cdot t)$ bzw. $y_2 = y_{max} \cdot \sin(\omega \cdot t + \varphi_0)$ werden die Phasen durch den Winkel φ_0 gekennzeichnet.

Die Phase beschreibt den Zustand der Schwingung zu einer beliebigen Zeit.

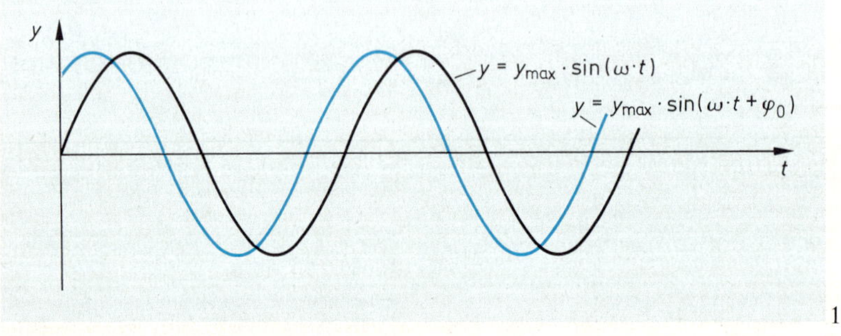

1

Weg-Zeit-Diagramm für zwei Schwingungen, die sich in der Phase unterscheiden

Die beiden im Bild 1 dargestellten Schwingungen haben eine Phasendifferenz von $\Delta\varphi = \varphi_1 - \varphi_2 = \omega \cdot t - (\omega \cdot t + \varphi_0)$. Unterscheiden sich zwei Schwingungen gleicher Amplitude und Frequenz um geradzahlige Vielfache von π, dann fallen ihre Graphen zuammen, und man kann sie nicht mehr voneinander unterscheiden. Deshalb genügt es, mit Phasendifferenzen im Bereich von $0 \leqq \varphi \leqq 2\pi$ zu arbeiten.
Bei der Überlagerung von Schwingungen gleicher Phase ist die resultierende Amplitude gleich der Summe der Amplituden der beiden Schwingungen (Bild 1, S. 89). Beträgt die Phasenverschiebung zwischen den

Schwingungen π, so ist die Amplitude gleich der Differenz der Amplituden der beiden Schwingungen (Bild 2). Sind die Amplituden beider Schwingungen gleich groß, so ist die resultierende Amplitude Null.

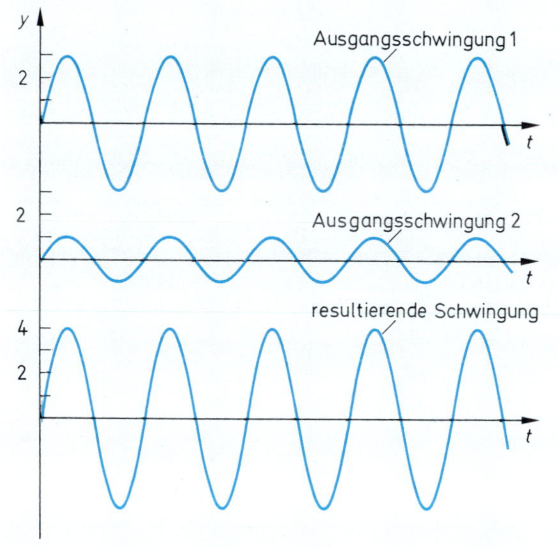

1

Bei der Überlagerung gleichphasiger Schwingungen tritt maximale Verstärkung auf.

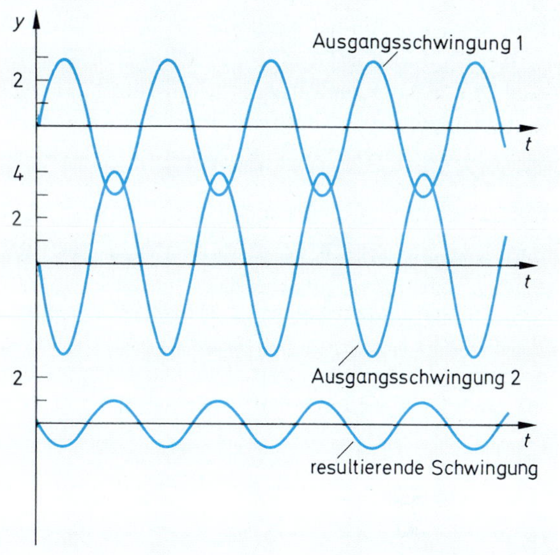

2

Bei der Überlagerung von harmonischen Schwingungen der Phasendifferenz π tritt Abschwächung bzw. Auslöschung auf.

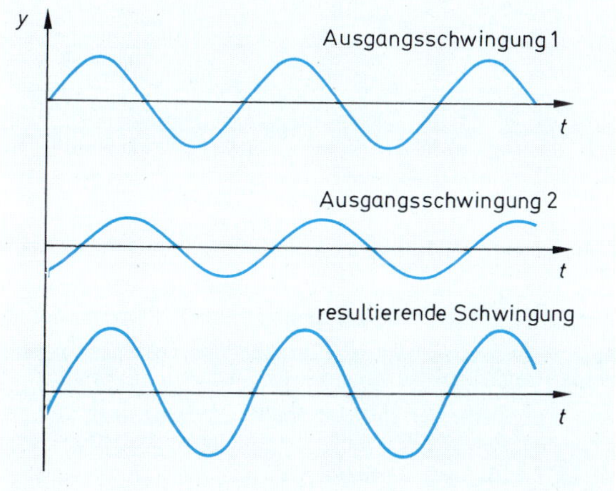

3

Überlagerung von zwei frequenzgleichen Schwingungen mit Phasenverschiebung im Weg-Zeit-Diagramm. Algebraische Addition der Amplituden

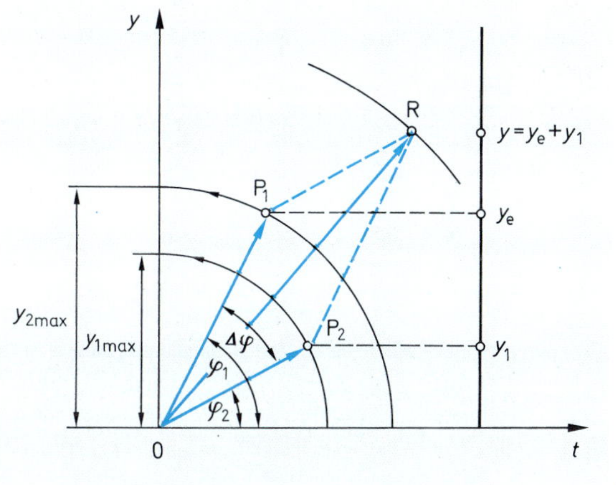

4

Zeigerdiagramm für die Überlagerung zweier harmonischer Schwingungen gleicher Frequenz

Bei der Überlagerung frequenzgleicher harmonischer Schwingungen beliebiger Amplitude und Phasen entsteht immer wieder eine harmonische Schwingung der gleichen Frequenz.

Bei der Überlagerung von zwei oder mehreren frequenzgleichen harmonischen Schwingungen kann man die Ordinaten im Weg-Zeit-Diagramm algebraisch addieren. So erhält man die resultierende Amplitude und die Phasendifferenz gegenüber den Ausgangsschwingungen (Bild 3).

Auf einfachere Weise lassen sich Amplitude und Phase der resultierenden Schwingung unter Verwendung des Zeigerdiagramms ermitteln.
Bild 4, S. 89, zeigt die Zeigerdarstellung für die Schwingungen im Bild 3, S. 89. Die zu den sich überlagernden Schwingungen gehörenden Zeiger schließen den Winkel $\Delta\varphi = \varphi_1 - \varphi_2$ ein. Der Zeiger OP_1, der zur ersten Schwingung im Bild gehört, schließt mit der horizontalen Achse den Winkel $\omega \cdot t$ ein. Der Zeiger OP_2 ist ihm um den Winkel φ voraus. Durch die Ergänzung der Zeiger zum Parallelogramm erhält man den resultierenden Zeiger, dessen Länge die Amplitude kennzeichnet und dessen Winkel zu den anderen Zeigern die Phasen wiedergibt.

Erzwungene Schwingungen und Resonanz

Fährt ein Kraftfahrzeug auf einer welligen Fahrbahn, so gerät es in Schwingungen. Die Frequenz dieser Schwingungen ist nicht gleich der Eigenfrequenzen des Fahrzeuges. Bei einer bestimmten Geschwindigkeit gerät das Fahrzeug in besonders heftige Schwingungen. Wie ist das zu erklären?

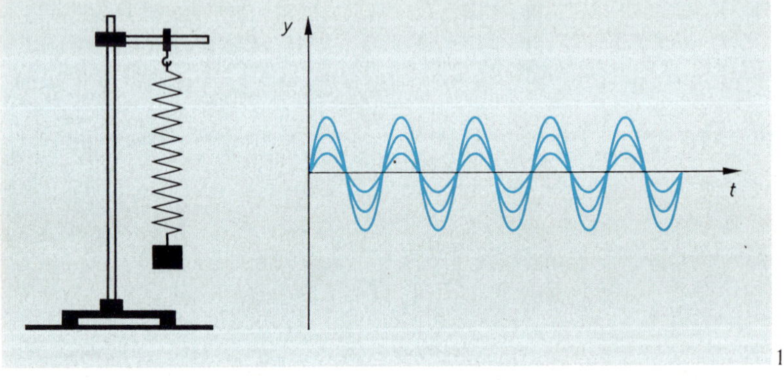

1

Experiment 5
Eine Schraubenfeder, an der ein Wägestück hängt, ist an einem Stativ befestigt (Bild 1). Man dehnt die Feder und läßt sie los. Das Experiment wird mehrfach wiederholt und jeweils die Bewegung des Wägestücks beobachtet.

Der Federschwinger führt in jedem Falle eine Eigenschwingung mit der **Eigenfrequenz** aus.

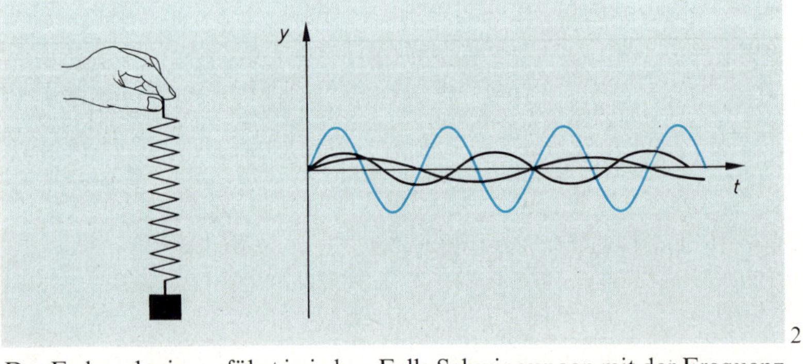

2

Experiment 6
Die Schraubenfeder mit dem Wägestück wird mit der Hand festgehalten. Die Hand bewegt man zunächst sehr langsam und gleichmäßig auf und ab, danach zunehmend schneller (Bild 2).

Der Federschwinger führt in jedem Falle Schwingungen mit der Frequenz aus, mit der man die Hand bewegt. Man nennt diese Frequenz **Erregerfrequenz.**

Bei periodischer Erregung führt jeder Schwinger Schwingungen mit der Erregerfrequenz aus. Man nennt sie erzwungene Schwingungen.

Erzwungene Schwingungen führen z. B. Schiffe bei Wellengang aus.

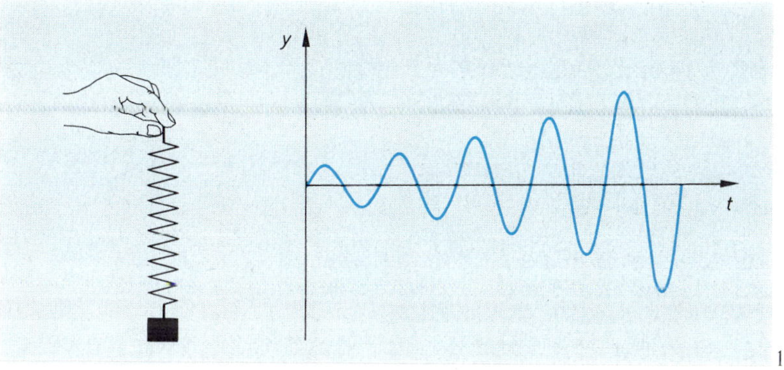

1

Experiment 7
Die Auf- und Abbewegung der Hand im Experiment 6 wird so verändert, daß sie sich immer mehr der Eigenfrequenz des Federschwingers nähert (Bild 1). Die Amplitude der Schwingungen nimmt dabei ständig zu.

Wenn Eigenfrequenz und Erregerfrequenz gleich sind, so treten die größten Amplituden auf. In diesem Falle spricht man von **Resnanz.**

Stimmen bei einem Schwinger Eigenfrequenz und Erregerfrequenz überein, so treten die größten Amplituden auf.
Erreger und Schwinger befinden sich dann in Resonanz.

Phasenbeziehungen bei erzwungenen Schwingungen

Soll die Amplitude im Experiment 7 sehr groß werden, so ist es nicht nur notwendig, daß Erregerfrequenz und Eigenfrequenz übereinstimmen. Die Bewegung der Hand muß auch in bestimmter Weise zeitlich verschoben gegenüber der Bewegung des Körpers am Federschwinger erfolgen. Zur Untersuchung der auftretenden Phasenverschiebung ist die im Bild 2 dargestellte Anordnung geeignet.

Experiment 8
Der Motor wird in sehr langsame Drehbewegung versetzt und die Bewegung des Seilendes (P_1) und des Körper (P_2) beobachtet. Beide Punkte bewegen sich in gleicher Phase. Die Erregerfrequenz wird allmählich bis zur Eigenfrequenz des Schwingers gesteigert.
Zunächst tritt nur eine geringe Phasenverschiebung in der Bewegung der beiden Punkte auf. Die Phase des Punktes P_1 ist der Phase des Punktes P_2 geringfügig voraus. In der Nähe der Resonanz nimmt die Phasenverschiebung schnell zu und erreicht im Resonanzfall $\frac{\pi}{2}$. Die Drehzahl des Motors wird weiter erhöht. Die Phasenverschiebung zwischen Erregerschwingung und erzwungener Schwingung nimmt schnell zu und nähert sich dem Wert π.

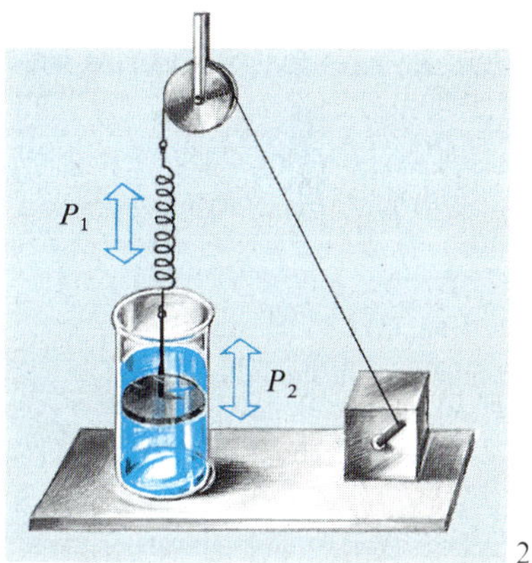

2

Im Bild 3 ist die Phasenverschiebung als Funktion der Erregerfrequenz grafisch dargestellt. Bild 1, S. 92, zeigt den entsprechenden Verlauf der Amplitude.
Bei dem Experiment 8 ist die Dämpfung des Federschwingers gering. Man kann sie auf einfache Weise dadurch erhöhen, daß man eine Pappscheibe an den Körper anbringt. Unter diesen Bedingungen ergeben sich die Kurvenverläufe im Bild 3 und Bild 1, S. 92.
Die grafische Darstellung läßt folgendes erkennen:
Nimmt die Erregerfrequenz zu, so ändert sich die Phasenbeziehung zwischen Erregerfrequenz und Frequenz der erzwungenen Schwingung in der Nähe der Resonanzfrequenz von 0 auf π. Im Resonanzfall beträgt

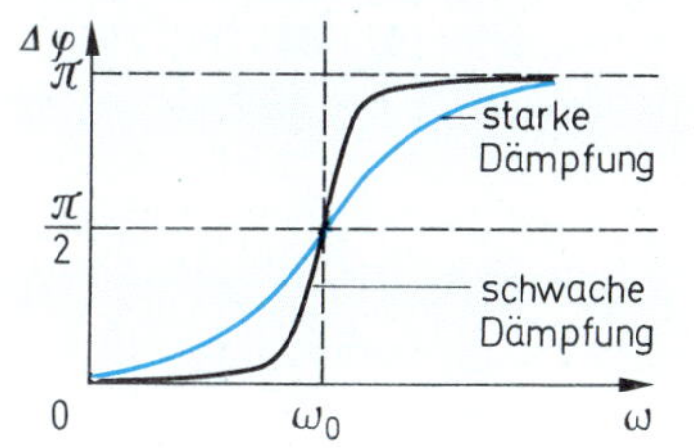

3

Phasenverschiebung als Funktion der Erregerfrequenz

sie $\frac{\pi}{2}$. Bei stärker gedämpften Schwingungen vollzieht sich dieser Übergang langsamer.
Auch die Höhe und die Breite der Resonanzkurve hängen von der Dämpfung ab.

Die größte Amplitude eines schwach gedämpften Schwingers tritt dann auf, wenn die Phase der Erregerschwingung der Phase des Schwingers um $\frac{\pi}{2}$ vorauseilt.

Die Resonanzkurve ist um so schlanker und höher, je geringer die Dämpfung des Schwingers ist.

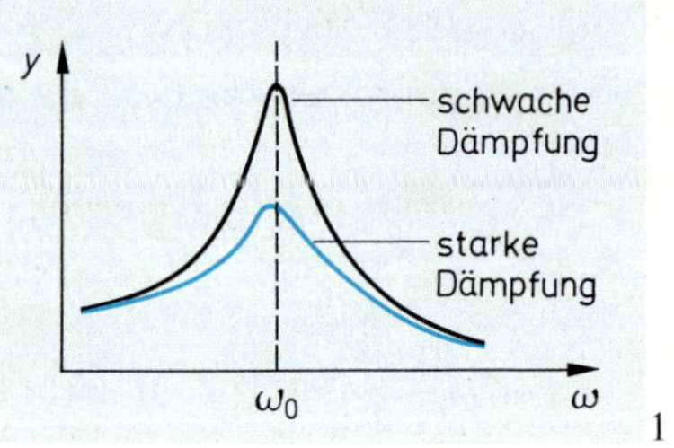

1
Amplitude als Funktion der Erregerfrequenz

Exkurs in die Technik

Klirrende Fensterscheiben. Resonanz tritt im täglichen Leben in vielfältigen Formen auf. Durch den Straßenlärm werden z. B. Fensterscheiben zu erzwungenen Schwingungen erregt. Stimmt ihre Eigenfrequenz mit der Erregerfrequenz überein, so liegt Resonanz vor. Die Scheiben „klirren".
In einem Kraftfahrzeug erregt der Motor die einzelnen Teile zu erzwungenen Schwingungen. Entsprechend seiner jeweiligen Drehzahl ändert sich auch die Erregerfrequenz. Die einzelnen Teile des Kraftfahrzeuges, wie Motorhaube, Schiebedach, Schaltknüppel und Scheiben, können klirren, wenn Motorfrequenz und Eigenfrequenz dieser Teile übereinstimmen.

Das Rollen von Schiffen und der Schlingertank. Ein schwimmendes Schiff ist ein schwingungsfähiges System. Es kann verschiedene Arten von Schwingungen ausführen. Von Bedeutung sind vor allem die Stampf- und die Rollschwingungen. Sie haben einen großen Einfluß auf das Schiff und die Ladung, aber vor allem auf das Wohlbefinden der Passagiere und der Besatzung.
Beim *Stampfen* führt das Schiff Schwingungen um eine horizontale Querachse aus. Vor- und Achterschiff werden dabei periodisch angehoben und abgesenkt. Das *Rollen* ist eine Schwingung eines Schiffes um die Längsachse. Es führt zu einem erheblichen, seitlichen Neigen des Schiffes sowie zum Anheben und Absenken der Steuerbord- und Backbordseite. Diese Schiffsschwingungen werden vor allem durch den Wellengang ausgelöst. Die Wellen regen das Schiff zu erzwungenen Schwingungen an. Das Stampfen tritt besonders dann stark auf, wenn die Wellenfronten von vorn auf das Schiff auftreffen, das Rollen, bei Seegang von der Seite. Das Rollen oder Schlingern kann durch Schlingerkiele, Stabilisierungsflossen oder Schlingertanks gedämpft werden.

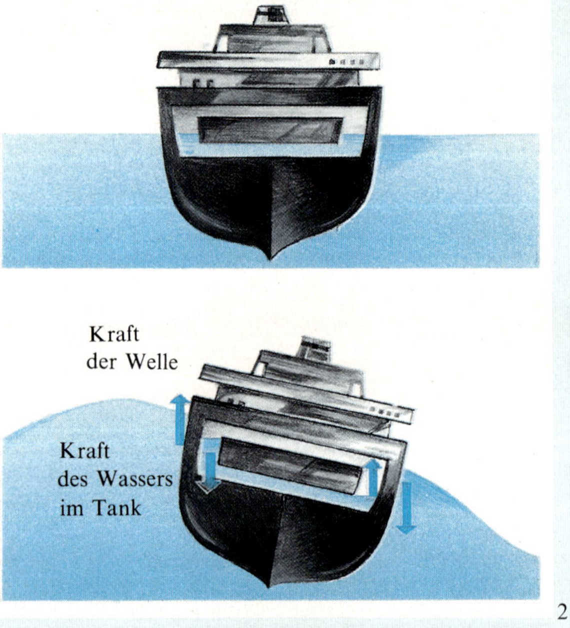

2
Wirkungsweise eines Schlingertanks

Der *Schlingertank* besteht aus gleichartigen Tanks an Backbord und Steuerbord, die durch dicke Rohre miteinander verbunden sind (Bild 2). Abmessungen und Wassermasse sind genau auf die Rollbewegung des Schiffes abgestimmt. Im Resonanzfall erfolgt die Rollbewegung des Schiffes um 90° gegenüber der Phase der Wellen verschoben. Das Wasser in dem Schlingertank schwingt gegenüber dem Schiff wiederum um 90° verzögert. Dadurch schwingt das Wasser im Schlingertank um 180° phasenverschoben gegenüber den Wellen, die das Rollen des Schiffes bewirken. Damit wirkt das Wasser im Schlingertank der Ursache der Schiffsschwingung genau entgegen. Schlingertanks bewirken, daß sich die Rollamplitude auf etwa ein Drittel verkleinern.

Gewußt? Erkannt? Gekonnt?

1. Beschreiben Sie, wie sich Geschwindigkeit und Beschleunigung eines schwingenden Körpers im Laufe einer Periode ändern!
2. Vergleichen Sie die Bilder 1 und 2, S. 89, hinsichtlich Frequenz, Periodendauer, Amplitude und Phase!
3. Eine Drehmaschine, die eine Masse von 2000 kg hat, biegt das Fundament, das auf zwei Trägern ruht, um 0,5 mm durch (Bild 1). Berechnen Sie die Eigenfrequenz und die Direktionsgröße der gesamten Anordnung! Nehmen Sie dabei an, daß das Fundament eine wirksame Masse von 1500 kg besitzt!

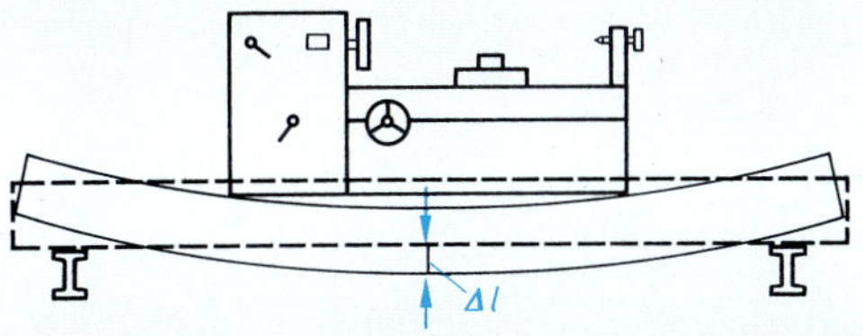

1

4. Beschreiben Sie an je einem Beispiel eine Schwingung aus Natur und Technik! Erklären Sie die Entstehung der Schwingung!
5. Ein Fadenpendel und ein vertikaler Federschwinger schwingen auf der Erde mit einer Frequenz von 1 Hz.
   Wie groß sind ihre Frequenzen auf dem Mond, wenn die Fallbeschleunigung 1/6 der Fallbeschleunigung auf der Erde beträgt?
6. Nennen Sie schwingungsfähige Systeme in Natur und Technik! Kennzeichnen Sie, in welcher Form die rücktreibende Kraft und die träge Masse vorliegen!
7. Die Membran eines Lautsprechers hat eine Masse von 6 g. Ihre Amplitude beträgt 0,1 mm. Welche maximalen Geschwindigkeiten erreicht die Membran bei der Frequenz von 50 Hz und von 5 kHz? Wie groß ist in jedem Falle ihre Schwingungsenergie?
8. Beim Bogenschießen wird die Sehne um maximal 30 cm gespannt. Der Pfeil hat eine Masse von 50 g. Mit welcher Geschwindigkeit verläßt er den Bogen, wenn für das Auslenken der Sehne um 1 cm eine Kraft von 3 N erforderlich ist? (Es wird die Gültigkeit des linearen Kraftgesetzes angenommen. Der Einfluß der Massen von Sehne und Bogen wird vernachlässigt.)
9. Ein Auto besitzt eine Eigenfrequenz von 1,2 Hz. Die Fahrbahn hat in einem Abstand von 15 m tiefe Querfugen. Bei welcher Geschwindigkeit werden die „Stoßdämpfer“ besonders beansprucht?
10. Welche Länge muß ein Fadenpendel haben, damit es mit einer Periodendauer von 1 s schwingt? Wie groß ist die Periodendauer eines Fadenpendels von 1 m Länge? Warum nennt man es „Sekundenpendel“?
11. An einer Schraubenfeder hängt ein Stein der Masse 1 kg. Er bewirkt eine Verlängerung der Feder um 10 cm. Wie groß ist
    a) die Periodendauer des Schwingers und
    b) die Energie des Schwingers, wenn seine Amplitude 20 cm beträgt?
12. Die Wassersäule in einem U-Rohr führt eine harmonische Schwingung aus (Bild 2a). Ein schlanker hoher Körper (z. B. eine Blumenvase, Bild 2b) oder ein Wagen, der einen Berg mit konstantem Anstieg hinab und danach einen gleichen hinauffährt (Bild 2c), führen keine harmonischen Schwingungen aus. Beschreiben Sie die Abweichungen von einer harmonischen Schwingung und begründen Sie diese!

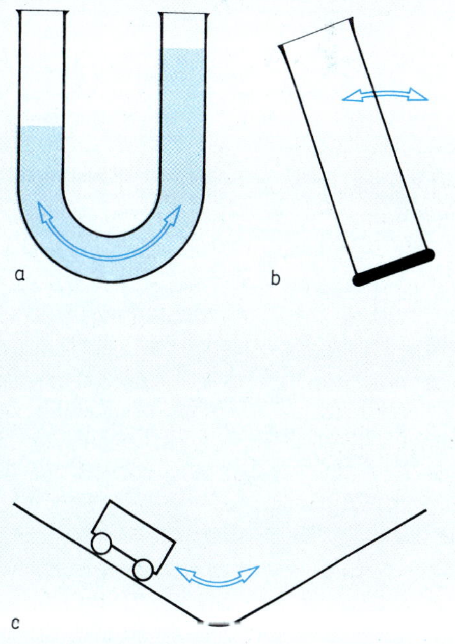

2

Zusammenfassung

Mechanische Schwingung
Eine mechanische Schwingung ist eine zeitlich periodische Bewegung eines Körpers um seine Gleichgewichtslage.

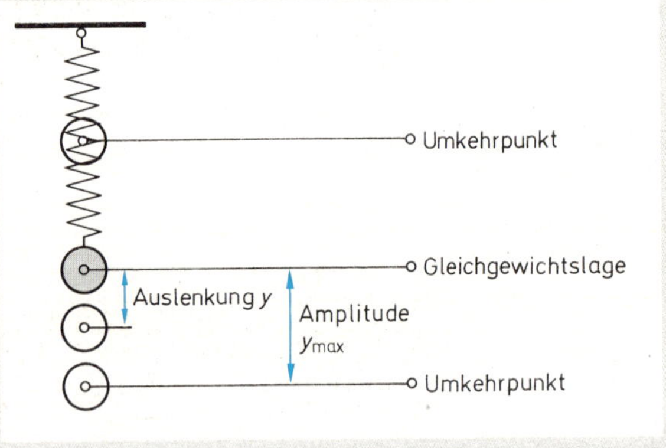

1

Voraussetzungen für das Entstehen einer mechanischen Schwingung sind eine zur Gleichgewichtslage gerichtete rücktreibende Kraft und die Trägheit des schwingenden Körpers.

Harmonische Schwingung
Bei einer harmonischen Schwingung ist die rücktreibende Kraft der Auslenkung aus der Gleichgewichtslage proportional.
$F = D \cdot y$.
Die Direktionsgröße D kennzeichnet z. B. die Härte einer Feder.

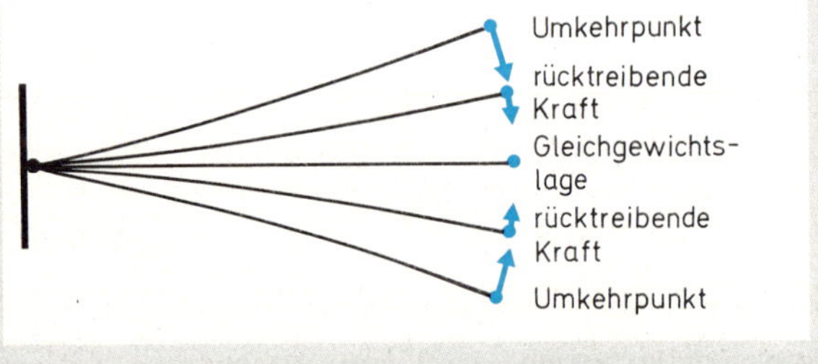

2

Das Weg-Zeit-Diagramm einer harmonischen Schwingung ist eine Sinuskurve.
Das Weg-Zeit-Gesetz lautet
$y = y_{max} \cdot \sin \omega \cdot t$.
Für die Periodendauer gelten die Gleichungen

Federschwinger $T = 2\sqrt{\frac{m}{D}}$

Fadenpendel $T = 2\pi\sqrt{\frac{l}{g}}$

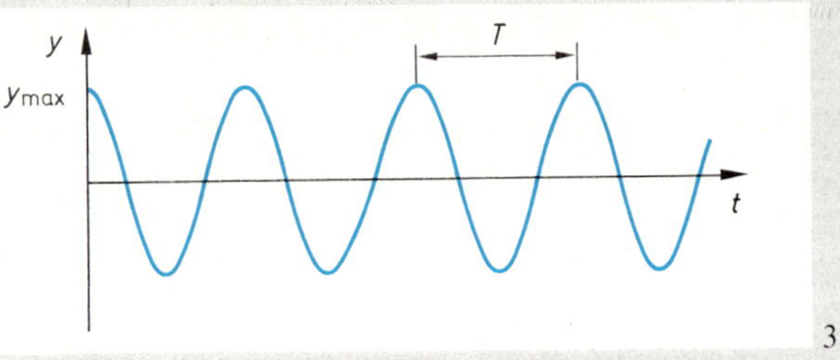

3

Für harmonische Schwingungen gilt der Energieerhaltungssatz in der Form

$$E_{ges} = \frac{m}{2} \cdot y_{max}^2 \cdot \omega^2 \quad \text{bzw.} \quad E_{ges} = \frac{D}{2} \cdot y_{max}^2 .$$

Gedämpfte Schwingung
Wird beim Schwingen die mechanische Energie allmählich in eine andere Energieform umgewandelt, so ist die Schwingung gedämpft.

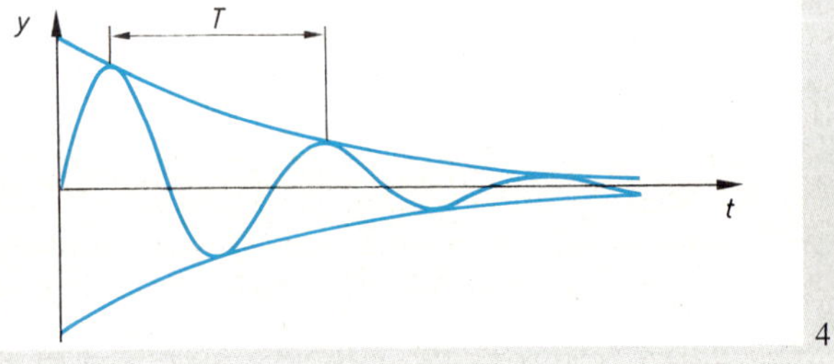

4

Resonanz
Bei periodischer Erregung führt jeder Schwinger Schwingungen mit der Erregerfrequenz aus (erzwungene Schwingungen).
Wenn Eigenfrequenz des Schwingers und Erregerfrequenz übereinstimmen, dann treten die größten Amplituden auf. Erreger und Schwinger befinden sich dann in Resonanz.
Die Resonanzkurve ist umso schlanker und höher, je geringer die Dämpfung des Schwingers ist.

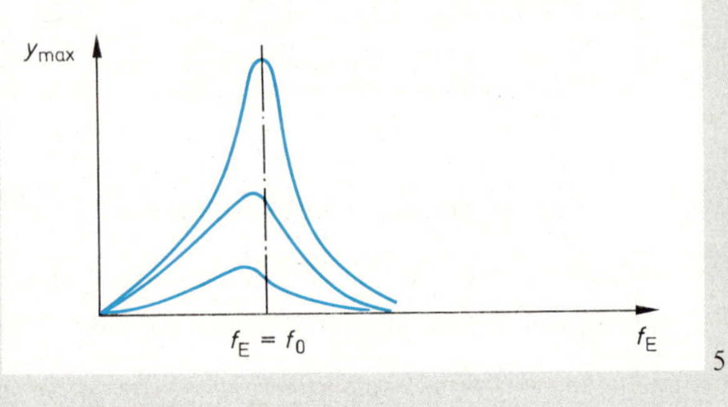

5

10 Mechanische Wellen

Fällt ein Regentropfen in eine Wasserpfütze, so wird die Wasseroberfläche an dieser Stelle zum Schwingen angeregt (Bild 1). Das Wasser bewegt sich jedoch nicht nur an der Auftreffstelle auf und ab. Auch in der Umgebung der Auftreffstelle gerät es in Schwingungen. Dieser Prozeß setzt sich immer weiter fort (Bild 2). Von der Erregungsstelle breitet sich eine kreisförmige Welle aus. Wie kommt diese Erscheinung zustande?

1 Ein Tropfen erregt das Wasser an der Auftreffstelle zum Schwingen.

Entstehung mechanischer Wellen

Zwischen den Teilchen im Wasser wirken Kräfte. Dadurch beeinflußt jedes schwingende Teilchen die benachbarten Teilchen. Wir wollen diesen Prozeß der gegenseitigen Einwirkung in zwei Experimenten untersuchen.

2 Die Schwingung breitet sich als Welle aus.

Experiment 1
Zwei gleichartige vertikale Federschwinger hängen nebeneinander. Sie werden durch einen dünnen Gummifaden miteinander verbunden, man sagt „gekoppelt“ (Bild 3). Einer der Federschwinger wird ausgelenkt und losgelassen. Der zweite Schwinger wird allmählich zum immer stärkeren Mitschwingen erregt. Dabei klingt die Schwingung des ersten Schwingers ab. Nachdem die gesamte Energie auf den zweiten Schwinger übertragen ist und der erste Schwinger ruht, wird wieder der erste Schwinger in Bewegung versetzt usw.

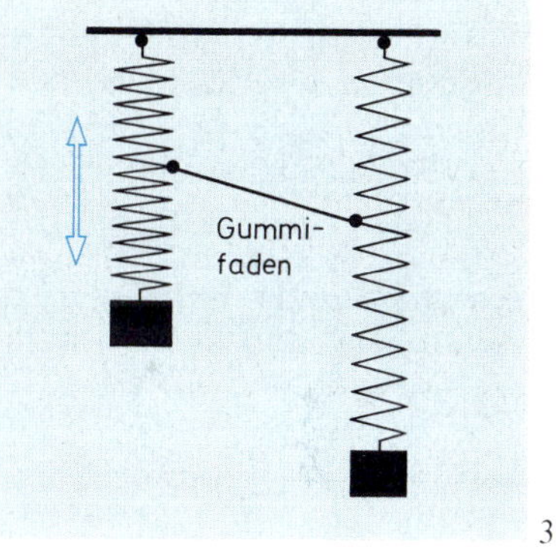

3

Wie vollzieht sich eine solche Schwingungs- und Energieübertragung, wenn mehr als zwei Schwinger miteinander gekoppelt sind?

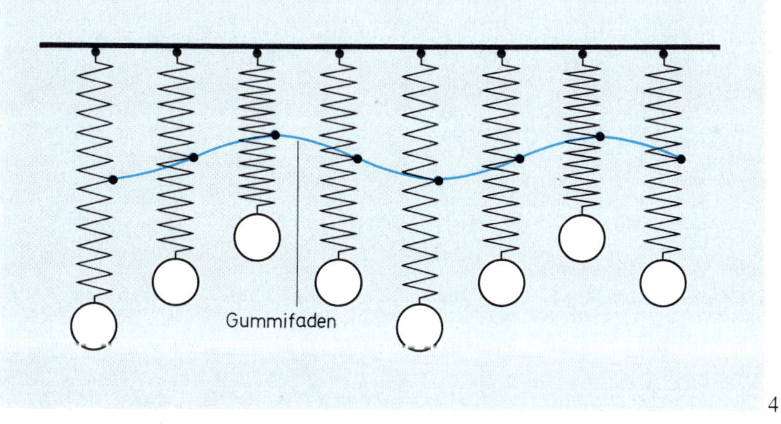

4

Experiment 2
Anstelle der zwei Federschwinger (Bild 3) werden acht gleichartige Federschwinger miteinander gekoppelt (Bild 4). Der erste Schwinger wird angestoßen.

Die Energie des erregten Federschwingers wird nach und nach auf die jeweils benachbarten Schwinger übertragen. Dadurch setzt nacheinander auch deren Schwingung ein. Auf diese Weise breitet sich die Energie des ersten Schwingers aus. Eine solche Ausbreitung einer Schwingung nennt man **Welle**.
Wird der Gummifaden im Bild 4, S. 95, straffer gespannt, so ist die Kopplung stärker, und die Energieübertragung erfolgt schneller. Dadurch wird auch die Ausbreitungsgeschwindigkeit der Welle größer.
Diese Experimente lassen die Bedingungen für das Entstehen einer mechanischen Welle deutlich erkennen:

Voraussetzung für das Entstehen einer mechanischen Welle sind schwingungsfähige Systeme und Kopplungskräfte zwischen ihnen.

Da beim Experiment 2 die Schwinger in einer Reihe angeordnet sind, entsteht eine **eindimensionale Welle**. Solche Wellen entstehen auch, wenn man eine lange, horizontal gespannte Schraubenfeder an einem Ende rasch auf- und abbewegt (Bild 1).

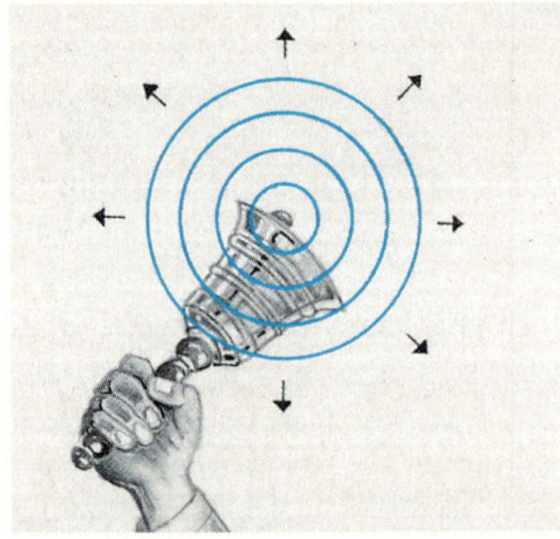

1

Räumliche Ausbreitung von Schallwellen

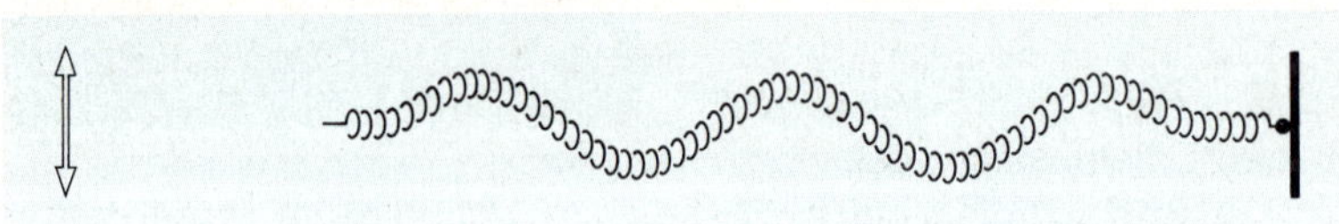

2

Wird eine Wasseroberfläche an einer Stelle zum Schwingen erregt, entstehen kreisförmige Wellen in einer Ebene. Schallwellen breiten sich kugelförmig im Raum aus (Bild 2). Die Luftteilchen werden durch die Glocke zum Schwingen angeregt und übertragen Energie jeweils auf benachbarte Teilchen.
Aus diesen Betrachtungen erkennt man:

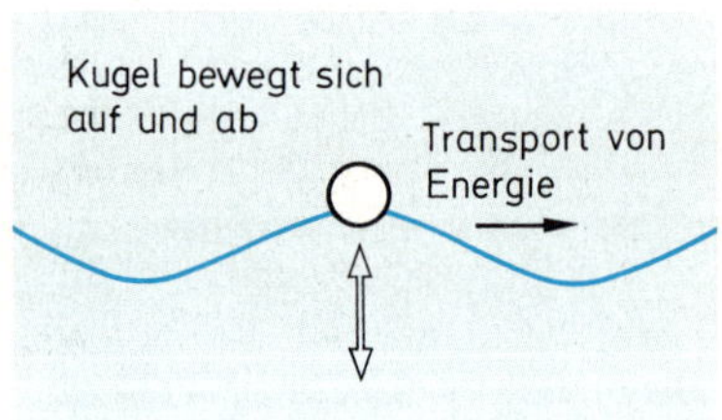

3

Eine mechanische Welle ist die Ausbreitung einer mechanischen Schwingung im Raum. Eine Welle überträgt Energie, jedoch keinen Stoff.

Arten mechanischer Wellen

Querwellen

Im Bild 4, S. 95, bewegen sich die gekoppelten Schwinger quer zur Ausbreitungsrichtung der Welle. Eine solche Welle nennt man **Querwelle** oder **Transversalwelle**.
Transversalwellen treten auch bei einer Fahne auf, die im Wind flattert. Infolge des Strömungswiderstandes wird die Fahne durch den Wind gestrafft. Wirbel regen das Fahnentuch zum Schwingen quer zur Windrichtung an. Die Schwingungen breiten sich längs der Fahne als Welle aus.
Auch die kleinen Wellen auf der Wasserpfütze, die durch Regentropfen ausgelöst werden, sind Querwellen.

Eine Welle, bei der die Teilchen quer zur Ausbreitungsrichtung schwingen, nennt man Querwelle oder Transversalwelle.

Eine Querwelle hat Wellenberge und Wellentäler, die in periodischem Wechsel aufeinander folgen und sich in Ausbreitungsrichtung der Welle bewegen (Bild 1, S. 97).

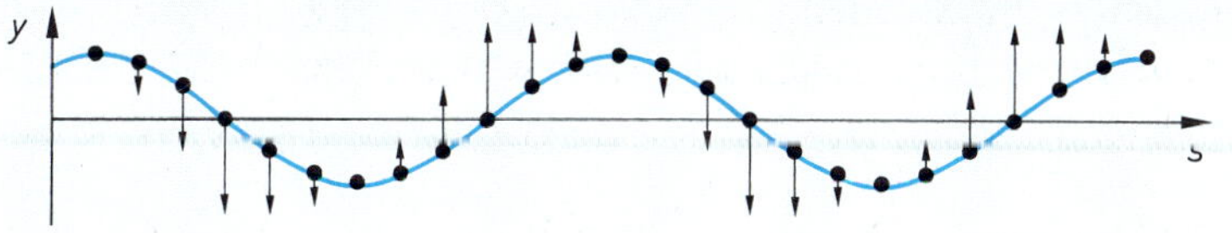

1 Augenblicksbild einer Querwelle. Die Pfeile kennzeichnen die Bewegungsrichtung der Teilchen.

Längswellen

Beim Sprechen und Singen werden die Luftteilchen angestoßen. Welche Vorgänge vollziehen sich dabei?

Experiment 3
Ein langes Glasrohr ist an beiden Enden mit einer dünnen Membran verschlossen. Am hinteren Ende des Rohres berührt der Pendelkörper eines kleinen Fadenpendels die Membran. Gegen die vordere Membran wird leicht geschlagen. Bei jedem Anschlag schwingt das Pendel aus (Bild 2).

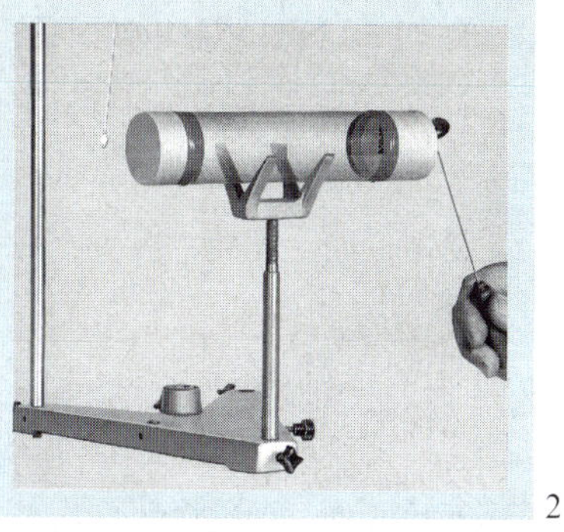

2

Die Schwingungen der angestoßenen Membran werden durch die Luftsäule längs des Rohres übertragen.
Die dabei auftretende Bewegung der Luftteilchen kann man mit dem folgenden Experiment veranschaulichen.

Experiment 4
Auf der Luftkissenbahn wird eine Reihe von Schwebekörpern angeordnet. An jeden Körper werden an beiden Enden keramische Magnete so angebracht, daß zwischen ihnen abstoßende Kräfte auftreten (Bild 3).

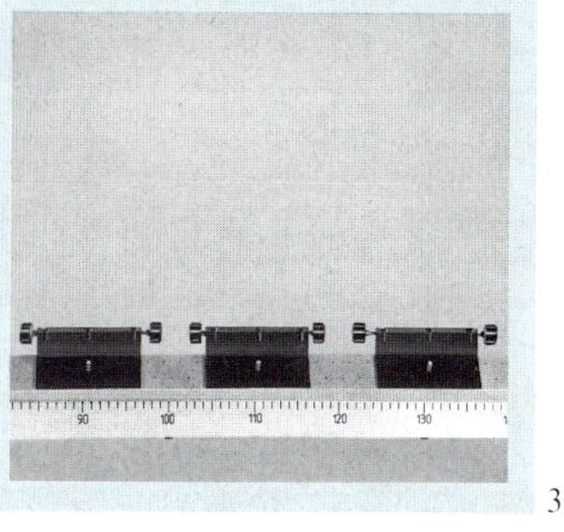

3

Diese Schwebekörper sollen die Luftteilchen darstellen, die von einer Schallwelle getroffen werden. Der erste Schwebekörper wird mit der Hand mehrmals rhythmisch hin- und herbewegt. Seine Schwingung überträgt sich jeweils auf den benachbarten Schwebekörper und breitet sich immer weiter aus.
Eine solche Welle nennt man **Längswelle** oder **Longitudinalwelle**. Längswellen treten auch bei Explosionen, Vulkanausbrüchen und Erdbeben in der Erdkruste auf.

Eine Welle, bei der die Teilchen in der Ausbreitungsrichtung schwingen, nennt man Längs- oder Longitudinalwelle.

Eine Längswelle hat Verdichtungen und Verdünnungen, die im periodischen Wechsel aufeinander folgen und sich in Ausbreitungsrichtung der Welle bewegen (Bild 4).

4 Augenblicksbild einer Längswelle. An den Verdichtungsstellen bewegen sich die Teilchen in Ausbreitungsrichtung der Welle, an den Verdünnungsstellen entgegengesetzt.

Oberflächenwellen

Kleine Wasserwellen sind Transversalwellen. Das Augenblicksbild zeigt einen sinusförmigen Verlauf.
Die Dünungswellen auf dem Meer haben eine andere Form. Sie bestehen aus langgestreckten Wellentälern und schmalen, spitzen Wellenbergen (Bild 1). Wodurch kommt diese Form zustande?
Bei kleinen Wasserwellen, den sogenannten Kräusel- oder Kapillarwellen, wird die rücktreibende Kraft in erster Linie durch die Oberflächenspannung bedingt. Die rücktreibende Kraft wirkt in Richtung der ungestörten und möglichst kleinen Oberfläche. Bei größeren Wellen überwiegt der Einfluß der Schwerkraft des Wassers. Die Wasserteilchen führen dort keine einfache Auf- und Abbewegung, sondern eine Kreisbewegung aus. Die Teilchen des Wellenberges bewegen sich dabei in Ausbreitungsrichtung, die Teilchen des Wellentales in entgegengesetzter Richtung (Bild 2).

1
Dünungswellen auf dem Meer

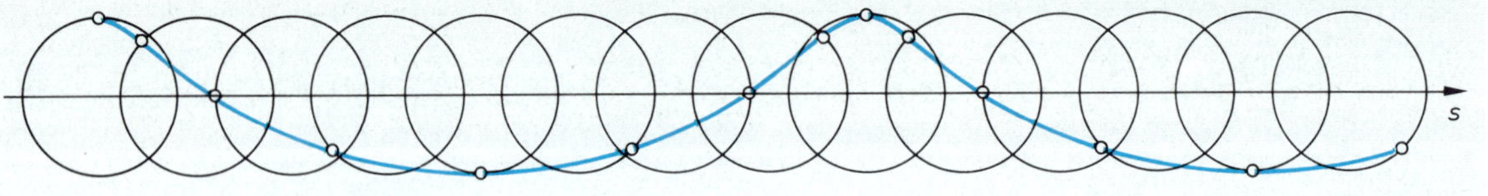

2
Augenblicksbild einer Oberflächenwelle.

Physikalische Größen zur Beschreibung der Wellen

Bei der Beschreibung der mechanischen Wellen können Sie Ihre Kenntnisse von den mechanischen Schwingungen anwenden, denn jedes Teilchen, das von einer Welle erfaßt wird, führt eine Schwingung aus. Zur Kennzeichnung dieser Schwingung werden die Ihnen bekannten physikalischen Größen **Amplitude, Auslenkung** (Elongation), **Periodendauer** und **Frequenz** benutzt.

Die Periodendauer einer Welle ist die Zeit, die jedes einzelne Teilchen für eine vollständige Hin- und Herbewegung benötigt.
Die Frequenz einer Welle ist die Frequenz, mit der jedes Teilchen seine Schwingung ausführt.

Die Bewegung jedes einzelnen Teilchens der Welle kann man grafisch durch ein y-t-Diagramm darstellen (Bild 1a, S. 99).
Wenn Sie eine Wasserwelle sehen, dann fällt Ihnen besonders die typische Wellenform auf. Wenn Sie verschiedene Transversalwellen miteinander vergleichen, so wird deutlich, daß der Abstand zwischen zwei Wellenbergen unterschiedlich groß ist. Diese Besonderheit der Wellen wird durch die physikalische Größe **Wellenlänge λ** beschrieben.

Die Wellenlänge λ ist der Abstand zweier benachbarter Teilchen einer Welle, die in gleicher Phase schwingen.

Das y-s-Diagramm entspricht dem Augenblicksbild einer Welle (Bild 1b, S. 99). Der Graph hat dabei im Prinzip den gleichen Verlauf wie in einem y-t-Diagramm für die Schwingung eines Teilchens (Bild 1a, S. 99).

Trotz des gleichen Verlaufs beziehen sich diese Diagramme auf verschiedene Sachverhalte.
Die Wellenlänge λ ist der Abstand zweier benachbarter Wellenberge (Bild 2). Während sich die Welle um eine Wellenlänge λ ausbreitet, vergeht die Periodendauer T. Deshalb gilt für die Ausbreitungsgeschwindigkeit

$$c = \frac{\Delta s}{\Delta t} \quad \text{bzw.} \quad c = \frac{\lambda}{T}.$$

Unter Berücksichtigung von $f = \frac{1}{T}$ folgt daraus $c = \lambda \cdot f$.

Diese Geschwindigkeit, mit der sich ein bestimmter Schwingungszustand ausbreitet, nennt man die Ausbreitungsgeschwindigkeit einer Welle (Bild 2).

Die Ausbreitungsgeschwindigkeit c einer Welle gibt an, wie schnell sich ein bestimmter Schwingungszustand ausbreitet $c = \lambda \cdot f$

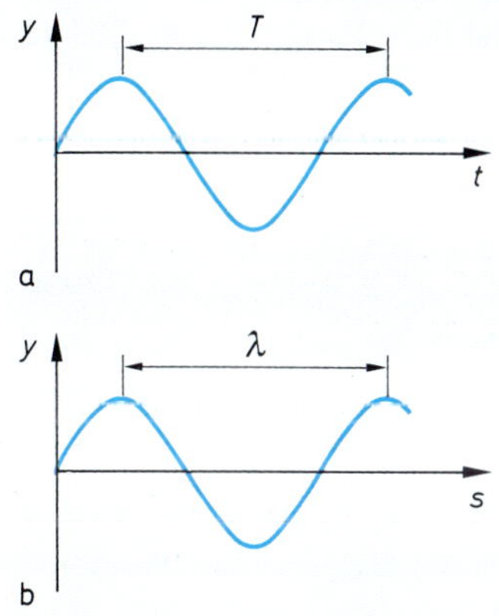

1

Nicht verwechseln! Das y-t-Diagramm eines schwingenden Teilchens (a) als zeitlicher Verlauf und das y-s-Diagramm einer Welle (b) als Augenblicksbild

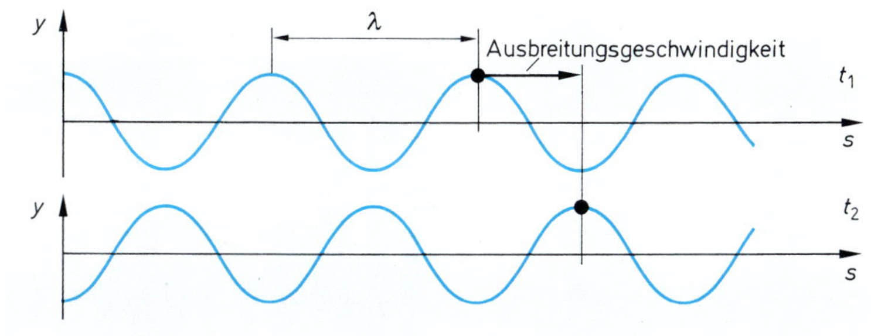

2

Ausbreitungsgeschwindigkeit einer Welle

Ausbreitung mechanischer Wellen

Geradlinige Ausbreitung

Bei hohen Geschwindigkeiten erzeugt ein Motorboot starke Bugwellen. Die geradlinigen Wellenfronten sind im Bild 3 gut zu erkennen. Diese Wellenfronten bewegen sich in der Ausbreitungsrichtung der jeweiligen Welle. Bei gleichbleibender Wassertiefe (Ausbreitungsgeschwindigkeit) breiten sich die Wellen geradlinig und senkrecht zu den Wellenfronten aus. Das gilt auch für Schallwellen. Eulen greifen ihre Beute, obwohl sie diese in der Dunkelheit nicht sehen können. Sie peilen eine piepsende oder raschelnde Maus mit ihren Ohren an. Da sich die Schallwellen geradlinig ausbreiten, können sie die Maus fangen.

Mechanische Wellen breiten sich geradlinig aus.

3

Geradlinige Ausbreitung von Wasserwellen

Reflexion

Fährt ein Schiff in einem Kanal, so treffen seine Bugwellen auf die Uferbefestigungen auf. Dort werden sie reflektiert (Bild 4). Dabei fällt auf, daß der Einfallswinkel gleich dem Reflexionswinkel ist.
Wenn Sie in etwa 100 m Entfernung von einer Häuserfront oder einem Waldrand ein Wort laut rufen, so hören Sie die letzte Silbe des Wortes noch einmal. Die Schallwellen werden reflektiert (Echo).

4

Reflexion von Wasserwellen nach dem Reflexionsgesetz

Experiment 7
An den beiden gegenüberliegenden Enden des Wellenkanals werden Wellen mit gleicher Frequenz erzeugt.

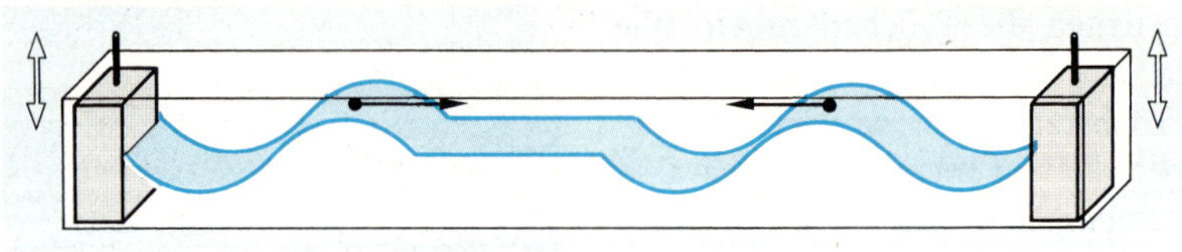

1 Treffen Wellen gleicher Wellenlänge aufeinander, die sich in entgegengesetzter Richtung ausbreiten, so entstehen Schwingungsbäuche und Schwingungsknoten.

Beim Überlagern entstehen Bereiche, in denen sich das Wasser stark auf- und abbewegt und solche, in denen das Wasser weitgehend ruht. Erstere nennt man Schwingungsbäuche, letztere Schwingungsknoten. Wie kommen diese Schwingungsbäuche und Schwingungsknoten zustande?

Bild 2 zeigt den Überlagerungsvorgang in aufeinanderfolgenden Phasen. Er läßt erkennen, daß im Bereich der Schwingungsbäuche zeitlich nacheinander alle Möglichkeiten der Überlagerung zweier Wellen auftreten, von der gegenseitigen Auslöschung $\left(\text{Darstellung } t = 0,\ t = \frac{T}{2},\ t = T \text{ usw.}\right)$ bis zur vollständigen Verstärkung $\left(t = \frac{T}{4},\ t = \frac{3}{4}T \text{ usw.}\right)$.
Im Bereich der Knoten tritt demgegenüber zu jedem Zeitpunkt Auslöschung auf, da die Elongation beider Wellen entweder Null ist $\left(t = \frac{T}{4},\ t = \frac{3}{4}T\right)$ oder die Elongationen gleichen Betrag aber entgegengesetzte Vorzeichen haben.

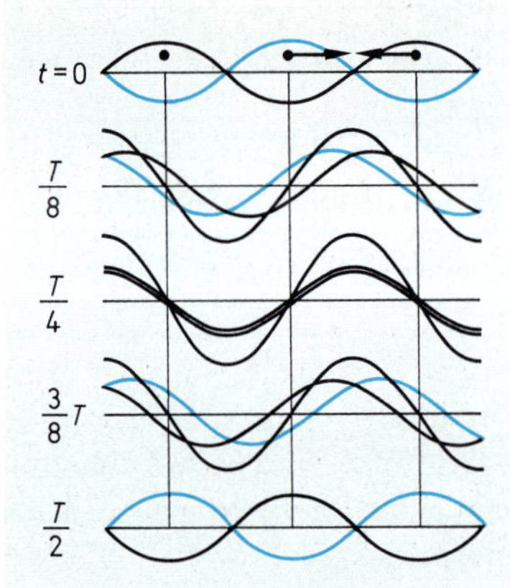

2 Entstehung einer stehenden Welle durch Überlagerung zweier entgegengesetzt verlaufender Wellen

Eine solche Welle, die ortsfeste Schwingungsknoten und -bäuche besitzt, nennt man eine **stehende Welle**.
Der Abstand zweier benachbarten Knoten beträgt eine halbe Wellenlänge. Beiderseits eines Knotens schwingen die Teilchen jeweils in entgegengesetzter Richtung.

Eine stehende Welle tritt auf, wenn zwei Wellen gleicher Amplitude und Wellenlänge aufeinandertreffen, die sich in entgegengesetzter Richtung ausbreiten.
Sie hat ortsfeste Schwingungsknoten und Schwingungsbäuche.
Der Abstand zweier benachbarter Knoten beträgt $\lambda/2$.

Eine stehende Welle läßt sich auch dadurch erzeugen, daß man eine Welle auf ein Hindernis auftreffen läßt. Sie wird reflektiert und läuft der ankommenden Welle entgegen.

Experiment 8
Die Wellenerreger im Wellenkanal werden im gleichen Rhythmus in Schwingungen versetzt. Der bisher verwendete Wellenabsorber am gegenüberliegenden Ende des Kanals, der die Reflexion der Wellen verhinderte, wird herausgenommen. Es treten stehende Wellen auf (Bild 3).

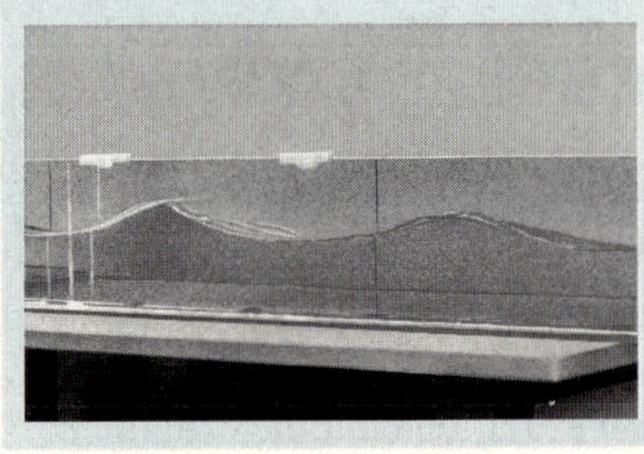

3

Reflexion am festen und am losen Ende

Wenn Sie die stehende Welle im Bild 2, S. 102, mit der im Bild 3, S. 102, vergleichen, fällt auf, daß im ersten Falle am rechten Ende ein Schwingungsbauch, im zweiten Falle ein Schwingungsknoten auftritt. Wie ist das zu erklären? Ein Experiment mit einer Schraubenfeder ermöglicht es, die Bedingungen der Reflexion näher zu untersuchen.

Experiment 9
Eine lange, weiche Schraubenfeder wird horizontal an einem Ende an einem Haken in der Wand befestigt und am anderen Ende mit der Hand gehalten. Sie wird kurzzeitig nach unten ausgelenkt. Das Wellental wandert zum befestigten Ende der Feder, wird reflektiert und wandert als Wellenberg zur Erregerstelle zurück (Bild 1a, b, c). Nun wird das Ende der Feder nicht direkt am Haken, sondern durch Zwischenschalten eines dünnen Fadens befestigt. Das Experiment wird wiederholt. Das Wellental wird als Wellental reflektiert (Bild 1d, e, f).

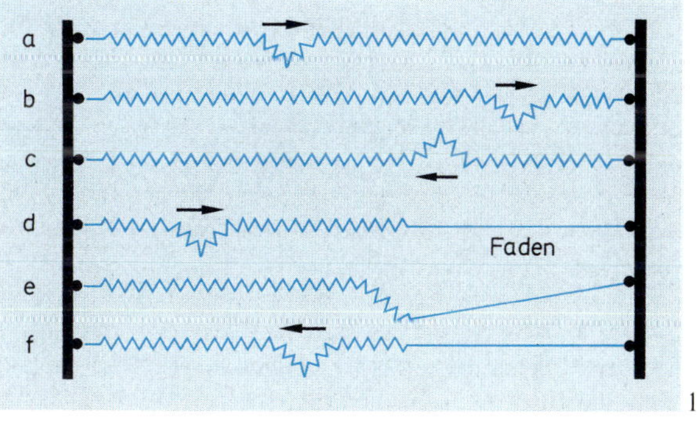

1

Bei der Reflexion von Wellen an einem festen Ende findet ein Phasensprung von $\Delta\varphi = 180°$ statt. Bei der Reflexion an einem losen Ende tritt keine Veränderung der Phase auf.

Wie kann man diese unterschiedliche Reflexion erklären?
Ist das Ende des Körpers, in dem sich die Welle ausbreitet, befestigt, so können die Teilchen in der Nähe dieses Endes nicht ungehindert schwingen. Nähert sich diesem Ende ein Wellental, so tritt infolge der Befestigung eine aufwärts gerichtete Kraft auf. Diese reißt die Teilchen nach oben. Dadurch bewegt sich die Welle so zurück, als wenn das Ende des Körpers kurzzeitig nach oben ausgelenkt worden wäre. Ist dagegen das Ende des Körpers mit einem dünnen Faden befestigt, so können die Teilchen voll ausschwingen. Da sie infolge der geringen Masse des Fadens ihre Schwingungsenergie nicht auf diesen übertragen können, verläuft die Welle in der Weise zurück, als wenn der Körper mit der Hand kurzzeitig nach unten ausgelenkt worden wäre.

Entstehung stehender Wellen durch Reflexion

Welche Form haben die stehenden Wellen bei der Reflexion an einem festen und einem losen Ende?

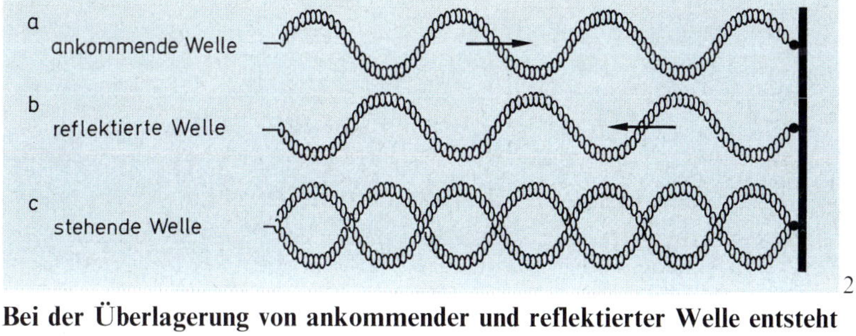

2

Experiment 10
Experiment 9 wird in der Weise wiederholt, daß man das mit der Hand gehaltene Ende der Schraubenfeder rhythmisch auf- und abbewegt (Bild 2a). Die ankommende und die reflektierte Welle überlagern sich. Es entsteht eine stehende Welle (Bild 2b).

Bei der Überlagerung von ankommender und reflektierter Welle entsteht eine stehende Welle.

Experiment 11
Die Hand wird zunächst langsam (Bild 1a), danach schneller (Bild 1b) auf- und abbewegt. Mit größerer Frequenz ist auch die Anzahl der Schwingungsbäuche größer. Am festen Ende tritt jedoch immer ein Schwingungsknoten auf. Das Experiment wird mit losem Ende wiederholt. Bei kleiner Erregerfrequenz treten wenige (Bild 1c), bei größerer mehr Schwingungsbäuche auf (Bild 1d). Am losen Ende entsteht immer ein Schwingungsbauch.

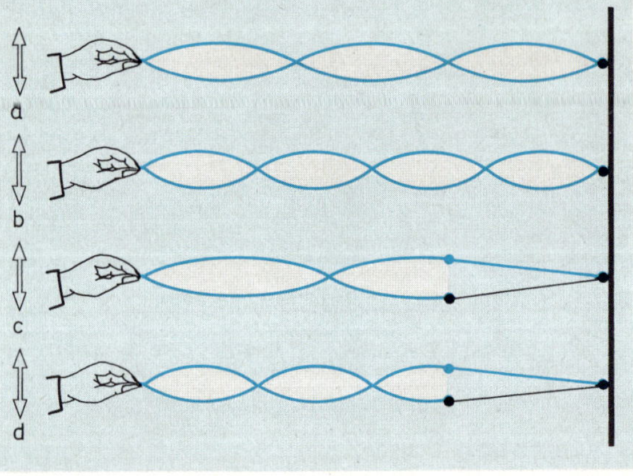

1

Wird eine Welle an einem festen Ende reflektiert, so entsteht bei der Überlagerung von ankommender und reflektierter Welle an dieser Stelle ein Schwingungsknoten. Bei der Reflexion am losen Ende entsteht dort ein Schwingungsbauch.

Überlagerung von Kreiswellen

Unsere Experimente mit dem Wellenkanal und mit langen Schraubenfedern waren sehr gut geeignet, um die Überlagerung von eindimensionalen Wellen zu untersuchen. Wie die Bilder von den Wellen der Wasserpfütze und den Bugwellen zweier Schiffe zeigen, sind die Erscheinungen bei zweidimensionalen Wellen komplizierter. Wir wollen die Vorgänge am Beispiel der Überlagerung zweier Kreiswellen untersuchen. Statt der zufällig auf eine Wasserpfütze auftreffenden Regentropfen verwenden wir als Erreger zwei kleine Schwinger, die etwas in die Wasseroberfläche eintauchen (Bild 2).

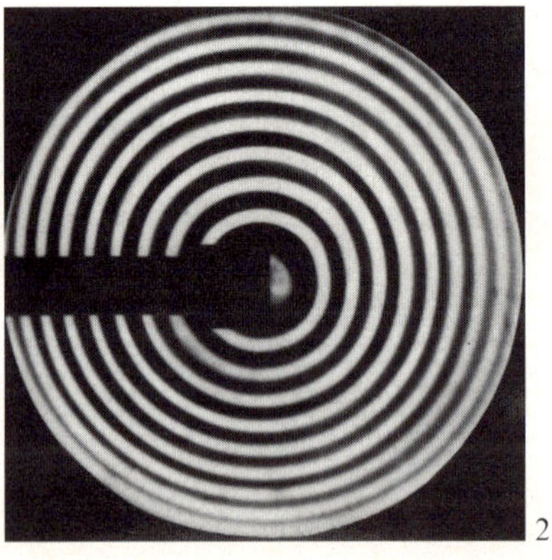
2

Experiment 12
Die Wellenerreger werden in einem Abstand von etwa einem Zentimeter voneinander befestigt und in gleicher Phase zum Schwingen angeregt.

Es treten Gebiete der Verstärkung und Gebiete der Abschwächung auf. Längs einiger Streifen bleibt die Wasseroberfläche fast völlig in Ruhe. Dort treffen jeweils Wellenberge mit Wellentälern zusammen.

Interferenzbild bei der Überlagerung zweier Kreiswellen

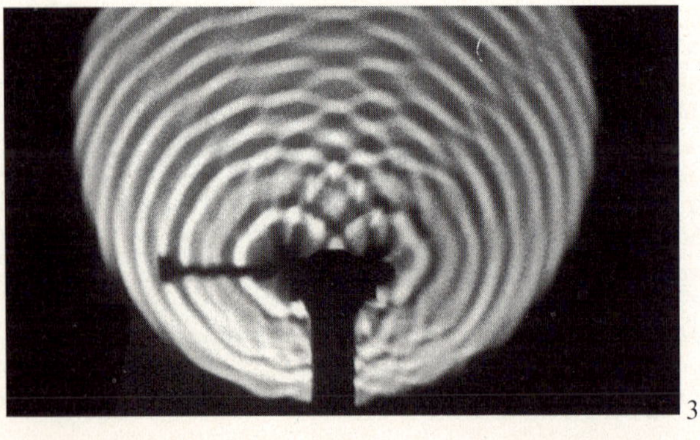
3

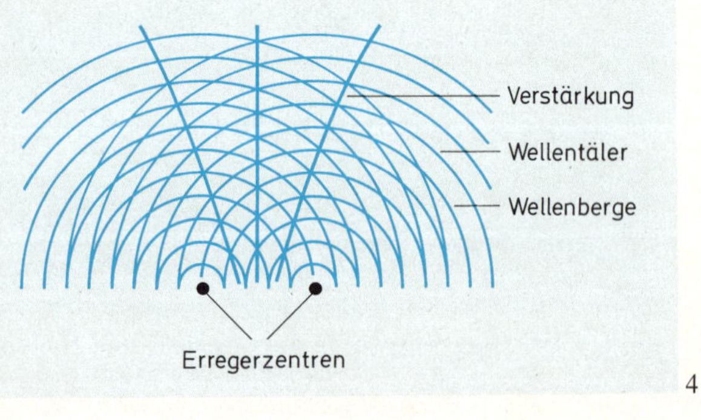

4

Wie kann man berechnen, an welchen Stellen Verstärkung auftritt? Im Bild 1 sei P ein solcher Punkt der Verstärkung. Dort haben die Wellen einen Gangunterschied von $n \cdot \lambda$, wobei $n = 1, 2, 3$ usw. ist.

$$\Delta l = n \cdot \lambda \quad (1)$$

Aus Bild 1 folgt weiterhin, daß

$$\sin \alpha_n = \frac{s_n}{e_n} \quad (2)$$

und

$$\sin \alpha_n = \frac{\Delta l}{b}, \quad (3)$$

wenn P sehr weit von dem Wellenzentrum entfernt ist.

Aus den Gleichungen (2) und (3) ergibt sich $\frac{\Delta l}{b} = \frac{s_n}{e_n}$ und mit (1)

$\frac{s_n}{e_n} = \frac{n \cdot \lambda}{b}$ oder mit Gleichung (3) $\sin \alpha_n = \frac{n \cdot \lambda}{b}$.

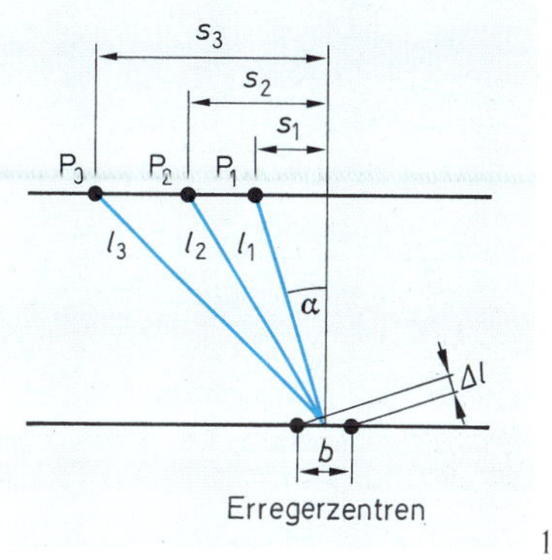

1 Die vom Erregerzentrum ausgehenden Wellen erreichen die Punkte P_n auf den Wegen e_n.

Gleichungen für die Verstärkung bei der Überlagerung zweier Kreiswellen $\frac{s_n}{e_n} = \frac{n \cdot \lambda}{b}$; $\sin \alpha_n = \frac{n \cdot \lambda}{b}$

Gültigkeitsbedingung: große Entfernungen der Punkte P von den Wellenzentren gegenüber dem Abstand der Wellenzentren

- n Anzahl des Bereichs der Verstärkung, gezählt von der Symmetrieachse aus
- λ Wellenlänge
- b Abstand der Wellenzentren
- s_n Abstand des Punktes P von der Symmetrieachse
- e_n Abstand des Punktes P von den Wellenzentren
- α_n Winkel, unter dem man den Punkt P von den Erregerzentren aus gegenüber der Symmetrieachse beobachtet

In entsprechender Weise lassen sich die Gleichungen für die Bereiche der Auslöschung herleiten: $\frac{s_n}{e_n} = \frac{(2n+1)\lambda}{2b}$ und $\sin \alpha_n = \frac{(2n+1)\lambda}{2b}$.

Das Huygenssche Prinzip

Um die Vorgänge bei der Wellenausbreitung erklären zu können, entwickelte der holländische Physiker CHRISTIAN HUYGENS (1629 bis 1695) ein Modell der Wellenausbreitung. Das Wesen dieses Modells zeigen zwei einfache Experimente.

Experiment 13
In einer Wellenwanne werden Wellen mit geradlinigen Wellenfronten erzeugt. Diese treffen auf ein langgestrecktes Hindernis mit einer spaltförmigen Öffnung. Hinter dieser Öffnung bildet sich eine halbkreisförmige Welle aus (Bild 2). Die Öffnung ist der Ausgangspunkt dieser Welle.

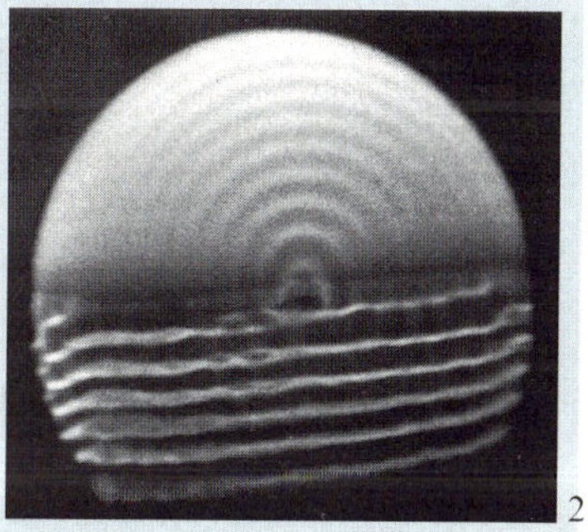

2

Experiment 14
Es werden wieder Wellen mit geradlinigen Wellenfronten erzeugt. Diese treffen auf ein langgestrecktes Hindernis, das in gleichen Abständen kleine Öffnungen besitzt. Aus jeder Öffnung treten halbkreisförmige Wellen aus. Diese überlagern sich so, daß in großer Entfernung vom Hindernis wieder eine geradlinige Wellenfront auftritt (Bild 1).

1

Die beiden Experimente lassen das Wesentliche der Vorstellung von HUYGENS deutlich werden: Jeder beliebige Punkt der Wasseroberfläche, den die Welle erreicht, wird zum Ausgangspunkt einer neuen kleinen kreisförmigen Welle, einer sogenannten **Elementarwelle**. Auf diese Weise werden alle von einer Wellenfront getroffenen Punkte Ausgangspunkte solcher Elementarwellen. Diese Elementarwellen überlagern sich. Dabei löschen sie sich teilweise aus, so daß als Ergebnis eine **Einhüllende** bleibt. Das ist die neue Wellenfront. Diese regt ihrerseits wieder alle getroffenen Teilchen zum Schwingen an usw.

Huygenssches Prinzip: Jeder von einer Welle getroffene Punkt kann als Ausgangspunkt einer neuen Welle, der sogenannten Elementarwelle, betrachtet werden. Diese Elementarwellen überlagern sich.
Die neue Wellenfront entsteht als Einhüllende aller Elementarwellen.

Mit dem Huygensschen Prinzip ist es möglich, die Ergebnisse der Experimente zu erklären. Im Experiment 13 traf die Welle auf das Hindernis. Die Wasserteilchen in der Öffnung wurden dabei zum Schwingen angeregt. Sie waren Ausgangspunkt von Elementarwellen. Das führte zu einer kreisförmigen Einhüllenden. Jeder Punkt der Einhüllenden wurde zum Ausgangspunkt von neuen Elementarwellen, usw. (Bild 2). Deshalb breitete sich, ausgehend von der Öffnung, eine halbkreisförmige Welle aus.
Beim Experiment 14 entstanden in jeder der Öffnungen neue Wellen. In geringer Entfernung von den Öffnungen war noch ihre Halbkreisform zu erkennen. Erst im größeren Abstand vom Hindernis bildete sich eine geradlinige Wellenfront, die Einhüllende.

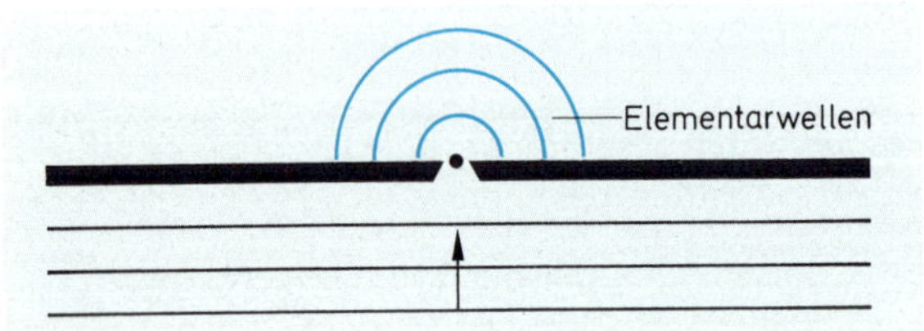

2

Anwendung des Huygensschen Prinzips: Elementarwellen hinter einem Spalt, die zu einer halbkreisförmigen Einhüllenden führen

3

Anwendung des Huygensschen Prinzips: Elementarwellen hinter mehreren Spalten an einem Hindernis. Die einzelnen Elementarwellen führen schließlich zu einer geradlinigen Einhüllenden.

Anwendung des Huygensschen Prinzips bei der Brechung

Mit dem Huygensschen Prinzip ist es möglich, die Brechung von Wellen zu erklären und das Brechungsgesetz herzuleiten. Dazu nimmt man an, daß sich geradlinige Wellenfronten schräg auf eine Linie bewegen, hinter der das Wasser wesentlich flacher ist (Bild 1, S. 107).

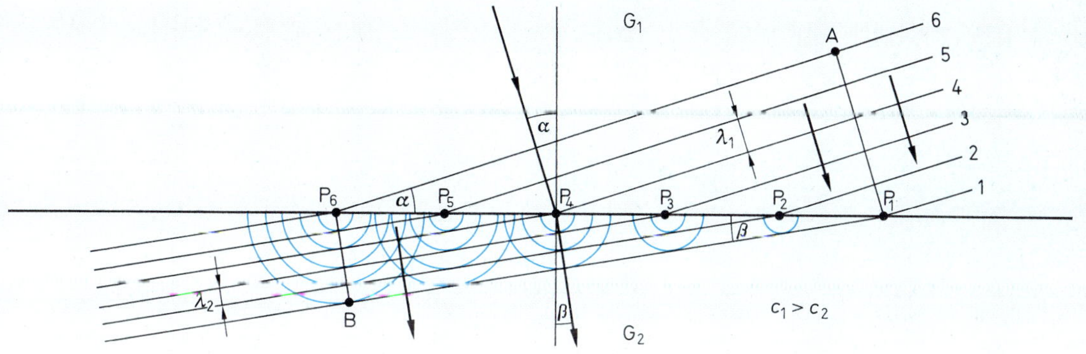

1

Brechung geradliniger Wellen

Im Gebiet G_1 ist das Wasser tiefer als im Gebiet G_2. Deshalb ist die Geschwindigkeit c_1 größer als c_2. Daraus folgt, daß auch die Wellenlänge λ_2 kleiner als λ_1 ist. Der erste Wellenberg hat gerade im Punkt P_1 die Grenzlinie zwischen den beiden Gebieten erreicht. Im Punkt P_2 ist bereits der zweite Wellenberg zur Grenzlinie gelangt. Der erste Wellenberg ist an diesem Punkt früher angekommen. Er hat dort eine Elementarwelle ausgelöst, die bereits mit der Wellenlänge λ_2 in das Gebiet G_2 eingedrungen ist. Im Punkt P_3 ist die halbkreisförmige Welle bereits um $2\lambda_2$ in das Gebiet G_2 vorgerückt usw. Wegen der kleineren Ausbreitungsgeschwindigkeit hat die neue Einhüllende eine andere Richtung als die Wellenfront im Gebiet G_1. Während die Welle in G_1 den Weg $\overline{AP_1}$ zurückgelegt hat, hat sich die Welle in G_2 um den Weg $\overline{P_6B}$ vorwärtsbewegt. Da das in der Zeit Δt erfolgte, gilt für die Ausbreitungsgeschwindigkeiten $c_1 = \dfrac{\overline{AP_1}}{\Delta t}$ und $c_2 = \dfrac{\overline{P_6B}}{\Delta t}$.

Damit ist

$$\frac{c_1}{c_2} = \frac{\overline{AP_1}}{\overline{P_6B}}. \qquad (4)$$

Aus dem Dreieck P_6P_1A folgt: $\overline{P_1A} = \overline{P_1P_6} \cdot \sin\alpha$,
und aus dem Dreieck BP_1P_6 folgt: $\overline{BP_6} = \overline{P_1P_6} \cdot \sin\beta$.
Deshalb folgt aus Gleichung (4) das

Brechungsgesetz

$$\frac{c_1}{c_2} = \frac{\sin\alpha}{\sin\beta}$$

c_1 Ausbreitungsgeschwindigkeit im Gebiet G_1
c_2 Ausbreitungsgeschwindigkeit im Gebiet G_2
α Einfallswinkel
β Brechungswinkel

Doppler-Effekt

Wenn Sie im flachen Wasser einer Meeresküste stehen, dann treffen in gleichmäßiger Folge Wellenberge auf ihren Körper auf (Bild 1a, S. 108). Das geschieht mit der Frequenz der Wellen. Laufen oder schwimmen Sie auf die Wellen zu, dann werden Sie in der gleichen Zeit von einer größeren Anzahl von Wellenbergen getroffen (Bild 1b, S. 108). Die Frequenz nimmt zu. Laufen oder Schwimmen Sie dagegen in Richtung des Strandes, so gelangen in der gleichen Zeit weniger Wellenberge zu Ihnen (Bild 1c, S. 108). Die Frequenz, mit der die Wellenberge auf Ihren Körper auftreffen, nimmt ab.

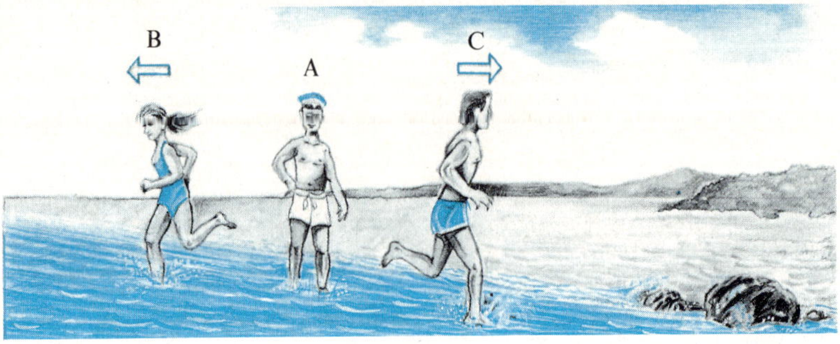

1

Bewegt man sich auf die Wellen zu, so treffen in gleicher Zeit mehr Wellenberge auf den Körper auf, als wenn man sich von ihnen wegbewegt.

Frequenzänderungen solcher Art können Sie täglich im Straßenverkehr einer Großstadt hören. Vergleichen Sie die Tonhöhe, wenn sich ein Auto mit Alarmsignal zunächst auf Sie zu bewegt und nachfolgend von Ihnen weg! Beim Herankommen des Autos nehmen Sie deutlich Töne höherer Frequenz als beim Entfernen wahr. Diesen Effekt nennt man nach CHRISTIAN DOPPLER (1803 bis 1853) den **Doppler-Effekt**.

Bei einer Relativbewegung zwischen Wellenerreger und Beobachter ändert sich die wahrgenommene Frequenz. Sie wird größer, wenn sich der Abstand Quelle-Beobachter verringert, und kleiner, wenn der Abstand zunimmt (Doppler-Effekt).

Dieser Zusammenhang wird durch Bild 2 verdeutlicht. Es zeigt die Ausbreitung einer Wasserwelle bei bewegtem Erreger. Ein Beobachter am Ort P_1 nimmt eine höhere Frequenz wahr als ein Beobachter am Ort P_2.

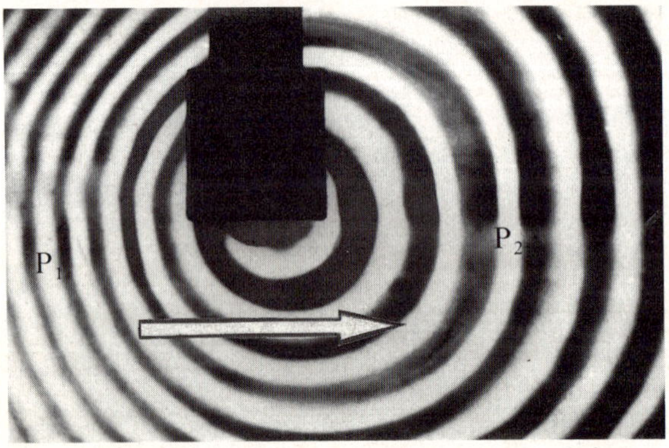

2

Doppler-Effekt an Wasserwellen, die von einem bewegten Erreger erzeugt werden

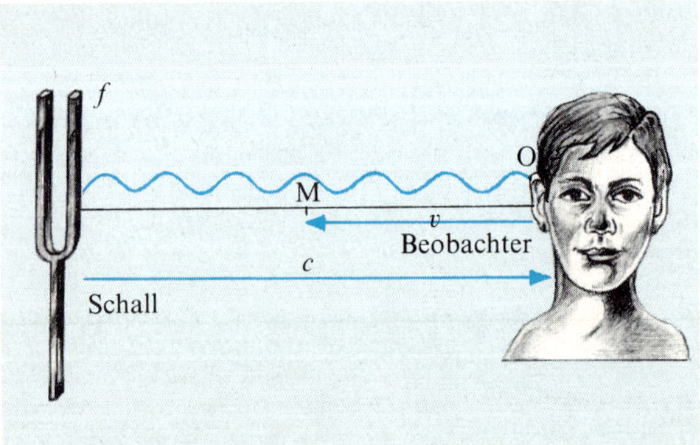

3

Zur Herleitung der Gleichung für den Doppler-Effekt

Welcher Zusammenhang besteht zwischen der Frequenzänderung und der Relativgeschwindigkeit von Erreger und Beobachter? Um eine Gleichung für die Frequenzänderung herzuleiten, gehen wir von der in Bild 3 dargestellten Anordnung aus. Eine Stimmgabel sendet Schallschwingungen konstanter Frequenz f aus. Die Schallgeschwindigkeit wollen wir mit c bezeichnen. Der Beobachter nähert sich nun der Stimmgabel mit der Geschwindigkeit v. Unter dieser Bedingung erreichen ihn in einer Sekunde nicht nur die Anzahl der Verdichtungen, die der Frequenz der Stimmgabel entsprechen (f), sondern auch die Verdichtungen der Schallwelle auf der Strecke $\overline{MO}$ (Δf).

Die Anzahl der wahrgenommenen Verdichtungen beträgt damit $f + \Delta f$. Somit gilt für die wahrgenommene Frequenz $f' = f + \Delta f$. Nun verhält sich aber $\Delta f : f = v : c$. Daraus folgt $\Delta f = f \cdot \frac{v}{c}$. Entfernt sich der Beobachter von der Stimmgabel, so ergibt sich $\Delta f = -f \cdot \frac{v}{c}$. (5)

Diese Gleichungen gelten für ruhende Schallquellen und bewegte Beobachter. Man erhält ein ähnliches Ergebnis, wenn man die Betrachtungen für einen ruhenden Beobachter und eine bewegte Schallquelle durchführt. Ist die Geschwindigkeit v der Schallquelle klein gegenüber der Schallgeschwindigkeit, kann man zur Berechnung der Frequenzänderung die gleiche Gleichung (5) verwenden.
Der Doppler-Effekt tritt aber nicht nur bei Schallwellen, sondern bei allen Arten von Wellen auf. So verändert sich auch die Frequenz des Lichtes, wenn eine Relativbewegung zwischen Lichtquelle und Beobachter vorliegt.

Frequenzänderung von Wellen bei Relativbewegung zwischen Erreger und Beobachter $\Delta f = \pm f \cdot \frac{v}{c}$

Gültigkeitsbedingungen: Bewegung längs der Verbindungsgeraden, ruhende Schallquelle

Vorzeichen „+“ bei Annäherung, „−“ bei Entfernung
f Frequenz
c Ausbreitungsgeschwindigkeit der Welle
v Geschwindigkeit der Relativbewegung

Exkurs in die Technik

Stehende Schallwellen in Orgelpfeifen. Das Auffälligste an einer Orgel sind die Orgelpfeifen. Die langen sind gut sichtbar angeordnet. Von dieser großen Front der Orgelpfeifen können sich die tiefen Töne besonders gut ausbreiten. Die kleinen Pfeifen, die oft nur wenige Zentimeter lang sind, sind im hinteren Teil der Orgel angebracht. In ihnen werden die hohen Töne erzeugt. Da die Schwingungsenergie quadratisch mit der Frequenz zunimmt, sind auch die Töne der versteckten Orgelpfeifen unter sonst gleichen Bedingungen gut zu hören.
Es finden Pfeifen verschiedener Bauart Verwendung, sowohl oben offene als auch geschlossene („gedackte“) Pfeifen. Bei einer Lippenpfeife strömt die Luft von unten ein. Der Luftstrahl, der in der Kernspalte entsteht, erzeugt Wirbel. Diese Wirbel regen die Luftsäule im oberen Teil der Orgelpfeife zum Schwingen mit deren Eigenfrequenz an. Es entsteht eine stehende Welle. In der schmalen, langen Pfeife bildet sich diese Welle nur in der Längsrichtung aus. Sie besitzt am oberen und unteren Ende jeweils einen Schwingungsbauch. Außer der Grundschwingung können noch harmonische Oberschwingungen auftreten. Diese Grund- und Oberschwingungen sind im Zusammenwirken immer wohlklingend.
Orgeln wurden in Form von Wasserorgeln schon um 250 v. Chr. erwähnt. Das Wasser wurde benutzt, um die Luft in die Orgelpfeifen zu drücken.

2

1

Exkurs in die Natur

Brandungswellen. Brandungswellen zeigen eindrucksvoll, daß Wellen keinen Stoff, wohl aber Energie übertragen. In jedem Jahr richten große Brandungswellen als Begleiterscheinung von Wirbelstürmen verheerende Verwüstungen an (Bild 1). Den Energietransport durch Wellen können Sie in einem Wellenbad spüren. Die Energie wird dem Wasser durch eine Wellenmaschine zugeführt, deren Ruder im Wasser Schwingungen ausführen.
Eine interessante Erscheinung ist dabei das Aufsteilen der Wellenfronten. Es tritt sowohl bei Brandungswellen als auch im Wellenbad infolge des allmählich flacher werdenden Wassers auf. Gegenüber der geringen Dünung im tieferen Wasser treten zum seichten Wasser hin allmäglich immer höhere Wellenberge auf. Die Hauptursache dafür ist die Verringerung der Ausbreitungsgeschwindigkeit. Die Bewegung des Wassers wird am Grund abgebremst. Dadurch verkleinert sich die Wellenlänge. Die in der Welle gespeicherte Energie bleibt aber – bis auf die Reibungsverluste am Grund – erhalten. Deshalb vergrößert sich die Amplitude (Bild 2). Die größere Ausbreitungsgeschwindigkeit im oberen Bereich der Wellenberge führt zu einem Überkippen und dem Ausbilden von Schaumkämmen.

Doppler-Effekt in der Astronomie. Bereits seit Jahrtausenden beobachten die Menschen regelmäßig den Himmel, um in die Geheimnisse des Weltalls einzudringen. Dazu schufen sie sich Hilfsmittel. Bild 3 zeigt eine Anordnung von Steinen, mit der man die Bewegung der Gestirne am Himmel verfolgte. Oft waren solche Beobachtungsorte gleichzeitig Kultstätten.
So wie im Altertum war noch bis vor wenigen Jahrzehnten das Licht der Sterne die einzige Informationsquelle. Erst in jüngster Zeit werden die astronomischen Beobachtungen durch Satellitenmessungen ergänzt. Aber auch noch heute gewinnen die Physiker und Astronomen die meisten Meßergebnisse aus den Strahlungen, die vom Weltall zur Erde gelangen. So haben die Menschen gelernt, aus den Spektren der Fixsterne wichtige Informationen über die dort vorkommenden chemischen Elemente und ihre Häufigkeit zu erhalten. Im Weltall kommen die gleichen chemischen Elemente vor wie auf der Erde. Alle Spektrallinien konnten den Stoffen zugeordnet werden, die es auf der Erde gibt.
Dabei fiel jedoch auf, daß bei fernen Gestirnen alle Spektrallinien zum roten Ende des Spektrums hin verschoben sind, verglichen mit dem Spektrum einer irdischen Lichtquelle. Die Vermutung, daß man durch das Licht zu Aussagen über die Bewegung von Himmelskörpern gelangen könne, äußerte als erster CH. DOPPLER, nach dem auch der Effekt benannt ist. Aus der kosmischen Rotverschiebung der Spektrallinien kann man die Geschwindigkeit ermitteln, mit der sich ein Sternensystem von der Erde entfernt. Auf dieser Grundlage hat E. HUBBLE herausgefunden, daß die Rotverschiebung und damit die Fluchtgeschwindigkeit der Gestirne der Entfernung proportional ist.

1

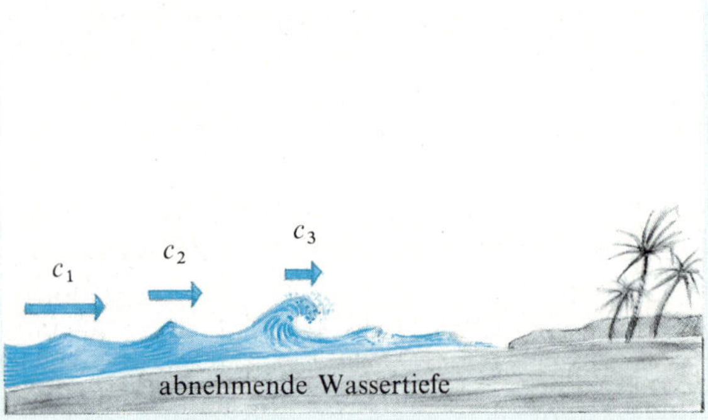

2

3

Gewußt? Erkannt? Gekonnt?

1. Beschreiben Sie die Vorgänge bei der Schwingungs- und der Energieübertragung zwischen zwei gekoppelten Schwingern!
Nutzen Sie dabei Ihre Kenntnisse über die Resonanz!
2. Warum kann sich eine Schallwelle nicht im Vakuum ausbreiten?
3. Erläutern Sie die im Bild 1, S. 99, dargestellten Diagramme hinsichtlich Amplitude, Wellenlänge und Periodendauer!
4. Bestimmen Sie aus den Bildern 1a und b Amplitude, Frequenz, Wellenlänge und Ausbreitungsgeschwindigkeit einer Wasserwelle!

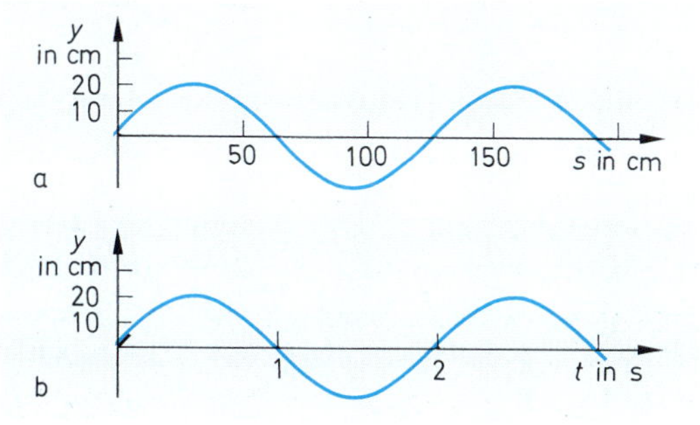

1

5. Eine Sirene sendet einen Ton mit zunächst ansteigender und nachfolgend abnehmender Frequenz aus. Die Schallwellen werden an einer Häuserfront reflektiert. Ein unter der Sirene stehender Beobachter stellt eine zeitliche Verschiebung der Veränderungen um 2,4 s gegenüber dem ausgesandten Signal fest. Wie weit ist die Häuserfront von der Sirene entfernt?
6. Bei der Ausbreitung einer Schallwelle der Frequenz 2 kHz werden die Wellenlängen in Wasserstoff ($\vartheta = 20\ ^\circ\text{C}$), Luft ($\vartheta = 20\ ^\circ\text{C}$) und Mauerwerk gemessen. Sie betragen 0,64 m, 0,17 m und 1,80 m. Wie groß sind die Ausbreitungsgeschwindigkeiten der Schallwelle?
7. Von einem Schiff auf dem offenen Meer wird dicht unter der Wasseroberfläche ein Ultraschallimpuls ausgesandt. Das erste Echo wird nach 1,75 s empfangen. Wie groß ist die Meerestiefe an dieser Stelle, wenn die Schallgeschwindigkeit im Meerwasser $1400\ \text{m} \cdot \text{s}^{-1}$ beträgt?
8. Erläutern Sie die Bedeutung des Ultraschalls in Natur und Technik an je zwei Beispielen!
9. In welchen Situationen kann man die Reflexion und Beugung von Wellen beobachten? Erläutern Sie die Vorgänge! Wie kann man sie mit dem Huygensschen Prinzip erklären?
10. Zeichnen und erläutern Sie das Interferenzbild zweier Kreiswellen gleicher Frequenz! Markieren Sie die Bereiche der Verstärkung und der Auslöschung!
11. Zeichnen Sie das y-t-Diagramm einer Welle!
   a) Erläutern Sie, in welcher Form physikalische Größen zur Kennzeichnung der Welle in diesem Diagramm auftreten!
   b) Zeichnen Sie in einem y-s-Diagramm je zwei gegeneinander phasenverschobene Wellen und skizzieren Sie die bei der Überlagerung entstehende resultierende Welle!
12. In einem kleinen Raum (z. B. einem Badezimmer) klingt Ihre Stimme beim Singen viel voller! Erklären Sie diese Erscheinung!
13. Eine oben offene Orgelpfeife sendet den Kammerton a (440 Hz) aus.
Wie lang ist die Luftsäule?
Wie lang müssen Orgelpfeifen sein, damit sie das zwei Oktaven tieferliegende a (110 Hz) und die von der Netzwechselspannung bekannten Brummtöne (50 Hz und 100 Hz) aussenden?
Welche Töne senden die drei Orgelpfeifen aus, wenn sie oben geschlossen sind?
14. Der Mensch kann Frequenzen von etwa 20 Hz bis 16 kHz hören. Welchen Wellenlängen entspricht das in Luft ($c = 330\ \text{m} \cdot \text{s}^{-1}$)?
15. Der Mensch kann Licht der Wellenlängen 390 nm bis 770 nm in Luft sehen.
Welchem Frequenzbereich entspricht das?
16. Beim Motorradrennen erreichen die Motoren Drehzahlen von 18000 Umdrehungen je Minute. Mit welchen Frequenzen hören Sie die Motoren, wenn die Motorräder auf der Geraden mit $250\ \text{km} \cdot \text{h}^{-1}$ auf Sie zukommen bzw. von Ihnen wegfahren?
17. In welchen Zusammenhängen haben sie den Doppler-Effekt beobachtet?
18. Was nimmt ein Beobachter wahr, wenn er sich mit Schallgeschwindigkeit auf eine Schallquelle zu bzw. von ihr weg bewegt?
19. Die Vakuumwellenlänge von gelbem Natriumlicht (Linie D1) beträgt 588,996 nm. Das von einem Fixstern ausgehende Natriumlicht erreicht die Erde mit einer Vakuumwellenlänge von 589,042 nm.
Mit welcher Relativgeschwindigkeit bewegt sich dieser gegenüber der Erde, wenn angenommen wird, daß die Rotverschiebung allein durch die Bewegung verursacht wird?

Zusammenfassung

Mechanische Wellen

Entstehung und Ausbreitung

Eine mechanische Welle ist die Ausbreitung einer mechanischen Schwingung im Raum. Die Welle überträgt Energie, jedoch keinen Stoff.

Voraussetzung für das Entstehen einer mechanischen Welle sind schwingungsfähige Systeme und Kopplungskräfte zwischen ihnen.

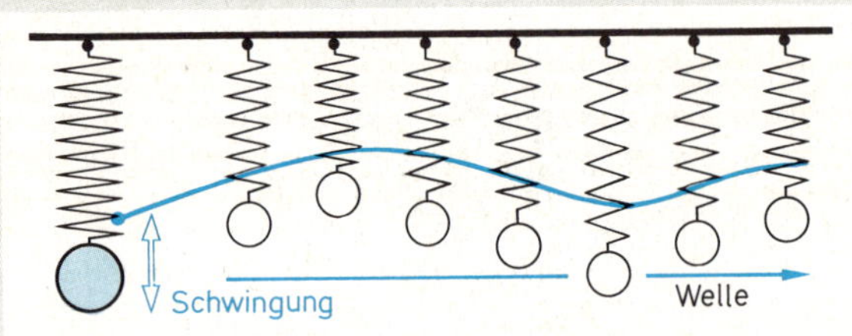

1

Bei Transversalwellen bewegen sich die Teilchen quer zur Ausbreitungsrichtung, bei Longitudinalwellen in Ausbreitungsrichtung.

Mechanische Wellen breiten sich geradlinig aus.

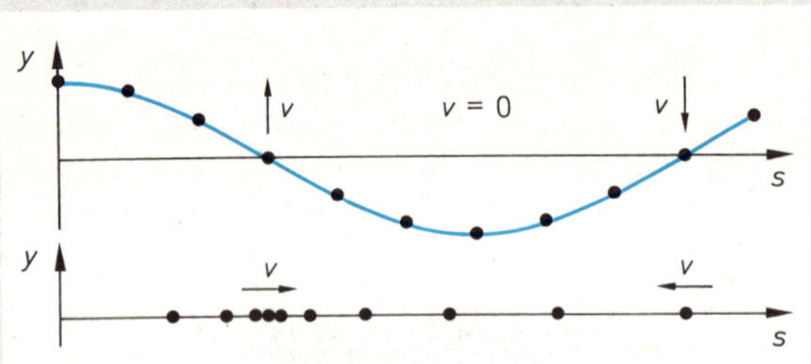

2

Reflexion, Brechung, Beugung, Interferenz

Bei Reflexion gilt das Reflexionsgesetz.

Bei Brechung gilt das Brechungsgesetz.

An einem Spalt oder Hindernis tritt Beugung auf.

Bei Überlagerung zweier Wellen tritt Interferenz auf.

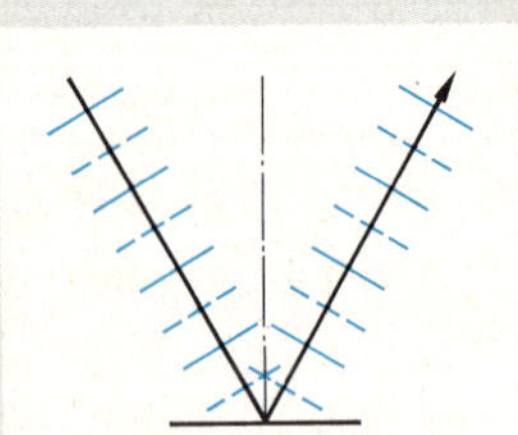
3

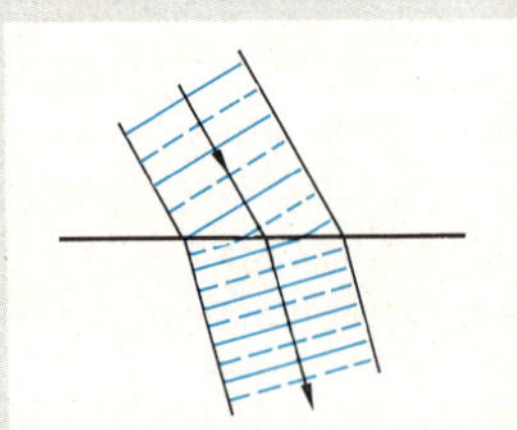
4

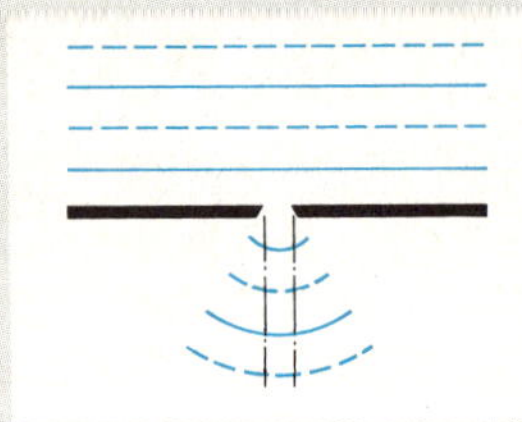
5

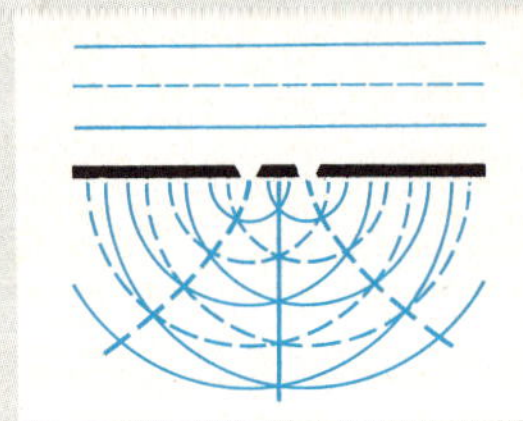
6

Beugung und Interferenz sind wellentypische Erscheinungen.

Bei der Reflexion von Wellen an einem festen Ende findet ein Phasensprung von $\Delta\varphi = 180^\circ$ statt.

Bei der Reflexion an einem losen Ende tritt keine Veränderung der Phase auf.

Bei der Überlagerung zweier Kreiswellen gilt für die Stellen der Verstärkung $\sin \alpha_n = \frac{n \cdot \lambda}{b}$.

Stehende Wellen

Treffen zwei Wellen gleicher Amplitude und Wellenlänge in entgegengesetzter Richtung aufeinander, so entsteht eine stehende Welle. Sie besteht aus ortsfesten Schwingungsknoten und Schwingungsbäuchen.

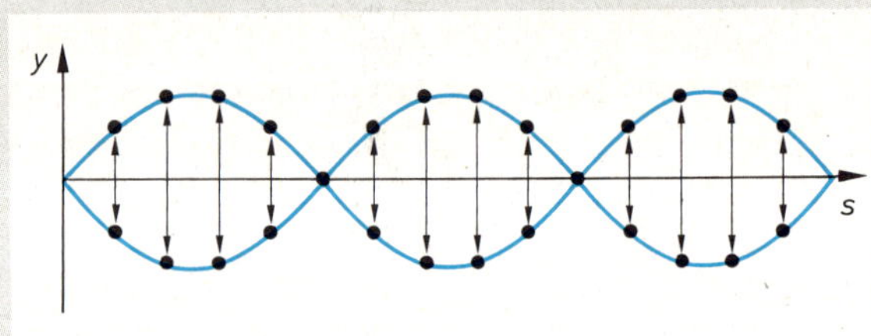

7

Huygenssches Prinzip

Jeder von einer Welle getroffene Punkt kann als Ausgangspunkt einer Elementarwelle betrachtet werden. Die Elementarwellen überlagern sich. Die neue Wellenfront entsteht als Einhüllende aller Elementarwellen.

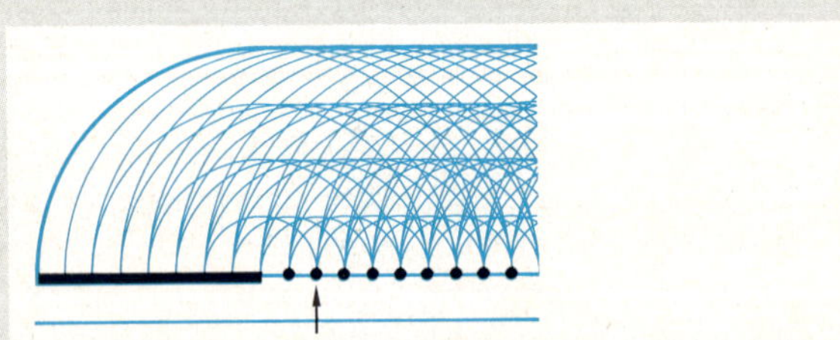
8

Doppler-Effekt

Nähern sich Wellenerreger und Beobachter, so nimmt die wahrgenommene Frequenz zu, entfernen sie sich voneinander, nimmt sie ab.

Bereits 600 v. Chr. beobachtete man, daß geriebener Bernstein leichte Körper anzieht. Von dem griechischen Wort für Bernstein (elektron) rührt der Name „Elektrizität" her. Erste wissenschaftliche Untersuchungen zur Elektrizität führte William Gilbert um 1600 durch. Eine zielgerichtete Erforschung der „Reibungselektrizität" erfolgte jedoch erst im 18. Jahrhundert. Die Grundlagen für eine technische Nutzung der Elektrizität wurden 1820 von Hans Christian Oerstedt und Andre-Marie Ampere durch ihre Untersuchungen zum Elektromagnetismus sowie 1831 von Michael Faraday durch die Entdeckung der elektromagnetischen Induktion geschaffen.

Aufbauend auf die von Faraday geschaffenen Vorstellungen über elektrische und magnetische Felder schuf 1861 bis 1864 James Clerk Maxwell eine einheitliche Theorie des Elektromagnetismus. 1866 konstruierte Werner von Siemens die erste Dynamomaschine, und 1879 entwickelte Thomas Alva Edison die erste gebrauchsfähige Glühlampe. Um die Nutzung vieler Glühlampen zu ermöglichen, wurde von Edison 1882 in New York das erste öffentliche Elektrizitätswerk in Betrieb genommen (Bild). Danach wurden in allen technisch hochentwickelten Ländern Forschungen und Entwicklungen zur Erzeugung, Übertragung und Nutzung der Elektrizität betrieben. Ihre Ergebnisse fanden in wenigen Jahren Eingang in Technik, Produktion und Haushalt.

Jahrzehnten ist es immer wirksamer gelungen, andere Energieformen in elektrische Energie umzuwandeln, elektrische Energie verlustarm zu übertragen und mit hohem Wirkungsgrad zu nutzen.

Elektrizitäts/lehre

1 Das elektrostatische Feld

Kräfte zwischen geladenen Körpern

Wenn Sie bei trockener Luft Ihren Pulli aus synthetischem Gewebe ausziehen, kann es passieren, daß Ihnen dabei die Haare zu Berge stehen. Überstreichen Sie eine dünne Folie aus Kunststoff, die auf einer elektrisch isolierenden Unterlage liegt, mehrfach mit einer Kleiderbürste, so haftet die Folie auf der Unterlage. Wenn Sie die Folie hochheben und die andere, flache Hand der Folie nähern, dann wird die Folie von Ihrer Hand angezogen (Bild 1). Dabei können sogar Funken überspringen. Man hört sie knistern, fühlt sie und kann sie im Dunkeln sehen.

Das sind elektrische Erscheinungen. Sie werden durch elektrische Ladungen verursacht. Sie wissen schon vieles über elektrische Ladungen und elektrisch geladene Körper:

- Es gibt positive und negative elektrische Ladungen. Elektronen und Protonen tragen die kleinste elektrische Ladung (Bild 2).
- Körper mit Elektronenüberschuß sind negativ, Körper mit Elektronenmangel positiv geladen (Bild 3).
- Ladungstrennung kann erfolgen, wenn Körper in enge Berührung gebracht werden.
- Körper mit gleichnamigen elektrischen Ladungen stoßen einander ab, Körper mit ungleichnamigen elektrischen Ladungen ziehen einander an (Bild 5).
- Der Überschuß oder Mangel an Elektronen kann mit dem Elektroskop nachgewiesen werden.
- In der Umgebung eines elektrisch geladenen Körpers besteht ein elektrisches Feld. Dieser Raum weist besondere Eigenschaften auf (Bild 4).
- Auf elektrisch geladene Körper wirken im elektrischen Feld Kräfte (Bild 6).

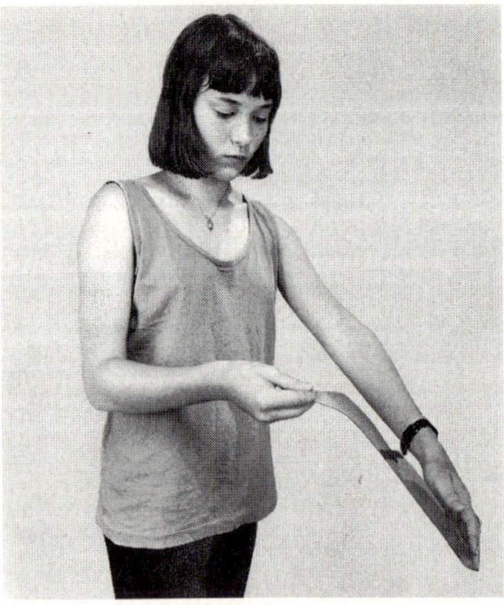
1

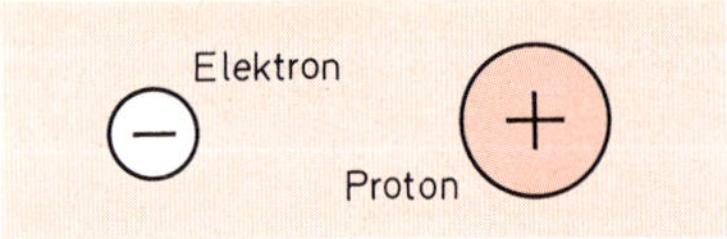

2

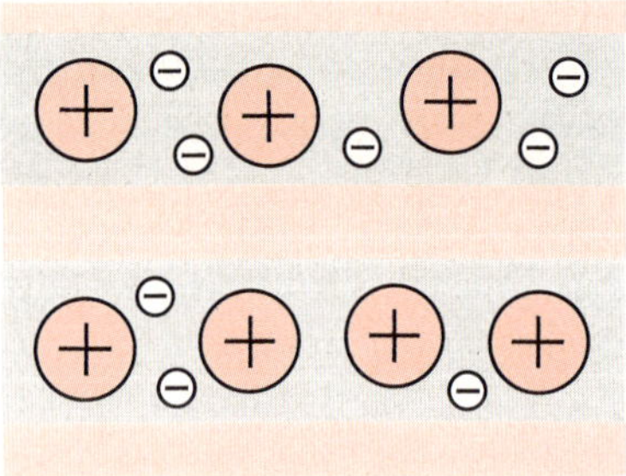
3

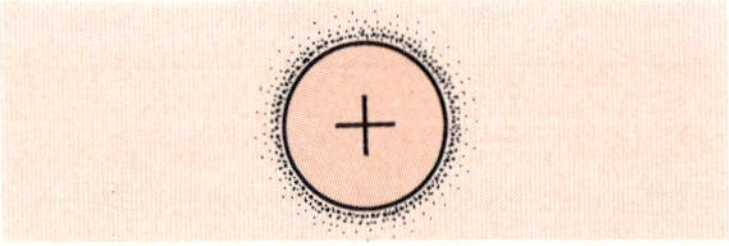
4

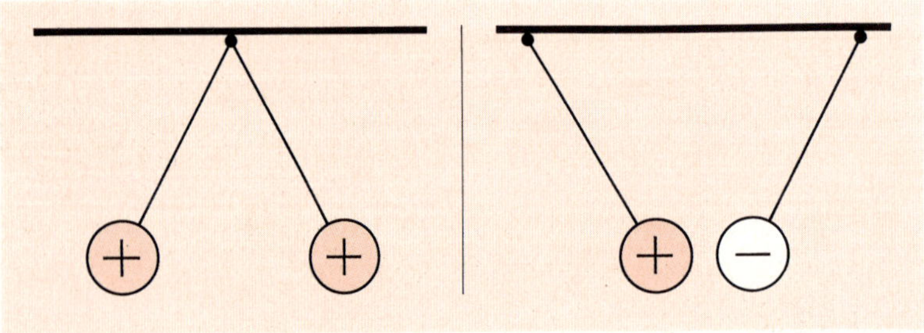
5

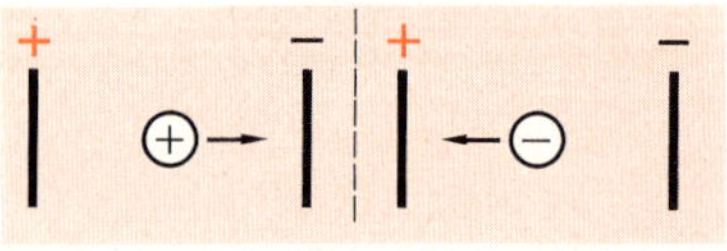
6

Das Coulombsche Gesetz

Charles Coulomb (1736 bis 1806) untersuchte die Kraft zwischen zwei elektrisch geladenen Körpern. Er befestigte eine versilberte Hohlkugel am Ende eines Waagebalkens. Dieser hing an einem dünnen, vertikalen Draht. Beim Drehen des Waagebalkens wurde der Draht verdrillt. Der Hohlkugel näherte er eine zweite, gleich große Kugel, die die gleiche

Ladung trug (Bild 1). Dadurch trat Abstoßung auf, die zu einer Verdrillung des Drahtes führte (Bild 2). Aus dem Drehwinkel konnte COULOMB den Betrag der Kraft bestimmen.
Er verwendete Kugeln mit unterschiedlichen Ladungen und veränderte auch den Abstand der Kugeln. Er fand das folgende Gesetz:

Coulombsches Gesetz $$F = \frac{1}{4\pi\varepsilon_0} \cdot \frac{Q_1 \cdot Q_2}{r^2}$$

Gültigkeitsbedingung: Durchmesser der Kugeln klein gegenüber dem Abstand der Kugelmittelpunkte; Kugeln befinden sich im Vakuum

Q_1 elektrische Ladung der ersten Kugel
Q_2 elektrische Ladung der zweiten Kugel
r Abstand der Kugelmittelpunkte
ε_0 elektrische Feldkonstante

Die Einheit der elektrischen Ladung ist die Amperesekunde (A · s). Zu Ehren von COULOMB erhielt diese Einheit den Namen Coulomb (C).
Es gilt: 1 A · s = 1 C.
Die elektrische Feldkonstante ist eine universelle Naturkonstante. Sie ist in vielen Gleichungen enthalten.

elektrische Feldkonstante $\varepsilon_0 = 8{,}86 \cdot 10^{-12}\ \mathrm{A \cdot s \cdot V^{-1} \cdot m^{-1}}$

Das Coulombsche Gesetz war das erste Gesetz der Elektrizitätslehre, das mathematisch formuliert wurde. Es ähnelt stark dem Newtonschen Gravitationsgesetz.

Newtonsches Gravitationsgesetz $$F = \gamma \frac{m_1 \cdot m_2}{r^2}$$

Auch für die Kräfte zwischen den Polen von Magneten gilt ein ähnliches Gesetz.

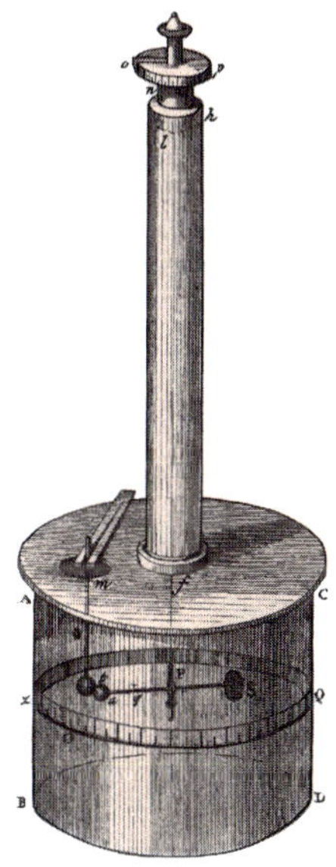
1

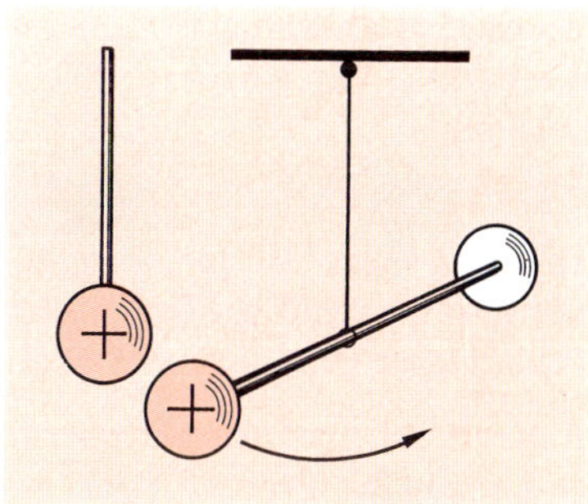
2

Die elektrische Feldstärke

Bei älteren Fernsehapparaten fällt auf, daß sich der Staub bevorzugt an bestimmten Stellen abgesetzt hat (Bild 3). Staubteilchen, die mit der kühlenden Luft ins Gehäuse eindringen, werden z. B. beim Vorbeigleiten an Bauteilen aufgeladen. Sie bewegen sich dann auch unter Einfluß elektrischer Felder weiter und lagern sich ab.
Verbrennungsgase von Kohlekraftwerken enthalten viele Staubteilchen. In Elektrofiltern werden sie elektrisch aufgeladen und scheiden sich auf Elektroden ab (Bild 4). Da die Verbrennungsgase mit großer Geschwindigkeit in den Schornstein gesaugt werden, muß sich dieses Ablagern sehr schnell vollziehen. Dazu müssen große Kräfte auf die Staubteilchen wirken, viel größere Kräfte als auf die Staubteilchen im Fernsehapparat.
Offenbar ist das elektrische Feld im Elektrofilter bedeutend stärker.
Wie kann man die Stärke unterschiedlicher elektrischer Felder bestimmen?

3

4

Exkurs in die Geschichte

Bestimmung der elektrischen Elementarladung. Bereits BENJAMIN FRANKLIN (1706 bis 1790) hatte die Existenz von „Atomen der elektrischen Materie" angenommen. 1909 gelang es ROBERT ANDREWS MILLIKAN (1868 bis 1953) erstmals, kleinste Elektrizitätsmengen auf kleinen Öltröpfchen nachzuweisen (Bild 1).

Der wichtigste Bestandteil seiner Experimentieranordnung war ein Kondensator mit horizontal liegenden Platten (Bild 2). Durch Zerstäuben erzeugte er sehr kleine Öltröpfchen und brachte diese zwischen die Kondensatorplatten. Die Bewegung eines solchen Tröpfchens, das durch Reibung beim Zerstäuben elektrisch geladen wurde, beobachtete er im Mikroskop. Durch Einstellen der Spannung konnte er erreichen, daß das Öltröpfchen schwebt. In diesem Falle wirkt der Gewichtskraft des Öltröpfchens eine gleich große elektrische Kraft im Feld entgegen. Es gilt: $Q \cdot E = m \cdot g$.

Mit $E = \frac{U}{s}$ folgt daraus die Gleichung für die elektrische Ladung des Öltröpfchens $Q = \frac{m \cdot g \cdot s}{U}$.

Nach Ausschalten der Spannung fiel das Tröpfchen. Durch Anlegen einer Spannung konnte er das Tröpfchen nach dem Fallen immer wieder in den Beobachtungsraum bringen. Mit Röntgenstrahlung veränderte er mehrfach die Ladung des Tröpfchens.

MILLIKAN gelangte zu folgendem Ergebnis: Die berechneten Ladungen stellen immer ein ganzzahliges Vielfaches einer kleinsten (positiven oder negativen) Ladung dar, der Elementarladung e ($Q = n \cdot e$; $n = 1, 2, 3, \ldots$). Diese konnte er genau bestimmen.

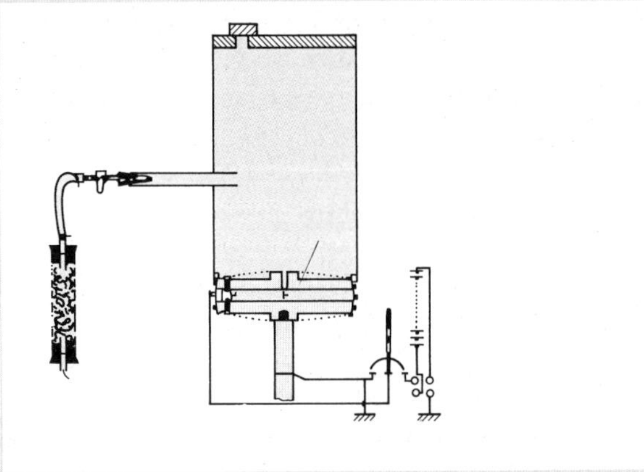

1 Historische Anordnung von MILLIKAN

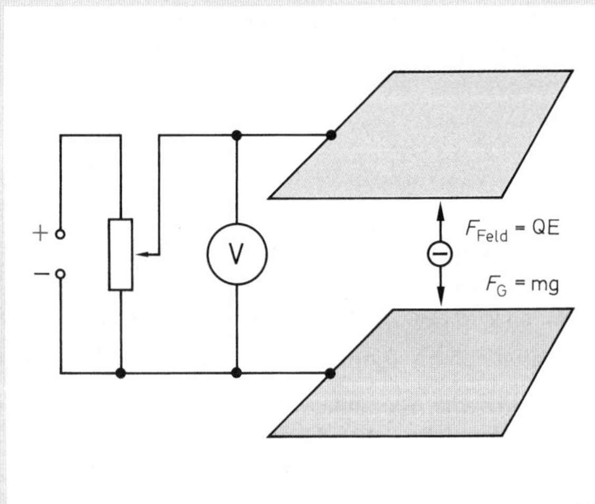

2 Prinzip der experimentellen Anordnung von MILLIKAN

elektrische Elementarladung $\quad e = 1{,}602 \cdot 10^{-19}$ **C**

Damit war der Nachweis erbracht, daß Ladungen nicht beliebig teilbar sind. Elektronen, Positronen und Protonen tragen jeweils eine **Elementarladung**. Sie ist bei Elektronen negativ und bei Positronen und Protonen positiv.

Entwicklung des Feldbegriffs. Schon im Altertum war bekannt, daß geriebener Bernstein leichte Körper anzieht.

Nach 1740 setzte eine stürmische Entwicklung der Elektrostatik ein. Sie hatte ihren Ursprung in der Erfindung der *Elektrisiermaschine* (1743/44) und der *Leidener Flasche* (1745/46). Die damit durchführbaren, sehr beeindruckenden Experimente führten unter Gelehrten und Laien zu einem regelrechten Enthusiasmus im Hinblick auf diese neue „Naturkraft" Elektrizität. Zur Ladungstrennung benutzte man riesige Elektrisiermaschinen (Bild 2), und man bemühte sich, elektrische Ladungen zu speichern. Hierüber berichtet PRIESTLEY:

„Es ward aber keine beträgliche Entdeckung gemacht, als bis es Herrn CUNÄUS wiederfuhr, daß, als er einstmahl in der einen Hand ein gläsernes Gefäß mit Wasser, welches vermittels eines Drahtes mit dem Konduktor der Elektrisiermaschine Communikation hatte, und mit der anderen Hand denselben von der Röhre los macht, er mit einem mahl durch einen plötzlichen Schlag in seinen Armen und in seiner Brust erschrecket ward, dergleichen er bei diesem Experiment am wenigsten erwartet hatte".

MUSSCHENBROCK, der das Experiment wiederholte, muß von dessen Wirkung sehr beeindruckt gewesen sein, denn er berichtete, daß er in den Armen, Schultern und in der Brust regelrecht betäubt gewesen sei und kaum noch atmen konnte und sich erst nach zwei Tagen von dem Schreck wieder erholt habe.
Eine solche Leidener Flasche, wie man sie bald genannt hat, ist nichts anderes als ein Zylinderkondensator, wobei dessen Innenbelegung das Wasser bildete, das Glasgefäß das isolierende Dielektrikum war und die Hand des Experimentators die äußere Belegung darstellte (Bild 1).
Zunächst nahm man an, daß zwischen den elektrischen Ladungen, die an die Teilchen oder Körper gebunden sind, direkte und augenblickliche Wechselwirkungen auftreten. Man vermutete, daß daran der Raum zwischen den Körpern nicht beteiligt ist (Fernwirkungstheorie). Bei dieser Betrachtungsweise wurden Formulierungen gebraucht wie ... ziehen einander an, ... stoßen einander ab. Auf der Grundlage dieser Vorstellungen formulierte COULOMB 1784 das nach ihm benannte Gesetz.
Eine andere Betrachtungsweise wurde um 1840 von MICHAEL FARADAY durch die Einführung des Feldbegriffs entwickelt. Das Feld vermittelt die Wechselwirkungen zwischen den Ladungen.
Diese Auffassung hat sich als sehr zweckmäßig erwiesen. Auf dieser Grundlage entwickelte JAMES CLERK MAXWELL 1864 eine Theorie des elektromagnetischen Feldes. Er nahm an, daß sich die bei der Bewegung von Ladungen hervorgerufene Änderung des elektrischen Feldes mit endlicher Geschwindigkeit ausbreitet. Die Maxwellsche Theorie wurde 1888 von HEINRICH HERTZ durch den Nachweis elektromagnetischer Wellen bestätigt.
In dieser feldbezogenen Betrachtungsweise werden Formulierungen gebraucht wie: In einem elektrischen Feld unterliegt ein Ladungsträger einer Kraft. Die Worte „Anziehung“ und „Abstoßung“ können nicht verwendet werden. Diese Feldvorstellung, die in Feldlinienbildern einen anschaulichen Niederschlag findet, hat sich in Naturwissenschaft und Technik bis heute sehr bewährt.

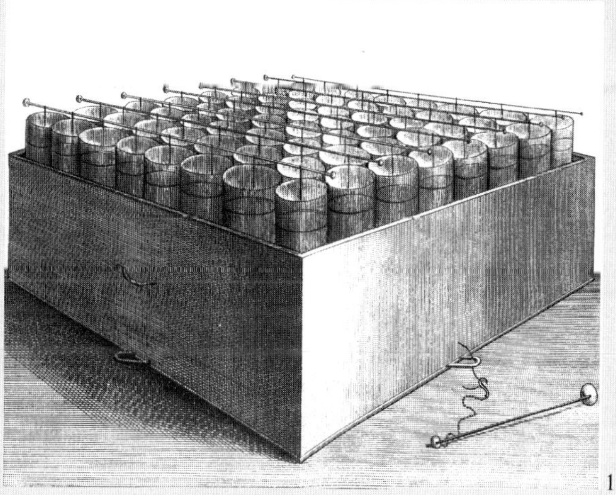

1

Leidener Flaschen

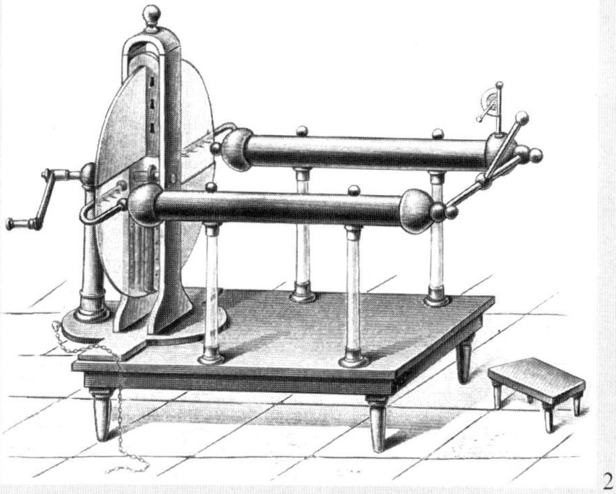

2

Große Scheibenelektrisiermaschine

3

Elektrisieren von Wasser. Die rotierende Glaskugel wird durch Reiben an den Händen elektrisch aufgeladen. Die Ladungen werden von der Kette aufgenommen und gelangen über den Metallstab und die Elektrode zum Wasser.

Exkurs in die Technik

Elektrostatisches Lackieren. Das Lackieren größerer Teile, z. B. von Autokarosserien, kann mittels Sprühpistolen erfolgen. Dabei setzt man häufig wasserverdünnbare Kunstharze ein, damit die Umwelt nicht so stark durch organische Lösungsmittel belastet wird. Wenn die Farbstofftröpfchen elektrisch geladen werden und die zu lackierenden Teile entgegengesetzte Ladungen tragen, dann ziehen diese die Farbstoffteilchen an. Dadurch wird erreicht, daß die Farbstoffteilchen mit größerer Geschwindigkeit auftreffen und damit fester haften. Auch gelangt fast die gesamte Farbe auf die zu lackierenden Teile. An scharfen Kanten ist die elektrische Feldstärke besonders groß. Dort gelangen besonders viele Farbteilchen hin. Dadurch entsteht an solchen Stellen, die einer stärkeren Beanspruchung ausgesetzt sind, eine besonders dicke Farbschicht (Bild 1).

1

Steuerung des Elektronenstrahls in der Braunschen Röhre. In der Braunschen Röhre (Oszillografenröhre, Fernsehröhre) bewegen sich die Elektronen von der Katode zum Bildschirm. Dort regen sie an der Auftreffstelle den Bildschirm durch Fluoreszenz zum Leuchten an. Die Elektronen treten aus der Glühkatode ins Vakuum. Durch ein elektrisches Feld, das zwischen Katode und Anode besteht, werden sie beschleunigt. Das Feld wird durch eine Gleichspannung von 500 V bis 30 kV erzeugt. Zur Bündelung und Ablenkung des so entstandenen Elektronenstrahls dienen ebenfalls elektrische oder magnetische Felder. Die indirekt geheizte Katode (1) ist von einem koaxial angebrachten Metallzylinder, dem sogenannten Wehneltzylinder, umgeben (2). Er besitzt auf der dem Bildschirm zugewandten Seite einer Öffnung, aus der die Elektronen austreten. Der Wehneltzylinder ist gegen-

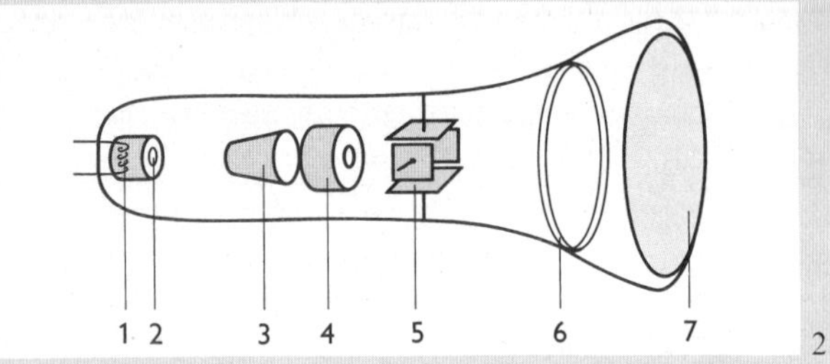

2

über der Katode schwach negativ geladen. Dadurch wird einerseits eine gewisse Bündelung des Elektronenstrahls in Richtung der Achse der Elektronenstrahlröhre erreicht, andererseits kann durch die negative Spannung des Wehneltzylinders die Anzahl der Elektronen beeinflußt werden, die den Zylinder verlassen. Dadurch wird mit dem elektrischen Feld die Helligkeit des Leuchtflecks auf dem Bildschirm geregelt.

Da die Elektronen gleiche Ladung tragen, stoßen sie einander ab. Der Durchmesser des Elektronenstrahls nimmt zum Bildschirm hin zu. Der Leuchtfleck besitzt einen relativ großen Durchmesser. Will man ihn möglichst klein wählen, müssen alle Elektronen auf einen Punkt auf dem Leuchtschirm konzentriert (fokussiert) werden. Diese Aufgaben erfüllt die Hilfsanode (3) gemeinsam mit der Anode (4). Das elektrische Feld zwischen den beiden hat eine solche Form, daß alle Elektronen auf Bahnen geführt werden, die den Bildschirm in nahzu demselben Punkt treffen. Bei Oszillografenröhren wird nachfolgend durch zwei zueinander senkrecht stehende Plattenpaare (5) die Ablenkung des Elektronenstrahls in die gewünschte Richtung bewirkt. Auch das erfolgt durch elektrische Felder zwischen den Platten. Das eine Paar bedingt die Ablenkung in vertikaler Richtung und das andere in horizontaler Richtung.

Wünschenswert ist, daß in der Oszillografenröhre die Ablenkung des Elektronenstrahls durch elektrische Felder möglichst geringer Feldstärke erfolgt. Dadurch besitzt die Anordnung eine hohe Empfindlichkeit. Das läßt sich nur dann erreichen, wenn die Elektronen im Strahl eine relativ geringe Geschwindigkeit besitzen. Das hat jedoch den Nachteil, daß ein Strahl langsamer Elektronen nur ein schwaches Leuchten auf dem Bildschirm (7) bewirkt. Dieser Nachteil kann durch eine Nachbeschleunigung der Elektronen beseitigt werden. Dazu befindet sich vor dem Schirm eine Nachbeschleunigungselektrode (6), die gegenüber der Anode positiv geladen ist.

Gewußt? Erkannt? Gekonnt?

1. Interpretieren Sie das Coulombsche Gesetz! Wie muß der Abstand zwischen zwei Ladungsträgern verändert werden, damit sich die Kraft halbiert?
2. Vergleichen Sie das Coulombsche Gesetz mit dem Gravitationsgesetz!
3. Leiten Sie die Einheit für ε_0 aus dem Coulombschen Gesetz ab!
4. In welchem Verhältnis stehen die Gravitationskraft zwischen zwei Protonen und die elektrostatische Abstoßungskraft?
5. Berechnen Sie die Kraft, die zwischen dem Kern und dem Elektron des Wasserstoffatoms wirkt (Radius des Wasserstoffatoms $0{,}5 \cdot 10^{-10}$ m)!
6. Interpretieren Sie die Gleichungen für die elektrische Feldstärke! Geben Sie die Gültigkeitsbedingungen an!
7. An einem Plattenkondensator liegt eine Spannung von 5000 V. Der Plattenabstand beträgt 0,5 cm. Wie groß ist die elektrische Feldstärke im Inneren des Kondensators?
8. Ein Probekörper trägt eine Ladung von 10^{-10} C. In einem elektrischen Feld unterliegt er einer Kraft von $2 \cdot 10^{-3}$ N. Wie groß ist die elektrische Feldstärke? Geben Sie die Feldstärke in der Einheit $\text{V} \cdot \text{m}^{-1}$ an!
9. Zeichnen Sie das elektrische Feldlinienbild für ein zylinderförmiges Zählrohr! Kennzeichnen Sie die Richtung der Kraft, die auf Ladungsträger ausgeübt wird, die sich an verschiedenen Stellen des Zählrohres befinden!
   Vergleichen Sie die elektrischen Feldstärken in der Nähe der Rohrachse und der Rohrwandung!
10. Skizzieren Sie das elektrische Feldlinienbild eines schwingenden elektrischen Dipols für den Zeitpunkt, in dem zwischen seinen Enden die höchste Spannung auftritt!
11. Zeichnen Sie das elektrische Feldlinienbild für einen horizontal ausgespannten Draht, der gegenüber der Erde negativ aufgeladen ist!
12. In einem Schuloszillografen findet eine Spannung von 5000 V zur Beschleunigung des Elektronenbündels Verwendung. Wie groß ist die Geschwindigkeit der Elektronen, wenn diese auf den Bildschirm auftreffen?
13. In einer Vakuum-Glühlampe (220 V/25 W) treten infolge des glühelektrischen Effekts Elektronen aus der Glühwendel aus. Nimmt man an, daß der Glaskolben der Lampe elektrisch neutral ist, so kann die Beschleunigung eines Elektrons im Höchstfalle mit dem Maximalwert der Wechselspannung erfolgen. Mit welcher Geschwindigkeit treffen Elektronen auf die Glaswandung auf?
14. Welche Spannung ist erforderlich, um ein Elektron auf die Reisegeschwindigkeit eines Flugzeuges (880 km/h) zu beschleunigen?
15. Ein elektrisch geladenes Teilchen tritt senkrecht zu den Feldlinien in das Feld eines Plattenkondensators ein. Beschreiben Sie seine Bewegung!
16. An einer Fernsehbildröhre liegt zwischen Katode und Anode eine Spannung von 15 kV. Der Abstand der Elektroden beträgt 30 cm. Welche Geschwindigkeit erreicht ein Elektron beim Verlassen der Anode? Wie lange braucht das Elektron von der Anode bis zum Bildschirm?
17. Ein Körper hat eine Ladung von $0{,}6 \cdot 10^{-5}$ C und eine Masse von 1,2 g. Er befindet sich im homogenen elektrischen Feld eines Plattenkondensators. Diese Platten sind horizontal angeordnet und haben einen Abstand von 12 cm. Das elektrische Feld ist dem Gravitationsfeld so überlagert, daß der Körper schwebt. Welche Spannung liegt an den Platten des Kondensators? Fertigen Sie eine Skizze an!
18. Erklären Sie die Bewegung von Elektronen und Protonen, die mit der Geschwindigkeit $v \neq 0$ senkrecht zu den Feldlinien in das homogene elektrische Feld eines Plattenkondensators eindringen! Vernachlässigen Sie dabei das Streufeld im Außenraum des Kondensators und zeichnen Sie die Bahnkurven!
19. Ein Elektronenbündel tritt mit der Geschwindigkeit von $v = 10^6\ \text{m} \cdot \text{s}^{-1}$ senkrecht zu den elektrischen Feldlinien in ein elektrisches Feld der Feldstärke $10^5\ \text{V} \cdot \text{m}^{-1}$ und der Breite von 5 cm ein (Ruhmasse $m_0 = 9{,}110 \cdot 10^{-31}$ kg). Um welchen Winkel wird es abgelenkt, und mit welcher Geschwindigkeit verläßt es das Feld (Bild 1)?

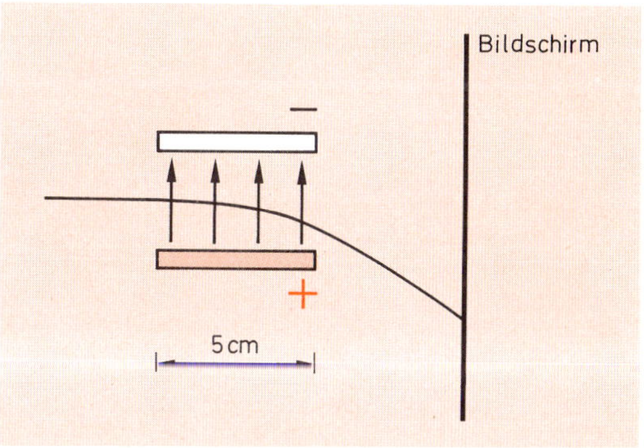

1

Zusammenfassung

Kräfte zwischen geladenen Körpern

Zwischen elektrisch geladenen Körpern treten Kräfte auf. Körper mit gleichnamigen elektrischen Ladungen stoßen einander ab, Körper mit ungleichnamigen elektrischen Ladungen ziehen einander an.

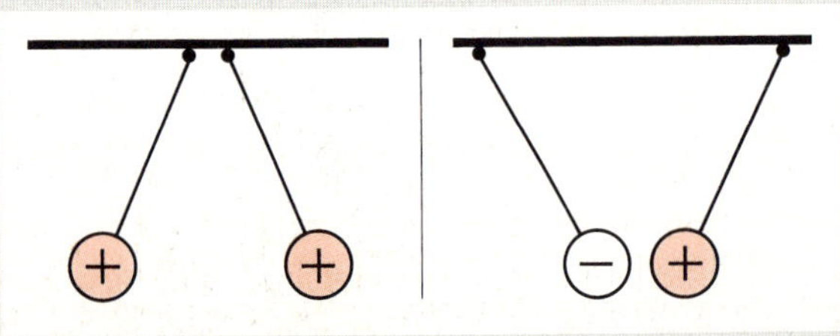

1

Die Kraft zwischen zwei geladenen Kugeln berechnet man mit dem Coulombschen Gesetz.

Coulombsches Gesetz $F = \frac{1}{4\pi\varepsilon_0} \cdot \frac{Q_1 \cdot Q_2}{r^2}$

Gültigkeitsbedingung: Durchmesser der Kugeln klein gegenüber dem Abstand; Kugeln befinden sich im Vakuum

Die elektrische Feldstärke

Die elektrische Feldstärke E gibt an, wie groß die Kraft auf einen geladenen Probekörper im elektrischen Feld ist.

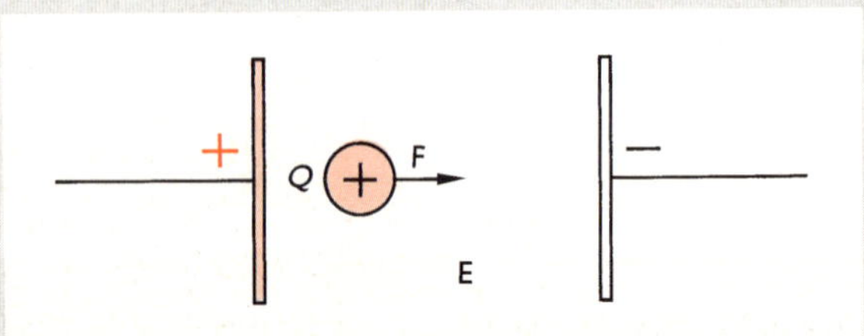

2

elektrische Feldstärke $E = \frac{F}{Q}$

elektrische Feldstärke im Plattenkondensator $E = \frac{U}{s}$

Gültigkeitsbedingung: homogenes elektrisches Feld

Feldlinien geben in jedem Punkt der Linie die Richtung der Kraft auf einen Probekörper an.
Das Feldlinienbild ist ein Modell des Feldes (Bild 3).
Der Abstand der Feldlinien im Feldlinienbild ist ein Maß für die elektrische Feldstärke.

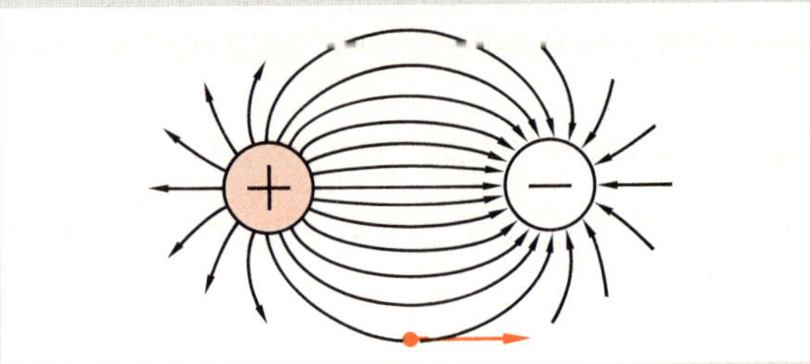

3

Arbeit im elektrischen Feld

Bewegt man einen elektrisch geladenen Probekörper im elektrischen Feld entgegen der Kraft, die auf ihn ausgeübt wird, so ist dazu eine Arbeit erforderlich (Bild 4). Es gilt die Gleichung:

Arbeit im elektrischen Feld $W = Q \cdot U$

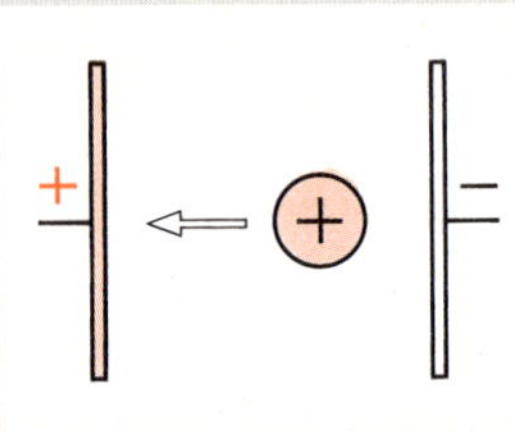

4

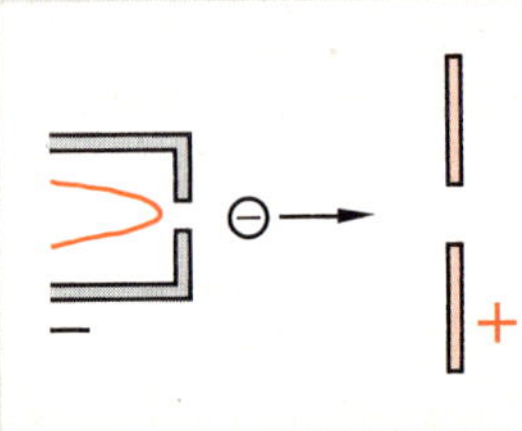

5

Wird ein Elektron im elektrischen Feld beschleunigt, so ist dafür eine Beschleunigungsarbeit erforderlich.

Beschleunigungsarbeit im elektrischen Feld $e \cdot U = \frac{m_e \cdot v^2}{2}$

Gültigkeitsbedingung: Beschleunigung im Vakuum aus der Ruhe; Geschwindigkeit v viel kleiner als die Lichtgeschwindigkeit

Für das Laden eines Kondensators gilt die Gleichung:

Arbeit zum Laden eines Kondensators $W = \frac{1}{2} C \cdot U^2$

Elektrische Felder werden u. a. bei der elektrischen Gasreinigung, beim elektrostatischen Lackieren und in vielfältigen Zusammenhängen in Kondensatoren genutzt. In der Braunschen Röhre werden Geschwindigkeit, Bündelung, Stärke und Richtung eines Elektronenstrahls durch elektrische Felder gesteuert (Bild 6).

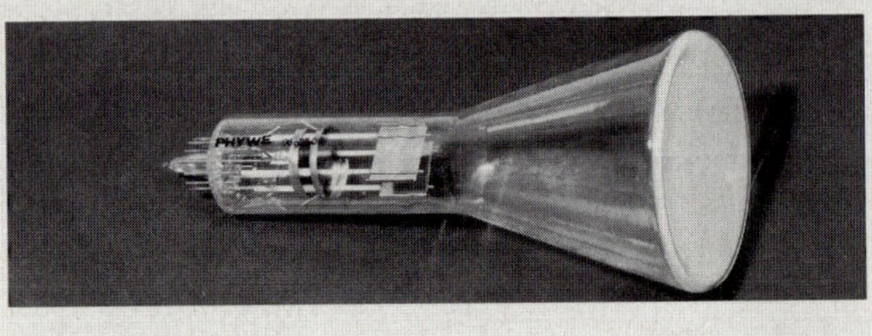

6

2 Bewegte Ladung und magnetostatisches Feld

Kräfte zwischen Magneten und stromdurchflossenen Leitern

Die Türen von Schränken mit „Magnetverschlüssen" braucht man nur leicht anzudrücken. Sie schließen dann von selbst und werden wie von Geisterhand zugehalten. Auch die sogenannten *„Perpetua mobile"* (Bild 1) tragen kleine keramische Magnete. Im Fuß befindet sich ein Elektromagnet. Er wird immer dann von Strom durchflossen, wenn sich der keramische Magnet nähert. Der keramische Magnet wird von der Anziehungskraft beschleunigt. Die Bewegung hört nicht auf, solange die Batterie (im Fuß des Gerätes) elektrische Energie abgibt.
Diese Erscheinungen sind magnetischer Natur. Sind Körper magnetisch oder werden Leiter vom elektrischen Strom durchflossen, so wirken zwischen ihnen Kräfte.
Sie wissen schon vieles über Magnete und stromdurchflossene Leiter:

- Ein Magnet zieht Körper aus Eisen (Kobalt, Nickel und einigen anderen Stoffen) an.
- Die größte Kraft wirkt an den Polen, die sich in der Nähe der Enden des Magneten befinden (Bild 2).
- Jeder Magnet hat 2 Pole, einen Nord- und einen Südpol.
- Gleichnamige Pole stoßen einander ab, ungleichnamige ziehen einander an (Bild 3).
- Die Kräfte wirken im gesamten Raum um den Magneten. Diesen Raum nennt man magnetisches Feld (Bild 4).
- Stromdurchflossene Leiter sind von magnetischen Feldern umgeben (Bild 5).
- Stromdurchflossene Zylinderspulen wirken wie Stabmagnete.

1

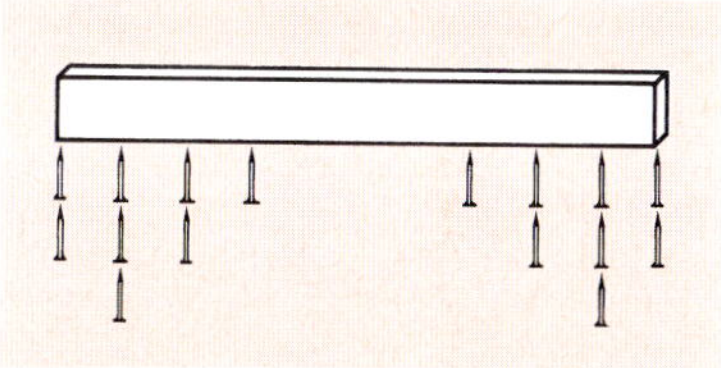
2

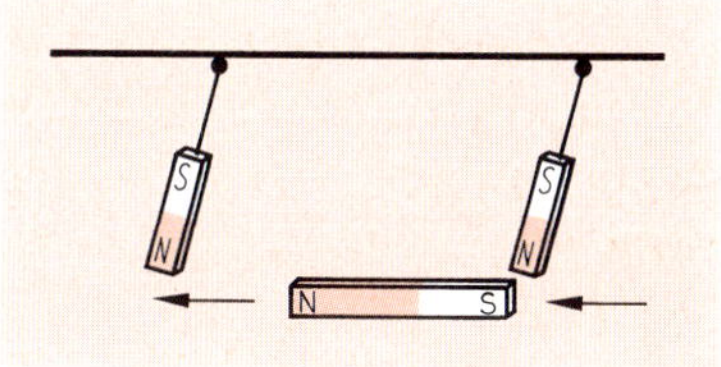

3

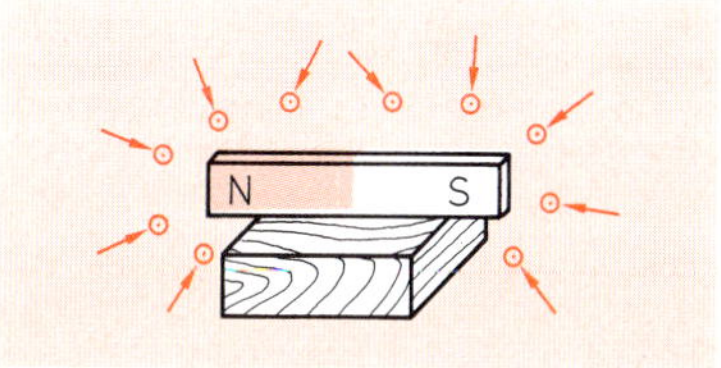

4

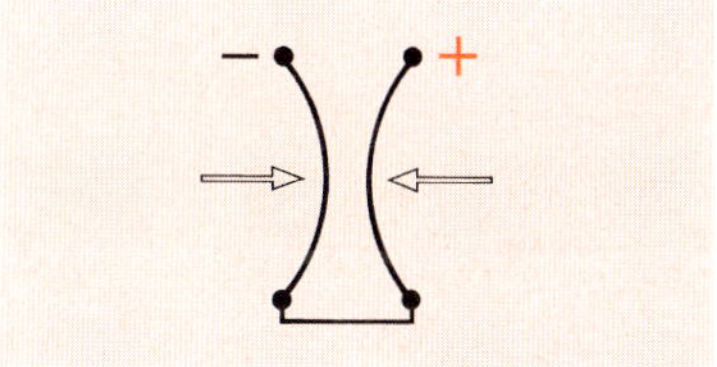

5

Feldlinienbilder magnetischer Felder

Die magnetischen Eigenschaften bestimmter Erze waren den Menschen schon im Altertum bekannt. So fand man in der Nähe der Stadt *Magnesia* in Kleinasien ein Eisenerz, das besonders stark magnetisch war. Ein Stückchen davon nannte man deshalb Magnet. Die Physiker OERSTEDT und AMPÈRE erbrachten um 1820 den Nachweis, daß Elektrizität und Magnetismus untrennbar miteinander verknüpft sind. Heute wissen wir, daß Magnetismus nur im Zusammenhang mit elektrischen Strömen oder sich ändernden elektrischen Feldern auftritt.
Magnetische Kräfte kann man wie elektrische Kräfte dadurch beschreiben, daß man von der Anziehung ungleichnamiger Pole und der Abstoßung gleichnamiger Pole spricht. Die Kräfte auf Körper aus Eisen und einigen anderen Stoffen werden jedoch im gesamten Raum um den Magneten oder einen stromdurchflossenen Leiter ausgeübt. Deshalb ist es zweckmäßig, auch den Begriff „Feld" zu verwenden. Das magnetische Feld ist der Raum um einen Magneten, der besondere magnetische Eigenschaften besitzt.

Auch im magnetischen Feld breiten sich alle Änderungen mit Lichtgeschwindigkeit aus.
Folgt man der Richtung der Kraft, die in einem Magnetfeld auf einen Magnetpol ausgeübt wird, so gelangt man – wie im elektrischen Feld – zu einer Bahn. Diese nennt man **Feldlinie** (Bild 1).
Zeichnet man mehrere solcher Feldlinien, so erhält man ein **Feldlinienbild.** Dieses Feldlinienbild ist ein Modell des magnetischen Feldes.
Wie das Feldlinienbild elektrischer Felder, läßt auch das Feldlinienbild magnetischer Felder Aussagen über den Betrag und die Richtung der Kraft an beliebigen Stellen zu. Die Kraft, die am Nordpol des Körpers angreift, wirkt entlang der Tangente an die Feldlinie. Ihre Richtung entspricht der Richtung der Feldlinie. Zur Ermittlung des Verlaufs der Feldlinien magnetischer Felder kann man auch Eisenfeilspäne benutzen. Diese richten sich im Feld wie kleine Magnetnadeln aus. Ihre Enden besitzen dann entgegengesetzte Pole. Dadurch reihen sie sich kettenförmig aneinander. Die Bilder 2 bis 4 zeigen die auf diese Weise gewonnenen Feldlinienbilder eines geraden stromdurchflossenen Leiters, einer Zylinderspule mit wenigen Windungen und eines Stabmagneten.
Die Feldlinienbilder um stromdurchflossene Leiter (Bilder 5 und 6) lassen erkennen, daß die magnetischen Feldlinien in sich geschlossene Kurven sind. Gilt das auch für Magnete (Bilder 4 und 7)? Die Frage ergibt sich auch daraus, daß beim Zerteilen eines Magneten immer wieder Magnete mit zwei Polen entstehen (Bild 8).
Für magnetische Feldlinien gilt: Sie sind geschlossene Kurven. Außerhalb eines Dauermagneten verlaufen die Feldlinien vom Nordpol zum Südpol, im Inneren entgegengesetzt.

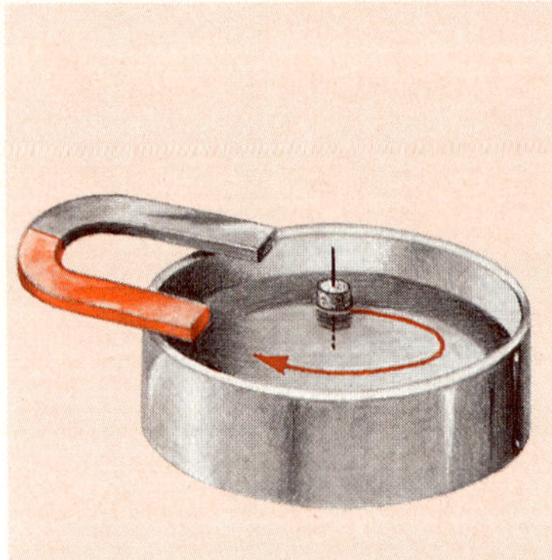
1
Experimentelle Ermittlung des Verlaufs von Feldlinien

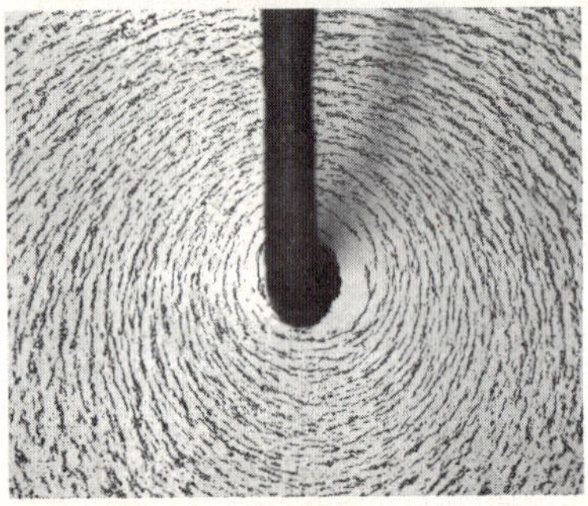
2
Eisenfeilspäne um einen geraden Leiter

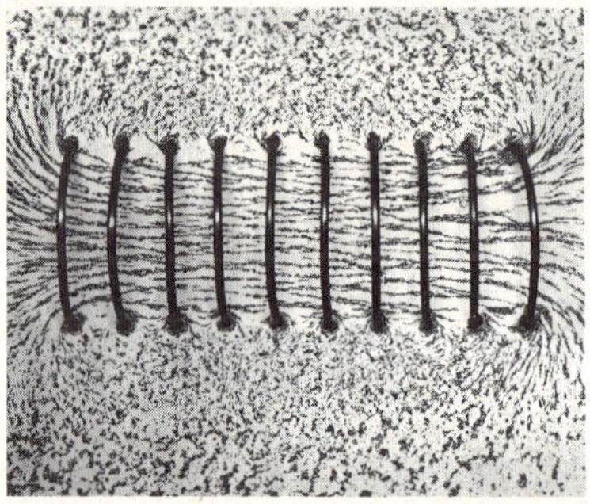
3
Eisenfeilspäne um eine Zylinderspule

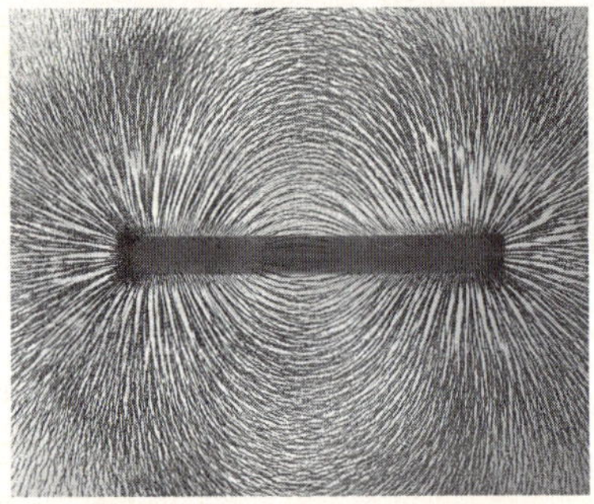
4
Eisenfeilspäne um einen Stabmagneten

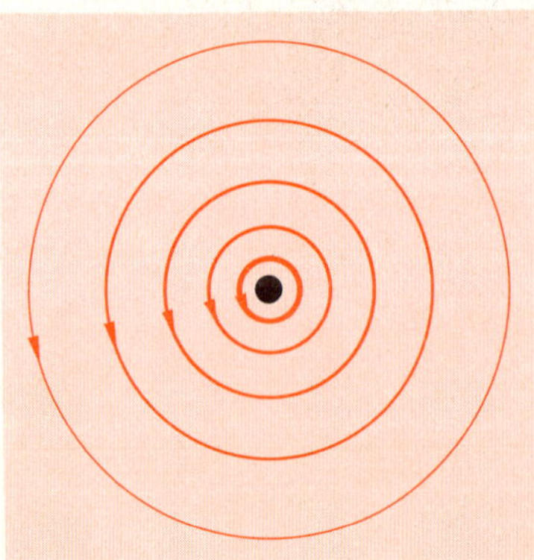
5
Feldlinienverlauf um einen geraden Leiter

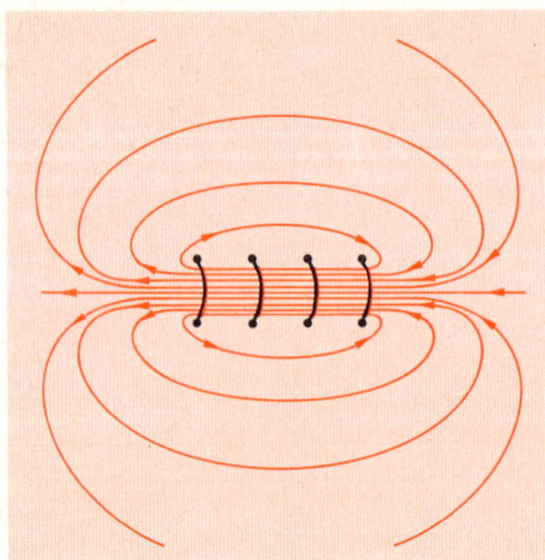
6
Feldlinienverlauf um eine Zylinderspule

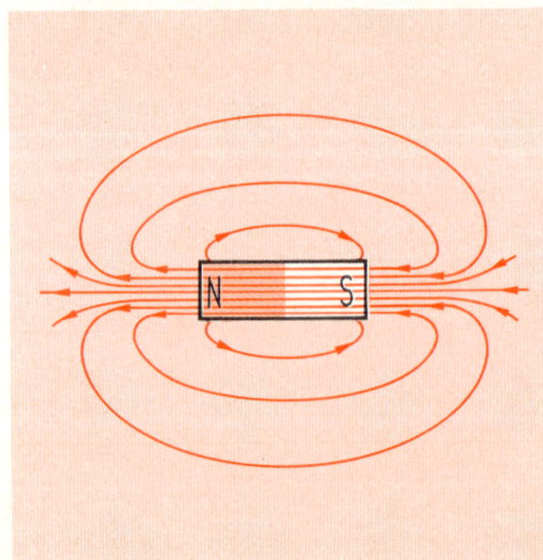

7
Feldlinienverlauf um einen Stabmagneten

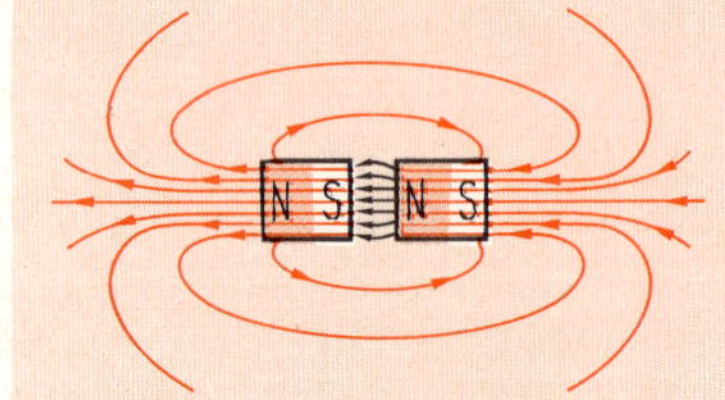

8
Feldlinienverlauf um einen geteilten Stabmagneten

Vergleich der Feldlinien von elektrischen und magnetischen Feldern

Feldlinienbilder von elektrischen und magnetischen Feldern weisen viele *Gemeinsamkeiten* auf:

- Feldlinienbilder sind Modelle des elektrischen bzw. des magnetischen Feldes.
- Feldlinien sind Bahnkurven, auf denen sich Probekörper bewegen, wenn diese keinen anderen Kräften als den elektrischen und magnetischen Feldkräften unterliegen.
- Der Verlauf der Feldlinien im elektrischen Feld wurde von der positiven Elektrode zur negativen festgelegt. Der Verlauf der Feldlinien im magnetischen Feld wurde für das Feld außerhalb des Magneten vom Nordpol zum Südpol festgelegt.
- Feldlinienbilder enthalten Informationen über die Richtung der Kraft auf Probekörper.
- Feldlinienbilder enthalten Informationen über den Betrag der Kraft auf Probekörper. Je dichter die Feldlinien in einem Bereich beieinander liegen, um so größer ist die Kraft auf einen Probekörper.

Es gibt jedoch auch wesentliche *Unterschiede* zwischen Feldlinienbildern elektrischer und magnetischer Felder:

- Die Feldlinien elektrischer Felder beginnen an den positiven Ladungen und enden an den negativen. Die Feldlinien magnetischer Felder sind in sich geschlossene Kurven. Sie verlaufen außerhalb des Magneten vom Nord- zum Südpol und im Inneren vom Süd- zum Nordpol.
- Die Feldlinien elektrischer Felder treten senkrecht aus der positiven Elektrode aus und senkrecht in die negative Elektrode ein. Die Feldlinien magnetischer Felder treten so aus dem Magneten aus, als ob sie alle von einem Gebiet, dem Nordpol, kommen; sie treten so in den Magneten ein, als ob sie sich scheinbar in einem Gebiet, dem Südpol, treffen.

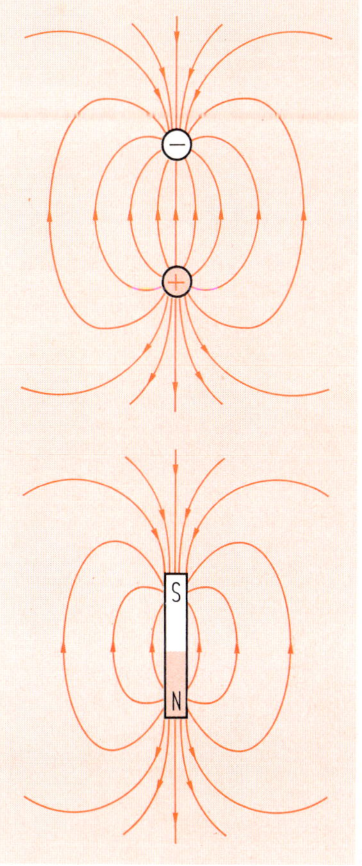

1

Feldlinienverlauf zwischen zwei geladenen Kugeln und beim Stabmagneten

Feldlinienbilder und Stromlinienbilder

Feldlinienbilder elektrischer und magnetischer Felder sind *Modelle* des elektrischen bzw. magnetischen Feldes. Sie enthalten wichtige Informationen über die Kräfte, die in den Feldern auf Probekörper ausgeübt werden. Stromlinienbilder sind Modelle von Strömungen. Sie informieren über die Bewegung von Probekörpern in strömenden Stoffen. In vielen Fällen ähneln sich Feldlinienbilder und Stromlinienbilder (Bilder 1 bis 6, S. 130). Hinter diesen Ähnlichkeiten verbergen sich analoge Strukturen.
Im Bild 3, S. 130, ist die Strömung von Wasser in einem Rohr dargestellt, wenn keine Reibung zwischen den Wasserteilchen und der Rohrwandung auftritt. Bild 6, S. 130, zeigt die Strömung von Wasser, das aus einer Quelle austritt.
In allen Fällen wirken auf Probekörper an entsprechenden Stellen Kräfte gleicher Richtung. An Stellen gleicher Dichte der Feldlinien ist die Kraft in den elektrischen bzw. den magnetischen Feldern gleich groß. Bei Strömungen ist die Geschwindigkeit an entsprechenden Stellen gleich.

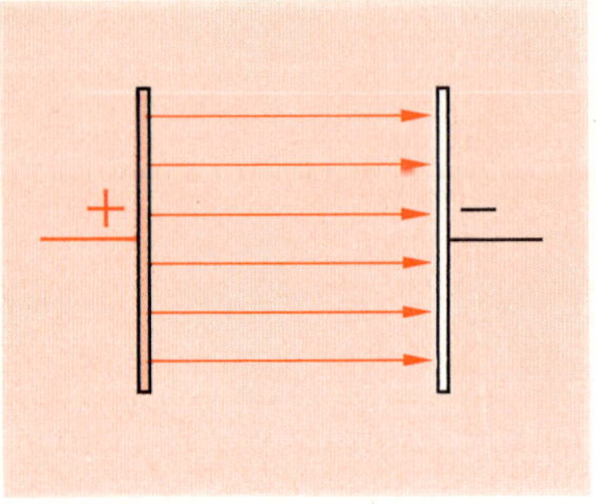

1

Feldlinienbild eines homogenen elektrischen Feldes

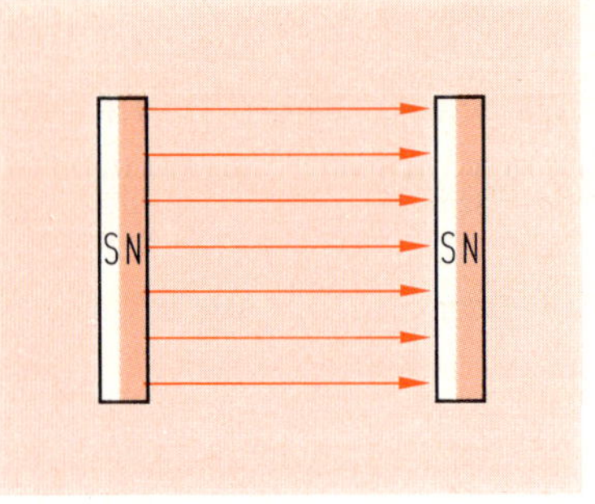

2

Feldlinienbild eines homogenen magnetischen Feldes

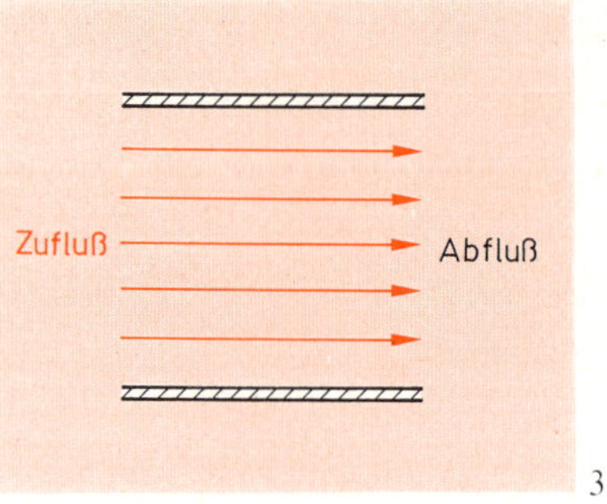

3

Stromlinienbild einer homogenen Strömung

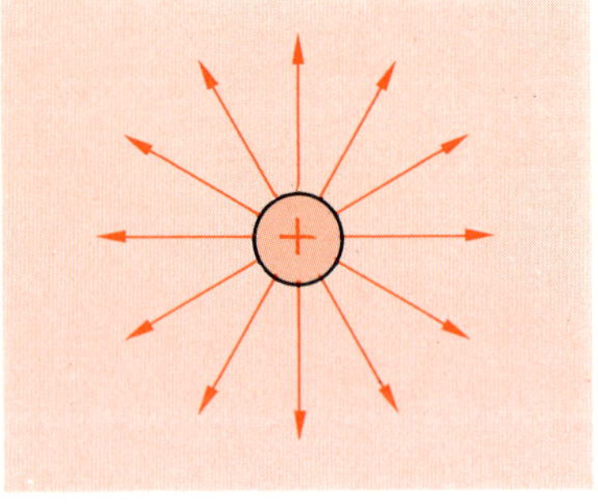

4

Feldlinienbild eines radialen elektrischen Feldes

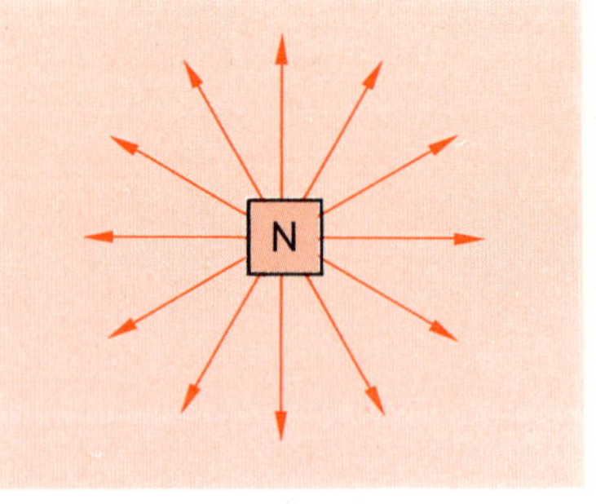

5

Feldlinienbild eines radialen magnetischen Feldes

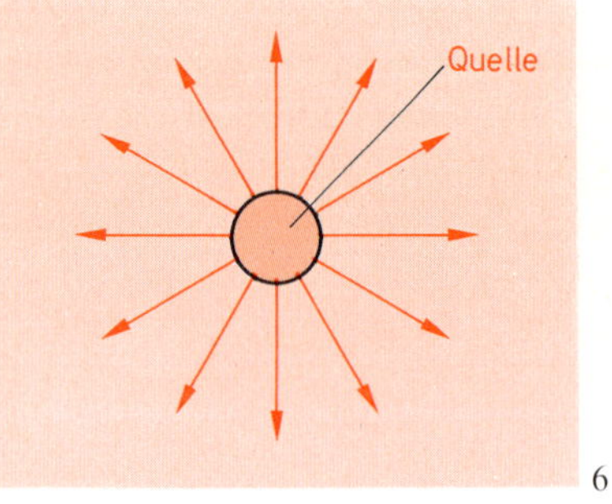

6

Stromlinienbild einer radialen Strömung

Magnetische Flußdichte

Es ist bekannt, daß die Kraft, mit der ein eiserner Körper von einem Elektromagneten angezogen wird, davon abhängt, wieviele Windungen eine Spule hat, wie groß die Stromstärke ist und ob die Spule einen Eisenkern hat oder nicht. Relais, die eine große Kraft auf den Anker ausüben sollen, haben eine große Windungszahl und werden mit großer Stromstärke betrieben (Bild 7). Außerdem haben Relais einen Eisenkern.

Um die Kraft eines Relais zu berechnen, reichen diese Kenntnisse noch nicht aus. Wie beim elektrischen Feld, ist es beim magnetischen Feld notwendig, eine physikalische Größe einzuführen, mit der das Feld quantitativ beschrieben werden kann.

Dazu kann man von der Kraft auf einen stromdurchflossenen Leiter im Magnetfeld ausgehen. Wird beispielsweise die Stricknadel im Bild 8 vom Strom durchflossen, so rollt sie weg. Die Richtung ihrer Bewegung hängt ab von

– der Richtung des Stromes und
– der Richtung der magnetischen Feldlinien.

Im Bild 1, S. 131, sind die Richtungen für einen Fall angegeben.

Wir untersuchen in Experimenten, von welchen physikalischen Größen die Kraft auf den stromduchflossenen Leiter im Magnetfeld abhängt. Anschließend messen wir, welche Beziehung zwischen der Kraft und diesen Größen besteht. Als Ergebnis der Experimente suchen wir einen mathematischen Ausdruck, der die Stärke des magnetischen Feldes kennzeichnet.

Um die Kraft F messen zu können, wird die experimentelle Anordnung verändert (Bild 2, S. 131). Der gerade, stromdurchflossene Leiter sei vollständig von einem homogenen Magnetfeld umgeben, dessen magnetische Feldlinien senkrecht zu seiner Bewegungsebene gerichtet sind.

Relais kleiner und Relais großer Anziehungskraft

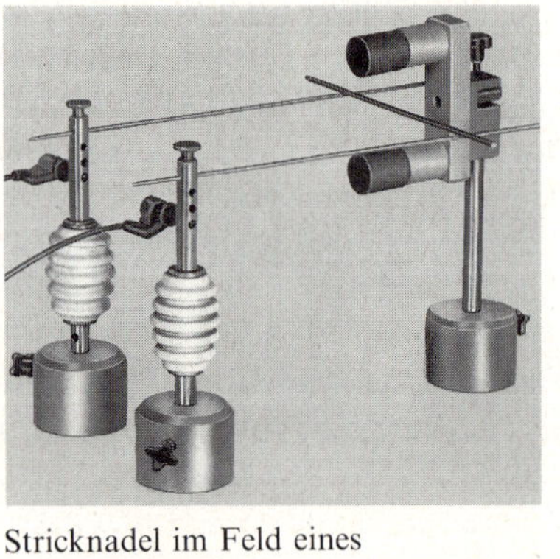

Stricknadel im Feld eines Hufeisenmagneten

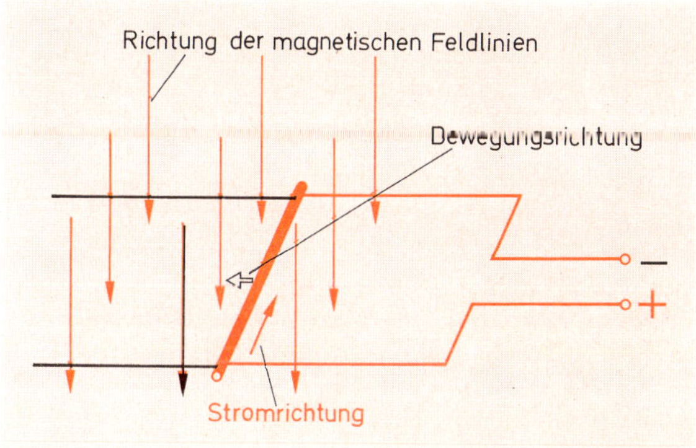

1

Stromdurchflossener Leiter im homogenen Magnetfeld

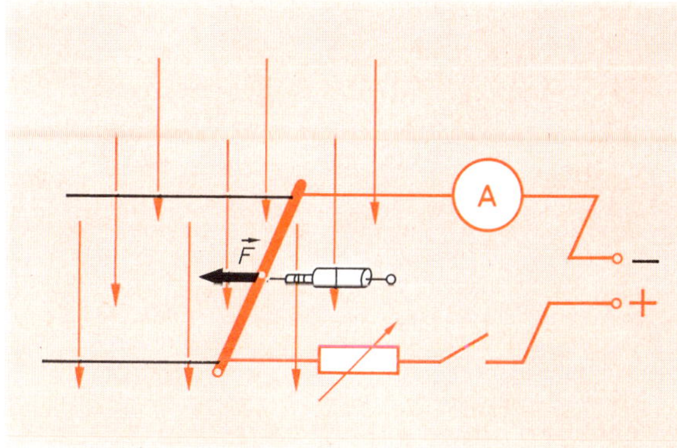

2

Kraft auf einen stromdurchflossenen Leiter im homogenen Magnetfeld

Experiment 1
Abhängigkeit der Kraft von der Stromstärke im Leiter
Die Stromstärke I wird schrittweise vergrößert. Die Länge l des stromdurchflossenen Leiterstücks bleibt unverändert. Im gleichen Maße wie die Stromstärke zunimmt, wächst auch die Kraft, mit der der Leiter bewegt wird.

Ergebnis: $F \sim I$, bei $l =$ konst.

Experiment 2
Abhängigkeit der Kraft von der Länge des Leiters
Der Abstand l der Leiterschienen wird schrittweise bei konstanter Stromstärke I vergrößert.
Die Kraft nimmt mit der wirksamen Länge des Leiterstücks linear zu.

Ergebnis: $F \sim l$, bei $I =$ konst.
Faßt man die Ergebnisse beider Experimente zusammen, so erhält man
$F \sim I \cdot l$ oder $\frac{F}{I \cdot l} =$ konst.

Experiment 3
Abhängigkeit der Kraft von der Stärke des Magnetfeldes
Die Experimente 1 und 2 werden in einem stärkeren Magnetfeld wiederholt.

Es treten die gleichen Zusammenhänge auf. Aber je stärker das Magnetfeld ist, desto größer wird die Konstante $\frac{F}{I \cdot l}$. Damit erscheint die Konstante geeignet, die Stärke des magnetischen Feldes zu beschreiben. Diese Feldgröße wird als magnetische Flußdichte B bezeichnet.

Die magnetische Flußdichte ist eine vektorielle Größe. Sie hat die gleiche Richtung wie die Feldlinien. Die Einheit Tesla (T) wurde zu Ehren des kroatischen Elektroingenieurs Nicola Tesla (1856 bis 1943) gewählt.

$1\,\mathrm{T} = 1\,\mathrm{N} \cdot \mathrm{A}^{-1} \cdot \mathrm{m}^{-1} = 1\,\mathrm{V} \cdot \mathrm{s} \cdot \mathrm{m}^{-2}$

Einige in Natur und Technik vorkommende magnetische Flußdichten

Flußdichte des Magnetfeldes der Erde in Deutschland	$2 \cdot 10^{-5}$ T
Flußdichte in 1 cm Entfernung von der Achse eines stromduchflossenen Leiters bei der Stromstärke 4 A	$8 \cdot 10^{-5}$ T
Flußdichte in 1 cm Entfernung vom Pol eines keramischen Magneten	$5 \cdot 10^{-2}$ T
maximale Flußdichte im Eisenkern eines Transformators	1 T
Flußdichte in der Plasmakammer einer Versuchsanlage zur Kernfusion (Tokamak)	2 T

Die magnetische Flußdichte gibt an, wie stark ein magnetisches Feld ist.

$$B = \frac{F}{I \cdot l}$$

Gültigkeitsbedingung: homogenes Magnetfeld; gerader Leiter; Kraft $\vec{F}$ senkrecht zur magnetischen Flußdichte $\vec{B}$

F Kraft auf den stromdurchflossenen Leiter im magnetischen Feld
I Stromstärke im Leiter
l Länge des Leiters, der sich im homogenen Feld befindet

Magnetische Flußdichte in einer Spule

In vielen Geräten, z. B. Elektromagneten, Relais, Generatoren und Motoren, sind Spulen enthalten. Je nach der Anwendung müssen bestimmte magnetische Flußdichten erzeugt werden. Wie kann man die magnetische Flußdichte in einer Spule berechnen?
Für die Untersuchung kann eine Experimentieranordnung nach Bild 1 benutzt werden. Sie besteht aus einem kleinen Magneten, der an einem Waagebalken befestigt ist. Seine magnetischen Feldlinien sind senkrecht zu den Feldlinien der Spule gerichtet (Bild 2).
Dadurch wirkt auf den Magneten ein Drehmoment, das der magnetischen Flußdichte proportional ist. Dieses Drehmoment überträgt sich auf den Waagebalken und bringt diesen aus dem Gleichgewicht. Durch Auflegen von Wägestücken kann das Drehmoment kompensiert werden. Die Gewichtskraft F_G der aufgelegten Wägestücke ist ein Maß für das Drehmoment und damit für die magnetische Flußdichte B.
Folgende Tabelle kennzeichnet das Schema der experimentellen Untersuchungen und deren Ergebnisse:

Teilexperiment	konstante Größen	veränderte Größe	erkannter Zusammenhang
1	l und N	I	$F_G \sim I$
2	I und l	N	$F_G \sim N$
3	I und N	l	$F_G \sim \frac{1}{l}$

Die erkannten Zusammenhänge lassen sich in der Proportionalität zusammenfassen: $F_G \sim \frac{I \cdot N}{l}$.

Gültigkeitsbedingung: Spule hinreichend lang gegenüber Windungsdurchmesser

Da $B \sim F_G$, ist auch $B \sim \frac{I \cdot N}{l}$. Als Proportionalitätsfaktor wird μ_0 eingeführt. Der Proportionalitätsfaktor ist eine universelle Naturkonstante. Für die magnetische Flußdichte gilt:

$$B = \mu_0 \cdot \frac{I \cdot N}{l} \quad (1)$$

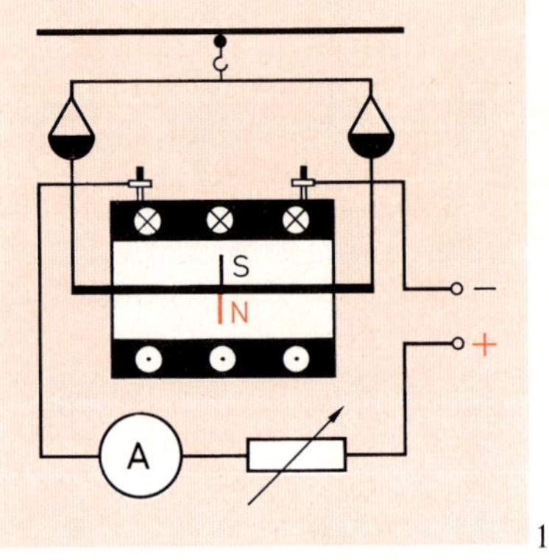

1
Experimentieranordnung zur Untersuchung der magnetischen Flußdichte

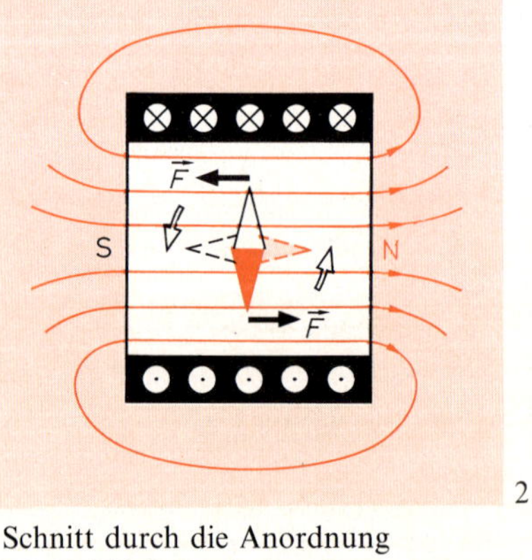

2
Schnitt durch die Anordnung mit Feldlinienverlauf

magnetische Feldkonstante $\mu_0 = 1{,}256 \cdot 10^{-6}\ \mathrm{V \cdot s \cdot A^{-1} \cdot m^{-1}}$

Die Gleichung (1) gilt nur, wenn sich ein Vakuum in der Spule befindet. Bringt man einen Eisenkern in die Spule, so nimmt die Kraft auf einen Probekörper stark zu. Für solche Fälle muß in die Gleichung ein weiterer Faktor eingefügt werden, der den Einfluß des jeweiligen Stoffes berücksichtigt. Es ist die **Permeabilitätszahl μ_r**. Die Permeabilitätszahl ist eine Stoffkonstante. Sie gibt an, wievielmal so groß die magnetische Flußdichte wird, wenn sich statt Vakuum ein bestimmter Stoff in der Spule befindet. Die Permeabilitätszahl μ_r ist nicht nur vom Stoff, sondern auch von der Stärke des Magnetfeldes und von der Temperatur abhängig.
In Spulen mit Kernen großer Permeabilitätszahlen ist es möglich, viel magnetische Energie zu speichern.
Damit ergibt sich:

magnetische Flußdichte im Inneren einer Spule

$$B = \mu_r \cdot \mu_0 \cdot \frac{I \cdot N}{l}$$

Gültigkeitsbedingung: homogenes Magnetfeld im Inneren einer langen, dünnen Spule

I Stromstärke
N Windungszahl
l Länge der Spule
μ_0 magnetische Feldkonstante
μ_r Permeabilitätszahl

Ferromagnetismus

Ein Körper aus Eisen verstärkt das Magnetfeld einer stromdurchflossenen Spule. Er wird dabei selbst magnetisiert, d. h., er wirkt dadurch wie ein Magnet. Diese Erscheinung nennt man **Ferromagnetismus**. Für Eisen erreicht die Permeabilitätszahl μ_r Beträge bis zu 8000. Das bedeutet, daß durch Eisen die magnetische Flußdichte einer Spule bis zu 8000 mal so groß wird. Durch Nickel kann die magnetische Flußdichte bis zu 1100 mal so groß werden. Bestimmte Nickel-Eisen-Legierungen haben Permeabilitätszahlen bis zu 300000.
Die Eigenschaft, das Magnetfeld einer stromdurchflossenen Spule zu verstärken, besitzen nur wenige Stoffe. Es sind die chemischen Elemente Eisen, Kobalt, Nickel und einige seltene Erden, wie Gadolinium, sowie einige Verbindungen und Legierungen. Sie heißen ferromagnetische Stoffe. Die Tatsache, daß auch Legierungen aus nichtferromagnetischen Stoffen, z. B. aus Kupfer und Mangan, Ferromagnetismus zeigen, deutet darauf hin, daß der Ferromagnetismus keine Atomeigenschaft, sondern eine Kristalleigenschaft ist. Ferromagnetismus tritt nur bei ganz bestimmten Kristallgitterformen auf. Die Herstellung von Körpern aus ferromagnetischen Stoffen, wie z. B. keramischer Magnete, wurde erst möglich, als es gelang, geeignete Kristallgitterformen zu schaffen.
Weißsche Bezirke. Der französische Physiker PETER WEISS (1865 bis 1940) erkannte, daß im Kristall Bereiche existieren, die sich wie kleine Magnete, sogenannte Elementarmagnete, verhalten. Sie wurden nach ihm Weißsche Bezirke genannt und haben Abmessungen von 0,01 mm bis 0,1 mm. Diese Weißschen Bezirke sind im Kristall ganz unterschiedlich ausgerichtet. Deshalb wird bei einem Stück Eisen der Magnetismus der einzelnen

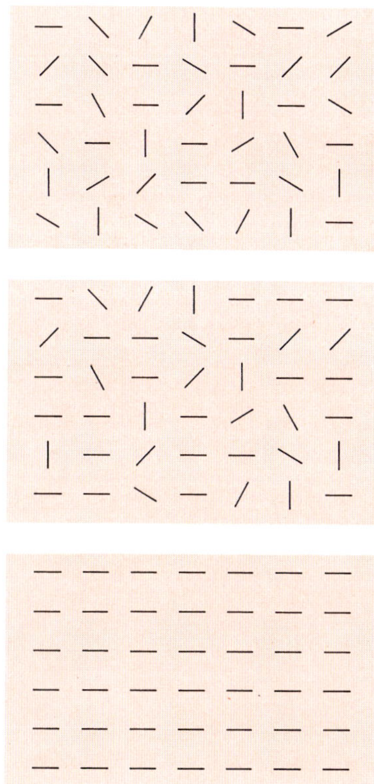
1
2
3
Modell für die Ausrichtung Weißscher Bezirke beim Magnetisieren

Weißschen Bezirke nach außen hin nicht wirksam. Wird das Stück aber in eine stromdurchflossene Spule gebracht, so richten sich die Weißschen Bezirke teilweise aus. Dadurch verstärken sie das Magnetfeld der Spule. Dieser Vorgang ist kompliziert, da auch Wandverschiebungen zwischen den Weißschen Bezirken auftreten. Bild 1, S. 133, zeigt ein einfaches Modell dieser Magnetisierung. Zunächst zeigen die einzelnen Magnetnadeln, die die Weißschen Bezirke veranschaulichen, in unterschiedlichen Richtungen. Bild 2, S. 133, zeigt eine teilweise Ausrichtung. Bild 3, S. 133, zeigt die vollständige Ausrichtung.

Für die Existenz Weißscher Bezirke gibt es mehrere experimentelle Belege. Bild 1 zeigt ein dünnes Blättchen eines ferromagnetischen Kristalls. Es wurde mit polarisiertem Licht durchleuchtet und durch einen Polarisationsfilter fotografiert. Die sichtbaren magnetischen Strukturen verändern sich, wenn man dem Kristall langsam einen Magneten nähert.

Die Tatsache, daß die Permeabilitätszahl eines Stoffes mit zunehmender Magnetisierung immer kleinere Werte erreicht, ist ebenfalls ein Beleg für die Existenz der Weißschen Bezirke. Bei kleiner Magnetisierung richten sich bereits viele Weißsche Bezirke aus. Später werden es immer weniger. Irgendwann sind dann alle Weißschen Bezirke ausgerichtet.

Eine Erhöhung der Temperatur wirkt dieser Ausrichtung entgegen. Deshalb wird die Permeabilitätszahl kleiner, wenn der ferromagnetische Stoff erwärmt wird.

Auch der Barkhausen-Effekt und die Hystereseschleife belegen die Existenz Weißscher Bezirke.

Barkhausen-Effekt. Das Umklappen der einzelnen Weißschen Bezirke kann auch hörbar gemacht werden. Um das zu erreichen, brachte HEINRICH BARKHAUSEN (1881 bis 1956) einen dünnen Eisendraht in eine Spule mit vielen Windungen. Die Spulenenden hatte er über einen Verstärker mit einem Lautsprecher verbunden (Bild 2). Näherte er nun dem Eisendraht sehr langsam einen Magneten, so hörte man im Lautsprecher ein Rauschen. Entfernte er den Magneten wieder, trat das Rauschen abermals auf.

Verwendet man anstelle des Eisendrahtes einen Stahldraht, so hört man das Rauschen nur beim Annähern des Magneten deutlich. Beim Entfernen kann man es nur ganz schwach wahrnehmen.

Beim Annähern des Magneten wird der Stahldraht magnetisiert. Beim Entfernen bleibt der magnetische Zustand erhalten, d. h., die Weißschen Bezirke klappen nicht wieder in die ursprüngliche Lage zurück.

Curie-Temperatur. Erwärmt man Körper aus Eisen, Kobalt oder Nickel, so verändert sich bei einer bestimmten Temperatur ihr Kristallgitter. In dieser neuen Kristallform sind keine Weißschen Bezirke vorhanden; die Stoffe haben keine ferromagnetischen Eigenschaften mehr. Diese Erscheinung entdeckte der französische Physiker PIERRE CURIE (1859 bis 1906). Ihm zu Ehren nennt man die Umwandlungstemperatur Curie-Temperatur. Die Curie-Temperatur von Eisen liegt bei 770 °C, von Kobalt bei 1120 °C und von Nickel bei 360 °C.

Das Verschwinden des Ferromagnetismus bei der Curie-Temperatur läßt sich zeigen. Man spannt einen Stahldraht, der von elektrischem Strom durchflossen wird, dicht unter einem Magneten auf (Bild 3). Zunächst wird der Draht vom Magneten angezogen. Mit zunehmender Stromstärke erwärmt sich der Draht bis auf die Curie-Temperatur (schwache Rotglut). Er fällt vom Magneten ab. Wird die Stromstärke verringert, sinkt die Temperatur. Der Draht wird wieder angezogen.

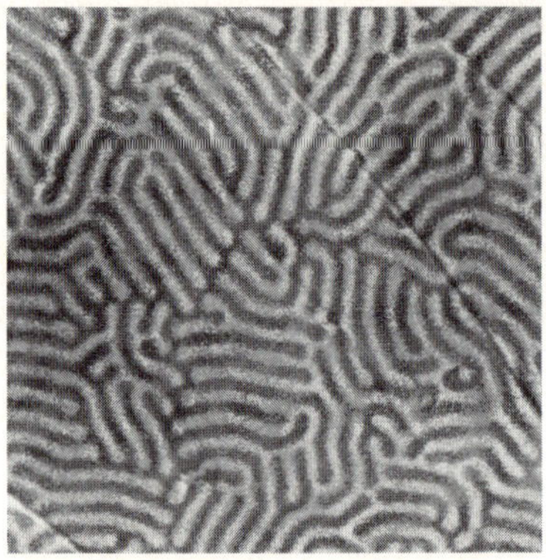
1

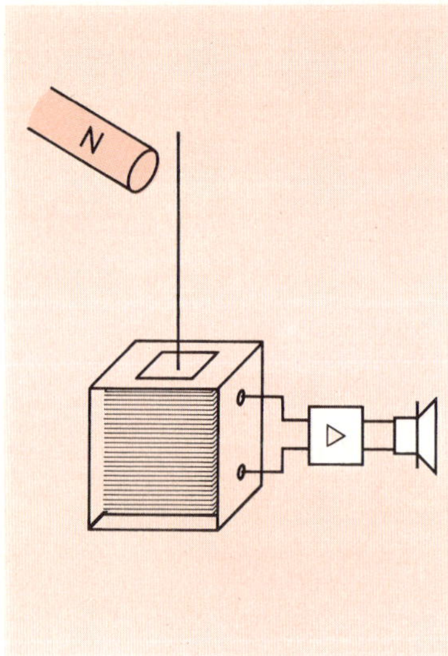

2

Anordnung zum Barkhausen-Effekt

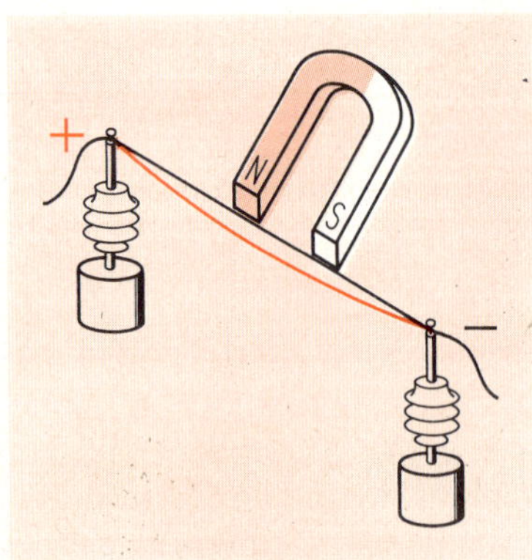

3

Ein Stahldraht wird von einem Magneten angezogen.
Der glühende Stahldraht fällt vom Magneten ab.

Die magnetische Feldstärke. Bisher wurde das magnetische Feld mit dem Begriff magnetische Flußdichte beschrieben. Sie erfaßt alle Größen, die für die Kennzeichnung des magnetischen Feldes bedeutsam sind (elektrische Stromstärke, Windungszahl und Länge bei einer Zylinderspule). Weiterhin charakterisiert sie den Einfluß des Stoffes, der sich in der Spule befindet. Auf diese Weise kennzeichnet sie z. B. die erhebliche Verstärkung des Magnetismus durch einen Eisenkern.
Für bestimmte Zwecke ist es jedoch zweckmäßig, beide Anteile, die von Einfluß auf die Stärke des Magnetfeldes sind, zu trennen. Deshalb hat man eine weitere Größe zur Beschreibung des magnetischen Feldes eingeführt, die **magnetische Feldstärke.** Diese erfaßt nur den Einfluß des felderzeugenden Teils und nicht die verstärkende Wirkung durch den Stoff. Für die magnetische Feldstärke wurde, ausgehend von der Gleichung für die magnetische Flußdichte $B = \mu_r \cdot \mu_0 \cdot \frac{I \cdot N}{l}$, festgelegt:

magnetische Feldstärke in einer Zylinderspule $$H = \frac{I \cdot N}{l}$$

Gültigkeitsbedingung: Länge der Spule groß gegenüber dem Durchmesser der Spule

Die Einheit der magnetischen Feldstärke ist Ampere je Meter ($A \cdot m^{-1}$).

Aus der Gleichung für die magnetische Flußdichte $B = \mu_r \cdot \mu_0 \cdot \frac{I \cdot N}{l}$ ergibt sich weiterhin als Beziehung zwischen magnetischer Flußdichte und magnetischer Feldstärke

$$B = \mu_0 \cdot \mu_r \cdot H . \quad (2)$$

Wie die magnetische Flußdichte, so ist auch die magnetische Feldstärke eine vektorielle Größe. Sie hat die gleiche Richtung wie die magnetischen Feldlinien. Befindet sich in der Spule ein Vakuum, reduziert sich die Gleichung (2) zu $B = \mu_0 \cdot H$. Da μ_0 eine Naturkonstante ist, folgt daraus:

Die magnetische Flußdichte B ist im Vakuum der magnetischen Feldstärke proportional. $$B \sim H$$

Befindet sich jedoch ein ferromagnetischer Stoff in der Spule, so hängt die magnetische Flußdichte in starkem Maße von der magnetischen Feldstärke ab. Bei kleiner Feldstärke besteht Proportionalität zwischen beiden Größen. Bei größeren Feldstärken nimmt die magnetische Flußdichte immer weniger stark zu.
Die Hystereseschleife. Die Beziehung zwischen magnetischer Feldstärke und magnetischer Flußdichte bei einer Spule mit Eisenkern läßt sich sehr anschaulich in Form einer Kurve darstellen.

Experiment 4
Eine Spule wird über einen Strommesser mit einem Stromversorgungsgerät verbunden (Bild 1). Die stromdurchflossene Spule hat ein Magnetfeld mit der magnetischen Feldstärke H. In die Spule bringt man einen Eisenkern aus zwei Teilen. Im Spalt zwischen diesen befindet sich eine Hallsonde. Sie mißt dort die magnetische Flußdichte. Die Stromstärke wird – von Null beginnend – schrittweise bis auf einen Höchstwert gesteigert, dann bis auf einen Minimalwert verringert, anschließend wieder vergrößert usw.

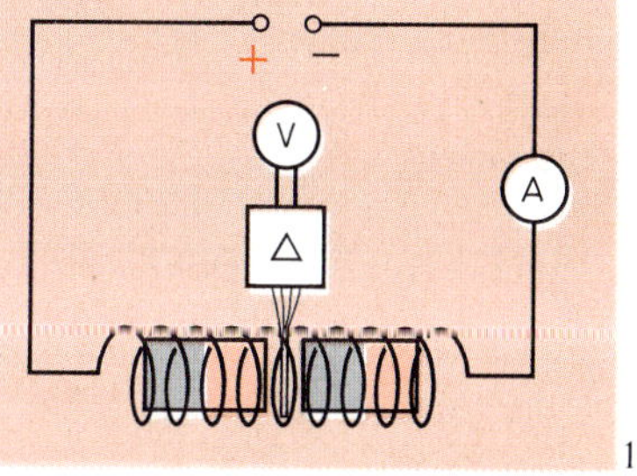

1

Um die Beziehung zwischen magnetischer Feldstärke und magnetischer Flußdichte grafisch zu veranschaulichen, werden die Beträge für *H* auf der Abszisse, die Beträge für *B* auf der Ordinate dargestellt (Bild 1).
Das Experiment wird mit einem Stahlkern gleicher Abmessungen wiederholt.
Die Ergebnisse beider Experimente sind in den Bildern 1 und 2 grafisch dargestellt.
Eine auf diese Weise entstandene Kurve nennt man **Hystereseschleife.** Sie behält bei Fortführung der Experimente ihre Form. Nur der vom Koordinatenursprung zur rechten oberen Spitze verlaufende Kurventeil, die *Neukurve*, tritt nur zu Beginn des Experiments auf.
Wie ist der Verlauf der Hystereseschleife zu interpretieren? Zu Beginn des Experiments ist das Eisen noch nicht magnetisiert. Bei der magnetischen Feldstärke Null ist auch die magnetische Flußdichte Null. Wird die magnetische Feldstärke vergrößert, so wächst die magnetische Flußdichte zunächst stark, dann immer schwächer.
Bei zunehmender magnetischer Feldstärke klappen zunächst immer mehr Weißsche Bezirke um. Das kann sich jedoch nur so lange fortsetzen, bis alle Weißschen Bezirke ausgerichtet sind. Dann tritt eine Sättigung auf. Die Kurve nähert sich immer mehr einer Parallelen zur *H*-Achse.
Sinkt die magnetische Feldstärke, so wiederholen sich die Vorgänge in umgekehrter Weise. Bei der magnetischen Feldstärke Null bleiben jedoch noch einige Weißsche Bezirke ausgerichtet. Das Eisen zeigt einen gewissen *Restmagnetismus.* Erst durch ein magnetisches Gegenfeld tritt wieder die ursprüngliche unregelmäßige Ausrichtung dieser Bezirke ein.
Beim Stahlkern (Bild 2) ist dieser Restmagnetismus größer. Es ist ein stärkeres Gegenfeld erforderlich, um ihn zu beseitigen. Im Falle negativer magnetischer Feldstärke treten dann entsprechende Vorgänge auf, die zu einem analogen Verlauf der Hystereseschleife führen.
Je größer der Flächeninhalt einer Hystereseschleife (bei gleichen Abmessungen des Eisenkerns) ist, um so größer ist auch der Restmagnetismus. Für Dauermagnete benötigt man Stoffe mit großem Restmagnetismus (dicke Hystereseschleife). Für Transformatoren und Wechselstrommotoren stellt man Eisen mit einer möglichst schlanken Hystereseschleife her.

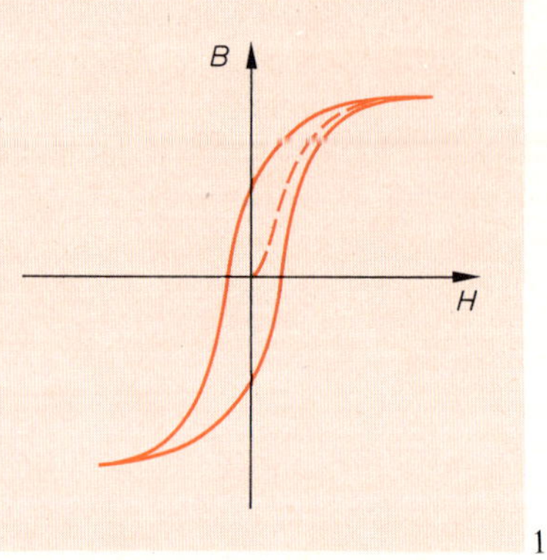

1
Hystereseschleife von Weicheisen

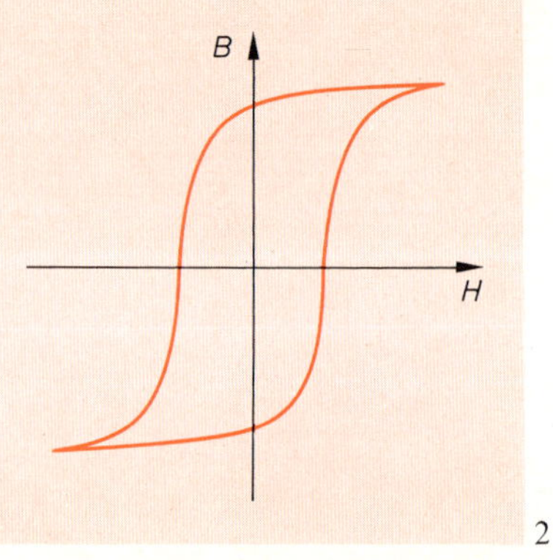

2
Hystereseschleife von Stahl

Lorentzkraft

Ein gerader, stromdurchflossener Leiter, der sich in einem Magnetfeld befindet, unterliegt einer Kraft. Ihr Betrag errechnet sich aus der Gleichung $B = \frac{F}{I \cdot l}$ zu

$$F = B \cdot I \cdot l. \quad (3)$$

Diese Kraft müßte auch auf Ladungsträger wirken, die sich nicht in einem metallischen Leiter, sondern im Vakuum bewegen.

Experiment 5
In einer Elektronenstrahlröhre wird ein Elektronenbündel erzeugt (Bild 3). Die im Vakuum vorhandenen Edelgasatome zeigen durch rotes Leuchten die Bahn der Elektronen an. Bringt man einen Magneten in die Nähe der Röhre, so daß die magnetischen Feldlinien senkrecht zur Bewegungsrichtung der Elektronen verlaufen, so ändert das Elektronenbündel seine Richtung (Bild 4).

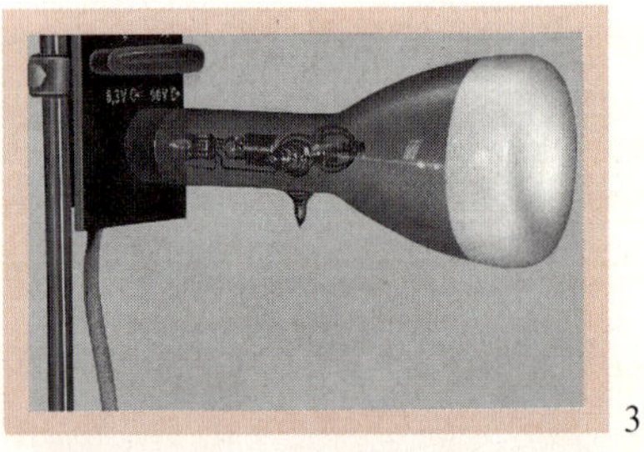
3

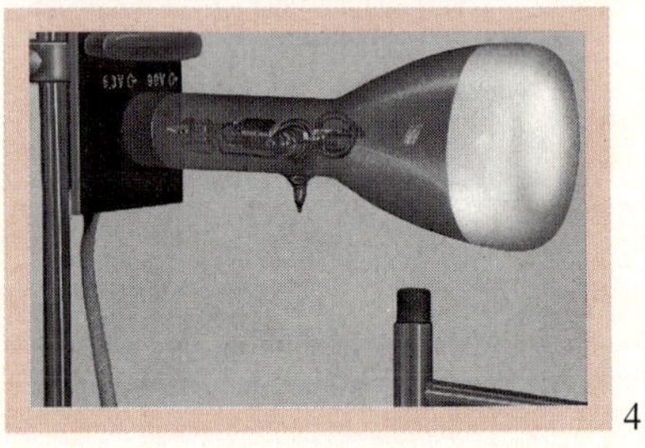
4

Diese Kraft, die auf ein bewegtes elektrisch geladenes Teilchen im Magnetfeld wirkt, nennt man **Lorentzkraft.** Wovon hängt der Betrag der Lorentzkraft ab?
Die Gleichung für die Lorentzkraft wollen wir, ausgehend von unseren Kenntnissen, auf theoretischem Wege herleiten.
Für die elektrische Ladung gilt: $Q = I \cdot t$ und damit für die elektrische Stromstärke

$$I = \frac{Q}{t}. \quad (4)$$

Setzt man (4) in (3) ein, so ergibt sich $F = \frac{Q \cdot l \cdot B}{t}$.

$\frac{l}{t}$ ist die Geschwindigkeit v, mit der sich die Ladung bewegt.
Deshalb gilt: $F = Q \cdot v \cdot B$.

Hat der Ladungsträger die Ladung e (Elektron e^-, Positron e^+, Proton e^+) gilt:

Wenn sich ein Teilchen mit der Elementarladung e in einem Magnetfeld senkrecht zu den magnetischen Feldlinien bewegt, so unterliegt es der Lorentzkraft F_L.

$$F_L = e \cdot v \cdot B$$

Gültigkeitsbedingungen: $\vec{F}_L \perp \vec{v}$, $\vec{F}_L \perp \vec{B}$, $\vec{v} \perp \vec{B}$

Die Interpretation der Gleichung für die Lorentzkraft

- Die Kräfte auf positiv und negativ geladene Teilchen sind entgegengesetzt gerichtet. Unter sonst gleichen Bedingungen ist der Betrag der Kraft in beiden Fällen gleich groß.
- Da die Lorentzkraft immer senkrecht zur Bewegungsrichtung wirkt, ändert sie nur die Richtung, jedoch nicht den Betrag der Geschwindigkeit.
- Bewegen sich die Ladungsträger parallel zu den magnetischen Feldlinien, so übt das magnetische Feld keine Kraft auf sie aus.

Die spezifische Ladung des Elektrons

Die Ablenkung bewegter elektrischer Ladungsträger im Magnetfeld ermöglicht es, weitere wichtige mikrophysikalische Größen, wie die Masse des Elektrons und des Protons, zu bestimmen. Das erfolgt über die spezifische Ladung dieser Teilchen, den Quotienten $\frac{e}{m}$.

Da es möglich ist, mit der Anordnung von MILLIKAN die Ladung eines Elektrons, die Elementarladung e, zu ermitteln, läßt sich aus dieser und der spezifischen Ladung des Elektrons leicht die Masse des Elektrons und in analoger Weise die Masse des Protons bestimmen.

Experiment 6
In einem Fadenstrahlrohr befindet sich ein Edelgas unter vermindertem Druck. Wie in einer Elektronenstrahlröhre wird ein Elektronenbündel erzeugt (Bild 1). Da die Elektronen im Fadenstrahlrohr mit den Edelgasatomen zusammenstoßen, leuchtet die Bahn des Elektronenstrahls rot und kann gut verfolgt werden.

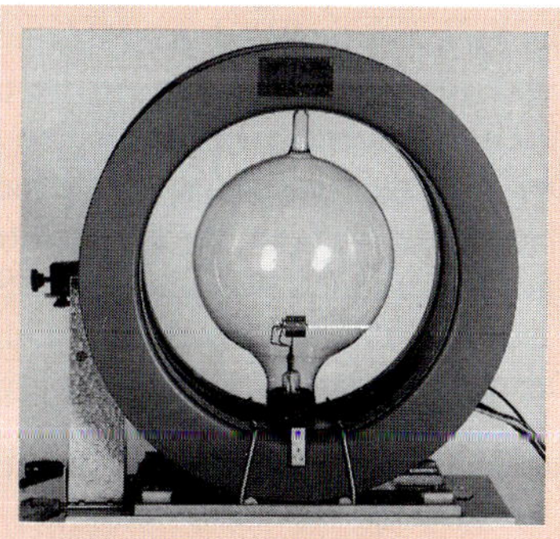

1

Exkurs in die Technik

Elektronenmikroskop. In Elektronenmikroskopen wird das Objekt im Vakuum von einem Elektronenbündel durchstrahlt. Der Abbildungsvorgang verläuft ähnlich wie beim Lichtmikroskop (Bild 2). Dabei werden jedoch magnetische Linsen verwendet (Bild 3), und das Bild wird auf einem Fluoreszenzschirm erzeugt. Bild 1 zeigt eine einfache Linse, die aus einem Dauermagneten besteht, und Bild 4 den Verlauf der magnetischen Feldlinien im Schnitt. Da die Elektronen gegenüber sichtbarem Licht eine wesentlich kleiner „Wellenlänge" besitzen, ist das Auflösungsvermögen eines Elektronenmikroskops um den Faktor 100 bis 1000 besser als das eines Lichtmikroskops.

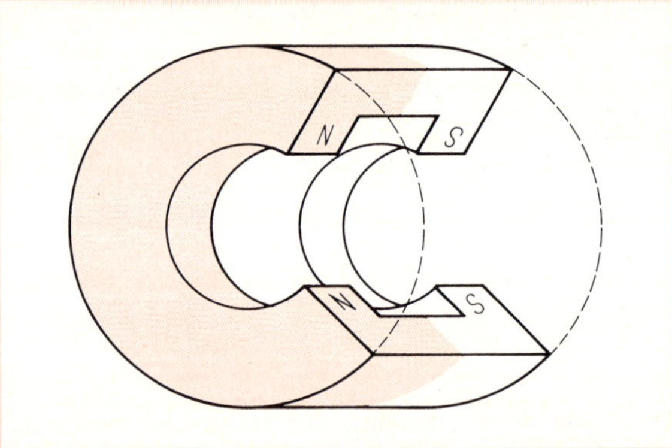

1
Linse eines Elektronenmikroskops

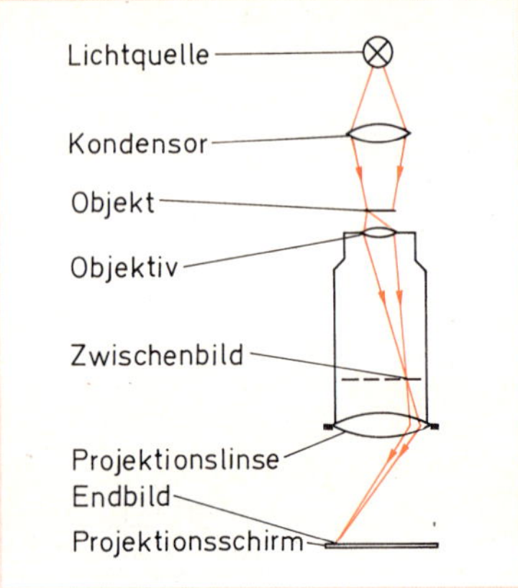

2
Aufbau und Strahlengang im Lichtmikroskop

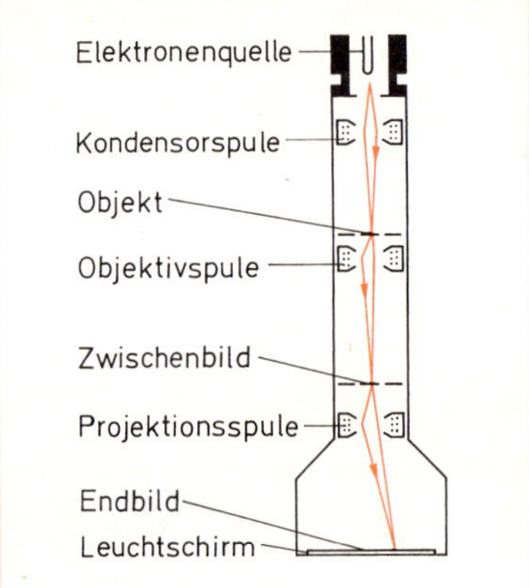

3
Aufbau und Strahlengang im Elektronenmikroskop

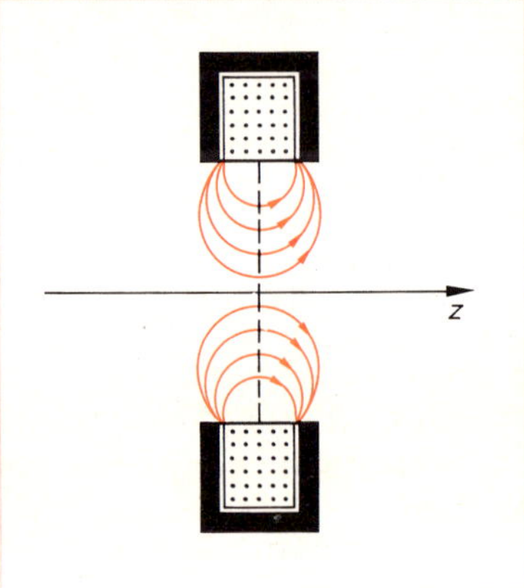

4
Feldlinienverlauf an einer magnetischen Linse

Teilchenbeschleuniger und Kernfusionsanlagen. Um bestimmte Kernreaktionen auszulösen, bedarf es sehr energiereicher Teilchen, die auf die Atomkerne geschossen werden. Ihre große kinetische Energie erhalten diese in Teilchenbeschleunigern. Damit diese Geräte keine zu großen Abmessungen besitzen, durchlaufen die Teilchen während ihrer Beschleunigung oft viele tausend Male kreisähnliche Bahnen. Die Teilchen werden auf diesen Bahnen durch Elektromagnete geführt, in denen die geladenen Teilchen ähnlich wie beim Fadenstrahlrohr der Lorentzkraft unterliegen (Bild 5). Mit zunehmender Geschwindigkeit ist eine immer größere Radialkraft erforderlich, um die Teilchen auf der Kreisbahn zu halten. Deshalb nimmt bei der Beschleunigung jeder Teilchengruppe die magnetische Flußdichte allmählich zu, bis die Teilchen ihre Endgeschwindigkeit erreicht haben.

Auch in Kernfusionsanlagen, z. B. vom Typ Tokamak, werden die geladenen Teilchen des Plasmas durch Magnetfelder im inneren Teil der Plasmakammer zusammengehalten. Die Felder sehr starker Elektromagnete lenken die geladenen Teilchen immer wieder ins Innere der Kammer zurück. Dadurch wird nur wenig thermische Energie an die Gefäßwandungen übertragen. So wird es möglich, sehr hohe Temperaturen zu erzeugen.

5
Großer Kreisbeschleuniger

Exkurs in die Geschichte

Der Massenspektrograf von J. J. THOMSON. Mit der Entwicklung der Chemie gelang es immer besser, unterschiedliche chemische Stoffe voneinander zu trennen. Bei der Analyse chemischer Elemente fiel auf, daß die relativen Atommassen einiger chemischer Elemente erheblich von ganzen Zahlen abweichen. Das schien der Auffassung zu widersprechen, daß alle Atome aus wenigen Arten gleicher Teilchen aufgebaut sind. Während man für Wasserstoff eine relative Atommasse von rund 1 ermittelte, für Kohlenstoff von 12 und für Stickstoff von 14, fand man für Chlor eine relative Atommasse von 35,45. Deshalb nahm man an, daß die Atome eine Mischung mehrerer Atomsorten darstellen. Den Nachweis der Richtigkeit dieser Annahme erbrachte 1911 JOSEF JOHN THOMSON mit seinem Massenspektrografen.

THOMSON benutzte in seinem Gerät ein elektrisches Feld und ein am gleichen Ort wirkendes magnetisches Feld (Bild 1).

Durch diese Felder schickte er einen dünnen Ionenstrahl und ließ ihn in einiger Entfernung auf einen Fluoreszenzschirm treffen. Gleichartige Ionen gleicher Geschwindigkeit werden durch das elektrische Feld um einen bestimmten Betrag nach unten und durch das magnetische Feld um einen bestimmten Betrag zur Seite abgelenkt. Sie erreichen den Schirm z. B. in dem markierten Punkt P im Bild 2. Wenn diese Ionen langsamer sind, werden sie sowohl in y- als auch in z-Richtung stärker abgelenkt. Bei größerer Geschwindigkeit ist diese Ablenkung geringer. Alle gleichartigen Ionen treffen damit trotz unterschiedlicher Geschwindigkeit auf dem gezeichneten Parabelast auf. Befinden sich im Strahl außerdem Ionen der gleichen Ladung aber größerer Masse, so tritt eine geringe Ablenkung in y- und z-Richtung auf. So ist festzustellen, wieviele Ionenarten sich im Ionenstrahl befinden und wie groß ihre Massen sind. Für Chlor fand man, daß es aus Atomen mit den relativen Atommassen 35 und 37 besteht. Aus deren Anteilen folgt die relative Atommasse von 35,45 für Chlor.

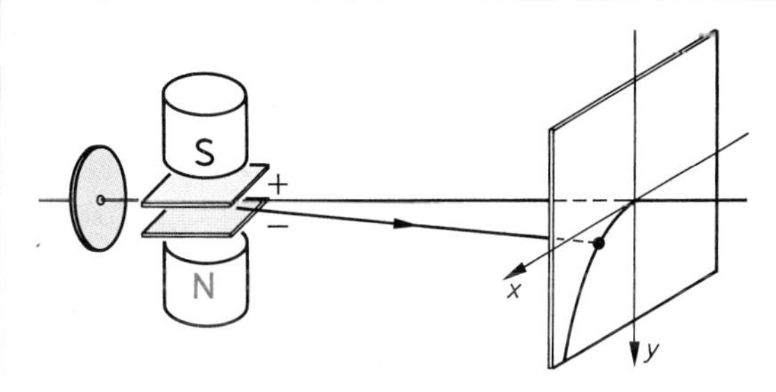

1

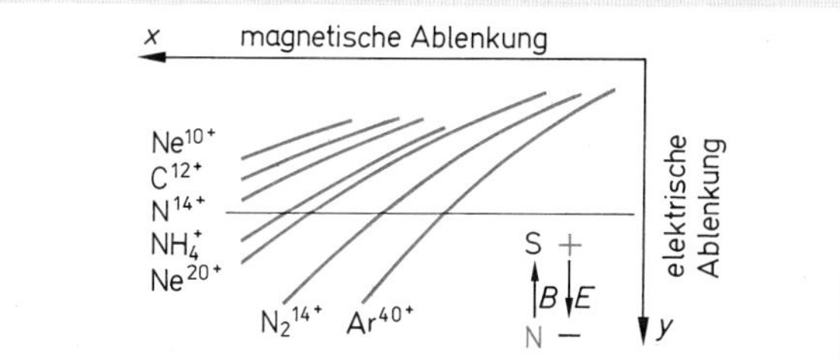

2

Zusammenfassung

Feldart	elektrostatisches Feld	magnetostatisches Feld
Ort der physikalischen Erscheinung	Raum um ruhende elektrische Ladungen	Raum um Dauermagnete oder stromdurchflossene Leiter
Quelle des Feldes	ruhende elektrische Ladungen	bewegte elektrische Ladungen
Nachweis des Feldes	Kraft auf Probeladung	Kraft auf Magnetpole oder stromdurchflossene Leiter
Feldgrößen	$E = \frac{F}{Q} \quad \vec{F} \parallel \vec{E}$	$B = \frac{F}{J \cdot l} \quad \vec{F} \perp \vec{B}$
Feldkonstante	$e_0 = 8.86 \cdot 10^{-12} \frac{\mathrm{A \cdot s}}{\mathrm{V \cdot m}}$	$\mu_0 = 1{,}256 \cdot 10^{-6} \frac{\mathrm{V \cdot s}}{\mathrm{A \cdot m}}$
Feldlinien	beginnen und enden an den Ladungen	sind in sich geschlossene Linien

Gewußt? Erkannt? Gekonnt?

1. Zeichnen Sie die Feldlinienbilder für folgende Anordnungen von Magneten (Bild 1)!

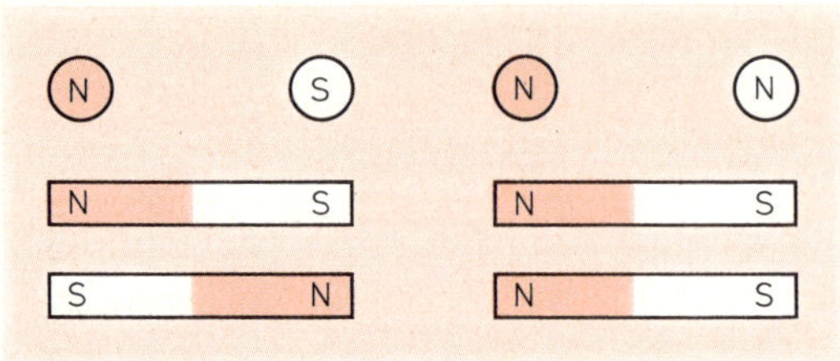

1

2. Welche Informationen lassen sich aus einem magnetischen Feldlinienbild gewinnen?
3. Beschreiben Sie die Gemeinsamkeiten und die Unterschiede zwischen einem Feldlinienbild und einem Stromlinienbild!
4. Vergleichen Sie die in den Bildern 4 und 5, S. 117, dargestellten elektrostatischen und die in den Bildern 5 bis 7, S. 128, dargestellten magnetostatischen Felder hinsichtlich ihrer Entstehung und ihrer Beschreibung durch Feldlinienbilder!
5. Welcher wesentliche Unterschied besteht zwischen den Feldlinienbildern des elektrostatischen Feldes und des magnetostatischen Feldes?
6. Vergleichen Sie magnetostatische und elektrostatische Felder hinsichtlich ihrer Entstehung, ihres Nachweises und ihrer Beschreibung durch Feldlinienbilder und physikalische Größen!
7. Ein gerader Leiter (l = 6 cm) wird von einem Strom der Stärke 5 A durchflossen. Er befindet sich vollständig in einem homogenen magnetischen Feld mit einer magnetischen Flußdichte von $0{,}5 \cdot 10^{-2}$ T senkrecht zu den magnetischen Feldlinien. Welche Kraft wirkt auf den Leiter?
8. Mit einer Zylinderspule (l = 20 cm, d = 5 cm) soll eine magnetische Flußdichte von $1{,}5 \cdot 10^{-2}$ T erzeugt werden. Wie groß muß die Anzahl der Windungen bei einer Stromstärke von 6 A sein? Welche Spannung muß angelegt werden, wenn die Stärke des Kupferdrahtes 0,5 mm beträgt und die Spule einlagig gewickelt ist?
9. In einer Luftspule mit 1000 Windungen, einer Länge von 8 cm und einem Widerstand von 12 Ω soll ein magnetisches Feld mit einer magnetischen Flußdichte von $1{,}26 \cdot 10^{-2}$ T erzeugt werden. Welche Spannung muß angelegt werden?
10. Erklären Sie mit der Lorentzkraft die Ablenkung stromdurchflossener Leiter im Magnetfeld!
11. Erklären Sie mit Hilfe der Gesetze der Mechanik, warum sich die kinetische Energie geladener Teilchen im magnetostatischen Feld nicht ändert!
12. Ein Proton tritt mit einer Geschwindigkeit v_0
    a) in ein homogenes elektrisches Feld,
    b) in ein homogenes magnetisches Feld ein.
    Geben Sie Bahnform und Bewegungsart des Protons an!
    Unterscheiden Sie dabei jeweils folgende Fälle hinsichtlich des Eintritts in das Feld:
    – parallel, aber entgegengesetzt zur Richtung der Feldlinien,
    – parallel in gleicher Richtung der Feldlinien,
    – senkrecht zur Richtung der Feldlinien!
13. Ein Proton und ein Elektron dringen mit gleicher Geschwindigkeit senkrecht zu den Feldlinien in ein homogenes Magnetfeld ein. In welchem Verhältnis stehen die Radien ihrer Bahnkurven?
14. Beschreiben Sie das Experiment zur Bestimmung der spezifischen Ladung des Elektrons!
15. Leiten Sie die Gleichung für die spezifische Ladung des Elektrons her!
16. Berechnen Sie aus der spezifischen Ladung die Masse des Elektrons!
17. Auf der Aufnahme einer Nebelkammer, die sich in einem homogenen Magnetfeld ($B = 10^{-2}$ T) befand, ist die Bahnkurve eines Elektrons mit einem Radius von 10 cm zu sehen. Wie groß war die Energie des Elektrons?
18. Welche magnetische Flußdichte muß ein Magnetfeld haben, damit ein mit 2000 V beschleunigtes Elektron auf eine Kreisbahn mit einem Radius von 10 cm gezwungen wird?
19. Am Hals einer Fernsehbildröhre sitzen zwei Spulenpaare S_1 und S_2, zwischen denen jeweils ein Magnetfeld erzeugt wird (Bild 2). Welches Spulenpaar bewirkt die Horizontal- und welches die Vertikalablenkung?

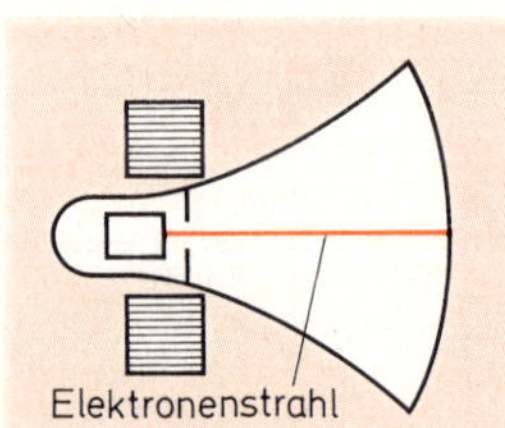

2

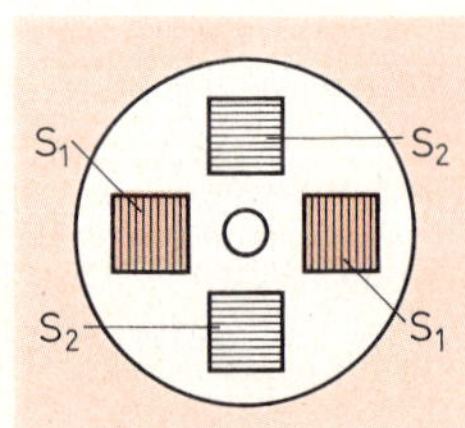

3

Spulenanordnung bei der Braunschen Röhre

20. Die Spulenpaare im Bild 3 sollen durch Plattenpaare zweier Kondensatoren ersetzt werden, zwischen denen je ein elektrisches Feld erzeugt wird (S_1 entspricht dann den Platten P_1 des Kondensators). Durch welchen Kondensator wird der Elektronenstrahl horizontal abgelenkt?

3 Grundlagen der elektromagnetischen Induktion

Grunderscheinungen der elektromagnetischen Induktion

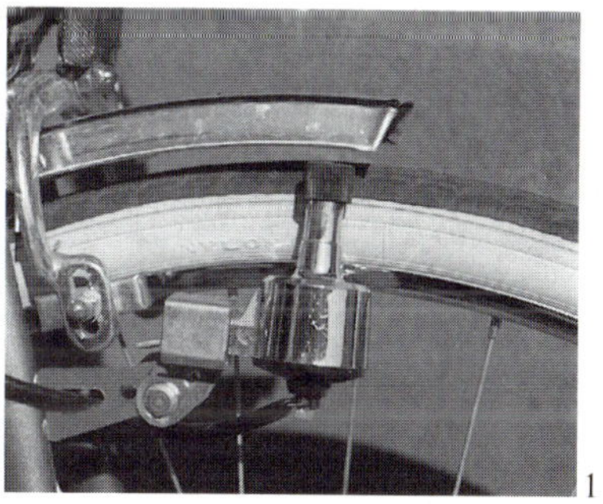
1

Die elektromagnetische Induktion nutzen Sie häufig bei Ihrer Fahrradbeleuchtung (Bild 1). Dreht sich die Welle des Fahraddynamos nicht, so erzeugt er auch keine Spannung. Dreht er sich langsam, so leuchtet die Lampe nur schwach. Wie groß in jedem Falle die Spannung ist, können Sie jedoch nicht berechnen. Dazu müssen Sie den Induktionsvorgang noch genauer untersuchen und beschreiben.

Magnetischer Fluß

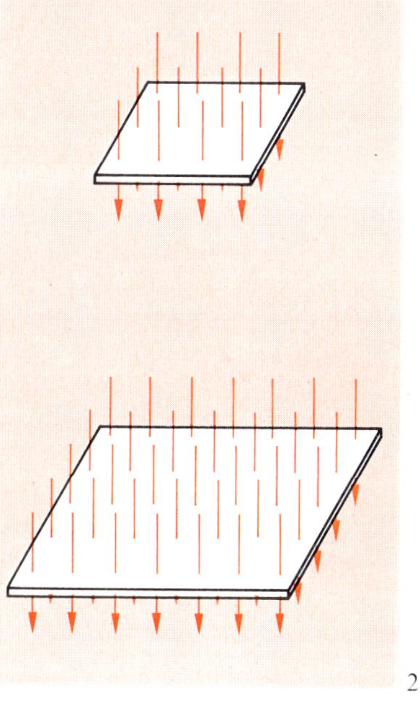
2

Im Bild 2 sind Feldlinienbilder dargestellt. Die Felder haben die gleiche magnetische Flußdichte. Sie unterscheiden sich also nicht in der Stärke, wohl aber in dem Gesamtmagnetismus. Das erste Feld durchsetzt eine größere Fläche als das zweite.
Um diesen wichtigen physikalischen Sachverhalt zu erfassen, wird die physikalische Größe **magnetischer Fluß** eingeführt. Der magnetische Fluß errechnet sich nach der Gleichung $\Phi = A \cdot B$, wobei A die Fläche ist, die von magnetischen Feldlinien senkrecht durchdrungen wird.
Im Feldlinienbild wird der magnetische Fluß durch die Anzahl der Feldlinien gekennzeichnet, die die Fläche durchsetzen.

Der magnetische Fluß Φ gibt an, wie groß der Magnetismus ist, der eine Fläche durchsetzt. $\Phi = B \cdot A$

Gültigkeitsbedingung: Fläche A wird senkrecht von der magnetischen Flußdichte durchsetzt.

B magnetische Flußdichte
A vom magnetischen Fluß durchsetzte Fläche

Die Einheit des magnetischen Flusses ist
$1\ \text{T} \cdot \text{m}^2 = 1\ \text{Wb (Weber)} = 1\ \text{V} \cdot \text{s}$.
Der magnetische Fluß ist um so größer, je größer die magnetische Flußdichte und je größer die vom magnetischen Fluß durchsetzte Fläche ist.
Eine anschauliche Vorstellung vom magnetischen Fluß erhält man, wenn man die auf S. 129 dargestellte Analogie zu einer Wasserströmung beachtet. Auch bei Wasserströmungen ist der „Fluß" des hindurchströmenden Wassers um so größer, je größer die Strömungsgeschwindigkeit und je größer die durchströmte Fläche ist. Dieser Sachverhalt wird im Modell durch die Anzahl der Stromlinien beschrieben, die die Fläche durchsetzt.
Damit wird die Bezeichnung magnetische Flußdichte verständlich.
Die magnetische Flußdichte ist der Quotient aus dem magnetischen Fluß Φ und der senkrecht dazu liegenden Fläche A, die von diesem Fluß durchsetzt wird. $B = \frac{\Phi}{A}$

Induktionsspannungen und Induktionsströme

Die elektromagnetische Induktion ist eine der grundlegenden Erscheinungen der Physik. Die Bilder 1 und 2 zeigen die beiden prinzipiellen Experimentieranordnungen zum Nachweis dieser Erscheinung.

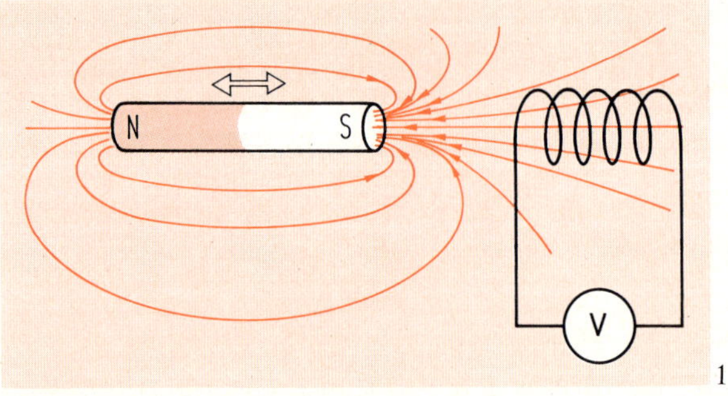

1

Relativbewegung eines Magneten gegenüber einer Induktionsspule

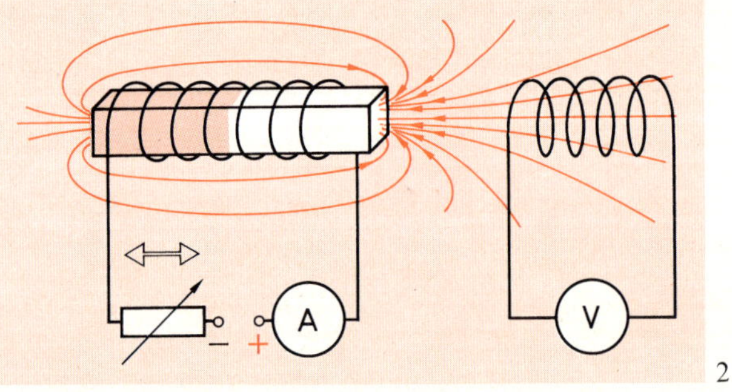

2

Stromstärkeänderung in der Feldspule, der die Induktionsspule gegenübersteht

Die Experimente, die Sie bereits kennen, führten zu folgendem Ergebnis:
In einer Spule wird eine elektrische Spannung induziert, solange sich das von der Spule umfaßte Magnetfeld ändert.
Mit der neueingeführten physikalischen Größe magnetischer Fluß läßt sich diese Bedingung in folgender Weise genauer formulieren:
In einer Spule wird eine elektrische Spannung induziert, solange sich der von der Spule umfaßte magnetische Fluß ändert.
Die Induktionsspannung hängt dabei von den Abmessungen der Spule und der Änderungsgeschwindigkeit des magnetischen Flusses ab.
Die Induktionsspannung besteht zwischen den Enden der Spule (Bild 3).
Ist an der Spule ein ohmsches Bauelement angeschlossen, so tritt außer der Induktionsspannung auch ein Induktionsstrom bestimmter Stärke auf (Bild 4).
Deshalb ist auch die Stärke des Induktionsstromes zur Beschreibung des Induktionsvorganges geeignet.
Befindet sich ein geschlossener metallischer Ring im Bereich des sich ändernden magnetischen Flusses (Bild 5), so tritt nur ein Induktionsstrom auf; ein Spannungsmesser zeigt zwischen allen Punkten des Ringes keine Induktionsspannung an. Derartige Bedingungen liegen beispielsweise beim Rotor im Drehstrommotor (Bild 6) und beim Induktionshärten (Bild 7) vor.
Es muß deshalb von Fall zu Fall entschieden werden, ob bei Messungen und Beschreibungen von Vorgängen der elektromagnetischen Induktion eine Beschränkung auf Induktionsspannungen oder Induktionsstromstärken zweckmäßig ist.

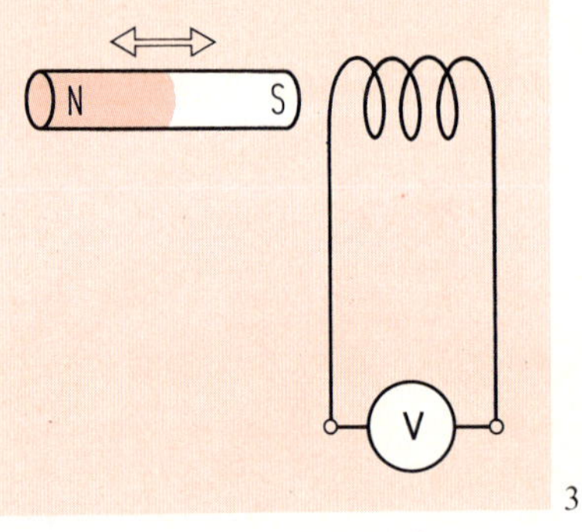

3

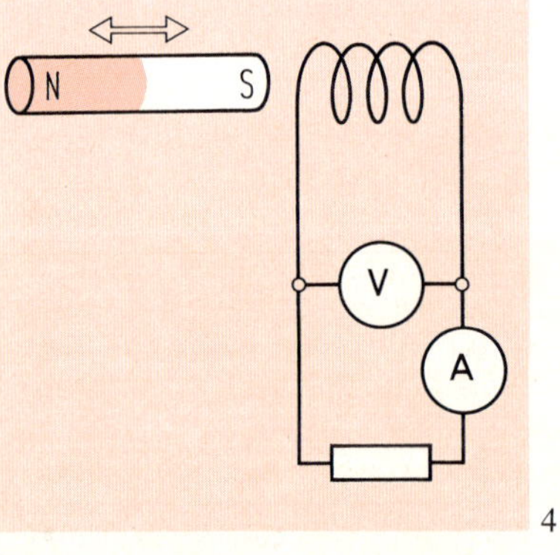

4

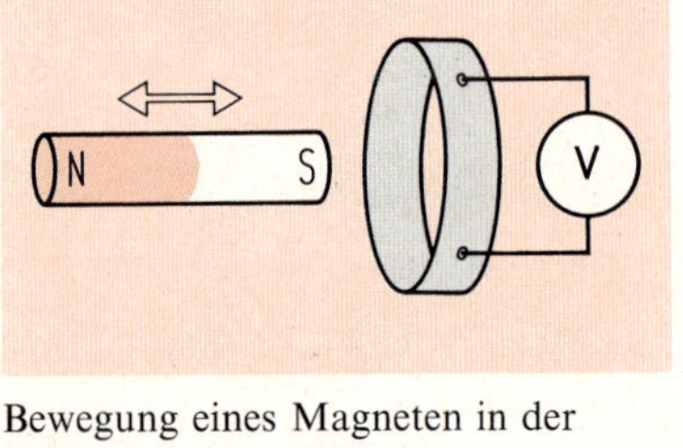

5

Bewegung eines Magneten in der Nähe eines Metallringes

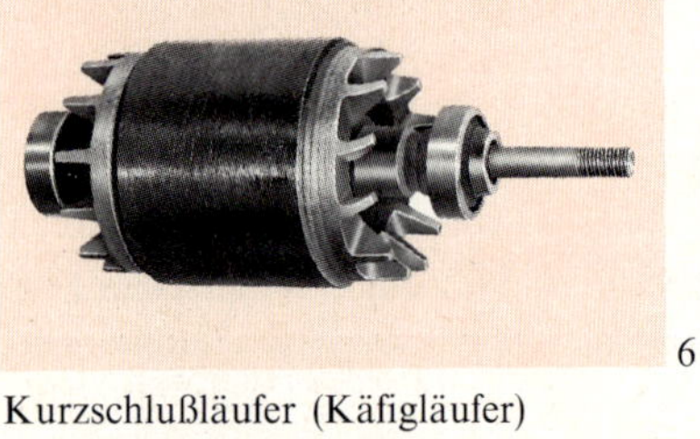

6

Kurzschlußläufer (Käfigläufer) eines Drehstrommotors

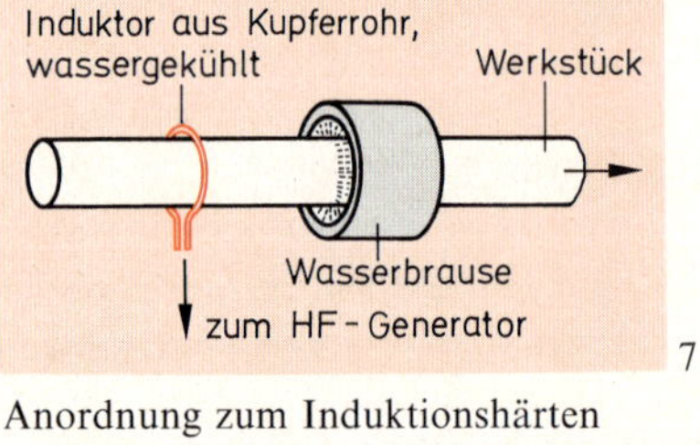

7

Anordnung zum Induktionshärten

Induktionsgesetz

In jedem Generator ändert sich der Betrag der magnetischen Flußdichte nicht. So wird beispielsweise das Magnetfeld in einem Fahrraddynamo durch keramische Magnete erzeugt.

Induktionsspannung im zeitlich konstanten Magnetfeld

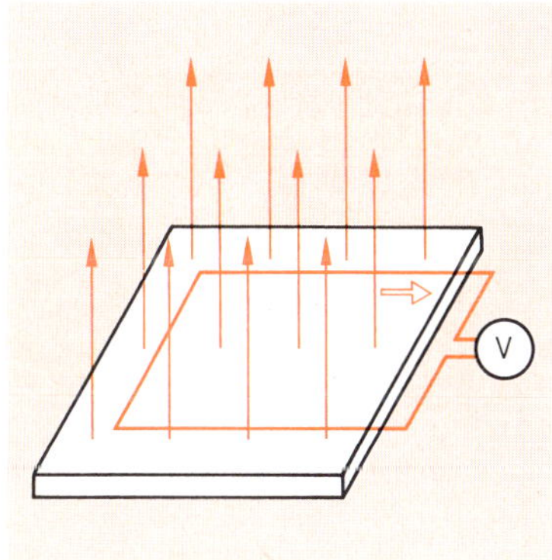

1

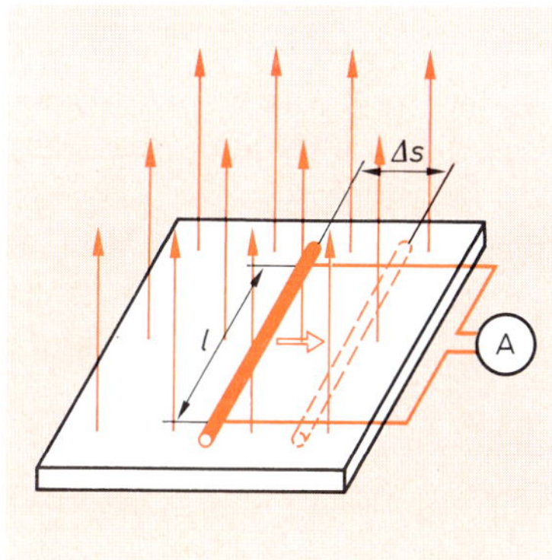

2

Zur Untersuchung der elektromagnetischen Induktion im zeitlich konstanten Magnetfeld ist sehr gut ein großer keramischer Magnet geeignet, auf dessen Oberseite sich ein magnetischer Pol (z. B. der Nordpol) befindet (Bild 1). Zieht man eine Leiterschleife aus dem Feld des Magneten heraus, so tritt an deren Enden eine Induktionsspannung auf.
Wir wissen bereits, daß die Induktionsspannung um so größer ist, je schneller die Bewegung der Leiterschleife umschlossenen Fläche ist, d. h., je größer die Änderung des magnetischen Flusses ist, der von der Leiterschleife umschlossen wird.
Um die Beziehungen zwischen der Induktionsspannung und den einzelnen Faktoren, die einen Einfluß auf die Induktionsspannung haben, mathematisch darstellen zu können, verändern wir die experimentelle Anordnung im Bild 1 geringfügig. Wir legen einen beweglichen Leiter quer über einen keramischen Magneten (Bild 2).
Der Magnet liefert wieder ein homogenes magnetisches Feld konstanter magnetischer Flußdichte B. In der Ebene senkrecht zu den magnetischen Feldlinien bilden die Führungsschienen und der Leiter eine Leiterschleife, die mit einem Strommesser verbunden ist. Jetzt bewegt sich nicht die gesamte Leiterschleife, sondern nur unser aufgelegtes Leiterstück der Länge l, und zwar senkrecht zu den Feldlinien um die Strecke Δs.
Durch die Bewegung des Leiterstücks wird die von der Leiterschleife umschlossene Fläche und damit der umschlossene magnetische Fluß verändert. Bei gleichförmiger Bewegung tritt ein Induktionsstrom konstanter Stromstärke auf.
Wird ein Leiter in einem konstanten Magnetfeld von einem Strom der Stärke I durchflossen, so wirkt auf ihn die Kraft $F = B \cdot I \cdot l$. Diese Kraft ist der Bewegung des Leiterstücks entgegengerichtet. Da beim Induktionsvorgang ein Strom der Stromstärke I fließt, muß eine im Betrag gleich große, aber entgegengesetzt gerichtete Kraft aufgewandt werden, um den Leiter zu bewegen. Dabei wird mechanische Energie in elektrische Energie umgewandelt, und es gilt aufgrund des Satzes von der Erhaltung der Energie:
mechanische Arbeit = elektrische Arbeit $\qquad W_{mech} = W_{el} \quad (1)$
Die mechanische Arbeit errechnet sich nach der Gleichung
$W_{mech} = F \cdot \Delta s$.
Hieraus folgt $W_{mech} = I \cdot B \cdot l \cdot \Delta s$.
Für die vom Leiterstück überstrichenen Fläche gilt $A = l \cdot \Delta s$.
Für die mechanische Arbeit kann auch geschrieben werden:

$$W_{mech} = I \cdot B \cdot \Delta A\,. \quad (2)$$

Nachdem wir eine Gleichung für die mechanische Arbeit bei der elektromagnetischen Induktion gewonnen haben, wollen wir eine entsprechende für die elektrische Arbeit formulieren.

Für die elektrische Arbeit, die im Stromkreis verrichtet wird, gilt die bekannte Gleichung $W_{el} = U \cdot I \cdot t$ in der Form

$$W_{el} = U_{ind} \cdot I \cdot \Delta t\,. \quad (3)$$

Dabei sind U_{ind} die Induktionsspannung, I die Stromstärke und Δt das Zeitintervall, in dem sich das Leiterstück um die Strecke Δs bewegt.
Setzt man (2) und (3) in die Gleichung (1) ein, so ergibt sich
$I \cdot B \cdot \Delta A = U_{ind} \cdot I \cdot \Delta t\,.$
Daraus folgt für die Induktionsspannung: $U_{ind} = \dfrac{B \cdot \Delta A}{\Delta t}\,.$

Zur Bildung des Grenzwertes läßt man gedanklich ΔA und Δt immer kleiner werden, so daß man als Momentanwert für die in der Leiterschleife induzierte Spannung erhält: $U_{ind} = B \cdot \dfrac{\mathrm{d}A}{\mathrm{d}t}$. In unseren Betrachtungen haben wir bisher keine Aussagen über die Richtung der Induktionsspannung gemacht. In der Physik gibt es bestimmte Festlegungen hinsichtlich der Richtung physikalischer Größen. Beachtet man diese, so folgt daraus die Notwendigkeit, ein Minuszeichen in die Gleichung einzuführen: $U_{ind} = -B \cdot \dfrac{\mathrm{d}A}{\mathrm{d}t}\,.$

In dieser Form gilt die Gleichung für die Bewegung einer Leiterschleife. Findet eine Spule mit N Windungen Verwendung, so kann man sich vorstellen, daß diese aus N Leiterschleifen besteht. An jeder Leiterschleife tritt dann die angegebene Spannung auf. Da die Leiterschleifen in der Spule in Reihe geschaltet sind, addieren sich die N Einzelspannungen. Damit erhält man die Gleichung für die

Induktionsspannung bei Anordnungen mit konstanter magnetischer Flußdichte des Magnetfeldes

$$U_{ind} = -N \cdot B \cdot \frac{\mathrm{d}A}{\mathrm{d}t} \quad (4)$$

Gültigkeitsbedingung: B konst.; $\vec{B} \perp \vec{A}$

N Windungszahl der Induktionsspule
B magnetische Flußdichte
$\dfrac{\mathrm{d}A}{\mathrm{d}t}$ Änderungsgeschwindigkeit der umschlossenen Fläche

Um die Beziehungen in Gleichung (4) zu veranschaulichen, führen wir das folgende Experiment durch.

Experiment 1

Untersuchung der Abhängigkeit der Induktionsspannung von der zeitlichen Änderung der Windungsfläche.

Eine große Rahmenspule liegt auf plattenförmigen keramischen Magneten, deren Nordpole sich auf der Oberseite befinden. Die magnetischen Feldlinien des nahezu homogenen Feldes durchsetzen die Spule senkrecht.

- Eine Spule wird mit kleiner, konstanter Geschwindigkeit senkrecht zu den magnetischen Feldlinien aus dem Magnetfeld herausbewegt (Bild 1). Solange sich noch Teile im Magnetfeld befinden, zeigt das Meßinstrument eine konstante Spannung an.
- Das Experiment wird mit doppelter Geschwindigkeit wiederholt. Das Meßinstrument zeigt die doppelte Spannung an.
- Nun wird das zweite Teilexperiment mit doppelter Windungszahl wiederholt. Die Spannung verdoppelt sich abermals.

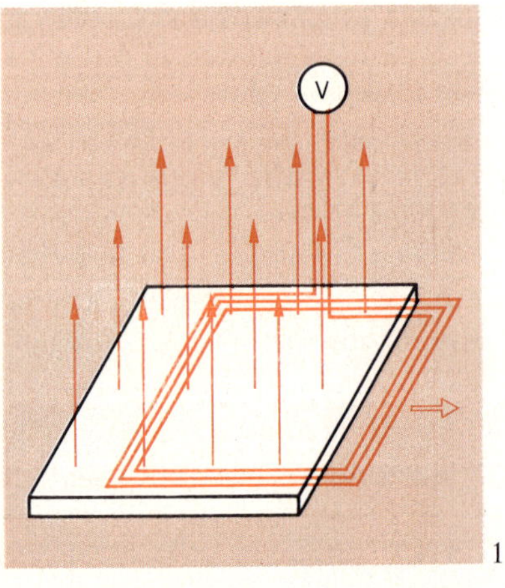

1

In den bisherigen Experimenten wurde die vom Magnetfeld durchsetzte Fläche durch eine *geradlinige Bewegung* verändert. In der Technik bevorzugt man häufig *Drehbewegungen* (Bild 1). Dabei wird die Windungsfläche nur in horizontaler Stellung senkrecht von den magnetischen Feldlinien durchsetzt. Deshalb wird nicht die gesamte Windungsfläche A_0, sondern nur die Projektion dieser Fläche auf eine senkrecht zu den Feldlinien verlaufende Ebene wirksam. Es gilt dann: $A = A_0 \cdot \cos \alpha$.

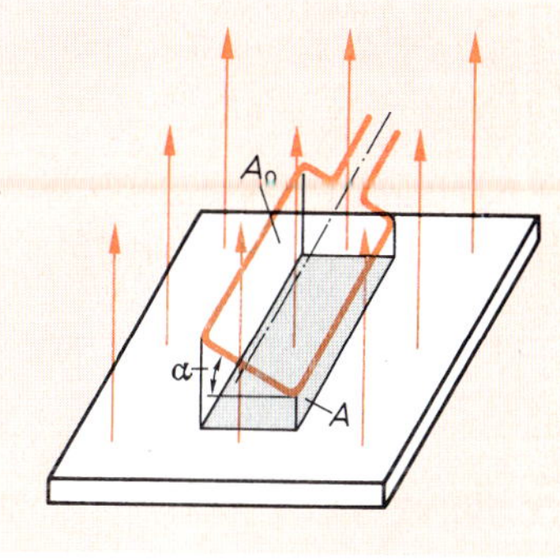

1
Wirksame Fläche als Projektion der Leiterschleife auf eine Ebene

Induktionsspannung im zeitlich veränderlichen Magnetfeld

Vom Transformator wissen Sie, daß auch Induktionsspannungen entstehen können, ohne daß eine mechanische Bewegung staffindet. In diesen Fällen ändert sich die Windungsfläche der Induktionsspule nicht. Mit den folgenden Experimenten soll untersucht werden, unter welchen Bedingungen bei konstanter Windungsfläche eine Induktionsspannung auftritt.

Experiment 2
Die Induktionsspule befindet sich im Feld eines Elektromagneten (Bild 2). Durch Verändern des Widerstandes im Erregerstromkreis werden die Stromstärke und die magnetische Flußdichte verändert. Zunächst wird die Stromstärke und damit die magnetische Flußdichte vergrößert. Der Zeiger des Spannungsmessers an der Induktionsspule schlägt aus.
Danach werden die Stromstärke und die magnetische Flußdichte verringert. Der Zeiger schlägt jetzt nach der anderen Seite aus.

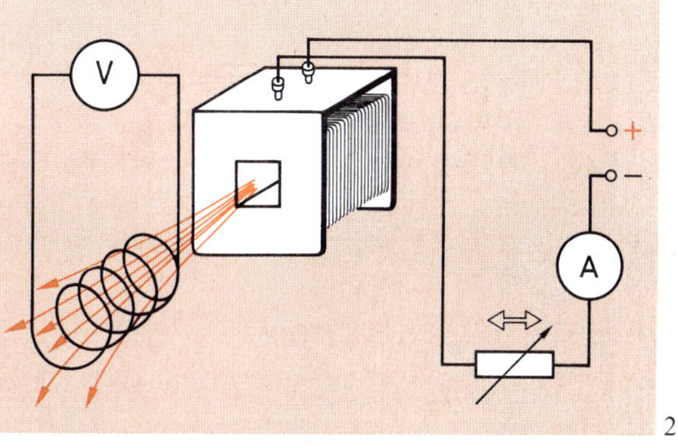

2

Solange wir die Stromstärke ändern, d. h., solange sich der von der Induktionsspule umschlossene magnetische Fluß ändert, tritt eine Induktionsspannung auf.

Experiment 3
Die Induktionsspule wird um 90° gedreht (Bild 3). Die Stromstärke und die magnetische Flußdichte werden abwechselnd vergrößert und verkleinert. Der Spannungsmesser zeigt keine Induktionsspannung an.

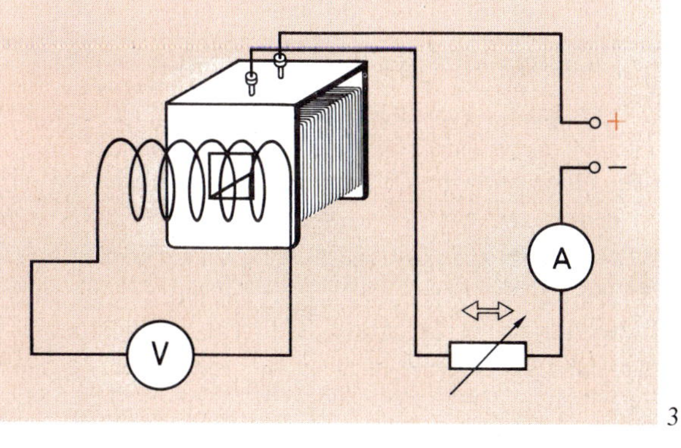

3

Die wirksame Windungsfläche beim Experiment 3 ist Null.
Die Experimente führen zu folgendem Ergebnis:
Ohne mechanische Bewegung tritt eine Induktionsspannung dann auf, wenn sich der magnetische Fluß zeitlich ändert und die wirksame Fläche der Induktionsspule von Null verschieden ist.

Verändert sich bei konstanter magnetischer Flußdichte die **wirksame Windungsfläche** der Induktionsspule, so gilt die Gleichung (4):

$$U_{ind} = -N \cdot B \cdot \frac{dA}{dt}.$$

Verändert sich bei konstanter Windungsfläche die **magnetische Flußdichte**, so wird dieser Vorgang durch die analoge Gleichung beschrieben:

$$U_{ind} = -N \cdot A \cdot \frac{dB}{dt},$$

da die Ursache für die Induktionsspannung die zeitliche Änderung der magnetischen Flußdichte ist und die Fläche A konstant bleibt.

Induktionsspannung bei Anordnungen mit konstanter wirksamer Windungsfläche der Induktionsspule

$$U_{ind} = -N \cdot A \cdot \frac{dB}{dt} \quad (5)$$

Gültigkeitsbedingungen: A konstant, $\vec{B} \perp \vec{A}$

N Windungszahl der Induktionsspule
A von der Induktionsspule umschlossene Fläche
$\frac{dB}{dt}$ Änderungsgeschwindigkeit der magnetischen Flußdichte

Die Beziehung kann experimentell z. B. mit dem Induktionsgerät bestätigt werden (Bild 1).

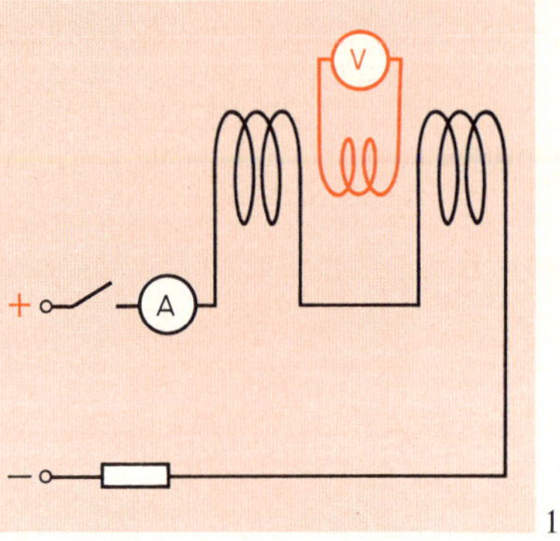

1

Untersuchung der Abhängigkeit der Induktionsspannung von der zeitlichen Änderung der magnetischen Flußdichte, der Windungszahl und der wirksamen Windungsfläche.
Mit den großen Spulen wird ein homogenes Magnetfeld erzeugt.
Die magnetische Flußdichte wird durch Betätigen des Schalters kurzzeitig geändert. Der Stoßausschlag des Spannungsmessers ist der mittleren Induktionsspannung proportional.

Induktionsgesetz

Die beiden getrennt untersuchten Fälle der elektromagnetischen Induktion, die durch die Gleichungen (4) und (5) beschrieben wurden, lassen sich wie folgt zusammenfassen: $U_{ind} = -N \cdot \frac{d(A \cdot B)}{dt}$.

Unter Berücksichtigung der Gleichung für den magnetischen Fluß $\Phi = B \cdot A$ ergibt sich das **Induktionsgesetz.**

Induktionsgesetz

$$U_{ind} = -N \cdot \frac{d\Phi}{dt} \quad (6)$$

N Windungszahl der Induktionsspule
$\frac{d\Phi}{dt}$ Änderungsgeschwindigkeit des magnetischen Flusses

Die Gleichung beschreibt sowohl die Erzeugung einer Induktionsspannung im *zeitlich konstanten* Magnetfeld (B = konst.) wie auch im *zeitlich veränderlichen* Magnetfeld (A = konst.).
Im Bild 2b ist der zeitliche Verlauf des magnetischen Flusses, der eine Induktionsspule durchsetzt (Bild 2a), grafisch dargestellt. Der Graph ermöglicht Aussagen über die auftretende Induktionsspannung (Bild 2c).
Der Verlauf des magnetischen Flusses (Bild 2b) entspricht dem bei der gleichförmigen Bewegung einer Rahmenspule über einen großen Magneten (Bild 1, S. 146). Die Spule befindet sich zunächst außerhalb des Magnetfeldes, bewegt sich dann in das Feld hinein und im Feld weiter, um schließlich wieder aus dem Feld herauszugelangen. In entsprechender Weise ändern sich der magnetische Fluß, der die Spule durchsetzt (Bild 2b), und die Induktionsspannung (Bild 2c).

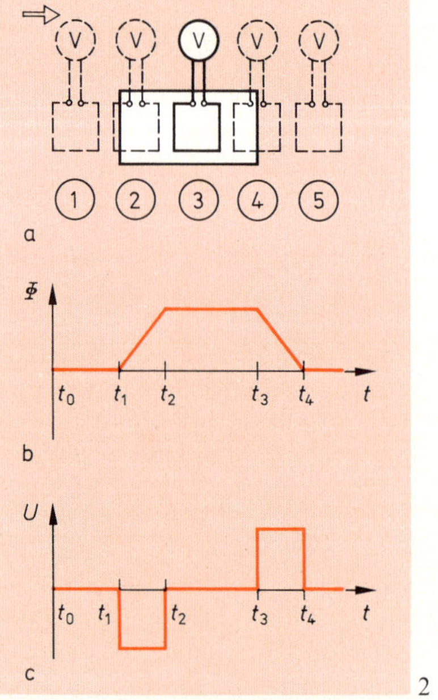

2

a) Eine Rahmenspule wird mit konstanter Geschwindigkeit über eine magnetische Platte bewegt.
b) Magnetischer Fluß, der die Rahmenspule im Bild a) durchsetzt, als Funktion der Zeit.
c) U_{ind}-t-Diagramm

Lenzsches Gesetz und Energieerhaltungssatz

Immer, wenn bei der elektromagnetischen Induktion Induktionsströme auftreten, erfolgt eine Umwandlung von Energie. Liegt eine Relativbewegung zwischen Leiter und Magnetfeld vor, wie sie z. B. im Bild 1, S. 146, dargestellt ist, so wird mechanische Energie in elektrische umgewandelt. Auf den bewegten Leiter wirkt dabei die Kraft $F = B \cdot I \cdot l$. Diese Kraft ist der Bewegung des Leiters entgegengerichtet. Zur Überwindung dieser Kraft muß mechanische Arbeit verrichtet werden.
Bei der Induktion im zeitlich veränderlichen Magnetfeld (Bild 2, S. 147) wird elektrische Energie im Stromkreis des Elektromagneten in elektrische Energie im Stromkreis der Induktionsspule umgewandelt. Das zeigt sich im Anwachsen der Stromstärke im Elektromagneten, wenn ein Induktionsstrom fließt.
Bei all diesen Umwandlungen von Energie gilt der **Energieerhaltungssatz.**
Für die Energieumwandlung bei der elektromagnetischen Induktion wurde vom russischen Physiker HEINRICH LENZ bereits 1833 die Gültigkeit des nach ihm benannten Gesetzes erkannt.

Lenzsches Gesetz **Der Induktionsstrom ist stets so gerichtet, daß er der Ursache seiner Entstehung entgegenwirkt.**

Damit ist das Lenzsche Gesetz eine spezielle Form des Energieerhaltungssatzes. Daß es neben dem Energieerhaltungssatz gesondert formuliert wird, geschieht aus Zweckmäßigkeit sowie aus historischen Gründen. Sein Vorteil besteht darin, daß es bei Induktionsvorgängen die Betrachtungen zur Richtung des Induktionsstromes erleichtert.
Der Energieerhaltungssatz wurde erstmals 1841 von JULIUS ROBERT MAYER formuliert. LENZ formulierte sein Gesetz jedoch schon 1833, also 8 Jahre früher.

Generatoren und Motoren

Wechselstromgenerator

Der Aufbau eines Wechselstromgenerators ist im Bild 1 dargestellt. Ein Elektromagnet (Rotor) ist zwischen zwei Induktionsspulen (Stator) drehbar gelagert. Dem Elektromagneten wird über zwei Schleifringe Gleichstrom zugeführt. Dadurch entsteht ein magnetisches Feld mit konstanter magnetischer Flußdichte. Wird der Rotor um den Winkel α gedreht, so ändert sich der magnetische Fluß, der die Fläche der Induktionsspulen durchsetzt.

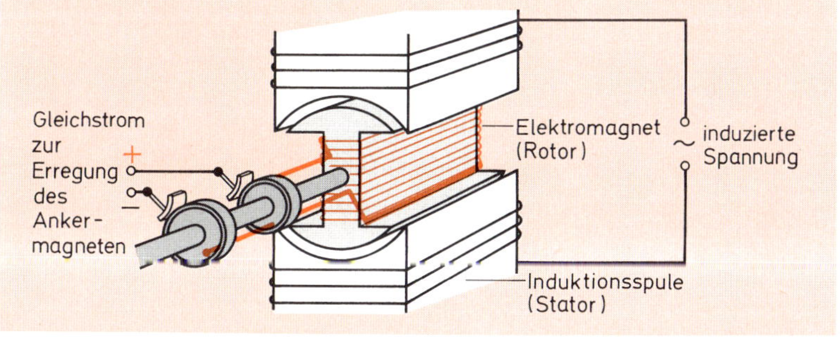

1

U-*t*-Diagramm beim Generator

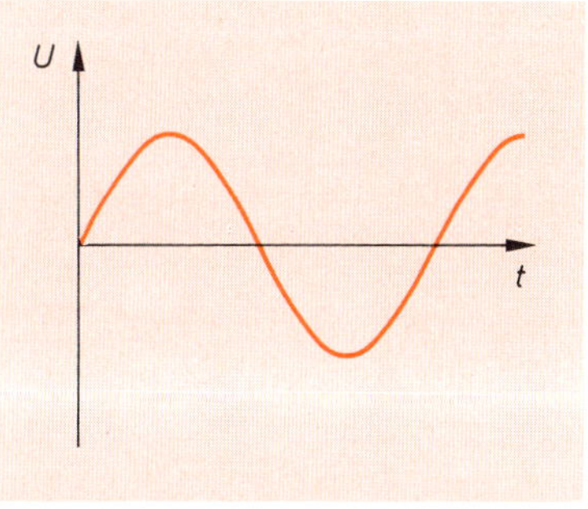

2

Da sich der die Induktionsspulen durchsetzende magnetische Fluß mit dem Sinus des Drehwinkels ändert, entsteht eine sinusförmige Wechselspannung (Bild 2, S. 149).
Das Induktionsgesetz kann in der Form der Gleichung (4) geschrieben werden.
Wechselstromgeneratoren werden so gebaut, daß das Magnetfeld im rotierenden Anker (Rotor) erzeugt wird und die Induktionsspannung an den feststehenden Induktionsspulen (Stator) abgenommen wird. Für manche Zwecke ist es allerdings günstiger, das Magnetfeld im Stator zu erzeugen und die Induktionsspannung vom Rotor abzunehmen.

Erzeugung sinusförmiger Wechselspannung im Wechselstromgenerator

Zur Ermittlung der Gleichung für den Spannungsverlauf bei einem Wechselstromgenerator ist es zweckmäßig, ein Generatormodell nach Bild 1 zugrundezulegen. Die Leiterschleife dreht sich in einem homogenen Magnetfeld mit der Umlaufzeit T bzw. der Umlauffrequenz f. Daraus ergibt sich die Winkelgeschwindigkeit $\omega = \frac{2\pi}{T} = 2 \cdot \pi \cdot f$. Die magnetische Flußdichte im Feld ist B. Zur Zeit $t = 0$ soll sich die Leiterschleife in Stellung 1 befinden. Der magnetische Fluß, der die Leiterschleife durchsetzt, hat zu diesem Zeitpunkt sein Maximum. Beim Drehen der Leiterschleife ändert sich der magnetische Fluß mit dem Kosinus des Drehwinkels α gemäß $A = A_0 \cdot \cos \alpha$. Es gilt:

$$\Phi = B \cdot A_0 \cdot \cos \alpha \,. \quad (7)$$

In Abhängigkeit von der Zeit ergibt sich die Beziehung

$\Phi = B \cdot A_0 \cdot \cos(\omega t)$. Setzt man $B \cdot A_0 = \Phi_0$, so erhält man:

$$\Phi = \Phi_0 \cdot \cos(\omega t) \,. \quad (8)$$

Aus der Gleichung für die Induktionsspannung $U_{ind} = -N \cdot \frac{d\Phi}{dt}$

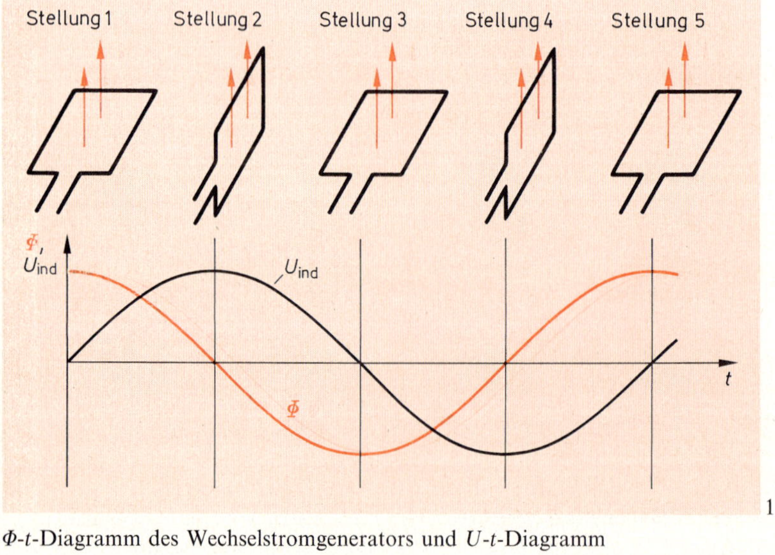

1 Φ-t-Diagramm des Wechselstromgenerators und U-t-Diagramm

folgt mit (8) $U_{ind} = -N \cdot \frac{d\Phi_0 \cdot \cos(\omega t)}{dt}$. Daraus ergibt sich durch Differenzieren

$$U_{ind} = N \cdot \Phi_0 \cdot \omega \cdot \sin(\omega t) \quad \text{oder} \quad U_{ind} = U_0 \cdot \sin(\omega t) \quad (9)$$

mit Anwendung der Beziehung $U_0 = N \cdot B \cdot A_0 \cdot \omega$.
Im Bild 1, S. 150, ist der Lage der Leiterschleife die jeweils induzierte Spannung zugeordnet. Dabei fällt auf, daß die Induktionsspannung dann ein Maximum erreicht, wenn die für die Induktion wirksame Fläche A Null ist (Stellungen 2 und 4). In diesen Fällen erreicht die zeitliche Änderung des magnetischen Flusses ihr Maximum. Diese Beziehung zwischen dem magnetischen Fluß Φ und der induzierten Spannung U kommt in den Gleichungen dadurch zum Ausdruck, daß im ersten Falle der Kosinus (7) und im zweiten der Sinus des Drehwinkels (8) auftritt.

Gleichstromgenerator

Bei den in der Praxis genutzten Wechselstromgeneratoren sind die das Magnetfeld erzeugenden Spulen (Feldspulen) drehbar gelagert (Rotor) und die Induktionsspulen außen herum ruhend angebracht (Stator). Das hat den Vorteil, daß der zur Erzeugung des Magnetfeldes benötigte Strom geringer Stromstärke dem Anker leicht über Schleifringe zugeführt werden kann. Die ruhenden Induktionsspulen liefern dann Induktionsströme mit sehr großen Stromstärken bei hohen Spannungen. Natürlich ist es auch möglich, den Feldspulen (Stator) Gleichstrom zur Erzeugung eines starken Magnetfeldes zuzuführen und den Induktionsstrom dem rotierenden Anker (Rotor) zu entnehmen. Das geschieht beispielsweise bei einem Gleichstromgenerator (Bild 1).

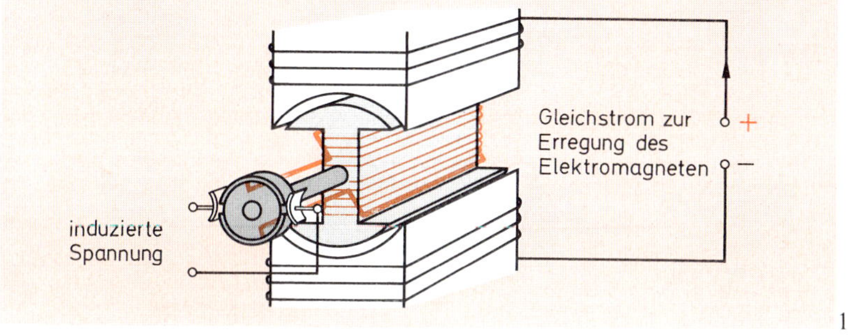

1

Aufbau eines Gleichstromgenerators

Im rotierenden Anker entsteht dabei – wie in den ruhenden Spulen eines Wechselstromgenerators (Bild 1, S. 149) – eine Wechselspannung (Bild 2a). Um diese Wechselspannung in eine Gleichspannung umzuwandeln, sind die Anschlüsse des Ankers mit je einem halben Schleifring (Kollektor) verbunden (Bild 1). Immer dann, wenn sich der Anker um 180° gedreht hat, berühren die Kohlebürsten jeweils den anderen Halbring. Dadurch werden die Anschlüsse des Ankers vertauscht, d. h. umgepolt. Dieses Umpolen erfolgt immer gerade dann, wenn die Induktionsspannung im Anker Null ist. Auf diese Weise wird dem Nutzer eine pulsierende Gleichspannung zugeführt. Ihr Betrag ändert sich ständig (Bild 2b).

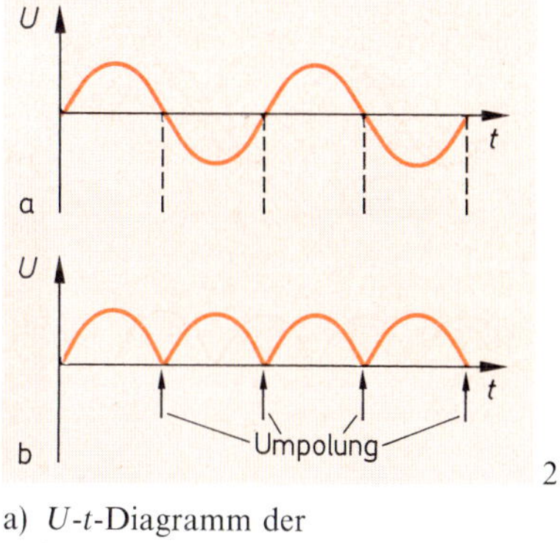

2

a) U-t-Diagramm der Induktionsspannung im Anker eines Gleichstromgenerators,
b) U-t-Diagramm der am Kollektor abgenommenen Spannung

Gleichstrommotor

Der Gleichstrommotor stimmt in seinem Aufbau mit dem eines Gleichstromgenerators überein (Bild 1). Wird den Feldspulen und dem Anker eines solchen Motors Gleichstrom zugeführt, so beginnt sich der Anker zu drehen. Er dreht sich solange, bis sich entgegengesetzte Pole gegenüberstehen (größte Anziehung). In dieser Stellung wird die Richtung des Stromes im Anker durch den Kollektor geändert. Es tritt jetzt Abstoßung auf, weil das Magnetfeld des Ankers umgepolt wurde; der Anker dreht sich weiter.

In Kleinstmotoren, wie sie z. B. in Spielzeugen enthalten sind, werden anstelle von Elektromagneten Dauermagnete (keramische Magnete) benutzt. Dadurch benötigt man keinen Strom für das Magnetfeld des Stators. Entsprechendes gilt auch für Kleinstgeneratoren, wie z. B. Fahrraddynamos (Bild 2).

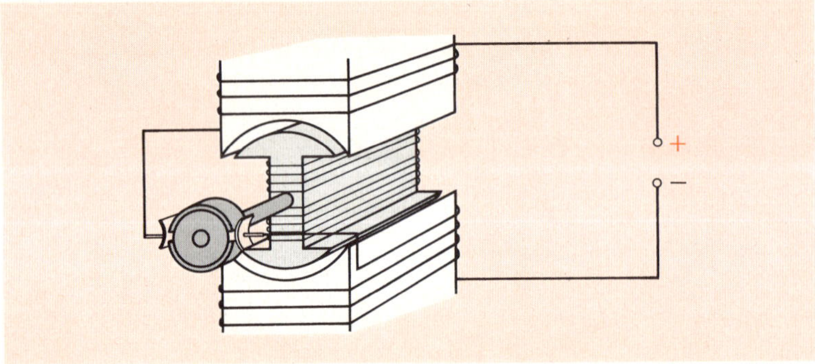

1

Aufbau eines Gleichstrommotors

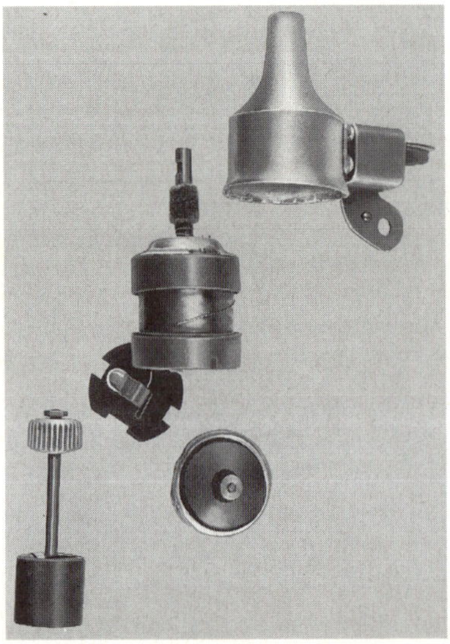

2

Zusammenhang zwischen Motorprinzip und Generatorprinzip

Weil Gleichstromgeneratoren und Gleichstrommotoren im Prinzip gleich aufgebaut sind, bestehen auch Gemeinsamkeiten in ihrer Wirkungsweise.

Motor	Generator
Jeder Gleichstrommotor kann auch als Generator betrieben werden.	Jeder Gleichstromgenerator kann auch als Motor betrieben werden.
Dem Motor wird elektrische Energie zugeführt und mechanische Energie entnommen.	Dem Generator wird mechanische Energie zugeführt und elektrische Energie entnommen.
In einem Motor wird elektrische Energie in mechanische umgewandelt, andererseits stellt ein laufenderMotor einen Generator dar. In ihm wird eine Induktionsspannung erzeugt. Diese ist nach dem Lenzschen Gesetz der angelegten Spannung entgegengerichtet.	In einem „unter Last" betriebenen Generator wird mechanische Energie in elektrische umgewandelt. Bei einem laufenden Generator erzeugt der fließende Strom ein Drehmoment. Entsprechend dem Lenzschen Gesetz wirkt dieses der Drehbewegung entgegen.

Diese Zusammenhänge lassen sich überzeugend durch die folgenden beiden Experimente belegen.

Experiment 4
An den Anker eines Gleichstromgenerators wird über einen Schalter ein stellbarer Widerstand angeschlossen (Bild 1). Der Generator wird bei geöffnetem Schalter über einen Riementrieb mit Kurbel in schnelle Drehbewegung versetzt. Das erfordert ein leicht aufzubringendes Drehmoment. Der Schalter wird nun geschlossen und der Widerstand allmählich auf Null verringert. Je größer die Stärke des Induktionsstromes wird, um so mehr Kraft muß man an der Kurbel aufwenden, um die Drehzahl beizubehalten.
Im Anker eines belasteten Gleichstromgenerators fließt – wie im Anker eines Gleichstrommotors – ein Strom.

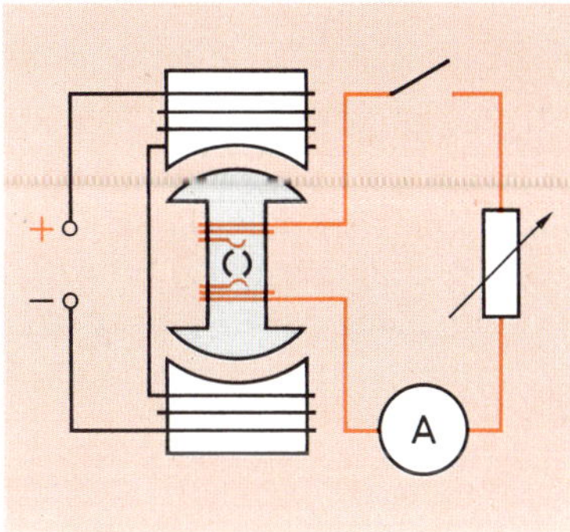

1

Damit wirkt der Generator gleichzeitig wie ein Motor. Der Strom ist so gerichtet, daß er die Drehbewegung des Generators hemmt.

Experiment 5
An einen Gleichstrommotor werden eine Gleichspannungsquelle und ein Strommesser angeschlossen (Bild 2). Der Strommesser zeigt zunächst eine große Stromstärke an. Die Drehzahl des Motors erhöht sich allmählich; die Stromstärke nimmt ab. Jetzt wird der Motor mechanisch abgebremst, d. h., die Belastung wird erhöht. Je größer die Belastung wird, um so größer wird auch die Stromstärke.
Im Anker eines laufenden Gleichstrommotors wird, wie bei einem Generator, eine Spannung induziert.

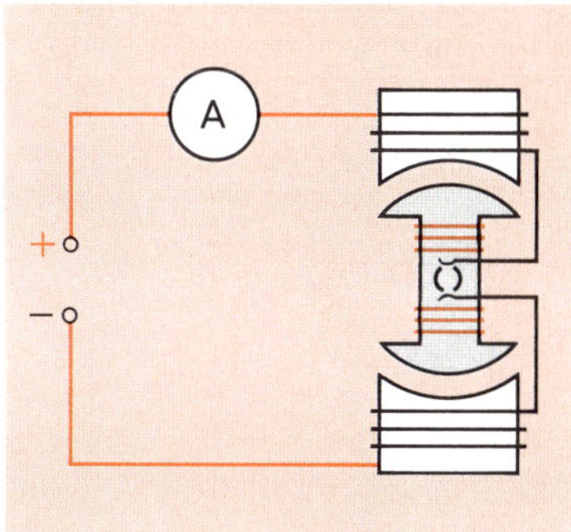

2

Damit wirkt der Motor gleichzeitig wie ein Generator. Die induzierte Spannung ist der angelegten Spannung entgegengerichtet. Ist der Motor nicht belastet, so dreht er sich schnell. Bei der Drehung wird im Anker eine große Spannung entgegengesetzter Richtung induziert. Damit ist die Differenz aus angelegter Spannung und induzierter Spannung klein und die Leistungsaufnahme des Motors gering. Bei Belastung dreht sich der Motor langsamer, die induzierte Gegenspannung wird kleiner, und damit werden die wirksame Spannung und die elektrische Leistungsaufnahme größer.
Diese beiden Experimente mit Generator und Motor machen die *Gegensätzlichkeit* beider Vorgänge deutlich:

Motor	**Generator**
Der Motor nimmt elektrische Energie auf und gibt mechanische Energie ab.	Der Generator nimmt mechanische Energie auf und gibt elektrische Energie ab.
Die Experimente belegen aber auch das *Gemeinsame*. In Motor und Generator treten mechanische Kräfte auf, da sich stromdurchflossene Spulen im Magnetfeld befinden.	
Beim Motor bedingen diese Drehmomente die Drehbewegung.	Beim Generator hemmen diese Drehmomente die Bewegung.
Im Motor und im Generator treten Induktionsspannungen auf, da sich Spulen im Magnetfeld bewegen.	
Beim Motor bewirken sie eine Verringerung der Ankerstromstärke und damit der aufgenommenen Leistung.	Beim Generator nutzt man diese Spannungen.

Transformator

Aufbau und Wirkungsweise

Beim Transformator sind Feld- (Primär-) und Induktions- (Sekundär-) spule fest montiert. Beide befinden sich auf einem gemeinsamen, geschlossenen Eisenkern (Bild 1). Dadurch ist die wirksame Windungsfläche konstant. Zwischen den beiden Spulen besteht keine leitende Verbindung.
Wird an die *Primärspule* des Transformators eine Wechselspannung angelegt, so entsteht im Eisenkern ein magnetischer Fluß. Der geschlossene Eisenkern verstärkt das magnetische Feld der Primärspule und bewirkt, daß der gesamte magnetische Fluß der Primärspule auch die *Sekundärspule* durchsetzt.
Der magnetische Fluß ändert sich zeitlich ständig dem Betrage und der Richtung nach. Dadurch wird in der Sekundärspule eine Wechselspannung induziert. Ihr Betrag hängt von der zeitlichen Änderung des magnetischen Flusses und von der Windungszahl der Sekundärspule ab.
Der Eisenkern besteht aus einzelnen, voneinander isolierten Eisenblechen. Dadurch wird verhindert, daß auch im Eisenkern starke Induktionsströme (Wirbelströme) fließen.
Legt man an die Primärspule des Transformators eine sinusförmige Wechselspannung, so fließt ein Primärstrom mit der Stromstärke

$$I_p = I_0 \sin(\omega t)\,. \quad (10)$$

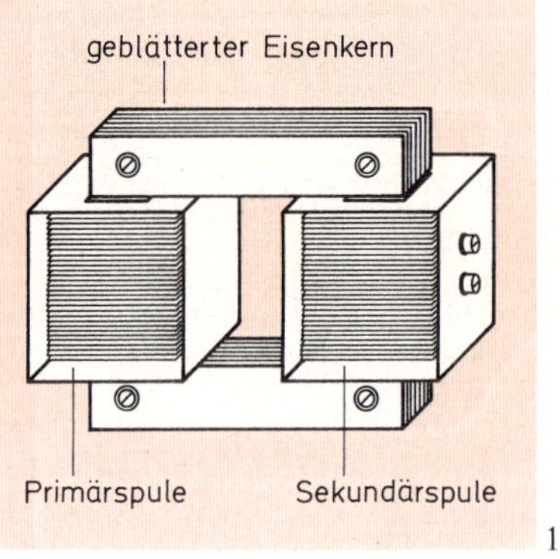

1 Aufbau eines Transformators

Dieser ist verknüpft mit einem sich zeitlich ändernden magnetischen Fluß

$$\Phi = \Phi_0 \sin(\omega t)\,, \quad (11)$$

wobei die Gleichungen (10) und (11) die zeitliche Verschiebung zwischen Spannung und Stromstärke infolge der Induktivität unberücksichtigt lassen. Aus dem Induktionsgesetz $U_{ind} = -N \cdot \frac{d\Phi}{dt}$ folgt für die Sekundärspannung $U_s = -N_s \cdot \Phi_0 \cdot \omega \cdot \cos(\omega t)$.
Das zeigt, daß sich beim Transformieren von sinusförmiger Wechselspannung am sinusförmigen Verlauf der Spannung nichts ändert. Deshalb kann eine sinusförmige Wechselspannung beliebig oft transformiert werden.

Gesetze des Transformators

Für die Vorgänge im Transformator kann das Induktionsgesetz in vereinfachter Form geschrieben werden: $U_{ind} \sim N \cdot \frac{dB}{dt}$ bei $A \neq 0$ und $A = \text{konst.}$
Vernachlässigt man alle „Energieverluste“, die vor allem durch Erwärmung der Spulen und des Eisenkerns auftreten, so spricht man von einem **idealen Transformator.**
Für den idealen Transformator gelten einfache Beziehungen zwischen Spannung, Stromstärke und Windungszahl. Diese kennen Sie bereits.

Spannung-Windungszahl-Gesetz des Transformators $$\frac{U_p}{U_s} = \frac{N_p}{N_s}$$

Gültigkeitsbedingung: idealer (verlustfreier) und unbelasteter Transformator

Stromstärke-Windungszahl-Gesetz des Transformators $$\frac{I_p}{I_s} = \frac{N_s}{N_p}$$

Gültigkeitsbedingung: idealer (verlustfreier) und stark belasteter Transformator

U_p Effektivwert der Primärspannung
U_s Effektivwert der Sekundärspannung
I_p Effektivwert der Primärstromstärke
I_s Effektivwert der Sekundärstromstärke
N_p Windungszahl der Primärspule
N_s Windungszahl der Sekundärspule

Herleitung der Spannung-Windungszahl-Beziehung für den idealen Transformator

Wird an die Primärspule eines Transformators eine sinusförmige Wechselspannung gelegt, so erzeugt der fließende Strom einen magnetischen Fluß. Die zeitliche Änderung des magnetischen Flusses bewirkt eine Selbstinduktionsspannung, die der angelegten Spannung entgegengerichtet ist. Sie berechnet sich nach der Gleichung $U_{ind} = -N_p \cdot \frac{d\Phi}{dt}$.

Im Falle eines idealen, unbelasteten Transformators (keine sekundärseitige Energieabgabe), muß diese Spannung gleich der angelegten Spannung, jedoch ihr entgegengerichtet sein. Deshalb kann man die angelegte Primärspannung auch so schreiben:

$$U_p = N_p \cdot \frac{d\Phi}{dt}. \quad (12)$$

Die Sekundärspule mit der Windungszahl N_s wird vom gleichen magnetischen Fluß durchsetzt, jedoch in entgegengesetzter Richtung, so daß der magnetische Fluß mit negativem Vorzeichen in die Gleichung eingeht.

$$U_s = N_s \cdot \frac{d\Phi}{dt}. \quad (13)$$

Löst man die Gleichungen (12) und (13) nach $\frac{d\Phi}{dt}$ auf und setzt sie gleich, so erhält man $\frac{U_p}{N_p} = \frac{U_s}{N_s}$ oder

$$\frac{U_p}{U_s} = \frac{N_p}{N_s} \quad (14)$$

Herleitung der Stromstärke-Windungszahl-Beziehung für den idealen Transformator

Je nach der Belastung können bei einem Transformator im Primär- und im Sekundärkreis unterschiedliche zeitliche Verschiebungen zwischen Spannung und Stromstärke auftreten. In jedem Falle gilt aber der Energieerhaltungssatz. Daraus folgt für den idealen Transformator die Beziehung $U_p \cdot I_p \cdot \cos \varphi_p = U_s \cdot I_s \cdot \cos \varphi_s$.
Der ideale Transformator nimmt im Primärkreis genau so viel Wirkleistung auf, wie er im Sekundkreis abgibt.
Ist die zeitliche Verschiebung in beiden Kreisen gleich groß, so vereinfacht sich die Gleichung. $U_p \cdot I_p = U_s \cdot I_s$ oder $\frac{U_p}{U_s} = \frac{I_s}{I_p}$.

Unter Berücksichtigung von (5) folgt daraus $\frac{I_p}{I_s} = \frac{N_s}{N_p}$.

Der Hall-Effekt

Bewegen sich geladene Teilchen im Magnetfeld quer zu den magnetischen Feldlinien, so wirkt auf sie die Lorentzkraft. Die Richtungssteuerung des Elektronenstrahls, z. B. in einer Fernsehröhre, zeigt, daß dabei große Ablenkungen erreicht werden können. Tritt nun eine solche Ablenkung nur auf, wenn sich die Ladungsträger im Vakuum bewegen, oder ist sie auch in festen Körpern möglich?
Die in Bild 1 dargestellte Experimentieranordnung ermöglicht die Beantwortung dieser Frage.

Experiment 7
Eine Wismutfolie befindet sich im Magnetfeld eines Elektromagneten (Bild 1). Sie wird von einem Gleichstrom durchflossen. An beiden Seiten der Folie ist je ein federnder Kontakt. An diesen Kontakten wird gemessen, ob senkrecht zur Stromrichtung und zum Verlauf der magnetischen Feldlinien eine Spannung auftritt. Solange Strom durch die Folie fließt, zeigt der Spannungsmesser einen Ausschlag.
Wird die Richtung des Stromes durch die Wismutfolie geändert, ändert sich auch die Richtung der Spannung. Wird die Richtung der magnetischen Flußdichte geändert, ändert sich die Richtung der Spannung ebenfalls.

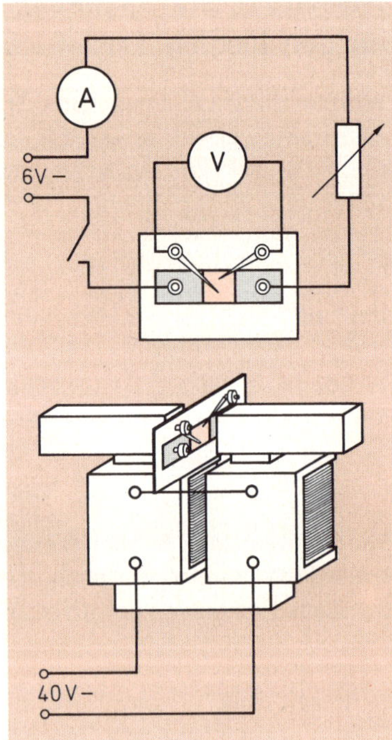

1

Diesen Effekt nennt man nach seinem Entdecker EDWIN HERBERT HALL (1855 bis 1938) *Hall-Effekt*. Die dabei auftretende Spannung heißt *Hall-Spannung*. Im Wismut beruht der Hall-Effekt auf der Ablenkung der sich bewegenden Leitungselektronen im Magnetfeld. Der Hall-Effekt tritt in allen festen Leitern auf.
Die Hall-Spannung hängt von den Abmessungen der Folie, dem Stoff und der magnetischen Flußdichte ab. Es gilt die Gleichung:

Hall-Spannung
$$U_H = \frac{I \cdot B}{n \cdot e \cdot d} \qquad (15)$$

I Stromstärke in der Folie
B magnetische Flußdichte senkrecht zur Folienfläche
n Elektronendichte in der Folie
e elektrische Elementarladung
d Dicke der Folie

Diese Gleichung läßt erkennen, daß die Hall-Spannung um so größer ist, je kleiner die Elektronendichte ist. Bei Wismut tritt eine relativ große Hall-Spannung auf, weil es je Volumeneinheit relativ wenige Leitungselektronen besitzt. Noch geringere Ladungsträgerdichten findet man in Halbleitern. Damit bietet der Hall-Effekt eine gute Möglichkeit, die Ladungsträgerdichten in beliebigen Stoffen zu bestimmen. Voraussetzung dabei ist jedoch, daß sich im jeweiligen Stoff nur Ladungsträger einer Polarität befinden. In manchen Halbleitern wird der Ladungstransport vorwiegend oder ausschließlich durch Defektelektronen bewirkt. In diesem Falle verändert sich die Polarität der Hall-Spannung. Damit ist der Hall-Effekt ein wichtiges Mittel, um über die Art und die Dichte der Ladungsträger in einem Stoff zu befinden. Aus der Hall-Spannung bei einer Kupferfolie kann man berechnen, daß sich in einem guten metallischen Leiter etwa 10^{23} Leitungselektronen je Kubikzentimeter befinden. Damit gibt jeder Baustein des Metallgitters etwa einen Ladungsträger ab. In Halbleitern stehen dagegen nur 10^{12} bis 10^{18} Ladungsträger zur Verfügung.

Verknüpfung von magnetischem und elektrischem Feld

Bei unseren Experimenten zur elektromagnetischen Induktion haben wir stets Leiterstücke, Leiterschleifen oder Spulen verwendet. Diese sind jedoch nicht Voraussetzung, sondern nur ein bequemes Hilfsmittel zum Nachweis der elektromagnetischen Induktion. Verändert sich der magnetische Fluß in einem bestimmten Bereich, so tritt gleichzeitig ein elektrisches Feld auf (Bild 1). Es ist durch den ringförmigen Verlauf der elektrischen Feldlinien gekennzeichnet. Um dieses elektrische Feld nachzuweisen, kann man eine Leiterschleife benutzen, an deren Enden dann eine Spannung auftritt.
Die Experimente zur elektromagnetischen Induktion mit einem zeitlich veränderlichen Magnetfeld können damit als Nachweis des elektrischen Feldes gedeutet werden, das untrennbar mit dem Magnetfeld verknüpft ist. Das elektrische Feld läßt sich jedoch auch unmittelbar nachweisen.

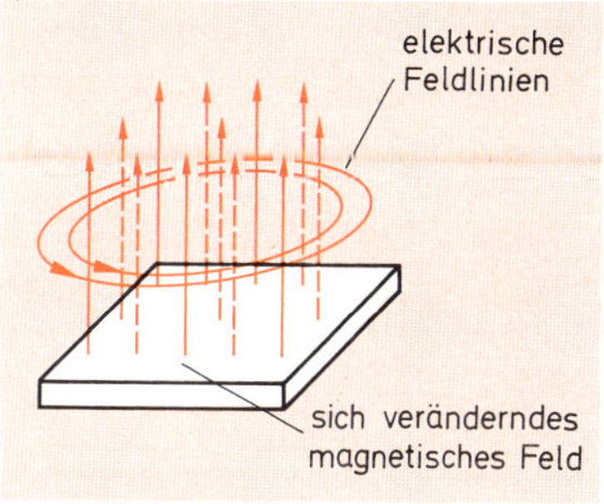

1

Ein sich veränderndes magnetisches Feld ist mit einem elektrischen Feld verknüpft.

Experiment 8
Der Kondensator (Bild 2) wird ständig von der Influenzmaschine aufgeladen. Ist die Mindestspannung von einigen 10000 V erreicht, entlädt er sich über die Funkenstrecke und die Spule mit wenigen Windungen. Dabei bildet sich ein leuchtender Gasring in dem teilweise evakuierten, ringförmigen Entladungsgefäß.
Beim Entladen ändert sich der magnetische Fluß in der Spule sehr stark. Dadurch tritt ein ringförmiges elektrisches Feld mit großer elektrischer Feldstärke auf. Dieses elektrische Feld regt das Gas zum Leuchten an.

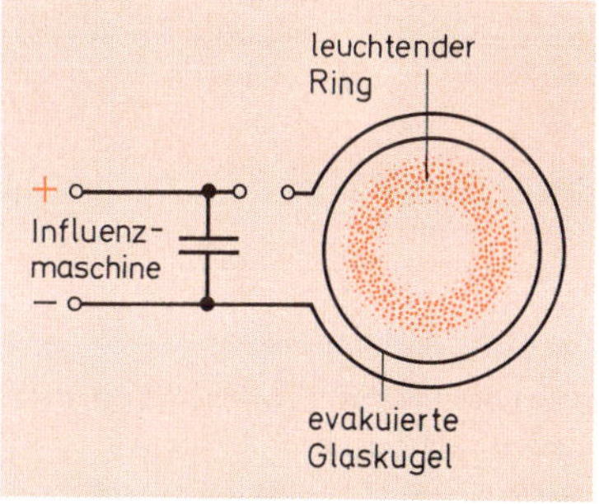

2

Damit ist der Nachweis erbracht, daß elektrische Felder bei der elektromagnetischen Induktion nicht an Leiter gebunden sind. Außerdem wird noch ein wesentlicher Unterschied zum elektrostatischen Feld sichtbar: Beim elektrostatischen Feld beginnen und enden die elektrischen Feldlinien an den Ladungen. Im elektromagnetischen Feld treten ringförmig geschlossene elektrische Feldlinien auf.

Jedes sich ändernde magnetische Feld ist untrennbar mit einem elektrischen Feld verknüpft.

Sie wissen, daß stromdurchflossene Leiter von einem magnetischen Feld umgeben sind. Im Bild 3 bewirkt der Strom das Aufladen des Plattenkondensators. Die Zuleitungen sind von einem magnetischen Feld umgeben.

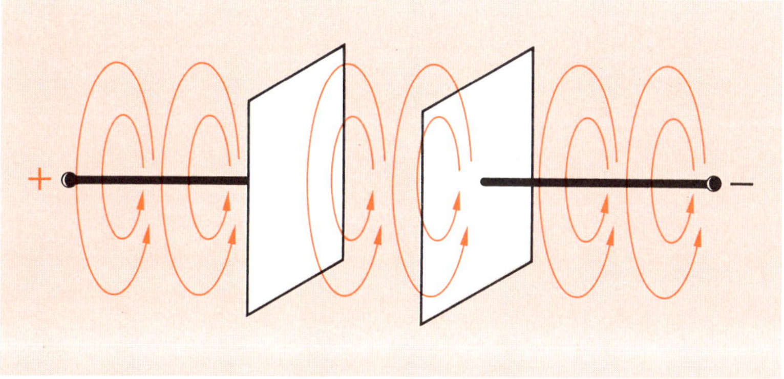

3

Ein sich veränderndes elektrisches Feld ist mit einem magnetischen Feld verknüpft.

Die Elektronen bewegen sich zu der einen Kondensatorplatte hin und von der anderen weg. Dadurch ändert sich das elektrische Feld zwischen den Platten. Diese Feldänderung hat dort die gleiche magnetische Wirkung wie der Strom, der durch die Zuleitung fließt. Das sich ändernde elektrische Feld ist genauso von ringförmigen magnetischen Feldlinien umgeben wie ein stromdurchflossener Leiter.
Längs der gesamten experimentellen Anordnung tritt ein magnetisches Feld gleicher Feldstärke auf.

Jeder elektrische Strom und jedes sich ändernde elektrische Feld sind untrennbar mit einem magnetischen Feld verknüpft.

Diese beiden in mathematischer Form formulierten Aussagen werden als Maxwellsche Gleichungen bezeichnet. Sie bilden die Grundlage der von MAXWELL geschaffenen Theorie des elektromagnetischen Feldes. Die Gleichungen zeigen, daß zeitlich veränderliche elektrische und magnetische Felder untrennbar miteinander verbunden sind.

Selbstinduktion

Beim Öffnen von Schaltern haben Sie schon oft Funken beobachtet (Bild 1). Solche Funken können eine Länge von mehreren Millimetern erreichen, obwohl die anliegende Spannung nur sehr klein ist. Wie ist das zu erklären?
Bei unseren Untersuchungen der elektromagnetischen Induktion haben wir bisher unsere Aufmerksamkeit hauptsächlich auf die Induktionsspule gerichtet. Das sich ändernde Magnetfeld durchsetzt jedoch auch die Spule, in der das Magnetfeld erzeugt wird. Es liegt deshalb die Frage nahe: Wird nicht auch in der Feldspule selbst eine Induktionsspannung erzeugt, wenn sich das magnetische Feld dort ändert?

1

Experiment 9
Die beiden Glühlampen im Bild 2 befinden sich in zwei Leiterzweigen. In dem einen Leiterzweig fließt der Strom durch die Glühlampe und den Schiebewiderstand, im anderen durch die Glühlampe und eine Spule mit Eisenkern. Beim Einschalten des Stromes leuchtet die Lampe im Leiterkreis mit dem Schiebewiderstand sofort auf, die Lampe im Leiterzweig mit der Spule leuchtet deutlich später.

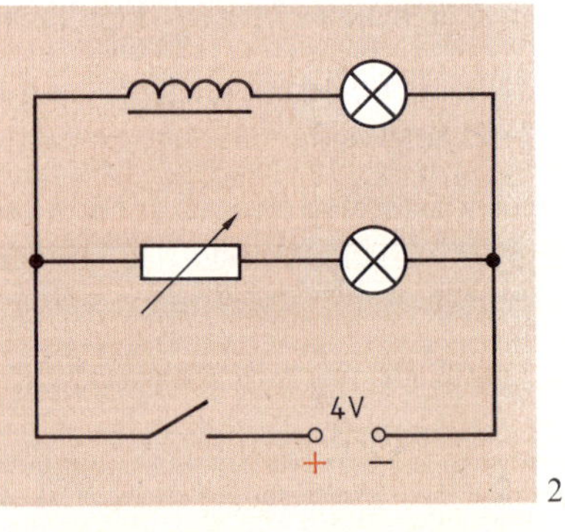

2

Experiment 10
Die Glimmlampe im Bild 3 ist parallel zur Spule mit Eisenkern geschaltet. Beim Einschalten des Stromes bleibt die Glimmlampe dunkel. Die angelegte Spannung ist zu klein. Beim Öffnen des Schalters leuchtet die Lampe hell auf.

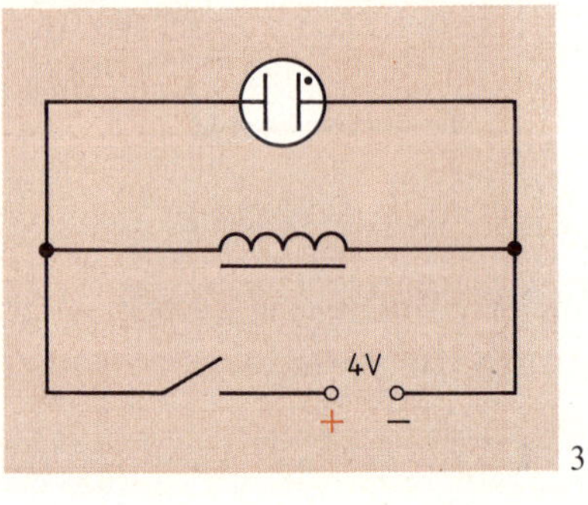

3

Wird durch Ein- und Ausschalten des Stromes die Stromstärke in einer Spule geändert, so ändert sich damit auch der magnetische Fluß. Beide Experimente zeigen, daß nicht nur in Induktionsspulen eine Spannung induziert wird. Eine Induktionsspannung entsteht auch in der Feldspule selbst. Solch eine Spannung nennt man **Selbstinduktionsspannung.**
Beim Einschalten wirkt die induzierte Spannung der angelegten Spannung entgegen. Dadurch nimmt die Stromstärke im Leiterzweig mit der Spule nur allmählich zu, und die Glühlampe in diesem Leiterzweig beginnt erst später zu leuchten.
Beim Ausschalten bewirkt die induzierte Spannung, daß der Strom mit der bisherigen Richtung weiterfließt.
Das zweite Experiment führt jedoch zu dem verblüffenden Ergebnis, daß bei einer angelegten Spannung von nur wenigen Volt eine Induktionsspannung von mehr als 100 V auftritt. Wie ist das möglich?
Ausgangspunkt unserer Überlegung ist das Induktionsgesetz in der Form

$$U_{\text{ind}} = -N \cdot A \cdot \frac{\mathrm{d}B}{\mathrm{d}t}.$$

Für die magnetische Flußdichte in einer Spule ohne Eisenkern gilt:

$$B = \mu_0 \cdot \frac{I \cdot N}{l}.$$

Hieraus folgt für die Induktionsspannung $U_{\text{ind}} = -N \cdot A \dfrac{\mathrm{d}\left(\mu_0 \cdot \dfrac{I \cdot N}{l}\right)}{\mathrm{d}t}$.

Da sich nur die Stromstärke I in der Feldspule ändert, kann die Gleichung wie folgt geschrieben werden: $U_{\text{ind}} = -\mu_0 \cdot \dfrac{N^2 \cdot A}{l} \cdot \dfrac{\mathrm{d}I}{\mathrm{d}t}$.

Die vor dem Differentialquotienten stehenden Größen charakterisieren den Aufbau der Spule. Es ist deshalb sinnvoll, sie zu einer physikalischen Größe zusammenzufassen. Diese wird **Induktivität L** genannt. Ihr Betrag hängt vom Aufbau der jeweiligen Spule ab.

Die Induktivität L einer Spule gibt an, wie stark diese einer Änderung der Stromstärke entgegenwirkt.

$$L = \mu_0 \cdot \frac{N^2 \cdot A}{l} \quad (16)$$

Gültigkeitsbedingung: Spule ohne Eisenkern; Spulenlänge groß gegenüber dem Spulendurchmesser

μ_0 magnetische Feldkonstante
N Windungszahl der Spule
A Querschnittsfläche der Spule
l Länge der Spule

Die Einheit der Induktivität wurde nach dem amerikanischen Physiker Joseph Henry (1797 bis 1878) benannt. Sie heißt Henry (H).

$1\,\mathrm{H} = 1\,\mathrm{V} \cdot \mathrm{s} \cdot \mathrm{A}^{-1}$

Mit der angegebenen Gleichung (16) kann die Induktivität einer Spule nur näherungsweise ermittelt werden. Bei der Herleitung gingen wir von der Gleichung für die magnetische Flußdichte im Inneren einer langen Spule aus. Von dieser Flußdichte werden jedoch nicht alle Spulenwindungen durchsetzt. An den Enden der Spule ist sie wesentlich geringer. Die Induktivität ist also stets etwas kleiner als die nach der

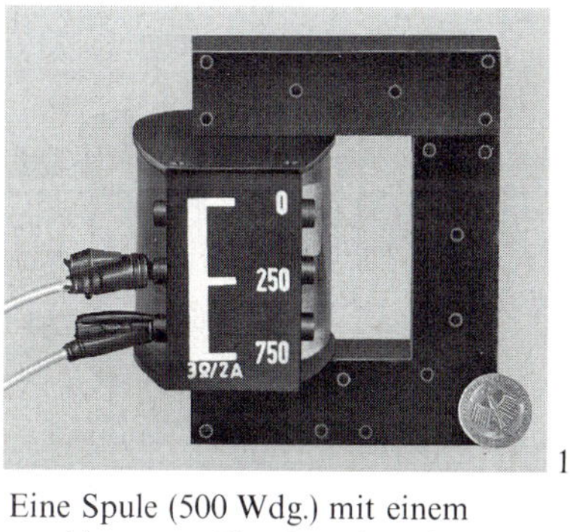

1
Eine Spule (500 Wdg.) mit einem geschlossenen Eisenkern hat eine Induktivität von 0,2 H.

Gleichung (16) berechnete. Ein geschlossener Eisenkern kann die Induktivität einer Spule auf das etwa Fünfzigfache erhöhen.

Tabelle: Induktivitäten einiger Spulen und Geräte

große Experimentierspule ohne Eisenkern, 500 Windungen	0,004 H
große Experimentierspule ohne Eisenkern, 1500 Windungen	0,06 H
große Experimentierspule mit geschlossenem Eisenkern, 500 Windungen	0,2 H
Klingeltransformator (Primärspule)	4 H

Benutzt man die physikalische Größe Induktivität, so gilt für die

Selbstinduktionsspannung $$U_{\text{ind}} = -L \cdot \frac{dI}{dt}$$

Der Betrag der Selbstinduktionsspannung hängt von der zeitlichen Änderung der Stromstärke und den Spulenparametern ab. Die angelegte Spannung geht in die Gleichung nicht mit ein. Deshalb ist es auch möglich, bereits mit kleinen Spannungen große Selbstinduktionsspannungen zu erzeugen, die dann zum Aufleuchten von Glimmlampen oder zur Funkenbildung führen (vgl. Experiment 10).
Selbstinduktionsspannungen können für den Menschen Gefahren bringen. Besonders hohe Spannungen sind kurzzeitig mit Stromstärken verbunden, die gesundheitliche Schäden zur Folge haben können.
Die Abhängigkeit der Induktivität von den Abmessungen der Spule kann man sehr gut mit der Schaltung nach Bild 1 demonstrieren. Es zeigt den Schaltplan zur oszillografischen Darstellung des I-t Diagramms beim Ein- und Ausschalten einer Spule.

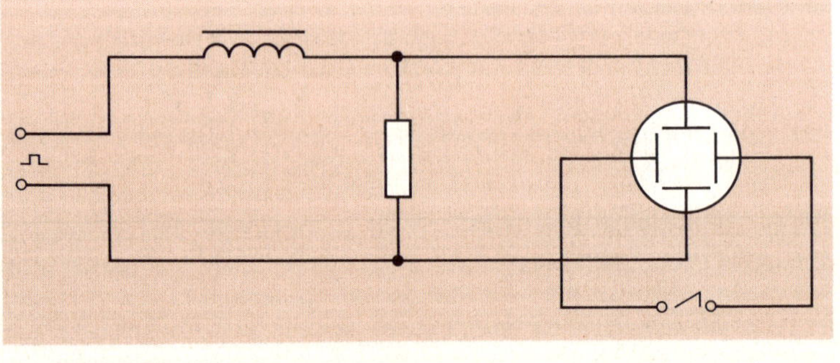

1

Experiment 11
Die an den Enden des ohmschen Widerstandes abgegriffene Spannung ist, entsprechend dem Ohmschen Gesetz, ein Maß für die Stromstärke in der Spule.
Dadurch wird der zeitliche Verlauf der Stromstärke auf dem Oszillografenschirm sichtbar.

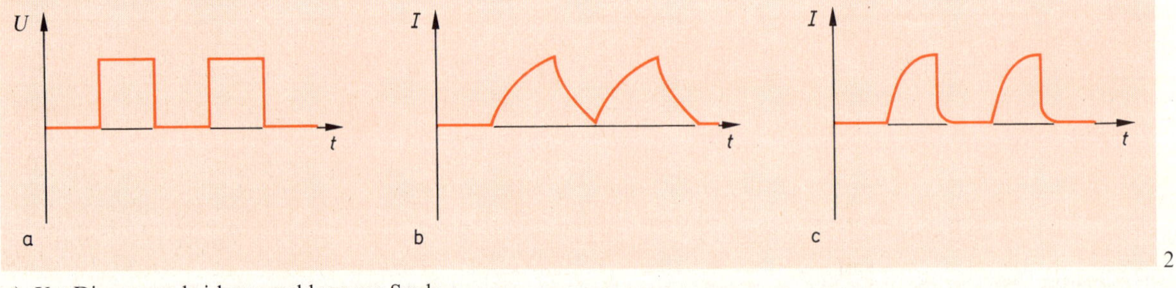

2

a) U-t-Diagramm bei kurzgeschlossener Spule,
b) I-t-Diagramm einer Spule großer Induktivität beim wiederholten Ein- und Ausschalten,
c) I-t-Diagramm einer Spule kleiner Induktivität beim wiederholten Ein- und Ausschalten

Exkurs in die Geschichte

Entdeckung der Induktion. JOHANN CHRISTIAN OERSTED (1777 bis 1851) und ANDRE-MARIE AMPÈRE (1775 bis 1836) hatten in ihren Experimenten 1820 festgestellt, daß man durch Magnetismus und elektrischen Strom Bewegung erzeugen kann (Bild 1). Das veranlaßte MICHAEL FARADAY, nach der Umkehrbarkeit dieser Erscheinung zu suchen. Seine Untersuchungen wurden vor allem durch die damaligen Meßgeräte erschwert, die schwache Induktionsspannungen nicht anzeigten.
Weiterhin war das energetische Denken noch nicht

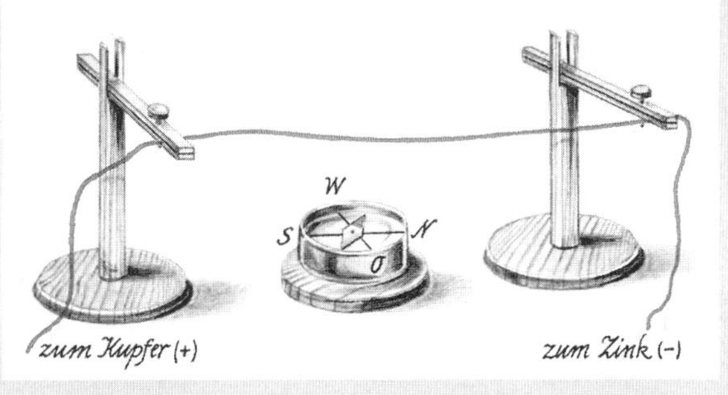

1
Experimentieranordnung von OERSTED

2
MICHAEL FARADAY
(1791 bis 1867)

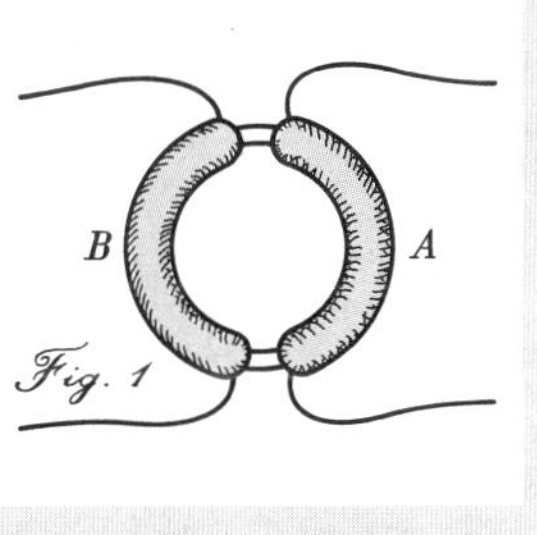

3
Experimentiergeräte
von FARADAY

entwickelt, so daß er auch Experimente durchführte, die nicht zum Ziele führen konnten. Deshalb entdeckte er erst 1831 nach langem Bemühen die elektromagnetische Induktion. Das war eine der bedeutendsten experimentellen Leistungen in der Geschichte der Physik. Ohne theoretische und experimentelle Anhaltspunkte hatte FARADAY zielgerichtet nach dieser Erscheinung gesucht, mit ihrer Entdeckung ein ganz neues Gebiet der Physik erschlossen und das Fundament für die Ausarbeitung der elektromagnetischen Feldtheorie gelegt.
Nach seinen erfolgreichen Experimenten zur elektromagnetischen Induktion vereinigte FARADAY deren Ergebnisse mit seinen Vorstellungen von den magnetischen Feldlinien und gelangte so zu einer ersten qualitativen Formulierung des Induktionsgesetzes. Mit seiner Feldvorstellung konnten damit alle bekannten elektrischen und magnetischen Erscheinungen überzeugend erklärt werden. Der englische Physiker JAMES CLERK MAXWELL (1831 bis 1879) analysierte diese Erkenntnisse und formulierte die grundlegenden Gesetze des elektromagnetischen Feldes in mathematischer Form.
1862 nahm MAXWELL an, daß bei zeitlich veränderlichen Strömen auch im Raum zwischen den Platten eines Kondensators ein „Verschiebungsstrom“ fließt, der ebenfalls von einem magnetischen Feld umgeben ist. Aus dieser kühnen Annahme schloß er 1864 auf die Existenz elektromagnetischer Wellen im Vakuum, die sich mit Lichtgeschwindigkeit ausbreiten. Der deutsche Physiker HEINRICH HERTZ (1857 bis 1894) führte – ausgehend von einer Preisaufgabe der Berliner Akademie der Wissenschaften – dazu Experimente durch. 1888 gelang ihm der Nachweis elektromagnetischer Wellen. Damit wurde die Maxwellsche Theorie experimentell bestätigt.

4

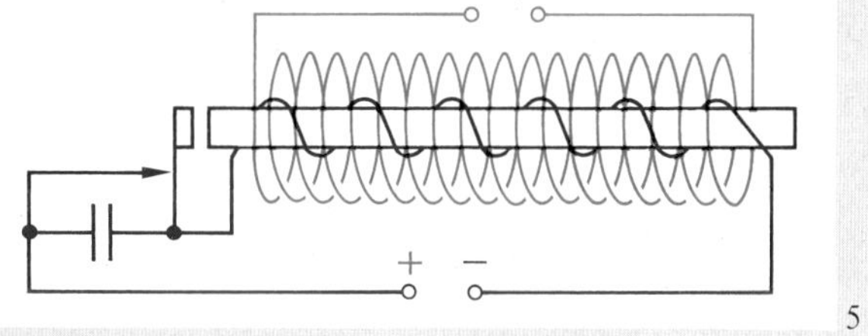

5
Aufbau und Schaltung eines Funkeninduktors

Funkeninduktoren. Ein Funkeninduktor (Bild 4) besteht aus einer Primärspule mit wenigen hundert Windungen. In dieser Spule befindet sich ein zylindrischer Eisenkern. Die Primärspule ist von einer Sekundär-

spule mit vielen tausend Windungen umgeben (Bild 5, S. 161).
Trotz des großen Übersetzungsverhältnisses (z. B. $N_p : N_s = 200 : 10000$) wäre die Sekundärspannung relativ klein. Beim Verwenden von Gleichspannung

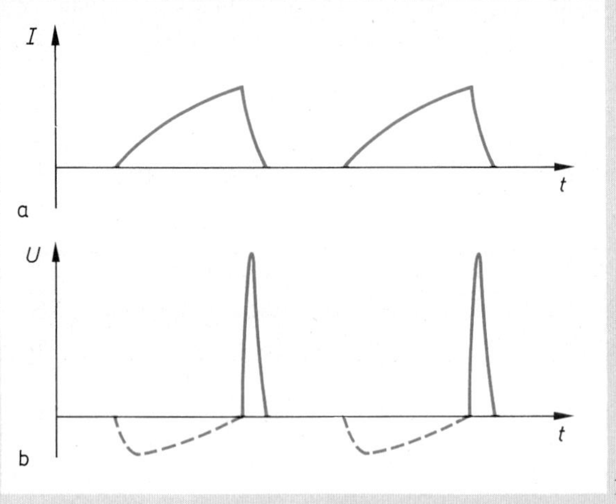

1

a) Stromstärke-Zeit-Diagramm des Stromes in der Primärspule des Induktors
b) Spannungs-Zeit-Diagramm des Stromes in der Sekundärspule des Induktors

tritt im Primärkreis ein zeitlicher Verlauf der Stromstärke auf, der stark von der Sinusform abweicht. Beim Schließen des Primärstromkreises steigt die Stromstärke infolge der Selbstinduktion nur langsam an. Öffnet der Unterbrecher jedoch den Stromkreis, so sinkt die Stromstärke schnell bis auf Null ab (Bild 1a). Damit ändert sich die magnetische Flußdichte sehr

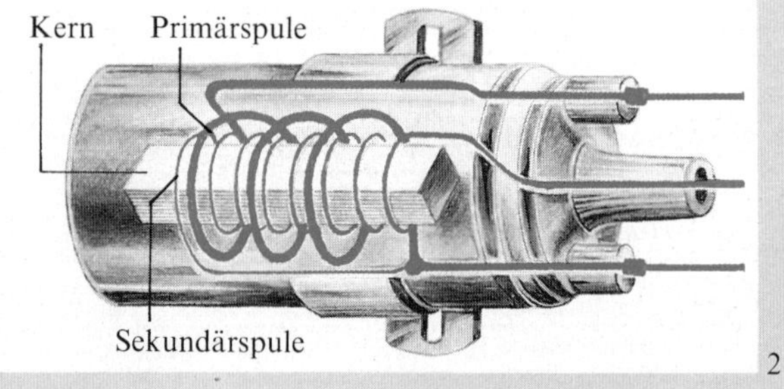

2

Zündspule eines Pkw

stark, und nach Gleichung (14) wird in der Sekundärspule eine hohe Spannung erzeugt (Bild 1b).
Das Prinzip des Funkeninduktors wird in mehreren technischen Geräten angewendet. Große Bedeutung hat sie bei den Zündspulen in Kraftfahrzeugen erlangt (Bild 2).

Exkurs in die Technik

Bedeutung der elektromagnetischen Induktion. Die technischen Anwendungen der elektromagnetischen Induktion haben das Leben der Menschen grundlegend verändert. Mittels der elektromagnetischen Induktion ist es möglich, mechanische Energie mit großem Wirkungsgrad in elektrische Energie umzuwandeln, die vom Nutzer in beliebige andere Energieformen umgewandelt werden kann. Auf diese Weise wird in den Generatoren der Wasser-, Wärme- und Kernkraftwerke fast die gesamte Elektroenergie erzeugt (Bild 3).
Die elektrische Energie kann über große Entfernungen nur bei hohen Spannungen verlustarm übertragen werden. Das Erhöhen der Spannung am Erzeugungsort und das Herabsetzen am Nutzungsort erfolgen ebenfalls durch die elektromagnetische Induktion in Transformatoren (Bild 4).
Auch bei der Umwandlung von elektrischer Energie in mechanische Energie in Elektromotoren kommt der elektromagnetischen Induktion eine große Bedeutung zu. Das gilt besonders für Drehstrommotoren, die keinen Kollektor besitzen und dadurch wartungs-

3

Turbogenerator

4

Umspannstation

frei sind. Schließlich ist die Spule mit der in ihr auftretenden Selbstinduktion ein bedeutender Bestandteil des elektrischen Schwingkreises. Schwingkreise sind die Grundlage der Erzeugung elektromagnetischer Wellen.

Hall-Sonde. Mit diesem Bauelement kann bequem die magnetische Flußdichte an einer beliebigen Stelle des Raumes gemessen werden. In der Hall-Sonde wird die Proportionalität zwischen der magnetischen Flußdichte und der Hall-Spannung entsprechend Gleichung (6) genutzt. Voraussetzung ist dabei eine konstante Stromstärke in der Sonde.
Die Hall-Sonde besteht aus einem Plättchen aus Indiumarsenid oder eines anderen Materials mit ähnlichen elektrischen Eigenschaften. Es hat eine Dicke von weniger als einem Millimeter und Kantenlängen von jeweils nur einigen Millimetern. Dieses Plättchen ist entsprechend Bild 1, S. 156, mit vier Anschlüssen versehen, von denen zwei das Fließen des Gleichstromes ermöglichen und zwei das Abgreifen der Hall-Spannung. Das Halbleitermaterial Indiumarsenid wird besonders deshalb bevorzugt, weil die wirksame Ladungsträgerdichte sehr klein ist. Dadurch entsteht eine relativ große Hall-Spannung. Zum Schutz gegen mechanische Beschädigung ist das Plättchen von einer dünnen Schicht aus Kunststoff umgeben. Die Hall-Sonde wird an eine stabilisierte Gleichspannungsquelle angeschlossen, so daß ein Strom mit

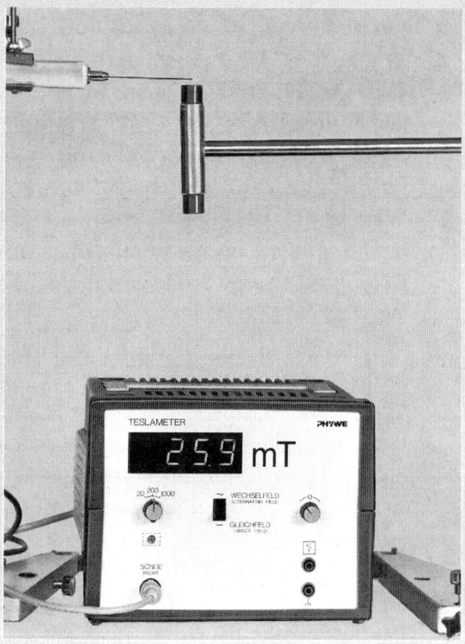

1

Hall-Sonde mit Meßgerät

konstanter Stromstärke fließt. Wird dann die Fläche des Indiumarsenidplättchens senkrecht von den magnetischen Feldlinien durchsetzt, so ist die Hall-Spannung ein Maß für die magnetische Flußdichte. In der Regel zeigt der Spannungsmesser die magnetische Flußdichte direkt in Millitesla oder Tesla an.

Drosselspulen bei Leuchtstofflampen. Leuchtstofflampen besitzen einen bedeutend höheren Wirkungsgrad als Glühlampen. Sie finden deshalb eine immer größere Verbreitung. Ihre Betriebsspannung liegt bei etwa

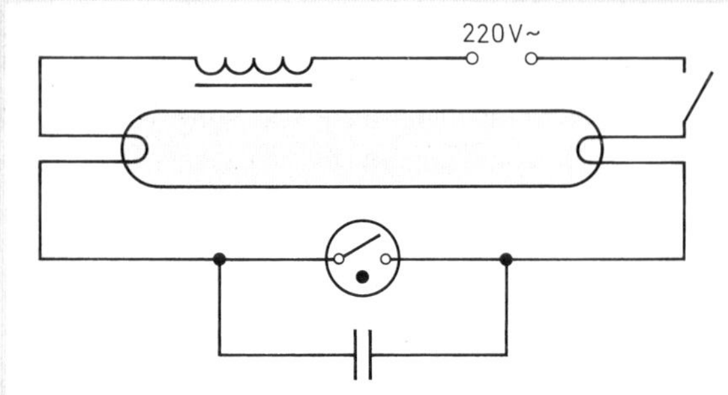

2

120 V. Zum Zünden reicht die Wechselspannung von 220 V jedoch nicht aus. Die erforderliche hohe Zündspannung liefert ein Glimmzünder zusammen mit der Drosselspule. Diese hat die Aufgabe, die Zündspannung zu liefern und die Stromstärke zu begrenzen (Bild 2).
Nach dem Einschalten der Lampe schließt der Glimmzünder zunächst den Zündstromkreis für etwa 1 s. Dabei werden die Elektroden der Leuchtstofflampe vorgeheizt. Danach öffnet er den Stromkreis, in dem auch die Drosselspule liegt. Durch Selbstinduktion entsteht dabei eine Zündspannung von mehreren hundert Volt. Diese führt zum Zünden der Lampe.

Störende Selbstinduktionsspannungen. Wird ein Stromkreis, in dem sich eine Spule befindet, geöffnet, so tritt an der Öffnungsstelle – selbst bei kleinen Betriebsspannungen – eine hohe Selbstinduktionsspannung auf. Diese führt zur Funkenbildung. Das erfolgt z. B. an Schaltern, an Unterbrechern von Kraftfahrzeugmotoren und an Kollektoren von Elektromotoren. Die Funken erhöhen den Verschleiß und wirken beispielsweise im Autoradio stark störend.
Um die Funkenbildung zu verhindern, werden vor allem Kondensatoren eingesetzt. Sie nehmen beim Öffnen eines Kontaktes die Ladungen auf. Dadurch sinkt die Spannung stark ab. Die Funkenbildung wird verringert oder ganz verhindert.

Gewußt? Erkannt? Gekonnt?

1. Ein Kondensator soll bei Netzspannung (220 V, 50 Hz) als Vorwiderstand für eine Glühlampe mit den Betriebsdaten $U = 6{,}3$ V und $I = 0{,}1$ A verwendet werden. Welchen Vorteil bietet die Verwendung eines Kondensators?
   Welche Kapazität muß der Kondensator haben?
2. Ein Kondensator mit der Kapazität $C = 10$ nF und ein ohmsches Bauelement ($R = 2{,}2$ kΩ) sind in Reihe an eine Spannungsquelle mit der Frequenz $f = 1{,}5$ kHz angeschlossen. Berechnen Sie den Scheinwiderstand Z, die Gesamtspannung U und die Phasenverschiebung zwischen U und I, wenn der Effektivwert der Stromstärke 2,0 mA beträgt!
3. Ein 40-W-Lötkolben soll durch Vorschalten eines Kondensators in seiner Leistung gedrosselt werden, damit thermisch empfindliche Bauelemente nicht zerstört werden. Dazu wird die ursprüngliche Betriebsspannung von 220 V auf 160 V herabgesetzt. Die Frequenz der Netzspannung beträgt 50 Hz.
   Wie groß muß die Kapazität des Kondensators gewählt werden?
   Welche Leistung gibt der Lötkolben danach ab?

Zusammenfassung

Größen des Wechselstroms

Wechselspannung $u(t) = \hat{U} \sin(\omega \cdot t + \varphi)$

Effektivwert der Wechselspannung $U = \dfrac{\hat{U}}{\sqrt{2}}$

Wechselstromstärke $i(t) = \hat{I} \sin \omega \cdot t$

Effektivwert der Wechselstromstärke $I = \dfrac{\hat{I}}{\sqrt{2}}$

Bauelemente im Wechselstromkreis

	ohmsches Bauelement	Spule	Kondensator
Phasenverschiebung	$\varphi = 0°$	$\varphi = 90°$	$\varphi = -90°$
i, u-t Diagramm	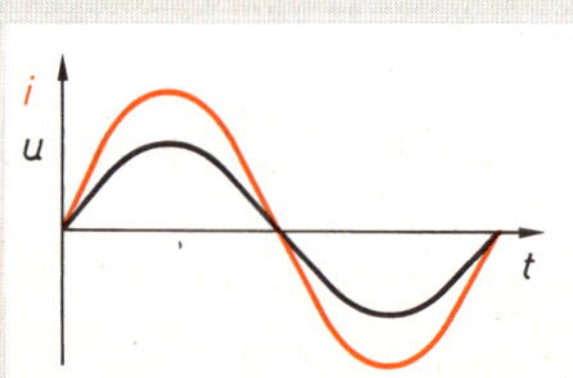 1	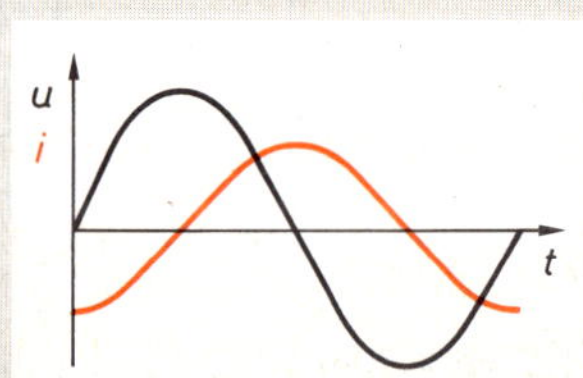 2	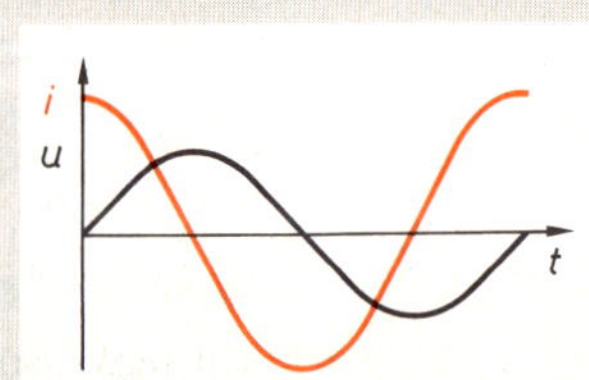 3
Widerstand	$R = U/I$ Wirkwiderstand	$X_L = \omega \cdot L$ induktiver Widerstand	$X_C = 1/(\omega \cdot C)$ kapazitiver Widerstand

Schaltungen

Reihenschaltung R – L – C

Spannung $U = \sqrt{U_R^2 + (U_L - U_C)^2}$

Phasenverschiebung $\tan \varphi = (U_L - U_C)/U_R$

Gesamtwiderstand (Scheinwiderstand)

$Z = \sqrt{R^2 + (X_L - X_C)^2}$

Parallelschaltung R – L – C

Stromstärke $I = \sqrt{I_R^2 + (I_L - I_C)^2}$

Phasenverschiebung $\tan \varphi = (I_L - I_C)/I_R$

Gesamtwiderstand $Z = \dfrac{U}{\sqrt{I_R^2 + (I_L - I_C)^2}}$

Leistung im Wechselstromkreis

Scheinleistung $P_S^2 = P_B^2 + P_W^2$ bzw. $P_S = U \cdot I$

Wirkleistung $P_W = U \cdot I \cdot \cos \varphi$ bzw.

$P_W = P_S \cdot \cos \varphi$

Blindleistung $P_B = U \cdot I \cdot \sin \varphi$

Leistungsfaktor $\cos \varphi = \dfrac{P_W}{P_S}$

5 Elektromagnetische Schwingungen

Der elektrische Schwingkreis

In Schaltplänen von Rundfunkempfängern findet man häufig eine Spule und einen Kondensator zusammengeschaltet (Bild 1). Welche Bedeutung hat die Kombination der beiden Bauelemente?

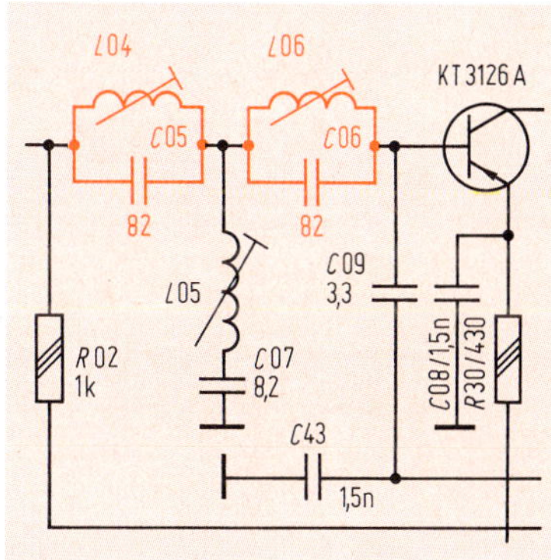

1

Aufbau und Wirkungsweise eines Schwingkreises

Ein Kondensator speichert auf seinen Elektroden elektrische Ladungen und in seinem Feld elektrische Energie. Bei Bedarf kann er diese Energie wieder abgeben. Welchen zeitlichen Verlauf nimmt dabei die Stromstärke?

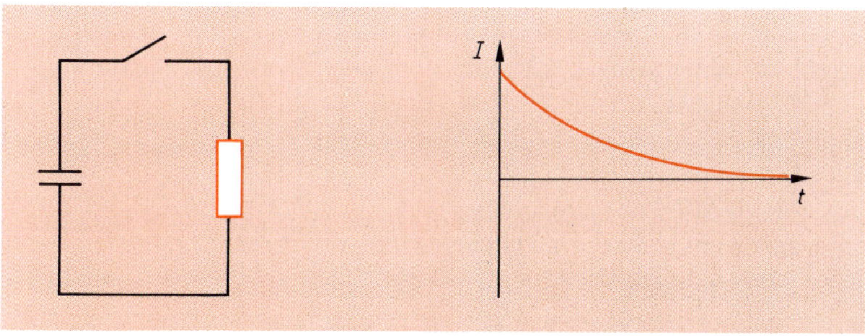

2

Experiment 1
Ein Kondensator wird geladen und anschließend über ein ohmsches Bauelement entladen (Bild 2, links). Der Entladestrom fließt von einer Kondensatorplatte zur anderen und führt zum Ladungsausgleich. Die Stromstärke nimmt zunächst schnell, dann immer langsamer ab (Bild 2, rechts).

Nachfolgend soll das ohmsche Bauelement aus Experiment 1 durch eine Spule ersetzt werden. Dadurch entsteht eine Anordnung, wie sie im Bild 1 zu finden ist. Man nennt diese einen **elektrischen Schwingkreis.**

Ein elektrischer Schwingkreis besteht aus einem Kondensator und einer Spule.

Welchen zeitlichen Verlauf hat die Stromstärke, wenn der Strom statt des ohmschen Bauelements die Spule durchfließt?

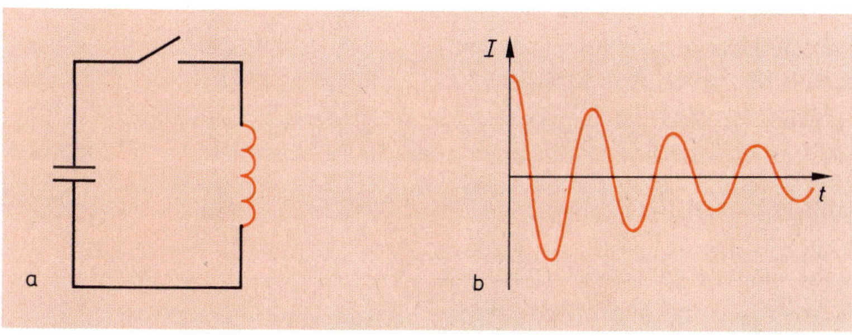

3

Experiment 2
Ein Kondensator wird geladen und anschließend über eine Spule entladen (Bild 3a). Die Stromstärke ändert sich zeitlich periodisch (Bild 3b).

In einem Schwingkreis können durch das Zusammenwirken von Kondensator und Spule elektromagnetische Schwingungen auftreten.

Auf welche Weise entstehen diese Schwingungen?

Wir beginnen unsere Betrachtungen zu dem Zeitpunkt, in dem der Kondensator aufgeladen ist und der Stromkreis gerade geschlossen wurde(Bild 1).

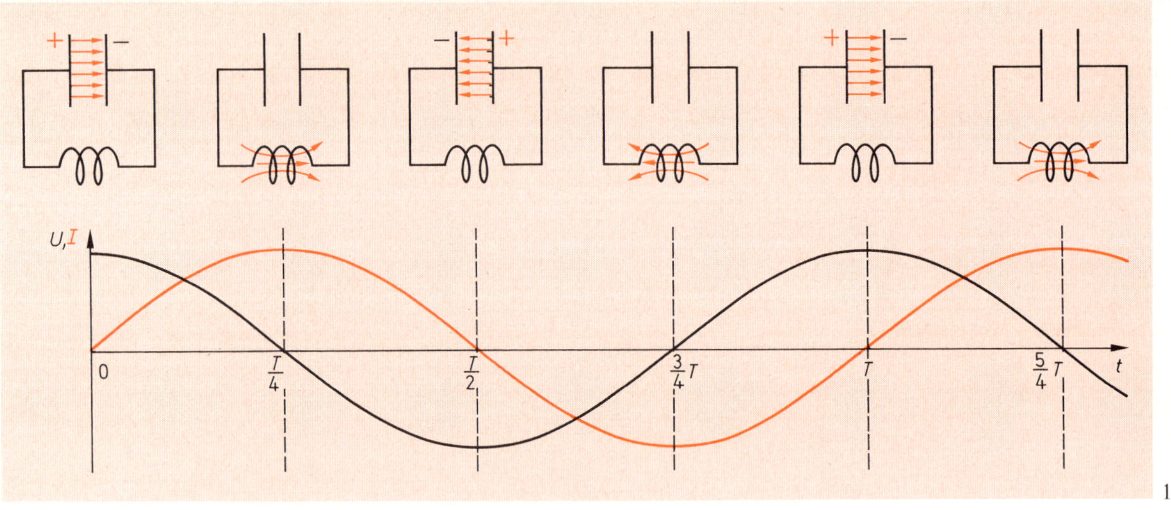

1

Der Kondensator entlädt sich, der Strom durch die Spule beginnt zu fließen. Dadurch nimmt die Spannung am Kondensator ab. Die Stromstärke in der Spule steigt infolge der Selbstinduktion nur langsam an. Wenn der Kondensator entladen ist, hat die Stromstärke und damit auch die Flußdichte in der Spule ihren höchsten Wert erreicht. Obwohl zu diesem Zeitpunkt zwischen den Kondensatorplatten keine Spannung mehr besteht, hört der Stromfluß nicht auf. Durch das allmähliche Zusammenbrechen des Magnetfeldes der Spule fließt der Strom infolge der Selbstinduktion weiter. Dadurch wird der Kondensator erneut aufgeladen, diesmal jedoch mit umgekehrter Polarität. Beim Aufladen nimmt die Stromstärke ab und die Spannung an den Kondensatorplatten zu. Der Ladevorgang ist beendet, wenn die magnetische Flußdichte und damit die Stromstärke Null ist. Nachfolgend entlädt sich der Kondensator erneut, und die Vorgänge wiederholen sich (Bild 1).
Die Eigenschaft des Kondensators, Ladungen zu speichern, führt zu einem ständigen Laden und Entladen. Die Eigenschaft der Spule, infolge der Selbstinduktion allen Änderungen der Stromstärke entgegenzuwirken, bedingt einen ständigen Auf- und Abbau des magnetischen Feldes.

In einem elektrischen Schwingkreis treten ständige Umladevorgänge und Induktionsvorgänge auf. Dabei ändern sich Spannung und Stromstärke periodisch.

Energieumwandlungen in einem Schwingkreis

Ein geladener Kondensator hat elektrische Feldenergie gespeichert. Eine stromdurchflossene Spule hat magnetische Feldenergie gespeichert. Beim Schwingen eines elektrischen Schwingkreises werden diese beiden Energieformen ständig ineinander umgewandelt. Das wird beim Betrachten des Bildes 1 deutlich.

In einem elektrischen Schwingkreis wandeln sich elektrische und magnetische Feldenergie zeitlich periodisch ineinander um.

Bei einer ungedämpften Schwingung ist die Summe aus elektrischer und magnetischer Energie zu jedem Zeitpunkt konstant.
Die Spule verzögert infolge ihrer Induktivität diese Energieumwandlungen. Die Verzögerung ist umso größer, je größer die Induktivität der Spule ist.
Der Kondensator hat ebenfalls Einfluß auf die Schnelligkeit der Energieumwandlungen. Je größer die Kapazität des Kondensators ist, umso mehr elektrische Energie kann er bei gleicher Spannung speichern, und umso länger dauert es, bis diese Energie in magnetische Feldenergie umgewandelt ist.

Die Thomsonsche Schwingungsgleichung

Die Gleichung für die Periodendauer eines Schwingkreises kann man aus dem Wechselstromwiderstand beider Bauelemente entwickeln.
Soll in einem Wechselstromkreis, in dem sich nur ein Kondensator und eine Spule befinden, ein starker Strom fließen, so muß der Blindwiderstand möglichst klein sein. Experimente zeigen, daß dies dann der Fall ist, wenn der induktive Widerstand und der kapazitive Widerstand gleich groß sind.

$\omega \cdot L = \frac{1}{\omega \cdot C}$ oder $\omega^2 = \frac{1}{L \cdot C}$.

Daraus folgt $2\pi f = \sqrt{\frac{1}{L \cdot C}}$ und damit $f = \frac{1}{2\pi}\sqrt{\frac{1}{L \cdot C}}$.

Mit $f = \frac{1}{T}$ ergibt sich die

Thomsonsche Schwingungsgleichung $\quad T = 2\pi\sqrt{L \cdot C}$

Gültigkeitsbedingung: ohmscher Widerstand Null

Die Gleichung wurde nach ihrem Entdecker WILLIAM THOMSON (1824 bis 1907) benannt.

Gedämpfte und ungedämpfte Schwingungen

Gedämpfte Schwingungen. Die Amplitude eines einmal angestoßenen Fadenpendels oder Federschwingers nimmt infolge der Reibung allmählich ab. In entsprechender Weise verringern sich auch die Scheitelwerte von Spannung und Stromstärke in einem Schwingkreis (Bild 3b, S. 177). Die Ursache für diese Verringerung ist in erster Linie der ohmsche Widerstand der elektrischen Bauelemente und der Verbindungsleitungen. Man nennt solche Schwingungen gedämpfte elektromagnetische Schwingungen.

Nach dem einmaligen Anregen eines elektrischen Schwingkreises nehmen die Scheitelwerte der Stromstärke und der Spannung ständig ab. Ursache dieser Dämpfung ist die Umwandlung von elektrischer und magnetischer Feldenergie in thermische Energie.

Ungedämpfte Schwingungen. Gedämpfte elektromagnetische Schwingungen sind für die praktische Nutzung wenig geeignet. Zur Erzeugung ungedämpfter elektromagnetischer Schwingungen muß – wie im Falle mechanischer Schwingungen – dem Schwingkreis ständig Energie

zugeführt werden. Dadurch kann der in thermische Energie umgewandelte Teil der Gesamtenergie des Schwingkreises immer wieder ersetzt werden.
Wie kann man einen Schwingkreis erregen, damit er eine ungedämpfte elektromagnetische Schwingung ausführt?

Experiment 3
Ein Schwingkreis wird mit den Y-Platten eines Oszillografen verbunden (Bild 1). Der Schwingkreisspule wird eine zweite Spule gegenübergestellt, die an einen Tonfrequenzgenerator mit einstellbarer Frequenz angeschlossen ist. Der Tonfrequenzgenerator wird eingeschaltet und das Oszillografenbild beobachtet (Bild 2a).

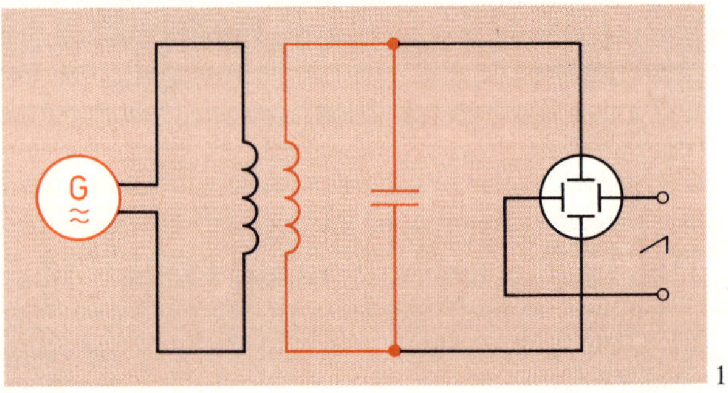

1

Der Schwingkreis führt eine erzwungene Schwingung mit der Frequenz des Tonfrequenzgenerators aus. Diese Schwingung ist ungedämpft, da dem Schwingkreis periodisch Energie zugeführt wird (Bild 2a).

Experiment 4
Bei gleicher experimenteller Anordnung wie im Bild 1 wird die Erregerfrequenz geändert. Es ändert sich auch die Frequenz der erzwungenen Schwingung. Gleichzeitig ändert sich der Scheitelwert der Spannung (Bild 2b).

Erregt man einen Schwingkreis periodisch, so führt er erzwungene Schwingungen mit der Erregerfrequenz aus.

Resonanz

In den Experimenten 3 und 4 lag die Erregerfrequenz weit unter der Eigenfrequenz des Schwingkreises. Was geschieht nun, wenn sich die Erregerfrequenz immer mehr der Eigenfrequenz nähert?

Experiment 5
Bei unveränderter experimenteller Anordnung wird die Erregerfrequenz verändert. Je mehr sich die Erregerfrequenz der Eigenfrequenz nähert, umso größer wird der Scheitelwert der Spannung. Stimmen Erregerfrequenz und Eigenfrequenz überein, so treten die größten Scheitelwerte auf (Bild 2c). In diesem Falle liegt **Resonanz** vor.

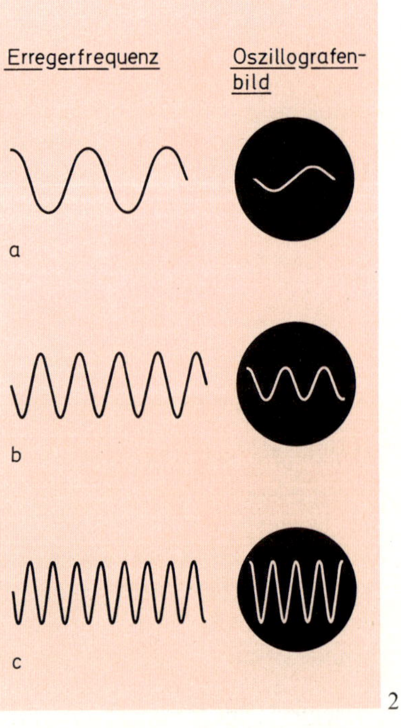

2

Stimmt die Erregerfrequenz mit der Eigenfrequenz des Schwingkreises überein, so erreichen Spannung und Stromstärke Maximalwerte. Es besteht Resonanz.

Meißnersche Rückkopplungsschaltung

Beim Vergleich der Experimente 4 und 5 fällt folgendes auf: Im Resonanzfall kann man mit einer kleinen zugeführten Energie Schwingungen sehr großer Scheitelwerte erzeugen. In diesem Falle schwingt der Schwingkreis „von selbst“. Ihm werden immer im richtigen Rhythmus kleine Energieportionen zugeführt. Diese ersetzen den Teil der Energie, der in thermische Energie umgewandelt wurde. In allen anderen Fällen muß zu jedem Zeitpunkt viel mehr Energie zugeführt werden, um die erzwungenen Schwingungen aufrecht zu erhalten. Aus diesem Grunde liegt es nahe, daß man – wo immer möglich – mit einer Frequenz arbeitet, die der Eigenfrequenz nahekommt. Dieses Ziel läßt sich leicht mit der Rückkopplungsschaltung realisieren (Bild 1).

Diese Schaltung wurde im Jahre 1913 von ALEXANDER MEISSNER entwickelt. Ihre Wirkungsweise läßt sich wie folgt erklären: Wenn der Schwingkreis schwingt, wird in der Induktionsspule, die der Schwingkreisspule gegenübersteht, eine Wechselspannung induziert. Diese Wechselspannung steuert den Transistor. Während jeder zweiten halben Periode fließt durch den Transistor der Kollektorstrom. In der anderen halben Periode fließt kein Strom im Transistor. Dadurch wird erreicht, daß zusätzliche Ladungsträger immer gerade dann zum Kondensator fließen, wenn dieser mit der gleichen Polarität geladen wird bzw. sich entlädt. Auf diese Weise wird die Abnahme der elektrischen Energie im Schwingkreis ausgeglichen.

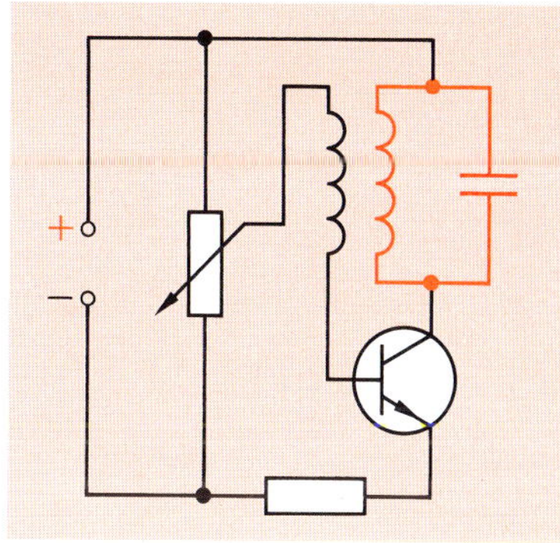

1

Rückkopplungsschaltung mit Transistor als Schalter

Elektrischer Schwingkreis und Federschwinger

Die Vorgänge in einem elektrischen Schwingkreis kann man sehr gut mit den Vorgängen in einem horizontalen Federschwinger vergleichen. Es entsprechen einander:

beim Schwingkreis	**beim Federschwinger**
Kondensator	Schraubenfedern
Spule	schwingender Körper
elektrische Feldenergie des geladenen Kondensators	potentielle Energie der gespannten Feder
magnetische Feldenergie der stromdurchflossenen Spule	kinetische Energie des bewegten Körpers
Spannung am Kondensator	Kraft der Federn
Strom in der Spule	Masse des Körpers

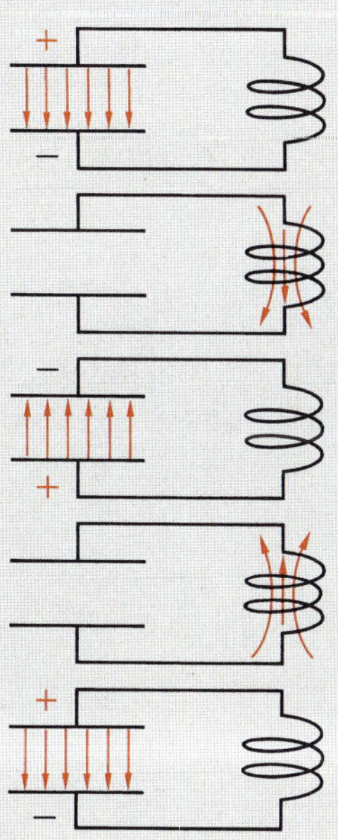

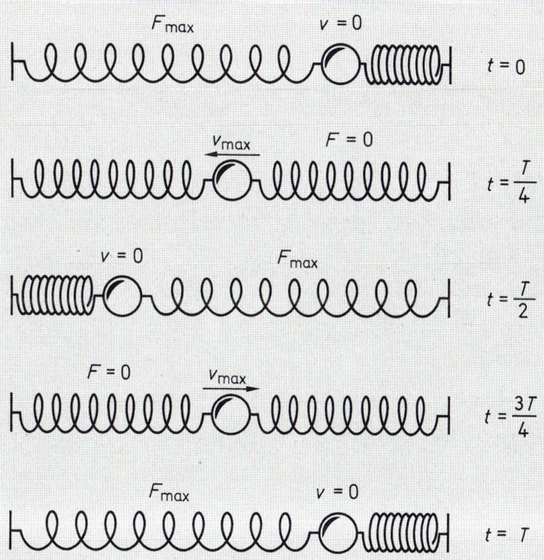

Exkurs in die Technik

Elektromagnetische Schwingungen. Die Entwicklung der Meißnerschen Rückkopplungsschaltung war ein ganz wesentlicher Schritt in der Geschichte der drahtlosen Nachrichtenübermittlung. Sie ermöglichte es, ungedämpfte elektromagnetische Schwingungen von kleinsten Frequenzen bis in den Hochfrequenzbereich mit einem sehr hohen Wirkungsgrad zu erzeugen.
Die ungedämpften elektromagnetischen Schwingungen sind nicht nur eine wesentliche Voraussetzung für die Erzeugung elektromagnetischer Wellen. Elektromagnetische Schwingungen werden auch mannigfaltig direkt technisch genutzt. So werden mit elektromagnetischen Schwingungen Töne und Klänge in elektronischen Musikinstrumenten erzeugt. Weiterhin werden elektromagnetische Schwingungen angewendet, um verschiedene Stoffe zu erwärmen. Der Vorteil dieses Verfahrens besteht darin, daß diese Erwärmung nur an den gewünschten Stellen auftritt. Die Umgebung der auf diese Weise örtlich erwärmten Körper bleibt kalt.

Induktive Erwärmung. Die induktive Hochfrequenzerwärmung wendet man bei elektrisch leitenden Stoffen an. Dabei arbeitet man mit Frequenzen zwischen 10 kHz und 100 MHz. Das Werkstück wird in eine Spule mit wenigen Windungen gebracht (Bild 1). Dieses ist Bestandteil eines Schwingkreises, so daß in ihm hochfrequente elektromagnetische Schwingungen auftreten.
Infolge des magnetischen Wechselfeldes entstehen im Werkstück Wirbelströme. Diese führen zu einer starken Temperaturerhöhung. Um das Werkstück zu härten, braucht es anschließend nur mit einer Kühlflüssigkeit abgeschreckt zu werden. Durch eine geeignete Form der Spule kann man erreichen, daß nur bestimmte Teile des Werkstückes erwärmt werden. Bei induktiver Erwärmung ist es auch möglich, einzelne Bereiche eines Metallstückes nacheinander zu erwärmen. Das geschieht beim Zonenschmelzverfahren. Man setzt es zur Herstellung sehr reiner Metalle und Halbleiter ein. Das Prinzip besteht darin, daß z. B. ein Metallstab in einer schmalen Zone bis zum Schmelzpunkt erwärmt wird. Anschließend wird er ganz langsam durch die Spule bewegt. Dabei wird immer neues Metall geschmolzen. Gleichzeitig erstarrt bereits geschmolzenes. Beim Erstarren geht nur das reine Metall in den festen Zustand über. Die Verunreinigungen bleiben in der flüssigen Zone. Auf diese Weise werden die Verunreinigungen bis zum Ende des Stabes gedrängt.

Kapazitive Erwärmung. Bei der kapazitiven Erwärmung bringt man den Isolator oder den schwach leitenden Stoff als Dielektrikum zwischen die Platten des Schwingkreiskondensators. Die hohe Wechselspannung mit einer Frequenz von 1 MHz bis 50 MHz führt zu ständigen geringfügigen Verschiebungen der Teilchen im Isolator. Das bedingt ebenfalls eine Erwärmung. Kapazitive Erwärmung wird u. a. zum Trocknen von Holz in der Holzbearbeitungsindustrie, zum Härten von Gummi und beim Herstellen von Gegenständen aus Kunststoff angewendet. In der Medizin wird die kapazitive Erwärmung als sogenannte Kurzwellenbestrahlung eingesetzt (Bild 2). Dabei werden Teile des menschlichen Körpers zwischen die Platten des Schwingkreiskondensators gebracht. Die sich schnell ändernde elektrische Feldstärke bedingt eine Schwingungsbewegung der Ionen im Gewebe. Das führt zu einer Erhöhung der Temperatur. Dadurch wird die Durchblutung verbessert.

1

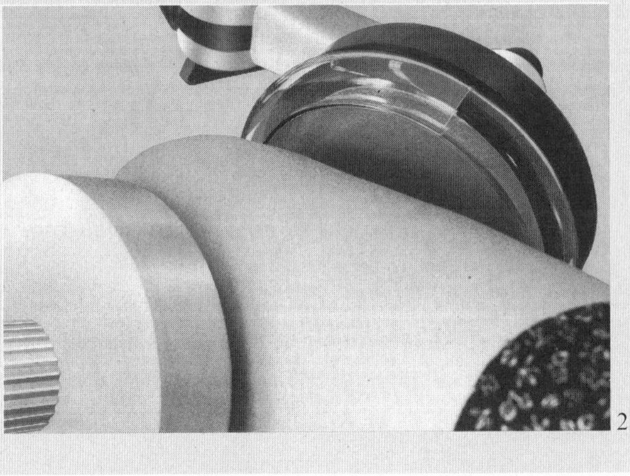
2

Gewußt? Erkannt? Gekonnt?

1. Welche Energieumwandlungen finden in einem Schwingkreis statt?
2. Beschreiben Sie den zeitlichen Verlauf der Spannung am Kondensator und der Stromstärke in der Spule in einem Schwingkreis mit Hilfe eines *u-t-* bzw *i-t*-Diagramms!
3. In welchen Formen tritt zu den Zeiten $t = 0$, $t = 1/4T$, $t = 1/2T$, $T = 3/4T$ die Energie eines elektrischen Schwingkreises auf, wenn der Entladevorgang des Kondensators zur Zeit $t = 0$ beginnt?
4. Welche Bedeutung haben das Induktionsgesetz und das Lenzsche Gesetz für die Entstehung von Schwingungen in einem elektrischen Schwingkreis?
5. Was versteht man unter der Dämpfung einer elektrischen Schwingung?
   Wovon hängt sie ab und wie kann man sie verändern?
6. Planen Sie ein Experiment, mit dem man den Einfluß des ohmschen Widerstandes auf die Dämpfung der elektromagnetischen Schwingungen untersuchen kann!
7. Interpretieren Sie die Thomsonsche Schwingungsgleichung!
8. Vergleichen Sie die Gleichungen für die Periodendauer eines Schwingkreises, eines Fadenpendels und eines Federschwingers!
   Wie beeinflussen die in diesen Gleichungen enthaltenen physikalischen Größen die Periodendauer? Zwischen welchen Größen bestehen Analogien?
9. Erklären Sie, warum die Periodendauer eines Schwingkreises mit zunehmender Induktivität und Kapazität wächst!
10. Geben Sie die Möglichkeiten an, wie man die Periodendauer eines Schwingkreises verdoppeln kann!
11. Geben Sie die Möglichkeiten an, wie man die Eigenfrequenz eines Schwingkreises vervierfachen kann!
12. Ein Schwingkreis in einem elektronischen Musikinstrument hat eine Eigenfrequenz von 440 Hz. Wie groß ist die Induktivität der Spule, wenn der Kondensator eine Kapazität von 0,1 μF hat?
13. Ein Schwingkreis besteht aus einem Kondensator mit der Kapazität 1 μF und einer Spule der Induktivität 10 mH. Wie groß muß die Induktivität eines zweiten Schwingkreises sein, dessen Kondensator eine Kapazität von 0,1 μF hat, damit er vom ersten in Resonanz zu Schwingungen erregt wird?
14. Planen Sie ein Experiment, mit dem man die Abhängigkeit der Eigenfrequenz eines Schwingkreises von der Induktivität der Spule demonstrieren kann!
15. Ein elektrischer Schwingkreis führt eine erzwungene elektromagnetische Schwingung aus. Wovon hängt die Frequenz dieser Schwingung ab?
16. Erläutern Sie an einem Beispiel die Hochfrequenzerwärmung!

Zusammenfassung

Der elektrische Schwingkreis

Ein elektrischer Schwingkreis besteht aus einem Kondensator und einer Spule. Infolge der Speicherfähigkeit des Kondensators für elektrische Ladungen und der Selbstinduktion der Spule können im Schwingkreis elektromagnetische Schwingungen auftreten.

Energieumwandlung im Schwingkreis

In einem Schwingkreis erfolgt eine ständige Umwandlung von elektrischer Feldenergie in magnetische Feldenergie: $E_{el} \rightleftarrows E_{magn}$.

Für die Eigenschwingungen eines Schwingkreises gilt die Thomsonsche Schwingungsgleichung

$$T = 2\pi\sqrt{L \cdot C} \quad \text{bzw.} \quad f = \frac{1}{2\pi}\sqrt{\frac{1}{L \cdot C}} .$$

Im Schwingkreis wird ständig ein Teil der Feldenergie in thermische Energie umgewandelt. Ein einmalig angeregter Schwingkreis führt gedämpfte Schwingungen aus.

Resonanz

Ein Schwingkreis kann zu erzwungenen Schwingungen beliebiger Frequenz erregt werden. Stimmen Eigenfrequenz und Erregerfrequenz überein, tritt Resonanz auf.

Bei geringer Energiezufuhr erreichen Spannung und Stromstärke große Scheitelwerte.

Die Meißnersche Rückkopplungsschaltung ermöglicht eine Selbststeuerung eines Schwingkreises mit seiner Eigenfrequenz.

6 Hertzsche Wellen

Durch Rundfunk und Fernsehen werden wir ständig aktuell informiert. Sprache, Musik und Bilder erreichen uns oft aus Entfernungen über mehrere hundert oder tausend Kilometer. Die Übertragung erfolgt durch **Hertzsche Wellen.** Schiffe haben drahtlose Verbindung miteinander und mit Partnern an Land. Flugzeuge werden mit Radargeräten, die mit Hertzschen Wellen hoher Frequenz arbeiten, sicher geführt, auch wenn sie in der Nacht, in den Wolken oder im Nebel fliegen.
Automatische Raumsonden werden mittels Hertzscher Wellen von der Erde aus gesteuert. Sie übermitteln ihre Meßdaten mit diesen Wellen zurück zur Erde.
Wie kann man diese elektromagnetischen Wellen erzeugen, die das Leben der Menschen so wesentlich beeinflussen?

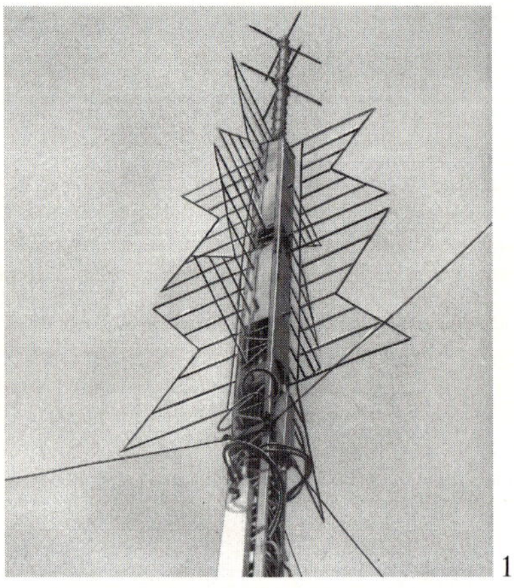
1

Erzeugung Hertzscher Wellen

Hertzsche Wellen, die zur Übertragung von Fernsehsendungen dienen, werden von großen Sendeantennen ausgestrahlt (Bild 1). Die einzelnen Teile dieser Sendeantennen sind meist Metallstäbe. Aus solchen Metallstäben bestehen auch die Empfangsantennen (Bild 2).
Es fällt auf, daß die Stäbe der Sende- und Empfangsantennen alle etwa gleich lang sind. Welche Vorgänge vollziehen sich in diesen Antennen?

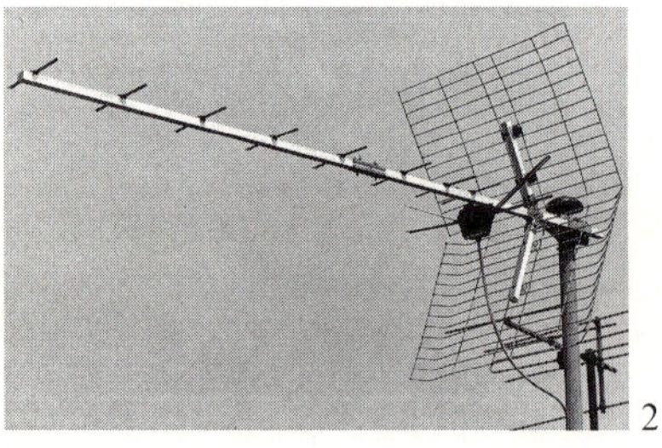
2

Aufbau eines Dipols

Obwohl in einem Schwingkreis hochfrequente elektromagnetische Schwingungen auftreten, ist er für eine Abstrahlung elektromagnetischer Wellen nicht geeignet. Elektrisches und magnetisches Feld bilden sich fast ausschließlich im Inneren von Kondensator und Spule aus. Um elektromagnetische Wellen abstrahlen zu können, muß eine schwingungsfähige Anordnung gefunden werden, bei der die Felder nicht so eng begrenzt sind. Diese Forderung erfüllt eine Antenne.
Die einfachste Antenne ist der Dipol. Dabei handelt es sich um einen gestreckten Leiter (Bild 3). Man kann sich vorstellen, daß ein Dipol durch Öffnen eines Schwingkreises entstanden ist (Bild 4).
Ein Dipol hat eine höhere Eigenfrequenz als der Schwingkreis, aus dem man sich ihn entstanden denken kann. Beim „Öffnen" des Kondensators und dem Übergang von den Kondensatorplatten und der Spule zu einem gestreckten Draht verringern sich Kapazität und Induktivität der Anordnung ganz erheblich (Bild 4). Der Dipol kann durch elektromagnetische Induktion zum Schwingen angeregt werden. Dazu wird der mittlere Teil des Dipols vom Magnetfeld der Spule durchsetzt.

Ein Dipol ist ein langgestreckter Leiter (Metallstab).

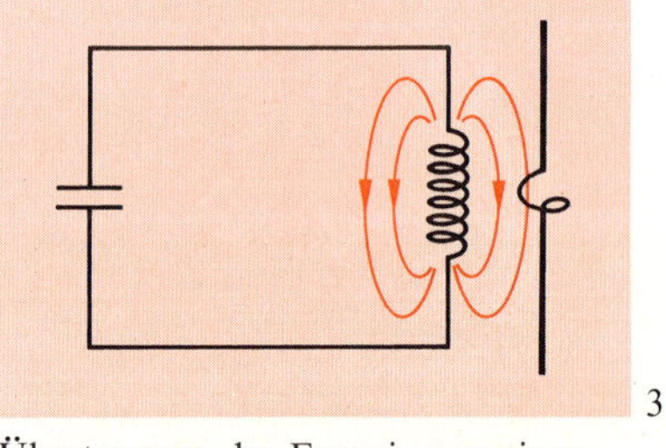
3
Übertragung der Energie von einem Schwingkreis auf einen Dipol

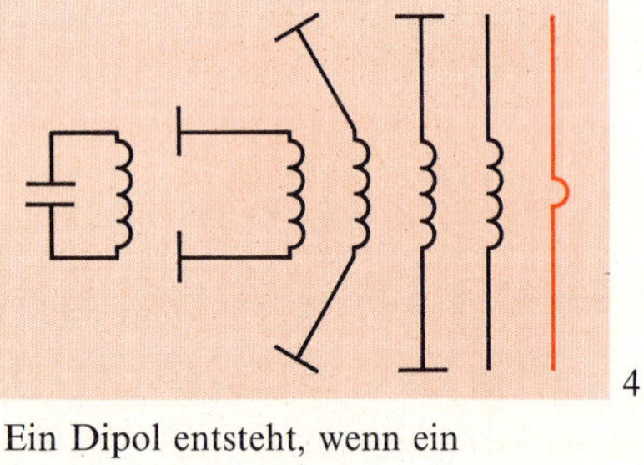
4
Ein Dipol entsteht, wenn ein Schwingkreis „geöffnet" wird.

Schwingungen des Dipols

Im Schwingkreis bewegen sich die Elektronen durch die Spule hindurch periodisch im Rhythmus der Hochfrequenz zwischen den Kondensatorplatten. Im Dipol schwingen die Elektronen im Rhythmus der Hochfrequenz zwischen den Dipolenden. Dabei legt nicht jedes einzelne Elektron den gesamten Weg zurück. Es führt nur eine hochfrequente Schwingung mit sehr kleiner Amplitude aus. Darum besteht nach einer halben Periode an einem Ende des Dipols ein Elektronenüberschuß und am anderen ein Elektronenmangel. Zu diesen Zeitpunkten existiert ein starkes elektrisches Feld (Bild 1). Im mittleren Teil des Dipols ist jeweils eine Viertelperiode später die Stromstärke am größten. Dabei schwingen die Elektronen am stärksten. Es besteht ein starkes magnetisches Feld (Bild 2). Wie bei einem geschlossenen Schwingkreis tritt auch bei einem Dipol eine Phasenverschiebung zwischen Spannung und Stromstärke um eine Viertelperiode auf.

Ein Dipol kann wie ein geschlossener Schwingkreis elektromagnetische Schwingungen ausführen.

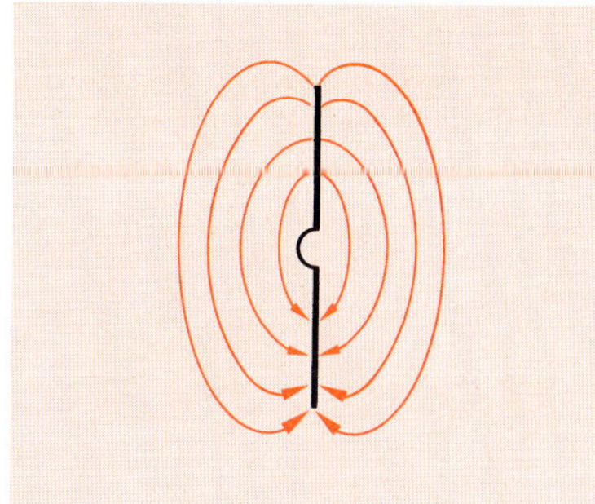
1
Elektrisches Feld in der Umgebung eines Dipols zum Zeitpunkt größter Spannung

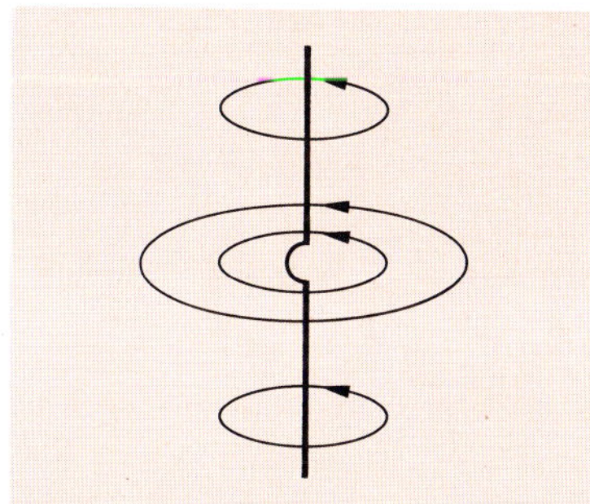
2
Magnetisches Feld in der Umgebung eines Dipols zum Zeitpunkt größter Stromstärke

Abstrahlen elektromagnetischer Wellen

Erregt man einen Dipol durch einmalige Energiezufuhr zum Schwingen, so führt er eine sehr stark gedämpfte Schwingung aus. Die Ursache für diese starke Dämpfung kann nicht der ohmsche Widerstand des Dipols sein. Infolge der Ausführung des Dipols als Metallstab ist der ohmsche Widerstand sehr viel kleiner als bei geschlossenen Schwingkreisen. Der Dipol gibt offenbar auf andere Weise Energie an den ihn umgebenden Raum ab. Das geschieht durch die elektrischen und magnetischen Felder.
Wenn ein Dipol elektromagnetische Schwingungen mit hoher Frequenz ausführt, dann ändern sich elektrisches und magnetisches Feld außerordentlich schnell. Diese Felder breiten sich mit großer Geschwindigkeit (Lichtgeschwindigkeit) aus. Ihr Aufbau erfordert jedoch eine gewisse Zeit. Dadurch kann sich nicht das gesamte elektrische und magnetische Feld

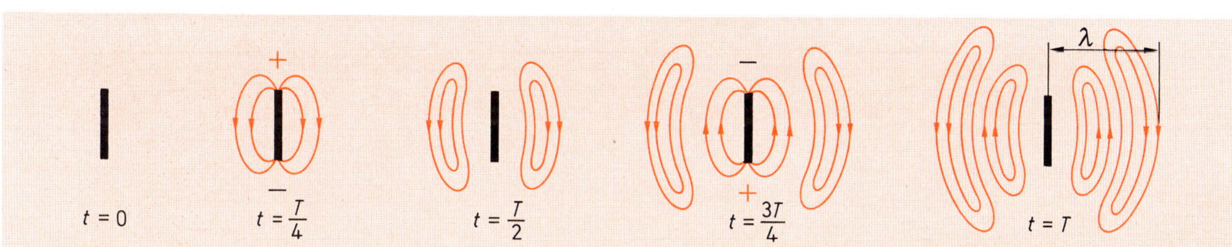

3
Abschnüren der elektrischen Feldlinien vom Dipol

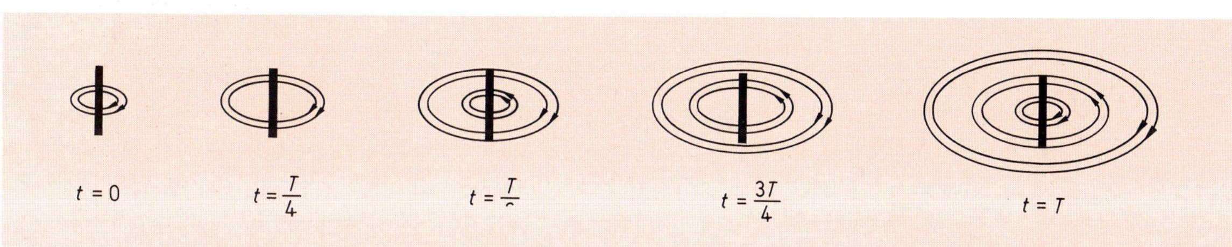

4
Ablösen magnetischer Feldlinien vom Dipol

bis hin zu großen Entfernungen gleichzeitig ändern. So ist z. B. bei einer Frequenz von 38 MHz das Magnetfeld am Dipol schon wieder verschwunden, wenn es in 2 m Entfernung gerade die größte elektrische Feldstärke erreicht hat. Wenn dann diese größte elektrische Feldstärke in einer Entfernung von 4 m auftritt, so hat sich am Dipol schon wieder das nachfolgende elektrische Feld voll herausgebildet. Im Bild 3 sieht man: Immer dann, wenn die Spannung an den Enden des Dipols Null ist, schnüren sich die etwas weiter vom Dipol entfernten Feldlinien als geschlossene Feldlinien ab. Diese abgelösten Feldlinien breiten sich mit Lichtgeschwindigkeit im Raum aus. Benachbarte Gruppen von Feldlinien haben dabei unterschiedliche Richtungen. Gleichzeitig breiten sich um den Dipol magnetische Felder aus. Die magnetischen Feldlinien umgeben den Dipol in Form konzentrischer Kreise. Mit der periodischen Änderung der Stromrichtung ändern auch die Feldlinien nach jeder Halbperiode ihre Richtung (Bild 4, S. 185).
Bild 1 stellt schematisch das elektromagnetische Feld in der näheren Umgebung eines schwingenden Dipols dar. Dabei ist zu beachten, daß in den Bildern 3 und 4, S. 185, und 1, S. 186 im Falle der elektrischen Feldlinien ein Schnitt in der Ebene dargestellt ist, in der der Dipol liegt. Im Falle der magnetischen Feldlinien ist ein Schnitt senkrecht zum Dipol gezeichnet.

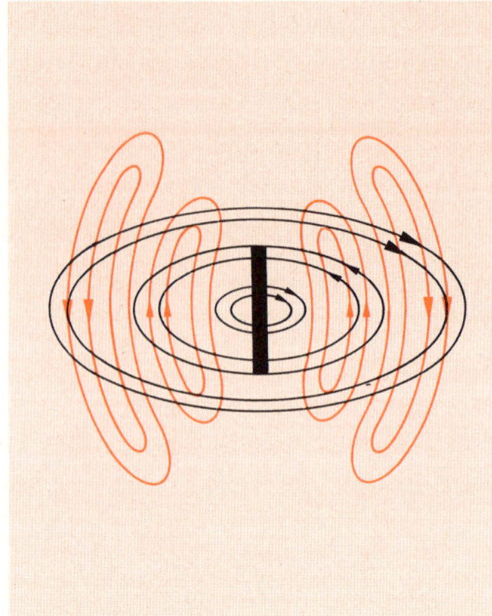

1

Momentbild der elektrischen und magnetischen Felder in unmittelbarer Umgebung des Dipols

Strahlungsintensität der Dipolstrahlung

Die Bilder 3 und 4, S. 185, und das Bild 1 lassen erkennen, daß die Felder rotationssymmetrisch um den Dipol angeordnet sind. Die Energie wird jedoch nicht gleichmäßig in alle Richtungen abgestrahlt. Die Strahlungsintensität ist in der Mittelebene senkrecht zum Dipol am größten.
Um eine Aussage über die in die jeweilige Richtung abgestrahlte Energie machen zu können, führen wir die Strahlungsintensität ein.

Strahlungsintensität $$S = \frac{P}{A}$$

P ausgestrahlte Leistung
A senkrecht durchstrahlte Fläche

Der Zusammenhang zwischen Strahlungsintensität S und dem Winkel ϑ gegenüber der Dipolachse ist im Bild 2 schematisch dargestellt. Es gilt:

Strahlungsintensität beim Dipol $$S \sim \frac{\sin^2 \vartheta}{r^2}$$

ϑ Winkel zwischen der Meßrichtung der Strahlungsintensität und der Dipolachse
r Entfernung der durchstrahlten Fläche von der Dipolmitte

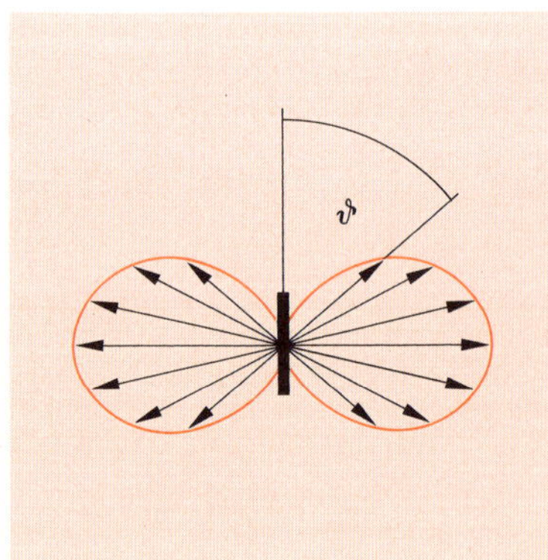

2

Abhängigkeit der Strahlungsintensität eines Dipols von der Ausstrahlungsrichtung

Eigenfrequenz eines Dipols

Wie ein geschlossener Schwingkreis, so kann auch ein Dipol mit den verschiedensten Frequenzen zum Schwingen angeregt werden. Dabei treten auch hier erzwungene Schwingungen auf, die nur zu geringen Spannungen und Stromstärken führen. Nähert sich die Erregerfrequenz der Eigenfrequenz des Dipols, so nehmen die Spannung an den Enden und die Stromstärke im Dipol zu. Stimmen Erregerfrequenz und Eigenfrequenz überein, besteht Resonanz. Jetzt wird durch den Erreger die Energie genau in dem Rhythmus zugeführt, in dem die Elektronen nach einmaliger Erregung auch ohne Energiezufuhr schwingen würden. Man kann diesen Fall mit einer schwingenden Saite vergleichen. Die Amplitude der schwingenden Saite entspricht der Stromstärkeverteilung in einem schwingenden Dipol. Zum Zeitpunkt größter Auslenkung bzw. höchster Stromstärke gleichen sich die Bilder (Bild 1). Nun kann man die Schwingung einer Saite auch als stehende Welle auffassen. Man kann sie sich durch Reflexion einer mechanischen Transversalwelle an den Befestigungspunkten der Saite entstanden denken. Die Länge der schwingenden Saite ist im Falle der Grundschwingung gleich der Hälfte der Wellenlänge.

Entsprechendes gilt für den Dipol. Auch die Dipolschwingung kann man als stehende elektromagnetische Welle verstehen. Vergleicht man die Dipollänge mit der Wellenlänge der abgestrahlten elektromagnetischen Welle, so ist die Dipollänge ebenfalls gleich der halben Wellenlänge. Deshalb spricht man auch von einem $\lambda/2$-Dipol.

Schwingt ein Dipol mit seiner Eigenfrequenz, so hat die ausgestrahlte elektromagnetische Welle eine Wellenlänge, die doppelt so lang wie der Dipol ist.

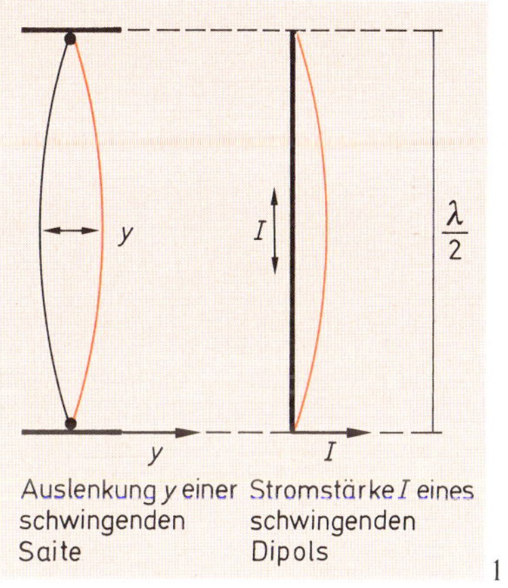

1

Die Schwingungen einer Saite und eines Dipols kann man auch als stehende Wellen auffassen. Die Längen von Saite und Dipol sind dabei halb so groß wie die Wellenlänge.

Das Wesen der Hertzschen Wellen

Die durchgeführten Betrachtungen ermöglichen folgende Aussagen über elektromagnetische Wellen:

1. Hertzsche Wellen sind Transversalwellen. Sie sind polarisiert.
2. Die Wellenlänge der Hertzschen Wellen ist gleich der doppelten Dipollänge.
3. In jedem Punkt des Raumes stehen elektrische Feldstärke und magnetische Flußdichte senkrecht aufeinander.
4. In geringer Entfernung vom Dipol beträgt die Phasenverschiebung zwischen dem Maximum der elektrischen Feldstärke und dem Maximum der magnetischen Flußdichte $\pi/2$.

Mit zunehmendem Abstand vom Dipol verringert sich diese Phasenverschiebung immer mehr. Ist der Abstand vom Dipol gegenüber der Wellenlänge groß, so erreichen magnetisches und elektrisches Feld gleichzeitig ihr Maximum. Die Phasenverschiebung ist dann Null (Bild 2).

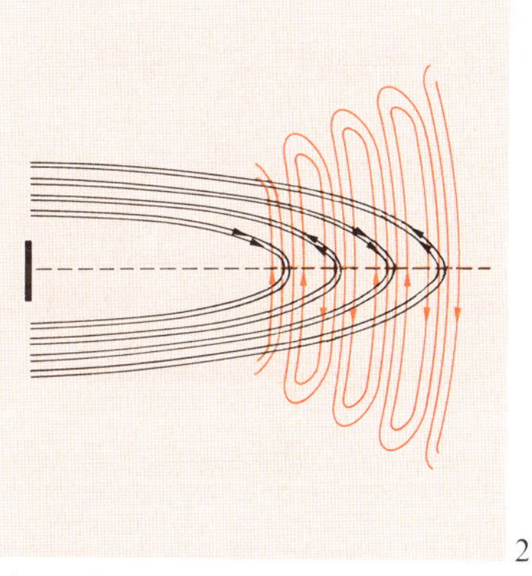
2

Phasenlage von elektrischem und magnetischem Feld in großer Entfernung vom Dipol

Ausbreitung Hertzscher Wellen

Bei der Ausbreitung mechanischer Wellen haben Sie einige besondere Eigenschaften kennengelernt, die sich alle mit dem Huygensschen Prinzip erklären lassen und für Wellen typisch sind: Geradlinige Ausbreitung, Reflexion, Brechung, Beugung und Interferenz. Sind diese Eigenschaften auch bei Hertzschen Wellen nachweisbar?

Für die Experimente sind besonders Sender geeignet, die Wellenlängen im Bereich von wenigen Zentimetern liefern (Bild 3). Sie haben den Vorteil, daß die Hertzschen Wellen gut gebündelt werden können, so daß störende Einflüsse des Experimentierraumes (Wände, Fußboden, Decken, Heizkörper) eliminiert werden.

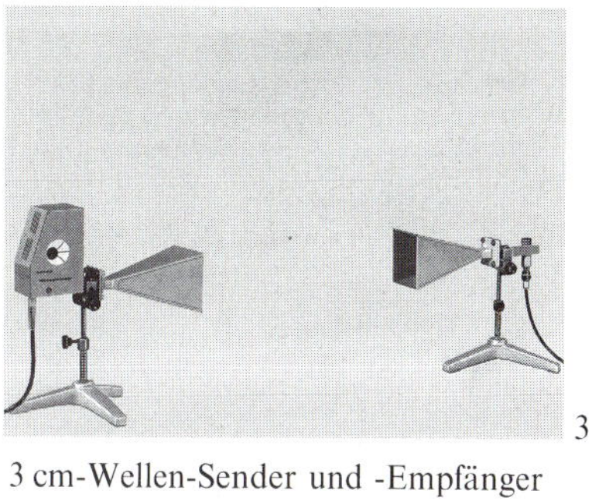
3

3 cm-Wellen-Sender und -Empfänger

Geradlinige Ausbreitung Hertzscher Wellen

Vergleicht man die Lage verschiedener Fernseh- bzw. UKW-Empfangsantennen auf den Häusern miteinander, so fällt auf, daß gleichartige Antennen eine bestimmte Richtung zeigen. Nach einem Sturm ist es möglich, daß das Fernsehbild oder der Ton gestört ist. Die Ursache kann eine verdrehte Antenne sein. Auch die Satellitenantennen zeigen in die Richtung des jeweiligen Senders.

Hertzsche Wellen breiten sich im freien Raum geradlinig aus.

Durchdringungsfähigkeit Hertzscher Wellen

In geschlossenen Räumen kann man mit einem Rundfunkgerät oder einem Fernsehempfänger mit eingebauter Antenne Sendungen empfangen. Fährt man dagegen mit einem PKW unter einer Brücke hindurch, so ist oftmals der Rundfunkempfang unterbrochen. Welche Stoffe werden von Hertzschen Wellen durchdrungen?

Experiment 1
Sender und Empfänger werden in einem Abstand von etwa einem Meter aufgestellt, so daß die gebündelten elektromagnetischen Wellen des Senders direkt zum Empfänger gelangen. Nacheinander werden Platten gleicher Abmessungen aus verschiedenen Stoffen zwischen Sender und Empfänger gebracht (Bild 1).

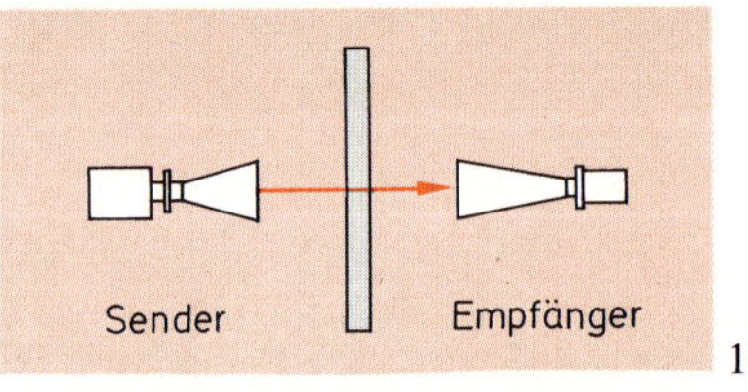

1

Befinden sich Holz, Glas, Keramik oder Kunststoffe zwischen Sender und Empfänger, so registriert der Empfänger die Hertzschen Wellen. Befinden sich Eisen-, Kupfer- oder andere Metallplatten dazwischen dann gelangen keine Hertzschen Wellen zum Empfänger.

Hertzsche Wellen durchdringen Isolatoren, nicht aber Metalle.

Reflexion Hertzscher Wellen

In Gebirgstälern, wie z. B. im Ort Königstein in der Sächsischen Schweiz, können einige Antennen nicht direkt zum Sender hin ausgerichtet werden. Sie zeigen auf eine Felswand (Bild 2). Auf welchem Wege gelangen hier die Hertzschen Wellen zum Empfänger?
Die Untersuchung der Reflexion kann mit einer Anordnung erfolgen, die Sie schon von Experimenten mit mechanischen Wellen, Licht und Wärme kennen.

2
Fernsehantenne, die auf eine Felswand gerichtet ist

Experiment 2
Der Sender strahlt die gebündelten Hertzschen Wellen in Richtung einer zu untersuchenden Platte aus. Eine Metallplatte zwischen Sender und Empfänger verhindert, daß die Hertzschen Wellen auf direktem Wege zum Empfänger gelangen (Bild 3). Die Platte, auf die der Sender gerichtet ist, wird hin- und hergeschwenkt, so daß sich der Einfallswinkel ändert. Danach wird sie nacheinander gegen alle Platten ausgetauscht, die im Experiment 1 eingesetzt wurden.

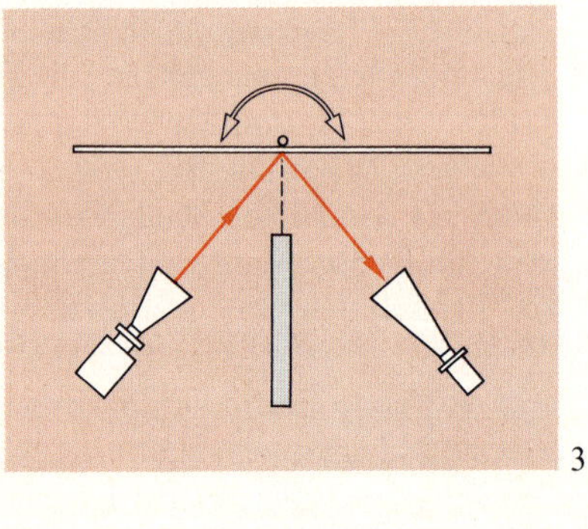
3

Der Empfänger registriert nur bei Metallplatten reflektierte Wellen, und nur dann, wenn der Einfallswinkel gleich dem Reflexionswinkel ist.

Hertzsche Wellen werden an der Oberfläche von elektrischen Leitern reflektiert. Es gilt das Reflexionsgesetz.

Brechung Hertzscher Wellen

Sie wissen, auch aus dem Experiment 1, daß Hertzsche Wellen Isolatoren durchdringen können. Ändern sie wie das Licht beim Übergang von einem Stoff in einen anderen ihre Richtung?

Experiment 3
Sender und Empfänger sind aufeinander zu gerichtet. Zwischen beide wird gemäß Bild 1 ein Prisma aus Kunststoff gebracht (Stellung 1). Das Prisma unterbricht den Empfang der Hertzschen Wellen. Erst in Stellung 2 zeigt der Empfänger wieder Hertzsche Wellen an.

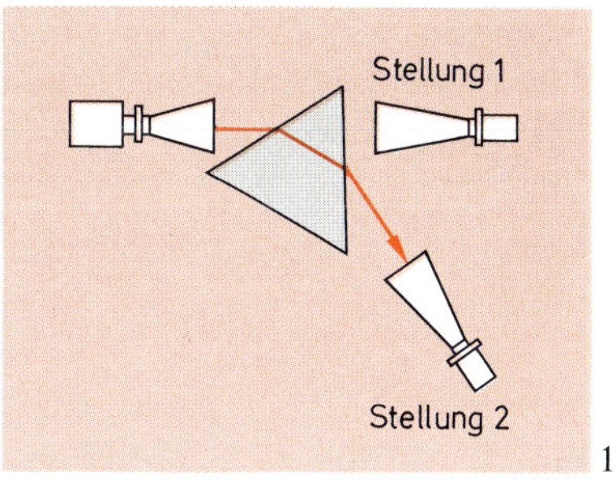

1

Hertzsche Wellen werden beim Übergang von einem Isolator in den anderen gebrochen. Es gilt das Brechungsgesetz.

Beugung Hertzscher Wellen

Würden sich Hertzsche Wellen im Fernseh- und UKW-Bereich streng geradlinig ausbreiten, so dürfte ein direkter Empfang nur möglich sein, wenn man die Sendeantenne vom Empfangsort aus sehen kann. Das trifft in den meisten Fällen nicht zu. Der Fernsehempfang ist auch noch etwas außerhalb der optischen Sichtweite der Sendeantenne möglich. Deshalb ist zu vermuten, daß Hertzsche Wellen an einem Hindernis gebeugt werden (Bild 2). Das soll mit dem folgenden Experiment überprüft werden.

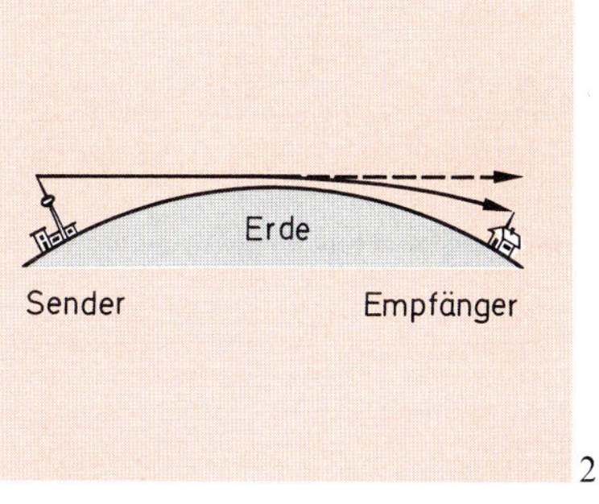

2

Experiment 4
In etwa einem halben Meter Entfernung vom Sender wird entsprechend Bild 3 ein Metallblech angeordnet, dessen Abmessungen geringfügig größer als die des Senders sind. In gleicher Entfernung hinter dem Blech steht der Empfänger. Zunächst befindet er sich in Stellung 1, nachfolgend in Stellung 2 hinter dem Blech.

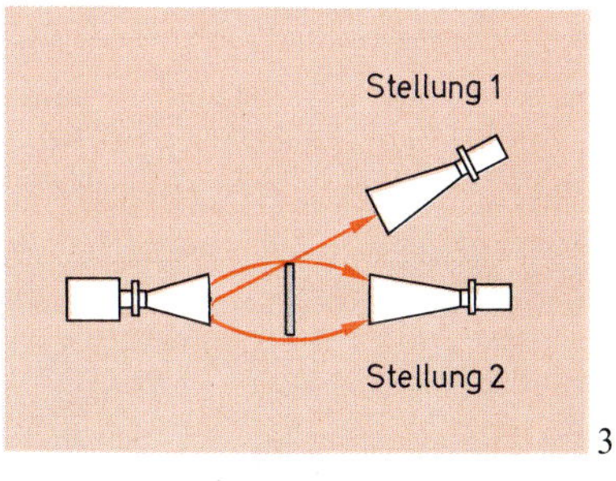

3

Der Empfänger zeigt in beiden Fällen das Auftreffen Hertzscher Wellen an.

Hertzsche Wellen werden an Hindernissen gebeugt.

Solche Hindernisse können sowohl Körper aus Metall (Stahlkonstruktionen) als auch feuchtes Erdreich (Berge) sein.

Interferenz Hertzscher Wellen

Beim erwähnten Durchfahren von Brücken kann nicht nur eine Abschwächung und Auslöschung z. B. der empfangenen Musik auftreten, sondern zeitweilig auch eine Verstärkung. Das legt den Gedanken nahe, daß bei Hertzschen Wellen neben der Beugung auch Interferenz auftritt.

Experiment 5
Der Empfänger wird – wie in Bild 1 dargestellt – etwa einen halben Meter hinter einem Doppelspalt an dessen äußeren Rand gebracht. Danach wird er langsam parallel zur Spaltebene bewegt. Zunächst werden keine Hertzschen Wellen empfangen. Anschließend wird das Auftreffen Hertzscher Wellen registriert. Nach dem Weiterbewegen setzt der Empfang aus. Schließlich werden wieder Wellen angezeigt.

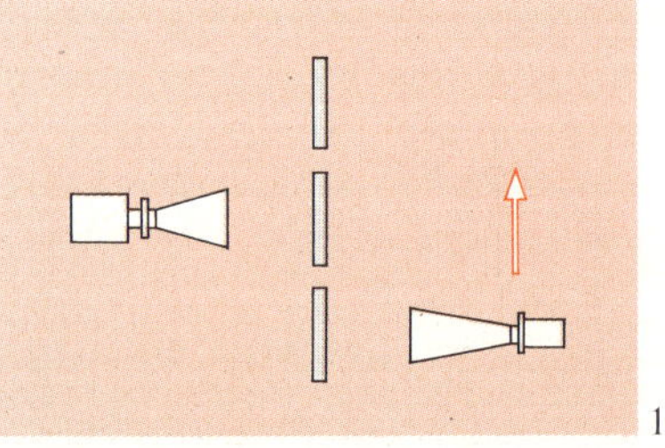
1

Hinter dem Doppelspalt treten Maxima und Minima auf.

Bei der Überlagerung Hertzscher Wellen tritt Interferenz auf.

Ausbreitungsgeschwindigkeit Hertzscher Wellen

Ein Dipol strahlt eine Hertzsche Welle mit der Frequenz f und der Wellenlänge λ ab. Für die Ausbreitungsgeschwindigkeit gilt dann die Gleichung $v = \lambda \cdot f$.
HEINRICH HERTZ hat mit seinen Interferenzexperimenten die Wellenlängen elektromagnetischer Wellen bestimmt. Ausgehend von diesen Wellenlängen und den zugehörigen Frequenzen des Senders wies er nach, daß $v = c$ ist.

Hertzsche Wellen breiten sich im Vakuum (in Luft) mit Lichtgeschwindigkeit aus.

Diese interessante Tatsache hatte bereits MAXWELL auf der Grundlage seiner elektromagnetischen Theorie vorausgesagt. Er fand für elektromagnetische Wellen im Vakuum die Gleichung

$$c = \frac{1}{\sqrt{\varepsilon_0 \cdot \mu_0}}. \qquad (1)$$

Wenn Sie in diese Gleichung $\varepsilon_0 = 8{,}85 \cdot 10^{-12}\ \mathrm{As \cdot V^{-1} \cdot m^{-1}}$ und $\mu_0 = 1{,}256 \cdot 10^{-6}\ \mathrm{Vs \cdot A^{-1} \cdot m^{-1}}$ einsetzen, ergibt sich

$$c = \sqrt{\frac{10^{12} \cdot 10^{6}}{8{,}85 \cdot 1{,}256}}$$

$$c = 2{,}9979 \cdot 10^{8}\ \mathrm{m \cdot s^{-1}}.$$

Das ist die Vakuumlichtgeschwindigkeit. Aus diesem Ergebnis schloß MAXWELL, daß Licht eine elektromagnetische Welle ist.

Empfang Hertzscher Wellen

Befindet sich ein Dipol an einem Ort, zu dem Hertzsche Wellen gelangen (Bild 1, S. 191), so ändern sich dort das elektrische und magnetische Feld zeitlich periodisch. Dadurch wird der Dipol zu erzwungenen Schwingungen angeregt. Dabei spielen zwei Prozesse eine Rolle: Einerseits übt das sich ändernde elektrische Feld periodisch Kräfte auf die Elektronen im Dipol aus, andererseits wirkt das sich verändernde magnetische Feld durch die elektromagnetische Induktion rhythmisch auf die Bewegung der Elektronen im Dipol ein.

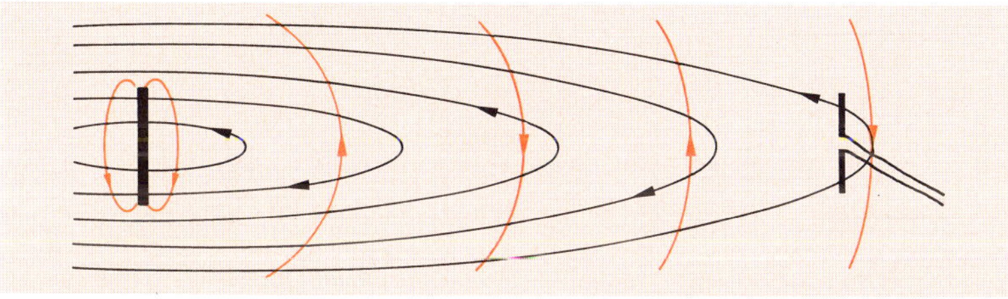

1

Auf einen Empfangsdipol auftreffende Hertzsche Wellen

Im Empfangsdipol werden durch die auftreffenden Hertzschen Wellen erzwungene elektromagnetische Schwingungen hervorgerufen.

Auf der Erde strahlen eine Vielzahl von Sendern Hertzsche Wellen ab. Deshalb wird ein Dipol gleichzeitig von Hertzschen Wellen verschiedenster Frequenzen getroffen und von diesen zu erzwungenen Schwingungen angeregt. Werden beispielsweise 5 nahegelegene Sender gut empfangen, so fließen im Dipol gleichzeitig 5 Wechselströme verschiedener Frequenz. Auf welche Weise läßt sich nun der gewünschte Sender auswählen?

Wirkungsweise des Abstimmkreises

Um eine bestimmte Frequenz auswählen zu können, ist an den Empfangsdipol der Abstimmkreis angekoppelt (Bild 2). Durch Verändern der Kapazität des Schwingkreiskondensators kann man die Eigenfrequenz des Abstimmkreises so einstellen, daß diese mit der Frequenz des Senders, der empfangen werden soll, überinstimmt. Infolge der Resonanz erreicht die Schwingung die größte Amplitude, die vom gewählten Sender hervorgerufen wird.

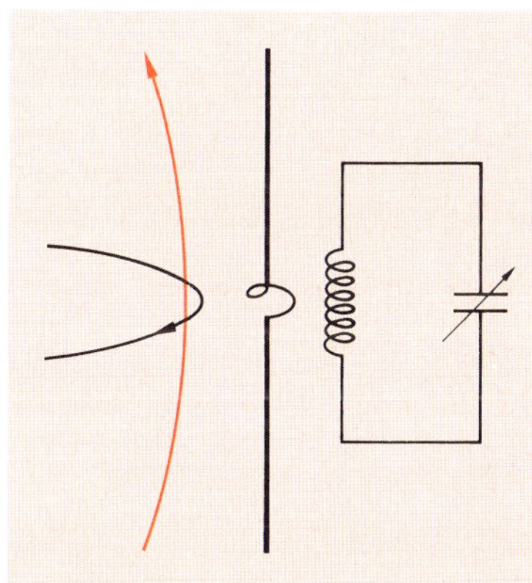

2

Empfang Hertzscher Wellen, die auf den Dipol auftreffen und Auswahl eines Senders mit dem Abstimmkreis

Wellenlängenbereiche

Hertzsche Wellen haben Wellenlängen zwischen 10 km und 1 mm. Die einzelnen Wellenlängenbereiche tragen verschiedene Namen und unterscheiden sich in ihren Eigenschaften.

Tabelle: Einige Bereiche Hertzscher Wellen

Bereich	Wellenlänge	Frequenz
Langwellen (LW)	2 km bis 860 m	150 kHz bis 350 kHz
Mittelwellen (MW)	580 m bis 184 m	515 kHz bis 1630 kHz
Kurzwellen (KW)	160 m bis 10 m	1,9 MHz bis 30 MHz
Fernsehen VHF Band I	6,4 m bis 4,4 m	47 MHz bis 68 MHz
Ultrakurzwellen (UKW)	3,42 m bis 2,88 m	88 MHz bis 104 MHz
Fernsehen VHF Band II	1,72 m bis 1,30 m	172 MHz bis 230 MHz
Fernsehen UHF	0,64 m bis 0,35 m	470 MHz bis 860 MHz

Entsprechend der Wellenlängen sind auch die Antennenanlagen unterschiedlich. Man kann schon an den Abmessungen einer Antenne erkennen, in welchem Bereich sie Hertzsche Wellen aussendet.

1 Stabantenne

Ausbreitung Hertzscher Wellen in den unterschiedlichen Wellenlängenbereichen

Die geradlinige Ausbreitung von Wellen ist vor allem im Bereich kurzer Wellenlängen ausgeprägt. So werden zur Übertragung von Fernsehsendungen vom Aufnahmeort zum Sender oder von Telefongesprächen Richtfunkstrecken verwendet. Die geradlinige Ausbreitung ermöglicht in über diesem Bereich eine gute Bündelung durch Reflexion im Hohlspiegel des Senders (Bild 2). Dadurch breiten sich die Hertzschen Wellen als enges Bündel zum Empfänger hin aus. Der Spiegel des Empfängers sammelt sie dann im Bereich der Empfangsantenne. Es kann eine Entfernung von 50 km bis 80 km mit einer Sendeleistung von nur wenig mehr als 1 W überbrückt werden.

2 Richtfunkstrahler

Der Nachteil der weitgehend geradlinigen Ausbreitung in diesen Wellenlängenbereichen besteht darin, daß UKW-, Rundfunk- und Fernsehsendungen nur etwas weiter als der Sichtbereich empfangen werden können. Das hat jedoch den Vorteil, daß sich Sender, wenn sie im gleichen Frequenzbereich arbeiten, in größerer Entfernung voneinander nicht gegenseitig stören.
Gegenüber den Wellen im UKW- und Fernsehbereich können Lang- und Mittelwellen mehr als 1000 km weit, Kurzwellen sogar weltweit empfangen werden. Wie ist das zu erklären? Mittel- und Langwellen werden als sogenannte Bodenwellen an der Erdoberfläche geführt. Das beruht auf der geringfügigen elektrischen Leitfähigkeit der Erde. Diese Bodenwellen weichen zusätzlich zur Beugung von der geradlinigen Ausbreitung ab und haben größere Reichweiten. Einen wesentlichen Einfluß auf die Ausbreitung Hertzscher Wellen hat die Ionosphäre der Erde. Sie enthält zwei Schichten, die eine gewisse elektrische Leitfähigkeit besitzen, die E-Schicht und die F-Schicht. In der in 100 km Höhe liegenden E-Schicht werden die Ionen durch die ultraviolette Strahlung der Sonne erzeugt. In der F-Schicht, die in Höhen bis zu 300 km reicht, entstehen die Ionen durch die von der Sonne ausgehende Teilchenstrahlung.
Diese 1902 vom englischen Physiker Oliver Heaviside (1850 bis 1925) entdeckten Schichten faßt man oft unter der Kurzbezeichnung Heaviside-Schicht zusammen. Ultrakurzwellen und Wellen im Fernsehbereich durchdringen die Ionosphäre. Für sie reicht die Leitfähigkeit der Heaviside-Schicht nicht aus, um reflektiert zu werden. Im Bereich der Kurzwellen

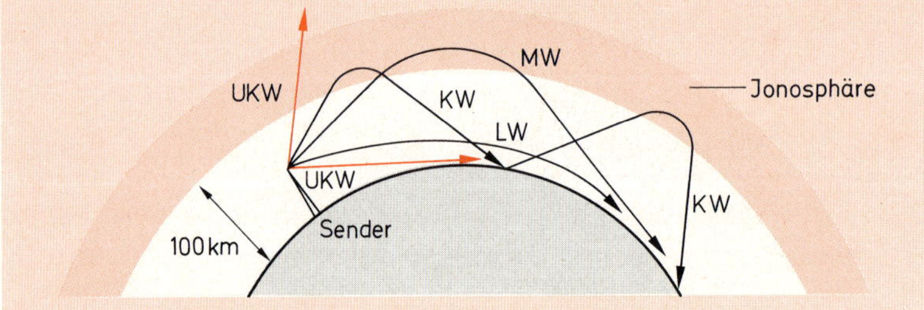

3 Reichweiten verschiedener Bereiche Hertzscher Wellen

tritt dagegen eine fast vollständige Reflexion auf. Weil diese Wellen auch von der Erdoberfläche reflektiert werden, breiten sie sich zickzackförmig um die ganze Erde aus. Da sowohl Reflexionen an der E- und der F-Schicht auftreten und da sich diese Schichten wegen des unterschiedlichen Einfalls der Sonne ändern, treten keine stabilen Empfangsbedingungen auf. Besonders störend ist der Schwund (Fading), der vor allem durch Interferenz der unterschiedlich reflektierten Wellen zustande kommt. Im Mittelwellenbereich werden die Wellen an der Ionosphäre reflektiert, so daß beachtliche Reichweiten der Mittelwellensender auftreten können.

Informationsübertragung durch Hertzsche Wellen

Auf welche Weise kann man mit Hertzschen Wellen Sprache, Musik und sogar Bilder übertragen?

Amplitudenmodulation

Ein Mikrofon verwandelt Sprache und Musik in Stromschwankungen. Auf diese Weise entstehen elektrische Schwingungen. Ihre höchste Frequenz liegt bei etwa 20000 Hz. Solche relativ niederfrequenten Schwingungen würden sich nur mit kleinem Wirkungsgrad als Hertzsche Wellen von einer Antenne abstrahlen lassen. Deshalb verwendet man eine hochfrequente Schwingung als „Träger" für die niederfrequente (Bild 1a). Zu diesem Zwecke verändert man die hochfrequente „Trägerschwingung" (Bild 1b) im Rhythmus der niederfrequenten Sprachschwingungen (Bild 1c). Diesen Vorgang nennt man Modulation. Bei der Amplitudenmodulation steuert man die Amplitude der hochfrequenten Trägerschwingung im Takt der niederfrequenten Sprachschwingung. Auf diese Weise entsteht eine hochfrequente Schwingung, deren Amplitude sich im Rhythmus der niederfrequenten Schwingung ändert. Diese modulierte elektromagnetische Schwingung wird der Sendeantenne zugeführt und abgestrahlt.

Bei der Amplitudenmodulation wird die Amplitude der hochfrequenten Schwingung im Rhythmus der niederfrequenten Schwingung verändert.

Im Bild 2 ist das Blockschaltbild eines Rundfunksenders dargestellt. Es läßt alle wesentlichen Vorgänge in einem Sender erkennen.

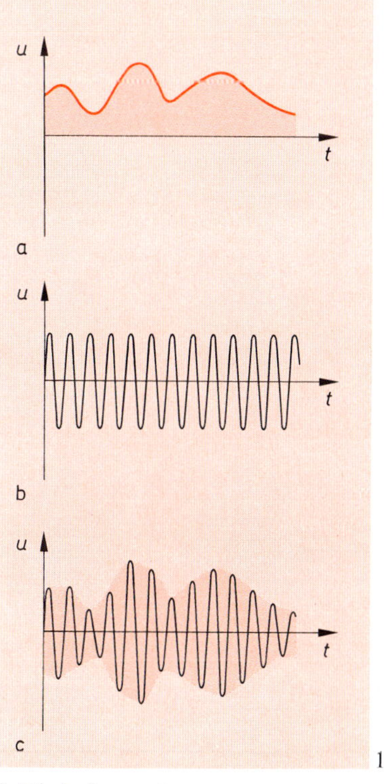

1

a) Niederfrequente Sprachschwingung,
b) hochfrequente Trägerschwingung,
c) amplitudenmodulierte hochfrequente Trägerschwingung

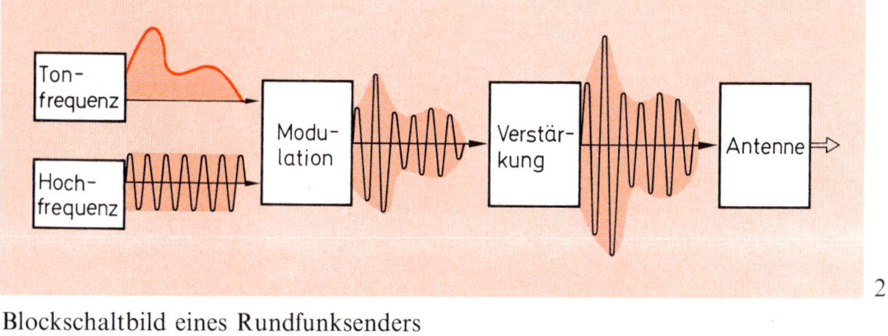

2

Blockschaltbild eines Rundfunksenders

Demodulation

Treffen die vom Sender ausgestrahlten elektromagnetischen Wellen auf einen Empfangsdipol, so wird dieser zu erzwungenen elektromagnetischen Schwingungen angeregt. Der dabei im Dipol fließende hochfrequente Wechselstrom wird jedoch nicht unmittelbar dem Lautsprecher zugeführt. Die Membran des Lautsprechers ist zu träge. Sie kann den hochfrequenten Schwingungen nicht folgen. Deshalb muß man die niederfrequenten Schwingungen zunächst wieder von den hochfrequenten trennen. Diesen Vorgang nennt man Demodulation (Bild 1). Das kann durch Gleichrichten erfolgen.

Die Membran des Lautsprechers schwingt im Rhythmus der Stromschwankungen, die im Bild farbig dargestellt sind. Dieser entspricht jedoch genau dem Verlauf der niederfrequenten Schwingungen. Damit gibt der Lautsprecher die Sprache und Musik in der ursprünglichen Form wieder.

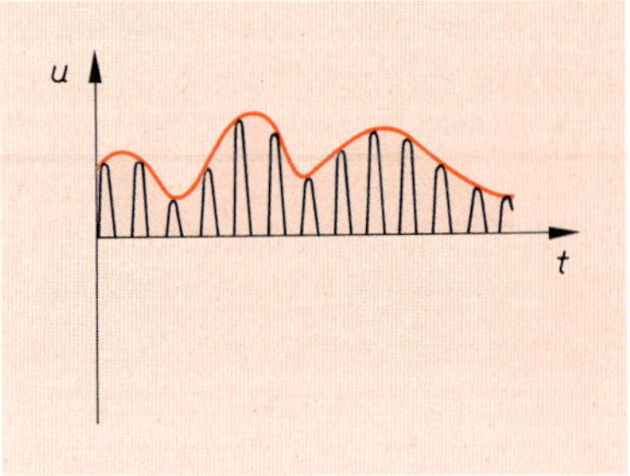

1

Gleichgerichtete hochfrequente Trägerschwingung

Bei der Demodulation werden die niederfrequenten elektromagnetischen Schwingungen wieder von der hochfrequenten Trägerschwingung getrennt.

Bild 2 zeigt das Blockschaltbild eines Rundfunkempfängers. Im Bild 3 ist eine sehr einfache Empfängerschaltung dargestellt, die alle Funktionen des Rundfunkempfängers erfüllt. Die Antenne empfängt die Hertzschen Wellen. Der Abstimmkreis wählt die Frequenz des gewünschten Senders aus. Die Diode führt die Demodulation aus. Der Transistor verstärkt die tonfrequenten Schwingungen, so daß sie im Lautsprecher hörbar werden.

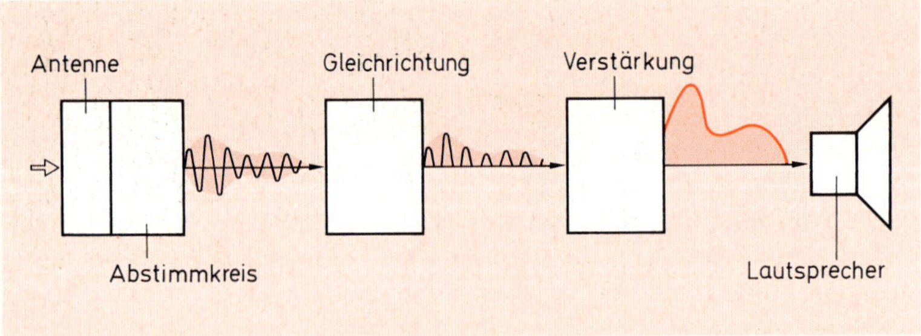

2

Blockschaltbild eines Rundfunkempfängers

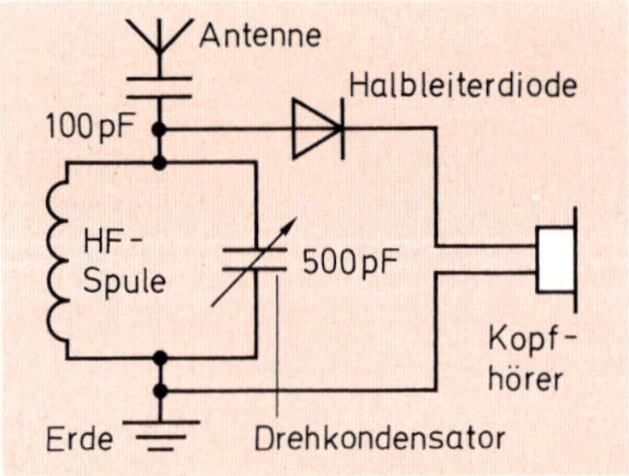

3

Einfache Empfängerschaltung

Frequenzmodulation

Eine weitere Form der Modulation ist die Frequenzmodulation. Hierbei wird nicht die Amplitude, sondern die Frequenz der hochfrequenten Trägerschwingung im Rhythmus der niederfrequenten Sprachschwingung verändert (Bild 4).

Die Frequenzmodulation wird bei UKW- und Fernsehsendern angewendet. Treten atmosphärische Störungen auf, so beeinflussen diese in erster Linie die Amplituden der Hertzschen Wellen. Das wirkt sich bei amplitudenmodulierten Wellen nachteilig auf die Empfangsqualität aus. Frequenzmodulierte Wellen sind gegenüber solchen Störungen unempfindlich.

Bandbreite der Sender. Durch die Modulation verändert sich ständig die Frequenz eines Senders geringfügig. Wird z. B. ein Mittelwellensender mit einer Trägerfrequenz von 800 kHz mit einer Tonfrequenz von bis zu 20000 Hz moduliert, dann liegt die ausgestrahlte Frequenz im Bereich von 800 ± 20 kHz. Eine solche Bandbreite von 40 kHz hätten auch

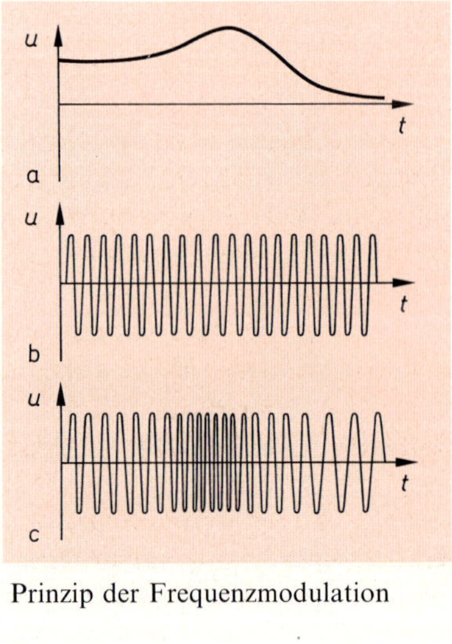

4

Prinzip der Frequenzmodulation

andere Sender. Um eine gegenseitige Störung der Sender zu vermeiden, dürfen sich ihre Frequenzbereiche nicht überdecken. Unter dieser Bedingung hätten im ganzen Mittelwellenbereich nur 28 Sender Platz. Deshalb hat man die Bandbreiten beschnitten. Dadurch wird die Qualität der Tonübertragung eingeschränkt.
Wegen der wesentlich höheren Frequenz steht im UKW-Bereich ein Frequenzband von etwa 16000 kHz zur Verfügung. Hier können gleichzeitig über 400 Sender ihr Programm ausstrahlen. Die Bedingungen werden in diesem Bereich dadurch noch günstiger, weil die Reichweite dieser Sender klein ist. Deshalb können Sender, die weit genug auseinanderliegen, Hertzsche Wellen mit gleicher Frequenz ausstrahlen. Darum konnte man den UKW-Sendern eine große Bandbreite zubilligen. Es sind keinerlei Frequenzbeschneidungen erforderlich. Das ist ein wesentlicher Grund für die hohe Qualität der Musikübertragungen im UKW-Bereich.

Exkurs in die Geschichte

Die Entdeckung der Hertzschen Wellen. 1790 führte der italienische Arzt und Astronomieprofessor LUIGI GALVANI (1737 bis 1798) Untersuchungen an Muskeln und Nerven von Tieren durch. Hierzu verwendete er auch präparierte Froschschenkel. Da er für seine Experimente u. a. Elektrizität benutzte, gehörte auch eine Elektrisiermaschine zu seinen Geräten. Durch Zufall beobachtete GALVANI, daß immer dann, wenn an der Elektrisiermaschine Funken übersprangen, die Froschschenkel zuckten (Bild 1). Später stellte er fest, daß die Schenkel auch reagierten, wenn bei einem Gewitter Blitze auftraten. Damit war beobachtet worden, daß von Funken elektromagnetische Wellen ausgehen.
Erst etwa 80 Jahre später sagte der englische Physiker MAXWELL voraus, daß sich elektrische und magnetische Felder in Form von elektromagnetischen Wellen mit Lichtgeschwindigkeit im Raum ausbreiten können. Für den experimentellen Nachweis benutzte der deutsche Physiker HEINRICH HERTZ (1857 bis 1894) eine Anordnung, die der von GALVANI sehr ähnlich war (Bild 2). Die elektromagnetischen Wellen erzeugte er ebenfalls durch Funken. Zum Nachweis verwendete er eine sehr kleine Funkenstrecke. Immer dann, wenn er am Sender einen Funken überspringen ließ, trat auch am Empfänger ein winziger Funke auf. Dieses Experiment gelang auch, wenn Sender und Empfänger viele Meter voneinander entfernt waren. Ihm zu Ehren nannte man diese elektromagnetischen Wellen „Hertzsche" Wellen.
Der italienische Physiker GUGLIELMO MARCONI (1874 bis 1937) suchte als erster mit Erfolg nach einer technisch-praktischen Anwendung (Bild 3). 1901 schickte er das erste Funktelegramm über den Ozean.

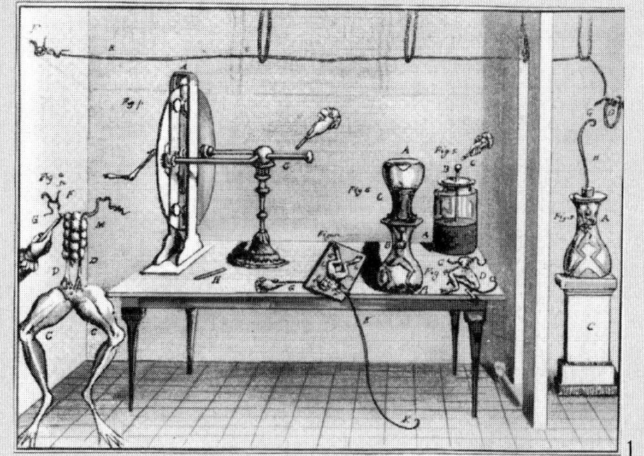
1

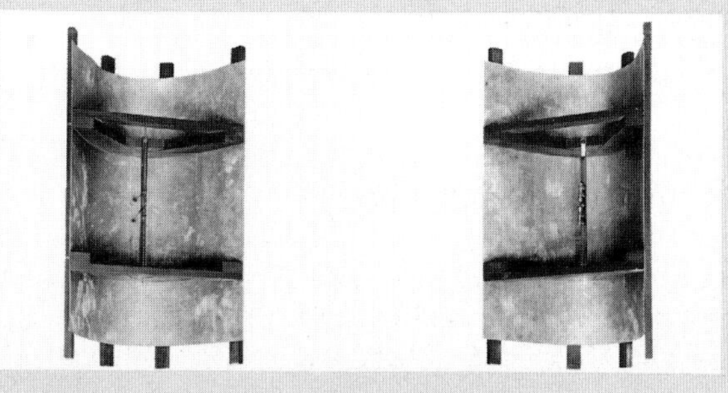
2

3

Exkurs in die Technik

Radioteleskope. Kosmische Objekte senden nicht nur sichtbares Licht sowie Strahlung in den angrenzenden Wellenlängenbereichen wie Infrarot und Ultraviolett aus. Aus dem Weltall erreichen uns auch ständig Hertzsche Wellen. Ein Teil dieser Strahlung rührt daher, daß das Spektrum eines Körpers mit hoher Temperatur über die Infrarotstrahlung hinaus bis in den Bereich von Hertzschen Wellen reicht.

Vorwiegend werden Hertzsche Wellen im Wellenlängenbereich von 1 mm bis 20 m untersucht. Dieses Teilgebiet der Astronomie nennt man Radioastronomie. Hierfür werden Radioteleskope eingesetzt. Sie bestehen aus einem großen, parabolisch geformten Reflektor. Er reflektiert die Hertzschen Wellen so, daß sie auf die Antenne treffen, die sich im Brennpunkt des Spiegels befindet. Von Vorteil sind freibewegliche Radioteleskope. Bei ihnen kann man den ganzen Spiegel in die Richtung der Strahlungsquelle drehen. Hierzu gehört das Radioteleskop in Effelsberg in der Eifel (Bild 1). Sein Spiegeldurchmesser beträgt 100 m. Oft verwendet man auch ebene Antennensysteme mit einer reflektierenden Drahtmaschenwand.

Radiostrahlung geht sowohl von der Sonne als auch von den Planeten aus. Weitere Strahlungsquellen sind die hellen Emissionsnebel im Milchstraßensystem, die hauptsächlich aus ionisiertem Wasserstoff bestehen. Besonders stark strahlen die Supernova-Überreste, wie der Krebsnebel und die Pulsare.

1

Radar. Über die vielen Jahrtausende war das sichtbare Licht das einzige Mittel, mit dessen Hilfe man entfernte Objekte beobachten konnte. Bei Dunkelheit, insbesondere aber bei schlechten Sichtbedingungen durch Nebel, Regen und Schnee, kann dieses Verfahren jedoch völlig versagen. Deshalb verwendet man seit einigen Jahrzehnten Hertzsche Wellen, um den Ort und die Bewegungen von Objekten über größere Entfernungen zu ermitteln. Hierbei nutzt man die geradlinige Ausbreitung der Hertzschen Wellen aus, die bei kleinen Wellenlängen (z. B. $\lambda = 0{,}5$ m) besonders gut ausgeprägt ist. Voraussetzung für das Verfahren ist lediglich, daß der beobachtete Gegenstand die Hertzschen Wellen reflektiert, d. h., daß er elektrisch leitend ist. Dieses Verfahren nennt man Radar (Abkürzung für englisch: Radio detecting and ranging).

Das Prinzip des Radar besteht darin, daß man gebündelte Hertzsche Wellen aussendet. Die vom Objekt reflektierten Wellen (das Echo) wird empfangen. Die Richtung, aus der die reflektierte Welle kommt, kann man leicht ermitteln. Aus der Zeitdifferenz zwischen dem Aussenden der Welle und dem Empfangen des Echos kann man die Entfernung des Objektes bestimmen.

Radargeräte werden z. B. zur Leitung von Flugzeugen beim Start und bei der Landung benutzt. Die sehr kurzen Hertzschen Wellen werden mittels eines drehbaren Parabolspiegels nacheinander in verschiedene Richtungen ausgesandt (Bild 2). Treffen sie z. B. auf ein Flugzeug, werden sie teilweise reflektiert. Die reflektierten Wellen werden mit der gleichen Antennenanlage wieder empfangen. Auf dem Bildschirm erkennt man die Lage und die Entfernung des Flugzeuges.

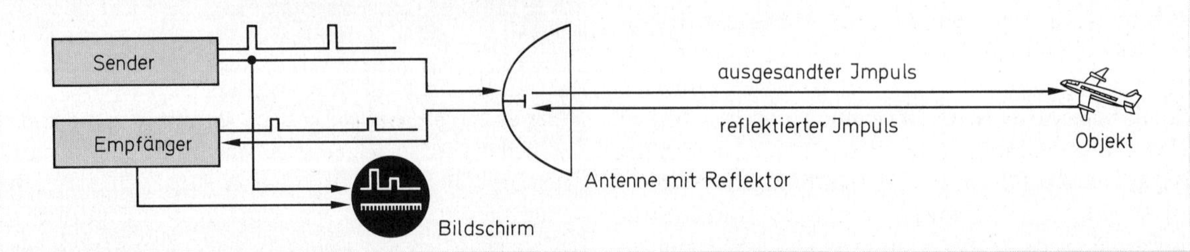

2

Blockschaltbild eines Radargerätes

Gewußt? Erkannt? Gekonnt?

1. Welche Gemeinsamkeiten und welche Unterschiede bestehen zwischen einem geschlossenen Schwingkreis und einem Dipol?
2. Beschreiben Sie, wie sich die Ladungsverteilung bei der Schwingung eines Dipols zeitlich ändert!
3. In welchen Himmelsrichtungen befinden sich in ihrer Umgebung Fernsehsendeantennen? In welche Richtung zeigen die Empfangsantennen? Erklären Sie den Zusammenhang!
4. Interpretieren Sie die Gleichung $c = \lambda \cdot f$!
5. Der Höhenmesser eines Flugzeuges arbeitet mit Radarwellen einer Frequenz von 4300 MHz. Wie groß ist die Wellenlänge?
6. In einer Gesteinsschicht besitzen Hertzsche Wellen der Frequenz 8 GHz eine Wellenlänge von 2,5 cm. Wie groß ist die Ausbreitungsgeschwindigkeit?
7. Ein Fernsehsender strahlt Hertzsche Wellen einer Wellenlänge von 50 cm aus. Mit welcher Frequenz arbeitet der Sender?
8. Die Frequenz eines UKW-Senders beträgt 102 MHz. Welche Länge besitzen die einzelnen Dipolantennen am Sendemast?
9. Wozu dient im Empfänger der Abstimmkreis?
10. Begründen Sie die Notwendigkeit der Modulation und Demodulation!
11. Beschreiben Sie die Vorgänge bei der Modulation und der Demodulation!
12. Erläutern Sie das Blockschaltbild eines Senders und eines Empfängers!
13. Erläutern Sie das Blockschaltbild eines Radargerätes!
14. Beschreiben Sie experimentelle Anordnungen, mit denen man die Eigenschaften Hertzscher Wellen untersuchen kann!
15. Zeichnen und beschreiben Sie den Verlauf der elektrischen und magnetischen Feldlinien in der näheren Umgebung eines schwingenden Dipols!
16. Wie groß ist die Frequenz eines Dipols, der Hertzsche Wellen ($\lambda = 5$ m) aussendet?
17. Die Länge eines $\lambda/2$-Dipols für den Fernsehempfang beträgt 70 cm. Wie groß ist seine Resonanzfrequenz?
18. Welche Vorgänge vollziehen sich beim Auftreffen von Hertzschen Wellen auf einen Dipol?
19. Wie erreicht man, daß von der Vielzahl der überlagerten Hertzschen Wellen, die auf die Empfangsantenne auftreffen, jeweils nur die Wellen eines bestimmten Senders empfangen werden?
20. Der Abstimmkreis in einem Rundfunkgerät hat eine Induktivität von 200 µH. In welchem Bereich muß man die Kapazität des Kondensators verändern können, damit der Mittelwellenbereich überstrichen wird?
21. Beim Messen der Entfernung Erde-Mond kehrt das von der Mondoberfläche reflektierte Radarsignal nach 2,56 s zur Erde zurück. Wie groß ist die Entfernung?
22. Stellen Sie die Gemeinsamkeiten und Unterschiede zwischen mechanischen und Hertzschen Wellen zusammen!
23. Beschreiben Sie Beispiele für die Anwendung Hertzscher Wellen in Industrie, Landwirtschaft und Forschung!

Zusammenfassung

Entstehung Hertzscher Wellen
Führt ein Sendedipol eine hochfrequente elektromagnetische Schwingung aus, so breitet sich eine elektromagnetische Welle im Raum aus.
Wird ein Empfangsdipol von einer elektromagnetischen Welle getroffen, so wird er zu erzwungenen Schwingungen angeregt.

Ausbreitung Hertzscher Wellen
Die Übertragung von Sprache, Musik und Bildern erfolgt durch eine hochfrequente Trägerschwingung (Bild 1a). Sie wird im Rhythmus der tonfrequenten Schwingungen moduliert (Bild 1b) und im Empfänger wieder demoduliert (Bild 1c).

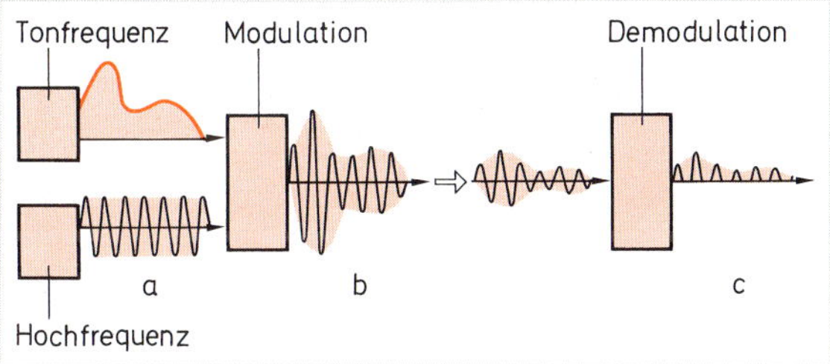

1

Hertzsche Wellen breiten sich geradlinig mit Lichtgeschwindigkeit aus. Sie durchdringen Isolatoren und werden an elektrischen Leitern reflektiert. Hertzsche Wellen können gebrochen und gebeugt werden. Durch Interferenz können Verstärkung und Abschwächung auftreten.

7 Elektrische Leitungsvorgänge

Sie wissen bereits, daß für einen elektrischen Leitungsvorgang freibewegliche Ladungsträger und ein elektrisches Feld vorhanden sein müssen. Das elektrische Feld übt auf die Ladungsträger eine Kraft aus. Dadurch entsteht ein Ladungstransport, ein elektrischer Strom (Bild 1).

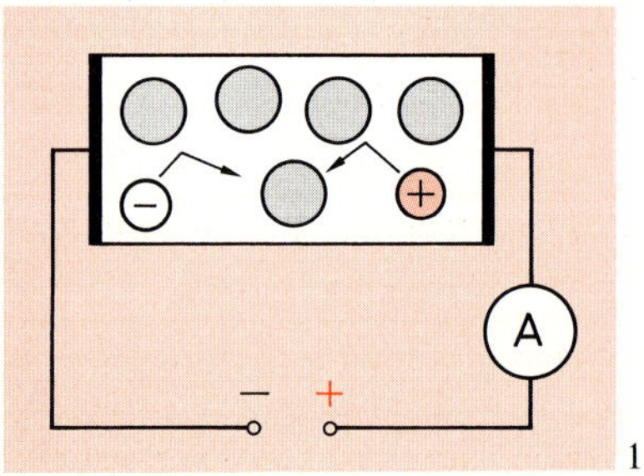

1 Modell des elektrischen Leitungsvorganges

Leitungsvorgänge in Metallen

In Metallen bilden gleichartige positive Ionen ein Kristallgitter. Die Außenelektronen der einzelnen Atome sind innerhalb des Metalls frei beweglich. Man nennt sie Leitungselektronen (Bild 2).

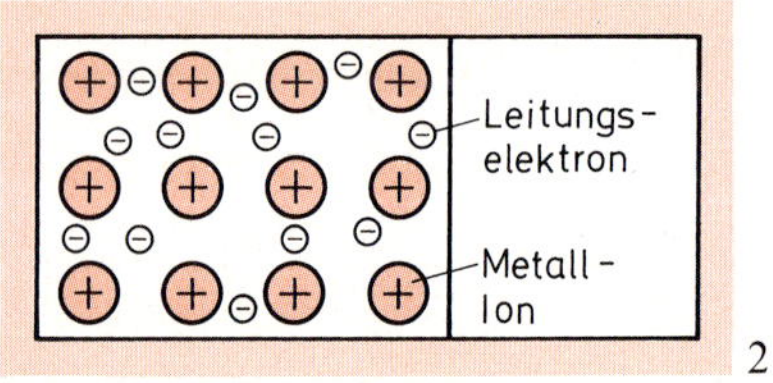

2 Gittermodell eines Metalls

In metallischen Leitern sind die freibeweglichen Ladungsträger Elektronen.

Das Kristallgitter stört die ungehinderte Bewegung der Elektronen. Deshalb tritt ein elektrischer Widerstand auf. Je höher die Temperatur ist, umso heftiger schwingen die Metall-Ionen des Gitters und umso häufiger kommt es zu Zusammenstößen der Elektronen mit den Metall-Ionen.
Wie ändert sich dabei der elektrische Widerstand des Metalls?
Die Frage soll experimentell untersucht werden.

Experiment 1
Verschiedene Metalldrähte aus Eisen, Kupfer und Konstantan werden in einem Ölbad erwärmt. Der elektrische Widerstand und die Temperatur werden gemessen und die Meßwerte in einem Diagramm grafisch dargestellt (Bild 3).

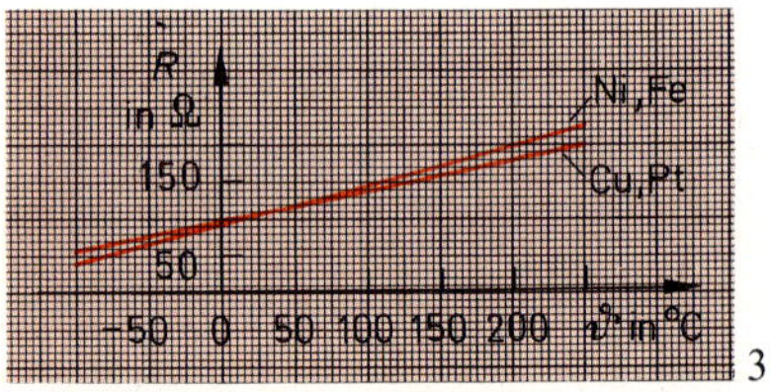

3

Im untersuchten Temperaturbereich sind Widerstand und Temperatur proportional zueinander.

Der elektrische Widerstand von Metallen ist weitgehend linear von der Temperatur abhängig.

Allgemein gilt: $R = R_0 \cdot (1 + \alpha \cdot \Delta T)$.

R_0 Anfangswiderstand
ΔT Temperaturänderung
α Temperaturkoeffizient des elektrischen Widerstandes

Der Temperaturkoeffizient von Metallen ist sehr klein, er hat für die meisten unlegierten Metalle einen Wert von etwa $1/250\ K^{-1}$. Der lineare Zusammenhang zwischen Temperatur und elektrischem Widerstand wird genutzt, um Temperaturen elektrisch zu messen. Zur Überwachung und Regelung der Temperatur in Klimaanlagen haben sich Metallwiderstandsthermometer bewährt.

Supraleitung

Im Jahre 1911 entdeckte KAMERLINGH-ONNES (1853 bis 1926) bei Untersuchungen zur Leitfähigkeit von Quecksilber, daß bei 4,2 K der elektrische Widerstand dieses Metalls schlagartig verschwand. Später fand man, daß auch andere Metalle (z. B. Blei, Aluminium, Niob), einige Metallegierungen und auch keramische Oxide dieses Verhalten bei bestimmten Temperaturen zeigen. Diese Eigenschaft nennt man **Supraleitung.** Die Temperatur, bei der ein Leiter seinen elektrischen Widerstand verliert, wird als Sprungtemperatur T_c bezeichnet (Bild 1).

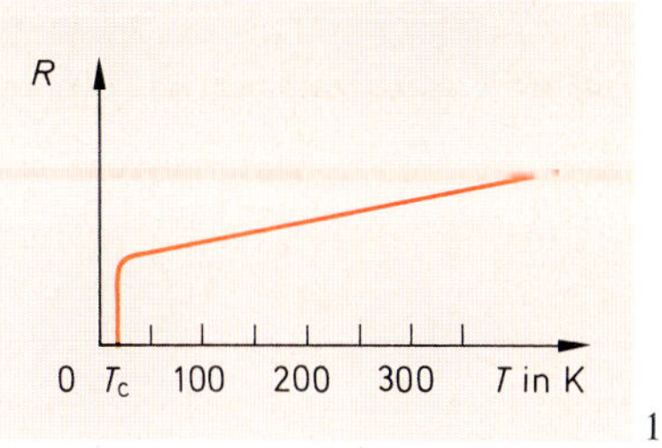

1

Temperaturabhängigkeit des elektrischen Widerstandes bei einem Supraleiter

Unterhalb einer bestimmten Temperatur verschwindet der elektrische Widerstand einiger Stoffe. Diese Erscheinung nennt man Supraleitung.

Die Supraleitung wäre eine Möglichkeit, die elektrische Energie über große Entfernungen nahezu verlustfrei zu transportieren. Die Herstellung von dazu erforderlichen Kühlmitteln (verflüssigte Gase) ist jedoch sehr teuer.

Deshalb sucht man nach Supraleitern mit höheren Sprungtemperaturen. Die höchste erreichte liegt z. Zt. bei 90 K. Da die Kühlung mit flüssigem Stickstoff erfolgen kann, findet die Supraleitung bereits heute in Kernresonanztomografen zur Diagnose in der Medizin und in Elementarteilchenbeschleunigern Anwendung. Es ist vorstellbar, daß künftig Schnellzüge auf Magneten mit supraleitenden Spulen schweben und supraleitende Rechnerschaltkreise für noch schnellere Computer sorgen.

Elektronentheoretische Deutung des Widerstandsgesetzes

Für die Stromstärke in einem metallischen Leiter gilt: $I = \dfrac{\Delta Q}{\Delta T}$. (1)

Wir betrachten einen Draht mit der Länge l und dem Querschnitt A. Dann ergibt sich die Ladung ΔQ als Gesamtladung der Elektronen, die sich im Volumen $\Delta V = A \cdot \Delta l$ befinden (Bild 2): $\Delta Q = N \cdot e$. Der Quotient aus der Anzahl der Elektronen N und dem Volumen V wird als Ladungsträgerdichte bzw. **Konzentration *n*** bezeichnet. Dann gilt mit

$n = \dfrac{N}{V}$: $\Delta Q = n \cdot e \cdot \Delta V$ bzw. $\Delta Q = n \cdot e \cdot A \cdot \Delta l$.

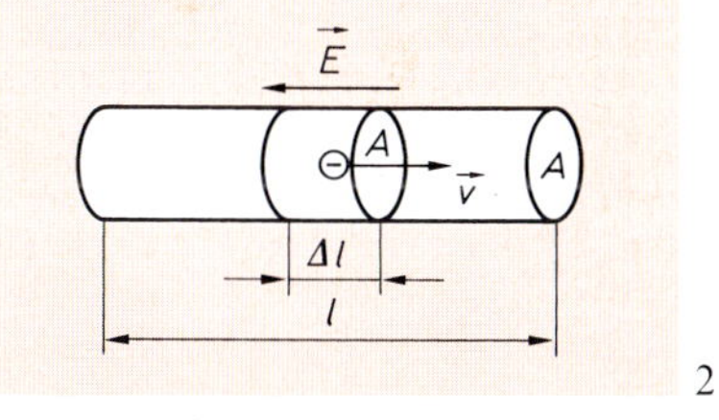

2

Zusammenhang zwischen Stromstärke und Driftgeschwindigkeit der Leitungselektronen

Unter dem Einfluß eines angelegten elektrischen Feldes legen die Elektronen in der Zeit Δt durchschnittlich die Strecke Δl zurück. Weil die Bewegung der Elektronen wegen der Zusammenstöße mit den Metall-Ionen nicht mit konstanter Geschwindigkeit erfolgt, führt man ähnlich der Durchschnittsgeschwindigkeit die Driftgeschwindigkeit ein: $v_D = \Delta l / \Delta t$. Daraus ergibt sich mit $\Delta l = v_D \cdot \Delta t$: $\Delta Q = n \cdot e \cdot A \cdot v_D \cdot \Delta t$.

Mit der Gleichung (1) folgt dann für die Stromstärke:

$$I = n \cdot e \cdot A \cdot v_D . \quad (2)$$

Die Driftgeschwindigkeit der Elektronen wird durch die Stärke des elektrischen Feldes beeinflußt, sie ist proportional zur elektrischen Feldstärke. Es gilt: $v_D = u \cdot E$. (3)

Mit u wird dabei die **Beweglichkeit** der Ladungsträger erfaßt. Man kann sie experimentell bestimmen.

Setzt man die Gleichung (3) in die Gleichung (2) ein, ergibt sich für die elektrische Stromstärke: $I = n \cdot e \cdot A \cdot u \cdot E$.

Nach dem Ohmschen Gesetz ist $I = U/R$, und mit $E = U/l$ erhalten wir

$$\frac{U}{R} = n \cdot e \cdot A \cdot u \cdot \frac{U}{l} \quad \text{bzw.} \quad R = \frac{1}{n \cdot e \cdot u} \cdot \frac{l}{A}.$$

$\sigma = n \cdot e \cdot u$ wird als elektrische Leitfähigkeit und $1/\sigma$ als spezifischer elektrischer Widerstand ϱ bezeichnet. Daraus folgt:

$$R = \frac{1}{\sigma} \cdot \frac{l}{A} \quad \text{bzw.} \quad R = \varrho \cdot \frac{l}{A}.$$

Man erkennt, daß der elektrische Widerstand eines Metalldrahtes nur dann konstant ist, wenn Konzentration und Beweglichkeit der Ladungsträger konstant sind. Damit erklären sich auch die Gültigkeitsbedingungen des Ohmschen Gesetzes und des Widerstandsgesetzes, denn nur bei konstanter Temperatur ist die Beweglichkeit der Elektronen konstant.

Leitungsvorgänge in Halbleitern

Geräte der Unterhaltungselektronik, Computer und auch elektrische Haushaltsgeräte sind heute ohne den Einsatz elektronischer Halbleiterbauelemente undenkbar. Die physikalischen Grundlagen dieser gesamten Entwicklung bilden elektrische Leitungsvorgänge in Halbleitermaterialien.

Halbleiter gleichen im Aufbau den Isolatoren. Im Kristallgitter sind alle Elektronen fest gebunden. Durch Energiezufuhr von außen, z. B. durch Wärme oder Licht, können bei Halbleitern jedoch Elektronen freigesetzt werden.

Ausgangsstoffe für Halbleitermaterialien sind vor allem reines Silizium, Germanium und Galliumarsenid. Dabei wird außerordentlich hohe Reinheit gefordert (z. B. 1 Fremdatom auf 10^{12} Siliziumatome). In Halbleitern sind die Atome in einem Kristallgitter regelmäßig angeordnet (Bild 1). Die Bindungen zwischen den Atomen werden durch Elektronenpaare realisiert, die jeweils von einem Bindungselektron des Atoms mit einem Bindungselektron des Nachbaratoms gebildet werden.

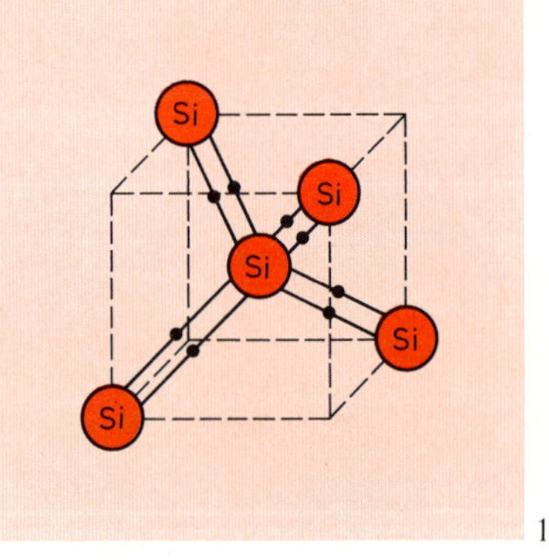

1

Räumliche Anordnung der Siliziumatome im Kristall

Eigenleitung

Um im Halbleiter freibewegliche Ladungsträger zu erzeugen, müssen Elektronen aus diesen Bindungen befreit werden. Dazu ist eine bestimmte Energie ΔE erforderlich. Diese Aktivierungsenergie ist eine wichtige Größe zur Charakterisierung eines Halbleiters. Für Silizium beträgt sie 1,12 eV, für Germanium 0,72 eV. Für Metalle ist $\Delta E = 0$.

Hat ein Elektron durch Energiezufuhr die Atombindung verlassen, hinterläßt es ein Loch, das man auch als Defektelektron bezeichnet. Dieses Defektelektron verhält sich wie eine positive Ladung. Es kann von einem Elektron aus einer anderen Bindung wieder besetzt werden. Dann entsteht an einem anderen Ort ein Defektelektron. Wird an den Kristall eine Spannung angelegt, wandern die Elektronen zur positiven Elektrode. Die Defektelektronen wandern gleichzeitig zur negativen Elektrode (Bild 2). Dieser Leitungsvorgang wird als **Eigenleitung** bezeichnet.

Temperaturabhängigkeit der Eigenleitung. Im Unterschied zu den Metallen leiten Halbleiter bei tiefen Temperaturen nicht. Sie sind praktisch Isolatoren, während Metalle bei tiefen Temperaturen immer besser leiten.

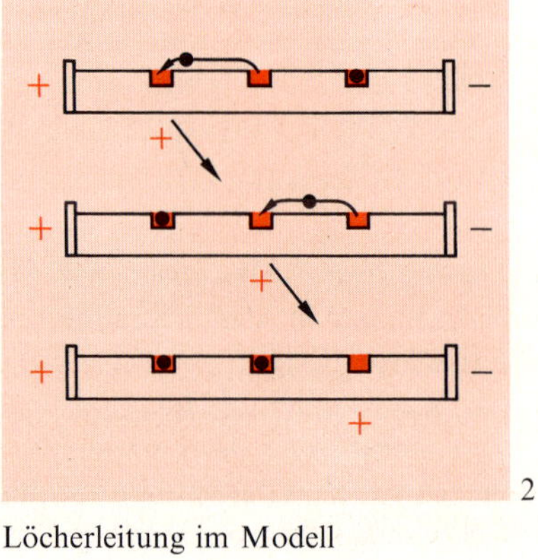

2

Löcherleitung im Modell

Halbleiter sind Festkörper, die bei tiefen Temperaturen isolieren, bei höheren Temperaturen jedoch den elektrischen Strom leiten. Am Ladungstransport sind Elektronen und Defektelektronen beteiligt.

Die Leitfähigkeit der Halbleiter wird durch die Konzentration und die Beweglichkeit der Ladungsträger bestimmt. Während bei Metallen die Konzentration n der freibeweglichen Ladungsträger bei Temperaturänderung konstant bleibt, tritt bei Halbleitern eine große Temperaturabhängigkeit auf. Mit steigender Temperatur nimmt die Konzentration und damit die Stromstärke im Halbleiter zu. Die Beweglichkeit u zeigt entgegengesetztes Verhalten, sie nimmt mit steigender Temperatur ab. Ursache ist wie bei den Metallen die stärkere Wechselwirkung zwischen freibeweglichen Ladungsträgern und Gitterbausteinen. Die I-T-Kennlinie eines Halbleiters (Bild 1) zeigt, daß die Zunahme der Ladungsträgerkonzentration größer ist als die Abnahme der Beweglichkeit.

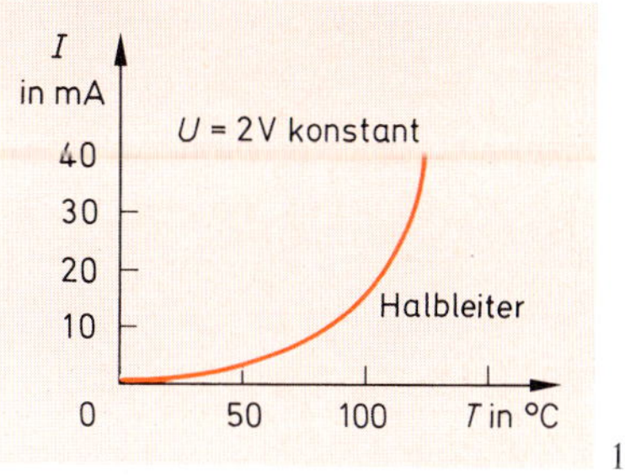

1

I-T-Kennlinie eines Halbleiters

Fotoleitfähigkeit. Die Aktivierungsenergie eines Halbleiters kann durch Bestrahlung mit Licht aufgebracht werden. Diese Freisetzung von Elektronen aus der Atombindung des Halbleiterkristalls wird als innerer lichtelektrischer Effekt bezeichnet. Im Gegensatz zum äußeren lichtelektrischen Effekt verlassen die Elektronen hierbei nicht den Kristall. Sie stehen als freibewegliche Ladungsträger im Kristall zur Verfügung.

Der elektrische Widerstand eines Fotowiderstandes hängt von der Beleuchtungsstärke ab.

Anwendung findet die Fotoleitfähigkeit im Fotowiderstand.
Fotowiderstände werden u. a. zur Messung der Beleuchtungsstärke (Belichtungsmesser) und in Lichtschranken angewendet (Bild 2).

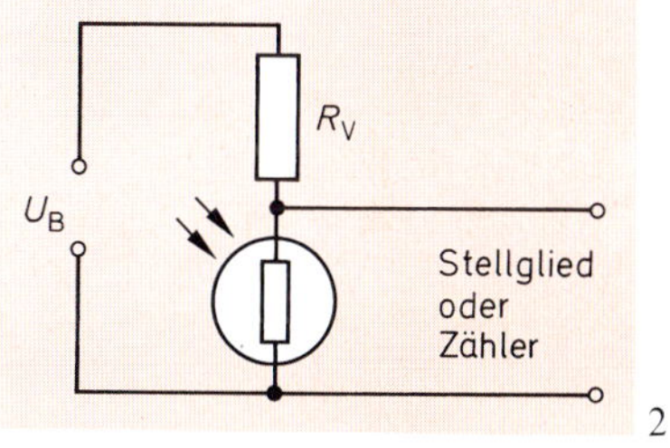

2

Prinzip einer Lichtschranke

Störstellenleitung

Die Leitfähigkeit eines reinen Halbleiters ist bei Zimmertemperatur noch sehr klein, weil bei dieser Temperatur nur einzelne Atome aktiviert sind und damit nur sehr wenige freibewegliche Ladungsträger zur Verfügung stehen. Durch Dotieren des Halbleitermaterials mit 3- bzw. 5-wertigen Atomen kann die Anzahl der wanderungsfähigen Ladungsträger erhöht werden. Man bezeichnet die Einbaustellen als Störstellen, da hier der reguläre Gitteraufbau gestört ist. Dadurch entstehen p-leitende und n-leitende Halbleiterkristalle (Bilder 3 und 4).

Werden in einem Halbleiterkristall drei- oder fünfwertige Fremdatome eingebaut, stehen mehr Defektelektronen bzw. Elektronen zur Verfügung. Dadurch wird die Leitfähigkeit stark erhöht.

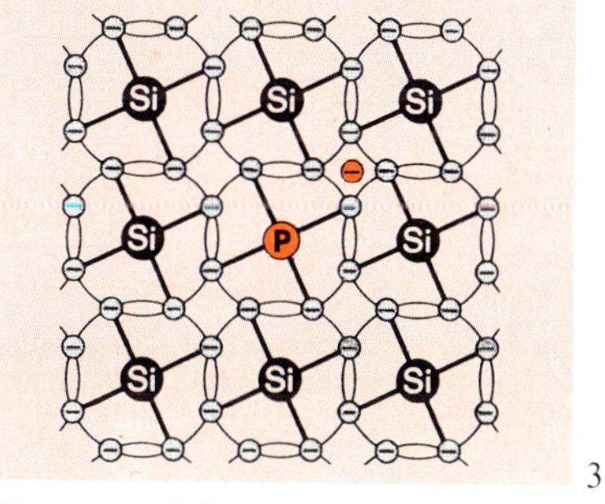

3

Ebenes Modell eines n-Halbleiters

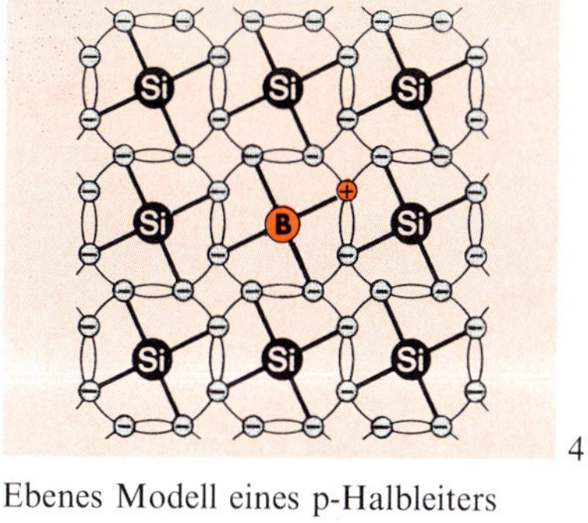

4

Ebenes Modell eines p-Halbleiters

p-n-Übergang

Die wichtigsten Bauelemente der Halbleiterelektronik – Dioden, Transistoren, integrierte Schaltkreise – beruhen auf der Kombination aus n- und p-Halbleitern. Man kann z. B. einen Siliziumkristall so dotieren, daß er in der einen Hälfte n-leitend, in der anderen p-leitend ist. Beide Kristallhälften sind zunächst neutral. Durch Diffusion von Elektronen aus dem n- in das p-Gebiet und von Defektelektronen aus dem p- in das n-Gebiet entsteht zwischen den Kristallhälften eine Grenzschicht, in der Elektronen und Defektelektronen rekombinieren (Bild 1a). In dieser Grenzschicht ist deshalb die Konzentration der beweglichen Ladungsträger beiderlei Vorzeichens kleiner als außerhalb. Man bezeichnet sie als p-n-Übergang (Bild 1b). Im n-Gebiet bleiben örtlich gebunde positive Ionen, im p-Gebiet negative Ionen zurück. Dadurch entsteht im Innern des Kristalls ein elektrisches Feld mit der Feldstärke E. Es ist so gerichtet, daß es der weiteren Diffusion von Ladungsträgern entgegenwirkt (Bild 1c). Man nennt es Diffusionsfeld.

In einem stromlosen p-n-Übergang bildet sich durch die Diffusion der Ladungsträger ein elektrisches Feld aus.

Ein p-n-Übergang kann in Durchlaß- und in Sperrichtung betrieben werden (Bilder 2 und 3). Bei der Durchlaßrichtung sind das von außen angelegte und das Diffusionsfeld einander entgegengesetzt gerichtet. Deshalb ist für das Fließen eines Durchlaßstromes eine Mindestspannung notwendig. Diese wird als Schleusen- bzw. Schwellspannung U_S bezeichnet und ist bei Silizium-p-n-Übergängen scharf ausgeprägt: $U_S = 0{,}7$ V. Bei Germanium-p-n-Übergängen ist sie unscharf und beträgt etwa 0,3 V.

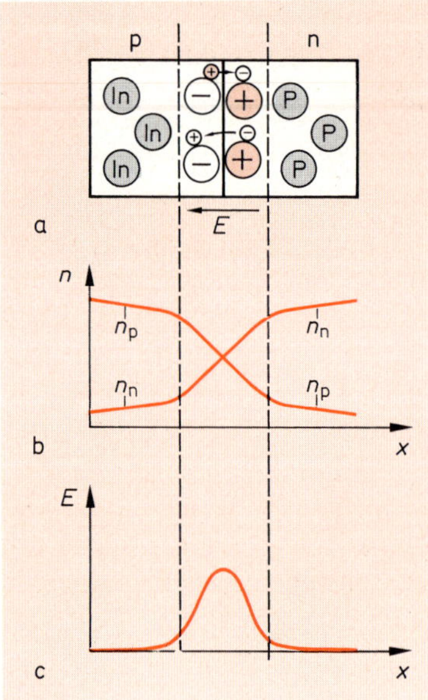

1

Aufbau eines p-n-Übergangs und Entstehen des Diffusionsfeldes

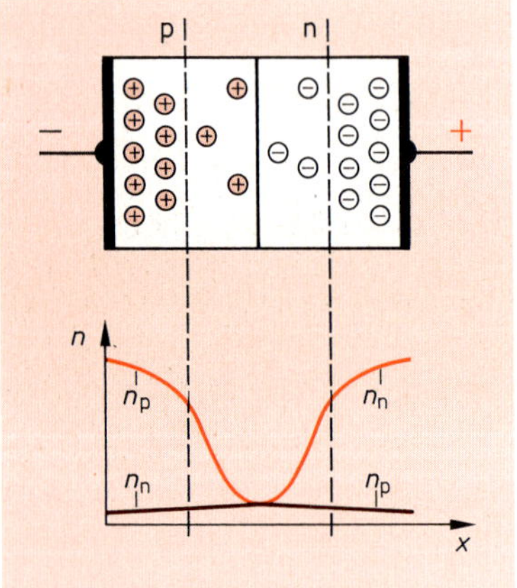

2

Ladungsträgerverteilung bei Durchlaßrichtung

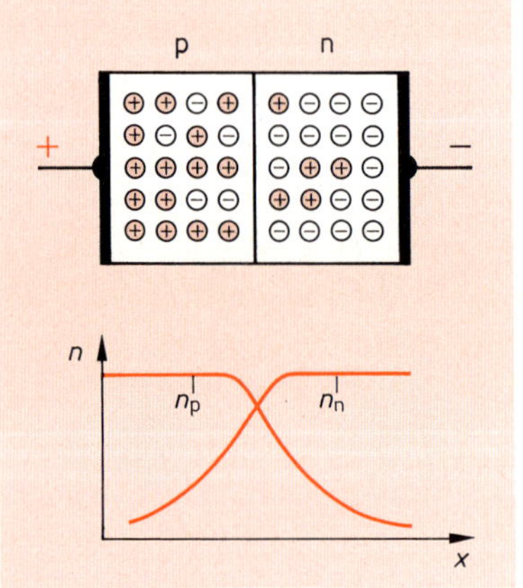

3

Ladungsträgerverteilung bei Sperrichtung

Gleichrichterdioden

Will man Geräte, die elektronische Schaltungen enthalten, an die Wechselspannung des Stromversorgungsnetzes anschließen, muß man diese gleichrichten. Dazu benutzt man **Gleichrichterdioden**, in denen die Ventilwirkung des p-n-Übergangs ausgenutzt wird. Wichtige Informationen über die Eigenschaften liefert die Kennlinie der Diode.

Experiment 3
Mit der im Bild 4 dargestellten Schaltung wird die Stromstärke-Spannung-Kennlinie einer Gleichrichterdiode in Durchlaß- und in Sperrichtung aufgenommen.

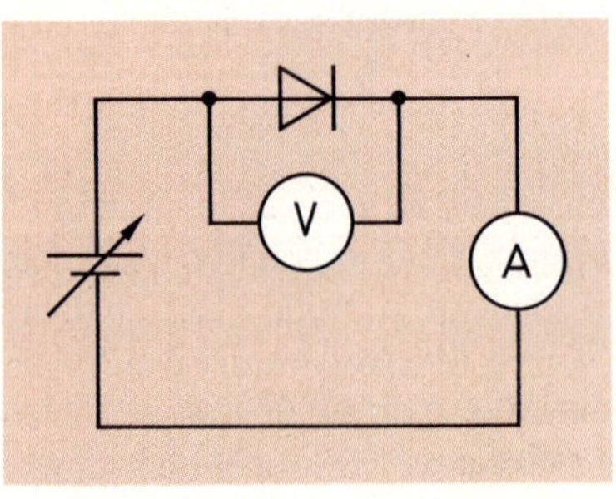

4

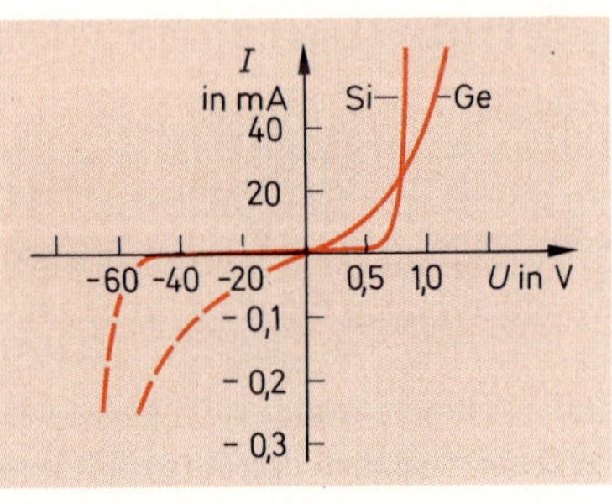

5

Die Kennlinie hat zwei Bereiche. Im Durchlaßbereich steigt die Stromstärke mit zunehmender Spannung oberhalb der Schleusenspannung stark an. Die Diode hat in diesem Bereich einen geringen elektrischen Widerstand.
Im Sperrbereich ist ihr Widerstand sehr groß. Wenn die Sperrspannung einen bestimmten zulässigen Bereich überschreitet (gestrichelter Teil der Kennlinie), wird die Diode zerstört.

In Gleichrichterdioden kann der Strom infolge des p-n-Übergangs nur in einer Richtung fließen.

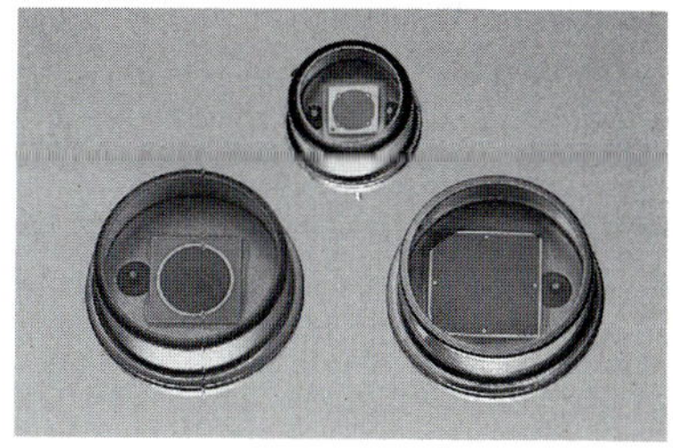

1 Auführungsformen von Fotodioden

Fotodioden und Solarzellen. Die Leitfähigkeit eines p-n-Übergangs kann auch durch Licht verändert werden, das auf die Grenzschicht fällt. Diese Erscheinung wird in Fotodioden genutzt (Bild 1).
Durch die Absorption des Lichtes werden in der Grenzschicht zusätzliche Ladungsträger gebildet. Unter dem Einfluß des Diffusionsfeldes werden die Elektronen in das n-Gebiet, die Defektelektronen in das p-Gebiet gedrängt. Damit entsteht zwischen den beiden Enden des Halbleiterkristalls eine Spannung, die bis zu 0,5 V betragen kann. Die Diode wirkt als Spannungsquelle (Bild 3). Großflächige Fotodioden nennt man Solarzellen (Bild 5).

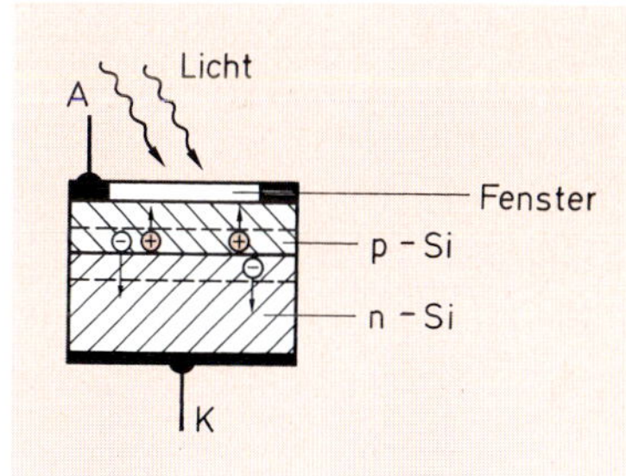

2 Aufbau einer Siliziumfotodiode

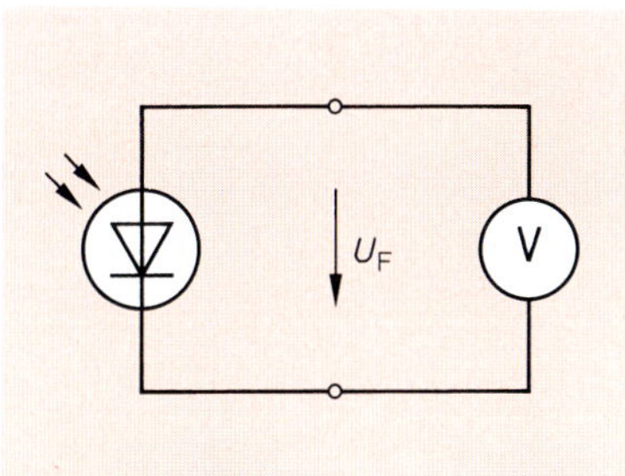

3 Schaltung einer Fotodiode als Spannungsquelle

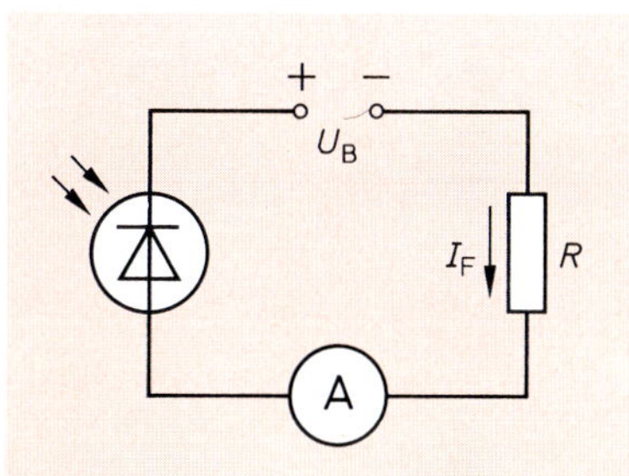

4 Schaltung einer Fotodiode als Diode

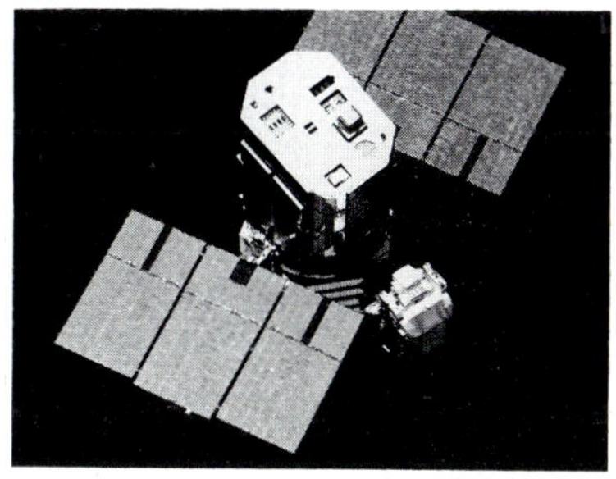

5 Solarzellen zur Energieversorgung eines Satelliten

Bestrahlt man den p-n-Übergang einer Fotodiode mit Licht, erhöht sich in der Grenzschicht die Anzahl der freibeweglichen Ladungsträger.

Lumineszenzdioden. Der Aufbau einer Lumineszenzdiode entspricht weitgehend dem einer Fotodiode (Bild 7). Die Energieumwandlung erfolgt jedoch in umgekehrter Richtung. Beim Anlegen einer Spannung wird die durch Rekombination von Elektronen und Defektelektronen in der Grenzschicht freiwerdende Energie als Licht abgestrahlt. Dazu muß der p-n-Übergang in Durchlaßrichtung betrieben werden. Luminszenzdioden besitzen eine großflächige Grenzschicht, die dicht unter der Oberfläche liegt.
Sie finden als Signalelemente und als Anzeigeeinheiten Anwendung. Sie leuchten in den Farben rot, orange, gelb, grün oder blau. Ihre Vorteile gegenüber Glühlampen sind vor allem die hohe Lebensdauer und die Unempfindlichkeit gegen Stoß und Vibration. Lumineszenzdioden, die Licht im infraroten Bereich aussenden, werden als Lichtsender in Fernbedienungen eingesetzt.

In Lumineszenzdioden wird elektrische Energie in Licht umgewandelt.

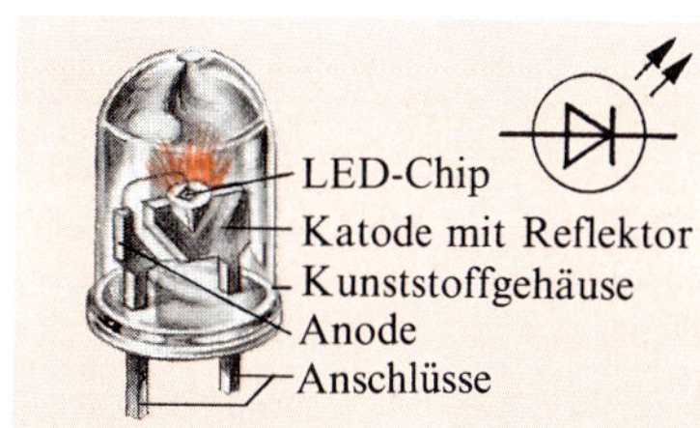

6 Lumineszenzdiode

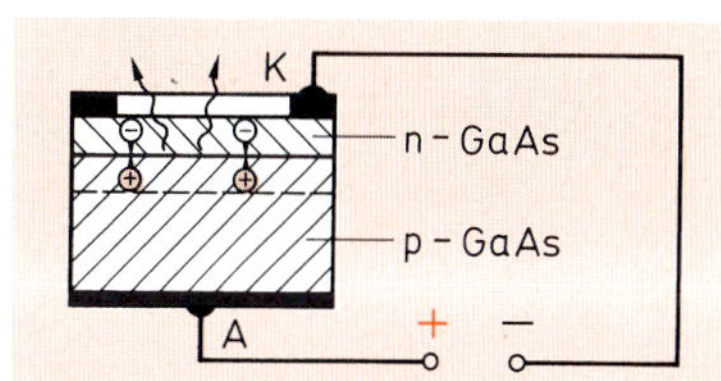

7 Aufbau einer Lumineszenzdiode

Transistoren

Die von einer Antenne empfangenen elektrischen Signale sind viel zu schwach, um z. B. die Bildröhre eines Fernsehgerätes anzusteuern oder den Lautsprecher eines Rundfunkgerätes betreiben zu können. Sie müssen deshalb verstärkt werden. Transistoren sind wesentliche Bauteile eines Verstärkers. Ein Transistor ist ein steuerbares Bauelement, dessen Widerstand in weiten Bereichen geändert werden kann (Transistor = transfer resistor = Übergangswiderstand).

n-p-n-Silizium-Transistor. Er besteht aus einem Silizium-Einkristall, der durch unterschiedliche Dotierung in drei Zonen vom Leitfähigkeitstyp n-p-n geteilt wird. Die Anschlüsse an diese drei Zonen werden Emitter E, Basis B und Kollektor C genannt. Damit entstehen zwei p-n-Übergänge (Bild 1). Zum Betrieb des Transistors werden zwei Gleichspannungen benötigt. Jede wird an einer der beiden Grenzschichten im Transistor wirksam. Dabei gilt für alle Transistorschaltungen:

– Die Grenzschicht BE wird in Durchlaßrichtung,
– die Grenzschicht CB wird in Sperrichtung betrieben.

Welche Zusammenhänge bestehen zwischen den einzelnen Spannungen und Stromstärken?

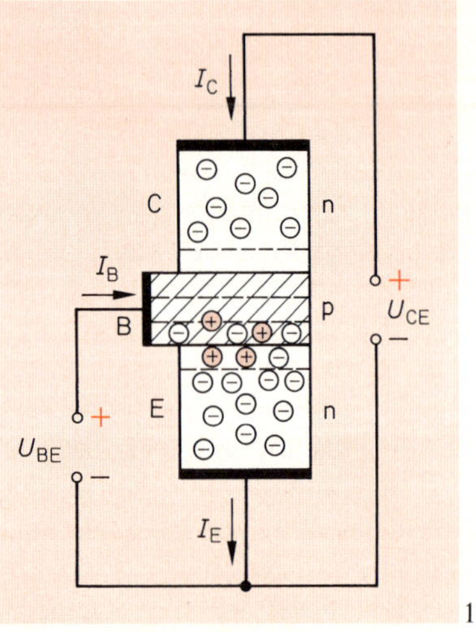

1

Aufbau und Wirkungsweise des Bipolartransistors (Emitterschaltung)

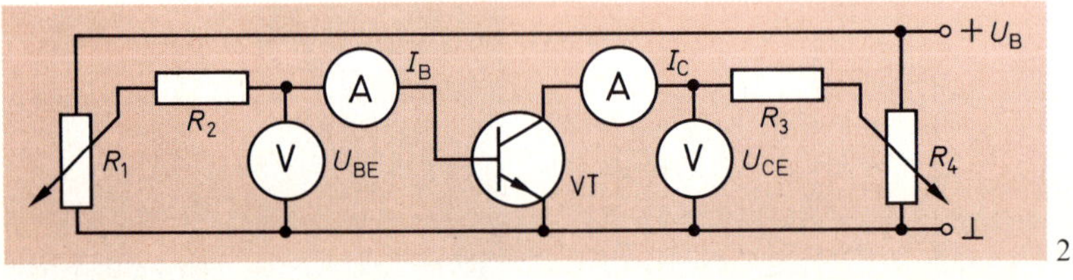

2

Experiment 4
Mit der im Bild 2 dargestellten Schaltung werden die U_{BE}-I_C- und die U_{CE}-I_C-Kennlinie eines Bipolartransistors aufgenommen.

Der Zusammenhang zwischen U_{BE} und I_C ist nicht linear (Bild 3). Bis zu einer Basis-Emitter-Spannung von 0,7 V ist der Transistor gesperrt, sein Widerstand ist sehr groß. Beim Überschreiten der Schleusenspannung beginnt der Transistor zu leiten, sein Widerstand wird geringer. In diesem Bereich steigt die Kollektorstromstärke I_C linear mit der Basisstromstärke I_B an (Bild 4). Der Zusammenhang zwischen U_{CE} und I_C ist ebenfalls nicht linear (Bild 5). In einem weiten Bereich wird die Kollektorstromstärke I_C nur sehr wenig von der Kollektor-Emitterspannung U_{CE} beeinflußt. In diesem Bereich wird der Transistor betrieben.

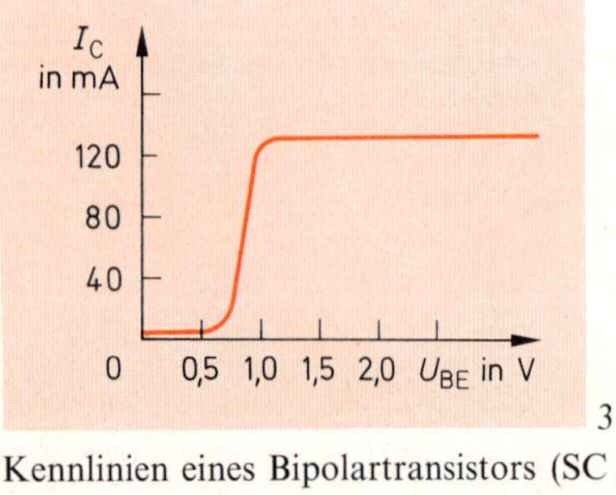

3

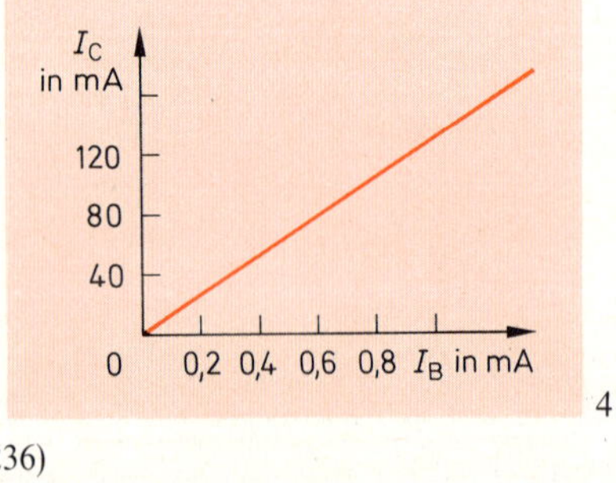

4

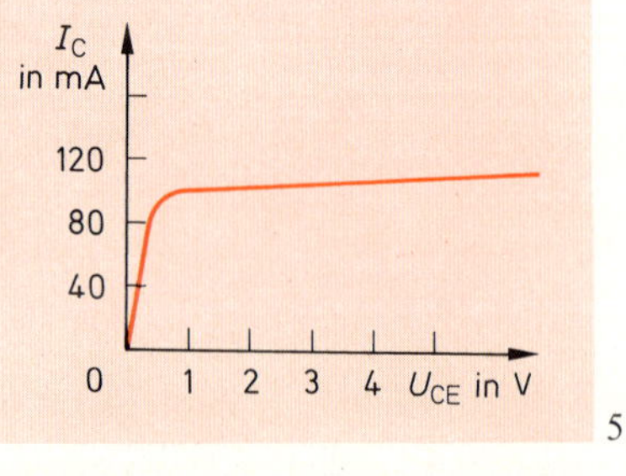

5

Kennlinien eines Bipolartransistors (SC 236)

Der n-p-n-Transistor ist ein stromgesteuertes Bauelement. Sein elektrischer Widerstand kann durch Verändern der Basisstromstärke zwischen sehr großen und sehr kleinen Werten gesteuert werden.

Allgemeine Aussagen zu Leitungsvorgängen

Das Vorhandensein eines elektrischen Feldes und freibeweglicher Ladungsträger sind die Voraussetzungen für einen elektrischen Strom. Das gilt nicht nur für Metalle und Halbleiter, sondern auch für Flüssigkeiten, Gase und das Vakuum. Dabei gilt für den Verlauf aller Leitungsvorgänge:
- Die in ständiger ungeordneter Bewegung befindlichen Ladungsträger werden zusätzlich in Feldrichtung beschleunigt. Die elektrische Feldenergie wird in kinetische Energie der Ladungsträger umgewandelt.
- In Stoffen treten Stöße der Ladungsträger mit den Teilchen des Stoffes auf; Beschleunigung und Verzögerung wechseln einander ab. Dadurch tritt eine zeitlich konstante Durchschnittsgeschwindigkeit der Ladungsträger auf.
- Die durch Stöße an die Stoffteilchen übertragene Energie führt zu einer Vergrößerung der inneren Energie des Stoffes, die sich vor allem als Temperaturerhöhung zeigt.

Die folgende Tabelle gibt einen Überblick über Art und Entstehung der freibeweglichen Ladungsträger in den verschiedenen Medien.

Medium	freibewegliche Ladungsträger	Art der Erzeugung	charakteristische Merkmale
Metalle	Elektronen	sind im Kristallgitter vorhanden	stark temperaturabhängig; Supraleitung
Halbleiter	Elektronen und Defektelektronen	Energiezufuhr oder durch Dotieren mit Fremdatomen	stark temperaturabhängig; Fotoleitfähigkeit
Flüssigkeit	positive und negative Ionen	Dissoziation	nur bei wäßrigen Lösungen von Salzen, Säuren und Basen
Gase	Ionen und Elektronen	starke Erwärmung, energiereiche Strahlung oder Stoßionisation	druckabhängig Leuchterscheinungen
Vakuum	Elektronen	Glühemission, Fotoemission oder Feldemission	Elektronen erreichen sehr große Geschwindigkeiten

Exkurs in die Geschichte

Schon unsere Vorfahren nutzten das Licht zur Übertragung von Signalen. Durch Rauchzeichen wurden Informationen über große Entfernungen übermittelt.

In Frankreich wurde 1794 der optisch-mechanische Telegraf entwickelt, dessen Hauptbestandteil Türme mit Signalmasten waren. Die Türme standen in einem Abstand von 10 km bis 15 km. An den Masten waren Signalarme angeordnet, mit denen man nach einem bestimmten Code 196 Zeichen darstellen konnte (Bild 1).

In Potsdam erinnert der „Telegrafenberg“ an die Station Nr. 4 einer optischen Telegrafenlinie von Berlin nach Koblenz. Für die Übermittlung eines Zeichens benötigte man über die 61 Stationen 10 Minuten.

1 Optische Telegrafenstation

Exkurs in die Technik

Gleichrichten von Wechselspannungen. Viele elektrisch betriebene Geräte (Rundfunkempfänger, Computer) benötigen zur Stromversorgung der in ihnen enthaltenen Baugruppen Gleichstrom. Mit vier Gleichrichterdioden kann man eine von GRAETZ entwickelte Brückenschaltung aufbauen, in der eine Zweiweggleichrichtung stattfindet. Das störende Pulsieren der Gleichspannung wird mit Hilfe von Kondensatoren weitgehend beseitigt (Bild 1).

Wechselspannungsverstärker. Eine sehr häufig eingesetzte Schaltung ist die Emitterschaltung eines Transistors (Bild 2a). Sie besteht aus einer Energiequelle, die die Betriebsspannung U_B des Verstärkers bereitstellt, und der Reihenschaltung eines konstanten Arbeitswiderstandes und des Transistors als steuerbaren Widerstand (Spannungsteilerschaltung). Den Zusammenhang zwischen der Eingangsspannung U_E und der Ausgangsspannung U_A liefert die Spannungsübertragungskennlinie (Bild 2b).
Die Emitterschaltung kann zur Wechselspannungsverstärkung eingesetzt werden, wenn die Eingangsspannung so gewählt wird, daß nur der geradlinige Teil der Kennlinie um den Punkt P_3 angesteuert wird (Bild 3). Dazu muß der Eingangswechselspannung eine Gleichspannung von 0,7 V überlagert werden (Basisvorspannung). Diese Gleichspannung gewinnt man durch Spannungsteilung aus der Betriebsspannung.

Optoelektronische Signalübertragung. Die Entwicklung moderner optoelektronischer Bauelemente und leistungsfähiger Lichtleitkabel ermöglicht eine effektive Signalübertragung mit Licht. Mit einem solchen Kabel aus Glasfasern kann man gleichzeitig tausende Ferngespräche und mehrere Rundfunk- und Fernsehprogramme übertragen (Bild 4).
So werden beispielsweise Schallschwingungen in einem Mikrofon in einen elektrischen Strom wechselnder Stärke umgewandelt. Dieser Strom erzeugt in einer Lumineszenzdiode Licht mit unterschiedlicher Helligkeit. Das Licht gelangt in das Lichtleitkabel. Auf der Empfängerseite wird es in einer Fotodiode wieder in Stromstärkeschwankungen umgewandelt. Ein Lautsprecher erzeugt daraus wieder Schallschwingungen.

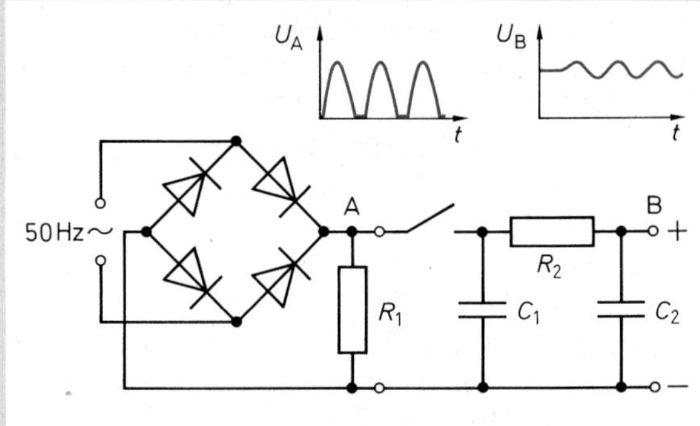

1

Zweiweggleichrichtung mit Glättung der pulsierenden Gleichspannung

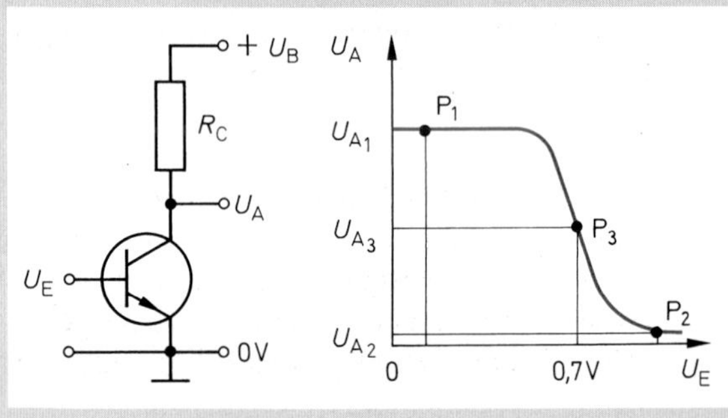

2

Emitterverstärkerschaltung und Kennlinie

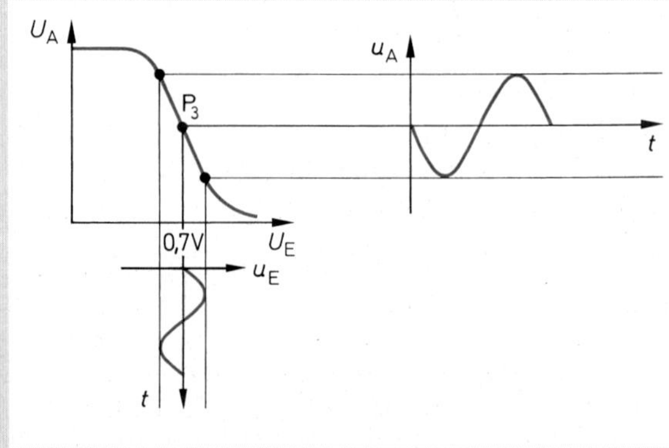

3

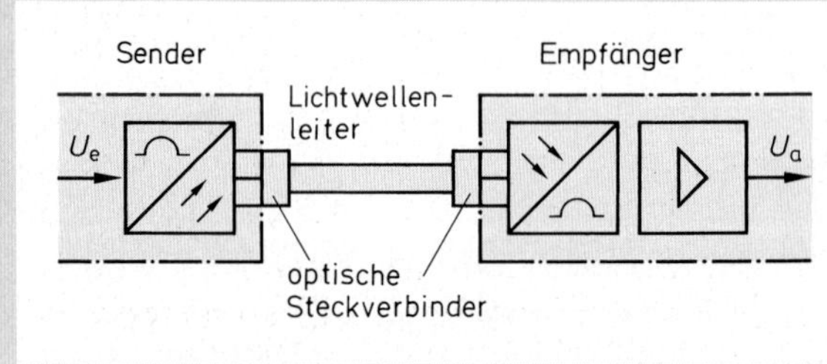

4

Prinzip der optoelektronischen Informationsübertragung

Gewußt? Erkannt? Gekonnt?

1. Berechnen Sie die Widerstandsänderung eines Nickeldrahtes bei einer Temperaturerhöhung von 20 °C auf 100 °C, wenn bei 20 °C sein Widerstand 120 Ω betrug! ($\alpha_{Ni} = 6{,}2 \cdot 10^{-3}\ K^{-1}$).
2. Obwohl die Driftgeschwindigkeit von Elektronen in einem metallischen Leiter sehr klein ist, leuchtet eine Glühlampe fast sofort nach dem Schließen des Schalters auf. Erklären Sie diesen Sachverhalt!
3. Berechnen Sie die Driftgeschwindigkeit der Elektronen in einem 2 m langen Silberdraht, an dem eine Spannung von 1 V liegt! Es ist $u_{Ag} = 5{,}6 \cdot 10^{-3}\ m^2/Vs$.
4. Ein Blitz hat bei einer Spannung $U = 10^8$ V zwischen Wolke und Erde eine Stromstärke $I = 10^4$ A. Die Zeitdauer der Entladung ist $t = 10^{-4}$ s. Berechnen Sie die bewegte Ladung und die elektrische Energie eines Gewitters, das 100 Blitze entlädt!
5. Wie kann man die Stärke des in einer Elektronenröhre fließenden Stromes beeinflussen?
6. Beschreiben Sie den Aufbau eines reinen Siliziumkristalls und den Vorgang der Eigenleitung!
7. Glas leitet bei höherer Temperatur den elektrischen Strom. Bei sehr hohen Temperaturen wird Glas sogar zum Leiter. Wie ist das zu erklären?
8. Wie entsteht ein Defektelektron? Worin unterscheidet es sich vom Elektron?
9. Informieren Sie sich über die Unterschiede zwischen Vakuumfotozelle, Fotowiderstand, Fotodiode und Fotoelement?
   Unterscheiden Sie dabei auch zwischen dem Bauelement und seiner Schaltung!
10. Interpretieren Sie die I_C-U_{BE}-Kennlinie eines Bipolartransistors!
11. Vergleichen Sie das Schaltverhalten eines Transistors mit einem mechanischen Schalter!
12. Erklären Sie die Wirkungsweise des im Bild 1 dargestellten Dämmerungsschalters!

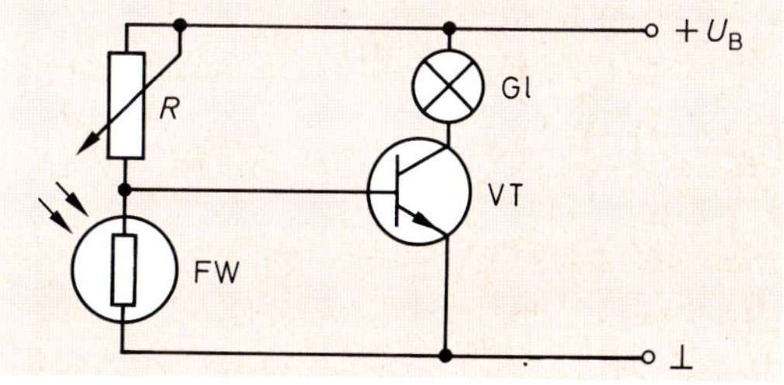

1

Zusammenfassung

Leitungsvorgang

Der Leitungsvorgang in Festkörpern beruht auf der Wanderung von Elektronen (Metalle, Halbleiter) bzw. Defektelektronen (Halbleiter).

Enegiezufuhr führt im allgemeinen zur Änderung der Konzentration oder der Beweglichkeit der Ladungsträger.

Bedingung	Stoff	Ladungsträger Konzentration	Ladungsträger Beweglichkeit	Kennlinie
Temperatur konstant	Metall	konstant	konstant	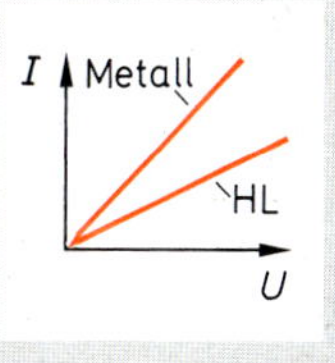 2
	Halbleiter	konstant	konstant	
Temperaturerhöhung durch Eigenerwärmung	Metall	konstant	sinkt mit steigender Temperatur	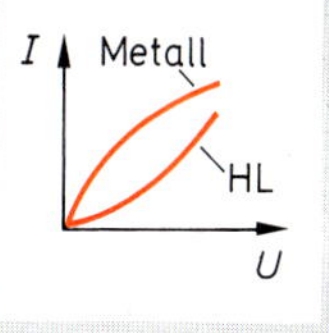 3 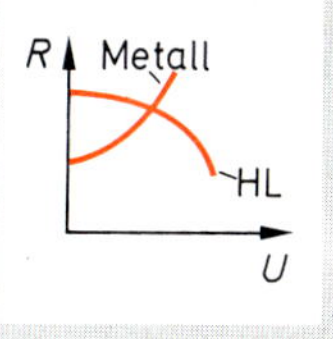 4
	Halbleiter	steigt stark mit der Temperatur	sinkt mit steigender Temperatur	

Register

Quellennachweis der Abbildungen

ADN, Berlin: 20/5, 61/2, 110/1; AEG Aktiengesellschaft, Frankfurt: 113/1; AEG Kanis GmbH, Essen: 162/3; Bach, E., Superbild, Berlin: 56/1; Banse S., Berlin: 143/1; Bark, M., Berlin: 30/1; BILDART, Berlin: 4/1, 5/1, 8/1, 13/1–2, 31/1, 34/2–3, 41/1–2, 45/1–2, 52/1, 58/1, 63/1–2, 67/1–2, 68/3, 80/1, 87/5, 95/1–2, 97/2–3, 101/1–3, 104/3, 105/2, 106/1, 114/1, 115/3–4, 127/1, 130/7–8, 136/3–4, 137/1, 138/1, 144/6, 152/2, 158/1, 159/1, 162/4, 169/2, 182/2, 184/2, 187/3; Deutsche Airbus GmbH, Hamburg: 11/2; Deutsches Museum, München: 195/2; Feuerwehr, Berlin: 17/2, 61/3; Hettich Zentrifugen, Tuttlingen: 37/2; Leybold Didactic GmbH, Hürth: 18/1; Max-Planck-Institut für Plasmaphysik, Garching: 28/4, 140/5; PHYWE SYSTEME GmbH, Göttingen: 126/6, 161/4; Siemens AG, München: 192/1; Silicon Sensor GmbH, Berlin: 203/1; Technische Universität, Dresden: 26/2; Theuerkauf H., Gotha: 37/1; U.S. Information Service, Bonn: 28/3, 39/3, 42/1, 46/1, 49/2, 74/1, 203/5; Volkswagen AG, Wolfsburg: 124/2; VWV Archiv, Berlin: 22/1, 23/1, 27/1, 32/1, 37/3, 39/1, 55/3, 61/2, 61/4, 68/1–2, 71/1, 95/2, 98/1, 104/2, 108/2, 109/1, 128/2–4, 139/1, 139/4, 182/1, 184/1, 192/2, 195/1, 195/3, 196/1